Cities
an Environmental History

城市环境史

[英]伊恩·道格拉斯 著
孙民乐 译

图书在版编目（CIP）数据

城市环境史 / （英）伊恩·道格拉斯著 ； 孙民乐译
. — 南京 ： 江苏凤凰教育出版社，2016.9
（世界城市研究精品译丛）
ISBN 978-7-5499-6065-1

Ⅰ. ①城… Ⅱ. ①伊… ②孙… Ⅲ. ①城市环境—历史—研究—世界 Ⅳ. ①X21

中国版本图书馆 CIP 数据核字(2016)第 233505 号

书　　名　城市环境史
著　　者　伊恩·道格拉斯
译　　者　孙民乐
责任编辑　殷　宁
装帧设计　李广玹
出版发行　凤凰出版传媒股份有限公司
　　　　　江苏凤凰教育出版社（南京市湖南路 1 号 A 楼　邮编 210009）
苏教网址　http：//www.1088.com.cn
照　　排　南京紫藤制版印务中心
印　　刷　江苏凤凰通达印刷有限公司（电话 025-57572508）
厂　　址　南京市六合区冶山镇（邮编 211523）
开　　本　890mm×1240mm　1/32
印　　张　15.625
版　　次　2016 年 11 月第 1 版
　　　　　2016 年 11 月第 1 次印刷
书　　号　ISBN 978-7-5499-6065-1
定　　价　85.00 元
网店地址　http://jsfhjycbs.tmall.com
公 众 号　江苏凤凰教育出版社（微信号：jsfhjy）
邮购电话　025-85406265，025-85400774，短信 02585420909
盗版举报　025-83658579

出版说明

“他山之石，可以攻玉。”

在建构中国本土化城市理论的过程中，对外来城市化理论进行有比较的、批判性的筛选，不失为一种谨慎的方式。西方城市化的理论与实践研究有很多值得中国学习和借鉴的地方，如城市空间正义理论、适度紧缩的城市发展理论、有机秩序理论、生态城市理论、拼贴城市理论、全球城市价值链理论、花园城市理论、智慧城市理论、城市群理论以及相关城市规划理论等，这些理论在推进城市化的进程中起到了直接的作用。

中国城市化进程以三十多年的时间跃然走过了西方两百年的城市化历程，成就令世界瞩目，但城市社会问题也越来越深化：有些是传统的社会问题，有些是城市化引发和激化了的问题，我们需要梳理出关键点加以解决。

《世界城市研究精品译丛》的出版目的十分明确：我国的城市理论研究起步较晚，国外著名学者的研究成果，或是可以善加利用的工具，有助于形成并完善我们自己城市理论的系统建构。在科学理论的指导下，在新型的城镇化过程中，避免西方城市化进程中曾出现的失误。

该丛书引进国外城市理论研究的经典之作，大致涵盖了相关领域的重要主题，它以新角度和新方法所开启的新视野，所探讨的新问题，具有前沿性、实证性和并置性等特点，带给我们很多有意义的思考与启发。

学习发达国家的城市化理论模式和研究范式，借鉴发达国家成功的城市化实践经验，研究发达国家新的城市化管理体系，是这套丛书的主要功能。但是，由于能力有限，丛书一定会有很多问题，也借此请教大方之家。读者如果能够从中获取一二，也就达到我们的目的了。

江苏凤凰教育出版社

目录

图

表

引言

城市如今已成为世界上大部分人口的安家之所和生息之地。许多国家都已进入城市化社会，其中，大部分人的时间主要是在一个建成环境中度过的，这种环境通常似乎是远离大自然的。然而，没有城市能够逃得出自然界极端状况的影响，不管它们是迪拜的尘暴，纽约的雪灾，还是巴黎的水患。大自然对城镇和城市施与影响，并且也适应了城市为它提供的各种机遇，从诸如疟蚊等疾病载体的繁殖区，到牛津狗舌草以及喜马拉雅香脂等外来物种的入侵，都是这种适应的结果。城市地区环境史的任何一种叙述都既有必要去考察自然对于城市人口的影响，也有必要去考察城市人改造自然系统以及改变城市栖居地生物地球化学环境的方式。这一改造过程表现为多种形式，从住宅的类型到供水系统和公共卫生体系，以及公园和花园，再到因交通、工业、商业和家庭活动而造成的空气污染等。应对这些由人类改造活动所引发的问题，有赖于文化、政治、技术、科学知识、社区关怀、人类意愿和财政以及能源方面的支持。在所有这些方面获得重大改进之后，还要有把创新的观念推向实质性行动的政治决断、工程技术和大胆的风险投资以及社会运动、游说活动、社区行动和地方声援。

城市与城镇也是有所依赖的存在实体，它们最初是依靠周边的环境来提供食物和物质资源，但是，为了人们的食物供给，为了维持生产并促进贸易与交换，它们越来越依赖于一个不断拓展的全国性的乃至国际性的基地。这些货物和材料的流动维系着城镇与城市的生存，它们已成为城市代谢的一部分，并且也无可非议地应该成为城市环境史的一部分。然而，本书却没有把城市地区对于乡村景观所施加的环境影响列入在内。有关城市足迹的作用问题在乡村景观环境史中加以讨论更为合理，它们叙述的是农事、林业和采矿活动所引发的变化。城市对于海洋的诸多影响，比如从货船抛出的废弃物，到石油渗漏和过度捕捞等，仍然是一个相对来说无法言明的故事，这个故事超出了城市环境史的范围。

从刘易斯·芒福德（Lewis Mumford）① 到彼得·霍尔(Peter Hall)②，城市的发展与成长一直是众多出色研究实践的主题。在 20 世纪 70 年代阿贝尔·乌尔曼（Abel Wolman）论及城市代谢的那篇令人振奋的文章③问世之前，人们对城市环境问题一向少有关注。城市环境史的研究则更为年轻，在 1993 年，麦乐西（Martin Melosi）④ 还不得不去极力论证，环境史学家的紧要任务不仅在于研究建成环境，还要研究城市的建成环境对于自然环境的影响。在大致相同的时期，海斯(Hays)⑤ 也确信，环境史学家必须研究人类在历史进程中有组织地对环境发生作用的所有方式，其中包括对大自然在城市生活史上的作用与地位予以考察。

地理学同行伊恩·西蒙斯（Ian Simmons）对英格兰和威尔士环境史的简要叙述⑥，几乎没有谈到城市地区，如同约翰·希埃尔(John Sheail)在评论英国的生态史研究时所指出的那样，它基本上是一部景观史。⑦ 比尔·拉金（Bill Luckin）⑧ 曾经对这一类型的某些著作提出了批评，因为它们几乎没有触及特定群体在过去特定的时间节点上应对威胁社群的城市灾难的方式，比如特大火灾、水源问题和重

---

① Mumford，1961.

② Hall，2002.

③ Wolman，1965.

④ Melosi，1993.

⑤ Hays，1996.

⑥ Simmons，1993，p. 123.

⑦ Sheail，1995.

⑧ Luckin，2004.

大烟雾事件带来的疾病以及对健康的影响等。

西蒙斯在出版于2001年的那本著作[①]中提供了一种环境史的解释，他2008年的著作[②]拥有一种更为开阔的视野，该书考察了1950年以来的全球化过程对于所有社群与社会组织的影响，这些社群和组织先前曾以不同的方式在世界的不同地区改变了自然环境，尤其是通过城市发展的方式。实际上，我们可能还无法知道，在国际性的商业、时尚、媒介以及类似国际货币基金组织这样的多国机构的压力之下，各种文化与社会的多样性是否正在丧失，正是它们曾使得世界如此迷人，使得城市成为如此美妙的游览观光之地。上海的某些街道如今已给人仿佛身临纽约、巴黎或者悉尼的感受，尽管诸如黄浦江水道等地的自然面貌已被大大改变，但外滩的历史建筑却也还在勉力维持着一种地方性的感觉。而这也正是城市环境史至关重要的部分，它是一种由特殊的文化及日渐广阔的外部关联的后果所形成的地方变化的混合物。如同权力和宗教所产生的影响一样，贸易也已经在很大程度上影响了城市的发展，它们常常被合并在一起，给众多人口带来不利的影响。

在写作这部环境史概要的过程中，我作为一个自然地理学者的背景，让我更详细地考察了城市地区的生态和地表进程的角色变化，确认了它们既与诸如降雨或是各种杂草的蔓延等产生了直接影响的自然变化过程有关，也与人类改造自然的进程有关，比如用来自远距离水库中的处理过的水来浇灌草坪，或是对异国园林花卉的精心栽培等。我发现，重要的问题在于，既要明白作为自然过程出现的各种变化都是由城市发展所造成的，又要理解人们何以做出如此这般的改变。我还想搞清楚的是，自然环境如何影响了城镇与城市的生活，以及人们如何应对地震和洪水之类的灾变。在以下的章节中，我将尽力说明自从奠定了城市聚落的基础以来，人类是如何设法应对类似供水系统、排水系统、噪音和气味等问题的，以及某些基本的技术手段如何持续

---

① Simmons，2001.

② Simmons，2008.

到了 2012 年。

尽管如此，最后的两章（第九章和第十章）以及我的“最后的思考”部分探讨的却是让城市成为更美好的生存之地的途径。从特大型城市，到拥有数千居民的城镇，在各种规模的城市里，对于亿万贫困人口来说，生活是艰难的，不安全的，并且充满了各种风险。对于另外的许多人来说，空气污染、交通拥堵、噪音、住房拥挤，以及水灾或是地震风险也带来了经常性的焦虑。尽管如此，人们总是有办法让城市变得更加美好，有办法应对烟雾、火灾隐患和排水系统等问题。在 21 世纪的开端，我们正致力于使城市适应气候变化，正在设法降低温室气体排放量，正在让城市更加绿色化，并且正在建设清洁、节能和可持续的城市，当此之际，上述的那些办法仍然具有重要意义。仍然如从前一样，人口统计的现状、政治上的优柔寡断、过去的诸多遗留问题以及公共意识和想象力的匮乏，使得大多数城市变化迟缓。尽管如此，城市环境史表明，大幅改善仍有望实现，而且，一代人敢于创新的观念有可能变成下一代人（或者说，更有可能的是未来的世世代代，而不止于一代）的常规实践。同样，环境史还可以表明，在城市的设计、规划和管理中，已有足够多的敢于创新和冒险的先例，它们为城市地区的人类与物质世界的关系提供了基本框架。

城市环境史的诸层面

罗森和塔尔（Rosen and Tarr）① 提出过城市环境史研究的 4 个层面：

1. 分析城市在时间进程中对自然环境的影响；
2. 分析自然环境对城市的影响；
3. 研究这些影响的社会反应以及缓解环境问题的诸种努力；
4. 把建成环境作为人类社会演化于其中的物质语境的一部分，考

① Rosen and Tarr，1994.

察其在人类生活中的作用和地位。

从城市代谢和工业生态学方面来说，第一个层面已经得到了充分的考察，而且，随着所有城市都越来越依赖于世界其他地区提供商品、材料和服务的供应链，这个层面的研究如今已有众多的维度。在本书中，对这个问题的处理将从供水系统、废水处理和生物多样性等角度来展开（第三、五、六章和第九章）。

自然环境对城市地区的影响将从城市气候、水文地理学、地形学和生态学的角度来加以探讨（第四、八章和第九章），但要记住，随着时间的推移，自然环境的面貌已因人类活动而产生巨大变化，所以，城市后来的一代代人正在面对的城市空气、河流、地表、动植物群，就其特征而言，已经与城市基础初步奠定之前的情况大相径庭。

对社会回应方式的考察也有多个维度，涉及从个人对噪音和气味等直接环境的反应，直至抵制温室气体排放的全球性行动。对于大多数城市人来说，事关重大的回应行动是那些由市政府和国家政府制定的应对方案，比如洪水防御和空气污染治理等。就此而言，业已形成的城市变化反映了公共利益与私人利益之间的持续互动，无论这些利益是皇室利益或宗教利益，还是商业利益和市政企业的利益。公共福利状况的改善常常是被情势或事件所驱动的，或者说至少是由它们触发的，这些情势和事件对当权者造成了冲击。这一方面的情况可见于本书的各个部分，但在讨论环境挑战、绿化城市和可持续城市的那些部分表现得尤其明显（第二、七、九章和第十章）。

建成环境在人们生活中的作用和地位，以及人类演化的物质背景问题，依然是一个恒定的主题，它涉及公共卫生、社会稳定、暴力成因，以及或温驯或凶险的各类生物的栖息地等问题。在本书中，对这些问题的处理主要是沿着公共卫生与安全的路径来进行的，后者与易于产生如地震、火山爆发和洪涝灾害的地区中的建成环境所带来的日益增加的风险有关（第二章和第八章）。然而，在考察城市环境中人类的脆弱性的时候，还必须牢记来自工业化学品、自身原因引起的健康不良、交通事故以及火灾等其他城市危患。

让城市成为宜居之地：文化与多样性

对城市环境可持续性的探索已经被证明是一场艰苦卓绝的斗争。与那些规模更大的城市相比，一些有创新精神并承担着环境保护引路者责任的中小型城市已经取得了更大的成就。常常出现的情况是，许多的“解决方案”只不过是制造了一组新的问题。尽管如此，所取得的进步还是巨大的。正如麦乐西①所表明的那样，到 20 世纪后半段为止，北美和欧洲城市已拥有充足的环境服务，地表水质量已经得到改善，传染病的发病率已经下降，空气污染程度已经被降低，而且，大多数的城市人比他们的前辈们活得更长，更健康；此外，在欧洲，欧盟委员会的指令要求其成员国在饮用水质量、降低河流污染、对机动车辆的二氧化碳排放征税以及在物质循环利用等方面达到更高标准，作为这一指令的结果，改善环境质量的更大步伐已经迈出。各成员国对污水处理系统的改进尤其令人瞩目。

在当今，也有一种逐渐占据上风的观点，它认为城市是地球上最具野生性地域的景观连续体的一部分，在这里，人类影响是极小的，却也始终存在，虽然只是通过诸如此类的一些方式：从气候变化和大气气溶胶的放射性沉降物，直至购物中心内部的人造景观、豪华宾馆的中庭以及建筑物稠密的亚洲城市公寓楼群间修剪整齐的绿色空间等等。城市栖居地的混杂状况及生态位，对城市中的生物多样性造成影响，它们渐次融入城郊园林、树林以及开放空间的交错地带，与城市边缘的小块农田汇合，并从此处化入农业景观、天然草场以及森林和草原之中。在某些情况下，大海和大洋出其不意地划断了城市的边界，在另外一些情况下，纵横的山脉则让某些方位的建筑受到了限制，但在很多情况下，城市都只不过是对自然世界的一种侵扰罢了，而自然界也正如城市企业家、艺术家、贸易商以及捡垃圾者一样，会对各种

---

① Melosi，1990.

机遇作出回应。理解城市既需要对社会、经济和技术的运行方式有所了解，又需要知晓塑造了景观及其野生动物世界的所有生态学和地球物理学的演化过程。

对自然的利用以及与自然界的互动受制于权力、种族特点以及文化因素。① 它也受到人类偏好的影响。在那些从文化传承上显示其移民经历只有几代的人群中，城市的园艺爱好者在做出种植本地物种还是外来物种的决定时呈现很大差异。② 这表明在个人所持有的城市土地或住房用地的范围内存在着环境改造的多样性。这部城市环境史试图在一定程度上解释这种城市环境发展和变化方面的多样性。

尽管有经济和文化全球化以及全球性环境变化带来的各方面的影响，但明亮的玻璃、钢铁和混凝土塔楼与寒酸凋敝的廉价房，或者贫困人口的非正式定居点之间的巨大反差依然存在。城市里的生活是不平等的，并且常常是不公正的。环境质量的影响也是如此。阅读和了解世界各城市的演进过程，对许多重大成就有所认识，这些成就尤其表现在公共卫生与安全方面，在这一过程中，获得的一个强烈印象是，要让城市适于它们的所有居住者，这不仅是一个尚未完成的任务，而且是一项日渐加重的任务。如果这部环境史有助于你了解这一任务，并鼓励其他的人以更高的热情去参与其中，它也许就发挥了一点不错的作用。

---

① Zimmerer，1994.

② Head and Muir，2006.

第一章　从贸易村到全球化大都市：城市的起源与发展

由于世界上已有超过半数的人口居住在城市，我们越来越认识到，有必要比以前更加详细地去了解城市发展的起源、当下动力和未来趋势。不但国际和国内的移民已经使城市的社会性格比先前更趋多样和复杂，而且跨国贸易模式与全球化进程也已经让各地的大型城市中心处处呈现出某种让人感到似曾相识的面貌，它们都有同样的多功能商场和相似的中产阶级住宅，都有机动车拥堵问题和跨越各大洲的市内快速交通条件。城市环境史所考察的范围包括城市的这些变化如何影响到了环境，它们如何加剧或者是制造了环境问题，以及城市的政府和社群是如何倾力去应对这些问题的。

最早的人类聚落都是从事维持生存的狩猎和采集活动的家族集群。后来，这些聚落逐步展开了定居性农业活动，并且，他们在有些时候还偶尔会有剩余的产品，这些剩余产品可以用来交换制造工具的黑曜石、铜制装饰品、优良的种子或是其他类型的食品。有一些聚落开始发展起了专门性的工具制造业和装饰品制造业，另外一些聚落则变成了进行货物交换的贸易站点。这些都是城市功能的起点。在某些情况下，还有修筑城墙进行军事防卫的需求，而且，相当普遍的情况是，需要有从事宗教活动的专用建筑物。聚落形式就以这样的方式逐渐满足了一个城市实体的某些前提条件，其中包括：密集的永久性定居点，各种非农业专门人才，税收与财富积累，纪念性的公共建筑，以及一个管理阶层。这种现象的出现通常是与以下条件相关的：书写的技巧，预测的科学，艺术的表达，生活必需品的交易，以及亲缘关系重要性的下降。

情况也并非总是如此。与16.4万年前的非洲智人以及5万年前从非洲迁往其他大陆的先民的生存过程比较起来①，城市的发展是短暂而又急速的。城市，或者更有可能是出现了劳动的专业化分工与某种形式的社会等级制的城镇和城市定居点，在公元前9000年到公元前6000年之间开始发展起来。这种从农村向城市的转型，几乎全部都是从农业和贸易开始的。最初的城镇基本上都是与商贸航线和水务管理相关的蓬勃发展起来的村庄。在新石器时代，黑曜石贸易对于底格里斯河和幼发拉底河以北的村庄变得重要起来。铜也被制作成用来交易的装饰品。许多中心区域开始了陶器的制造，但尚未见到有强大的政府和政治当局存在的证据。恰塔尔霍尤克（Çatalhöyük）和耶利哥（Jericho）（表1.1）通常被认为是"早熟的"类城市（urban-like）发展。然而，它们也像其后继者一样，为了改造环境，都付出了巨大的努力，开辟了众多的建筑场地和可靠的水源供给系统。恰塔尔霍尤克是在一个大面积的人造土丘上建成的，而耶利哥则有许多用于输水的巨大的石凿沟渠（表1.1）。水文和地貌变化对周边地区造成了影响，而且也改变了当地的动植物种群。城市还不得不对垃圾进行处理，通常的做法是将之高高地堆放在城市的附近地区。不足为奇的是，考古学家常常在火灾之后的新建设时期或是在临时废弃的聚落点，发现有许多若干世纪以来形成的垃圾地层穿插其间。随着人类食用的食物类型的变化以及技术变革的残留物的出现，遭受火灾或者战争毁坏的记

---

① Marean，2010.

录也出现了。不久之后，各种金属也开始在废弃物中被发现，这表明新型的城市消费和技术出现了。因此，考察一下最早期城市的各种工艺技术给今日的城市带来了怎样的影响是有益的。克利特岛上克诺索斯（Knossos）宫殿的主要供水系统在公元前1700年就已经与今天的供水系统极为接近。引水渠把水引入，并储存在当地的水源配送水库。废水由一个排水系统排出，雨水则由另一个系统排出。而21世纪的许多较为贫困的城市的居民却还没有受益于类似的水源供给与公共卫生系统。

恰塔尔霍尤克

从公元前6500年至公元前5550年，安纳托利亚（土耳其）的恰塔尔霍尤克的繁荣应归功于其丰富的黑曜石储量。从其象征性表达及文化系统的复杂程度方面来说，新石器时代的恰塔尔霍尤克地位显要。作为第一波出现于亚洲西南部和巴尔干地区农业聚落中的一个得到了最充分研究的案例，恰塔尔霍尤克也具有重要意义①。就此而言，恰塔尔霍尤克表明，城市也可能在所谓的新月沃土（Fertile Crescent）②之外的地带得到发展，人们一直认为新月沃土才为第一批近东地区城市的创生提供了独一无二的环境③。

对于恰塔尔霍尤克详细的多学科考察揭示了城市化进程初期环境与人类活动之间的密切关系。新石器时代的恰塔尔霍尤克坐落在洪水冲积成的一片广阔湿地上，有很分明的季节性气候变化，这使得聚居

---

① McLeman，2011.

② 范围大致包括今日的以伊拉克、叙利亚、以色列、巴勒斯坦、黎巴嫩、约旦，以及土耳其的东南部等地区。地处两河流域周围，形如新月。美国考古学家詹姆士·亨利·布雷斯特德（James Henry Breasted，1865～1935）赋予了其考古学意义上的重要性。——译者注

③ Hodder，2007.

地的土丘一年中有长达两个月的时间被春汛的洪水所围困（图 1.1）。季节性湿地提供了一系列的环境资源，从富含蛋白质的蔗草属植物的块茎和野生禽类，到用来砌墙的泥灰土，而那一时期流经此地的恰尔尚巴河（Çarşamba River）则提供了一个至关重要的运输和交通途径①。然而，除了在晚春洪水消退时栽种的庄稼之外，当地的冲积土壤不可能提供谷类作物的栽培地点。考古学数据表明，这些作物的大部分都是在非常远的非冲积土壤上以旱作的方式栽培的，那些地方离恰塔尔霍尤克太远，根本无法进行日常管理。旱作农业肯定得到了湿地条件的支持，并且还有新石器时代更可靠的雨水保障。

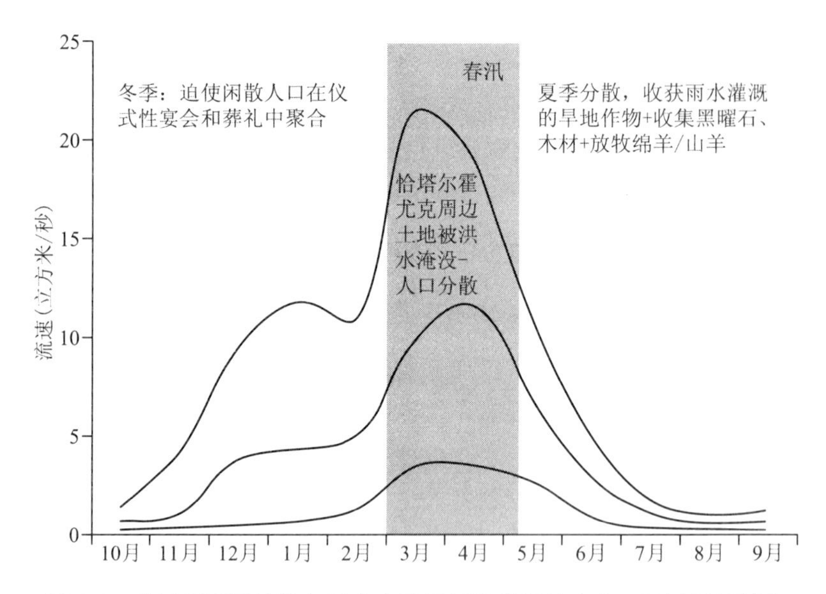

图 1.1　此图标明了恰塔尔霍尤克地区河流的汛情变化，用以显示城市人口的聚散状况，这一变化随季节性活动所在地点离原住址的远近而定。图中曲线显示了在 1964～1980 年这一时段中博孜克尔的卡桑巴河每月水流量的高峰、中值和最低点（根据 Roberts and Rosen，2009）

① Roberts and Rosen，2009.

在恰塔尔霍尤克的象征性表述和日常实践中发现的许多主题，出现于村庄和城镇发展的早期进程中。这些主题包括对于记忆建构的社会性关注，也包含对于野生动物、暴力和死亡以及人类在与动物世界的关系中的核心统治地位的象征性关注。① 这些主题对于定居生活和动植物驯养的发展来说是不可或缺的组成部分。因此，人类的定居生活以及早期城市化过程就是克服环境困难、防御一年一度洪水来袭的一项举措，它通过聚居地一定距离之外的季节性旱作农业获得足够的食物供给，并由此而拓展定居地的生态足迹。直至最后，这个地点从农村变成了城镇。这一转变过程必定与一种扩张的因素以及影响的传播有关，或许还需要有一个充满活力的领袖人物、一个家族或是社团的带领。

秘鲁的北奇科（THE NORTE CHICO）地区

在南美洲，城市聚落的发展独立于其他地区。秘鲁的卡拉尔（Caral）和埃斯佩罗（Aspero）（表 1.1）的历史可以追溯到公元前 5000 年以前，并且，相对于把人类聚合现象的发生都仅仅归因于战争的观念而言，它们提供了一个明显相反的例证。这些定居地没有任何战争的迹象：它们都没有城墙，没有防御性的城垛，没有发现武器或是残缺不全的尸体，也没有对于战事的艺术描绘。两个城市都受惠于农民与渔民之间的交易。它们都构筑了大型的土丘，支撑起仪式性的建筑物。在某些类似的土木工事之下，曾发现过一些芦苇编制的篮筐，这说明了劳工们背负石头和泥土时所采用的方式。这些聚落逐渐变成了主要的城市。总体上说来，这个地区的 20 处遗址，共同拥有某些基本的特征，这些特征包括大规模的纪念性建筑、宽敞的住宅式建筑，并且罕有陶瓷制品。这些情况都表明，从公元前 3000 年至公元前 1800

① Hodder，2007.

年为止，在秘鲁的北奇科地区有一个重要的文化中心得到了发展。①

表 1.1　主要的早期城市及其特点与环境特征

大致年代	地区	国家与大陆	特　　点	环境问题
公元前 9000 年	恰塔尔霍尤克	土耳其，亚洲	超过 150 幢住宅；黑曜石交易；定居农业社群产出有盈余，大量的早期陶器	建造在一个广阔的沼泽平原上面的一座巨型土丘之上，季节随当地河流的流动而变化
公元前 9000 年	耶利哥	以色列，亚洲	前陶器时代，新石器时代聚落，后被再次居住	巨大的石凿水渠与石墙
公元前 6500 年	哈鲁拉村	叙利亚，亚洲	幼发拉底河沿岸主要贸易路线的中心，8 座大型的陶瓷窑	拜利赫河东岸上的 3 个大型土丘
公元前 5400 年	埃利都	伊拉克，亚洲	位于具有不同生活方式的 3 个不同生态系统的接合点，在荒漠环境下需要达成用水协议；给人留下深刻印象的复合寺庙	大型土丘与寺庙，严重的水安全问题，最终受到逐渐侵入的荒漠沙丘和逐渐上升的盐水水位的影响
公元前 5000 年	印度河谷的勃固	巴基斯坦，亚洲	具有强有力的贸易证据的类似村落的定居点	河道变化
公元前 5000 年	卡拉尔	秘鲁，南美洲	6 座 20 米高的金字塔，贸易资源丰富的环境，灌溉农业，以棉花交换鱼类的贸易	建造于土丘和岩石墩之上，为建造金字塔而搬运大量的泥土和岩石
公元前 5000 年	埃斯佩罗	秘鲁，南美洲	航海沿线社区；有一些农业和贸易活动的证据，但主要依靠航海资源	两个巨大的土丘平台；另有 15 个稍小的土丘；还有露天广场、排屋，以及总计占地达 14 公顷的垃圾区

① Haas et al.，2004.

续　表

大致年代	地区	国家与大陆	特　　点	环境问题
公元前4500年	哈姆卡尔	叙利亚，亚洲	黑曜石贸易中心，工具与陶器制造，专业化的批量生产	红铜时代晚期城市，公元前3500年前后毁于火灾；随后被重新居住
公元前4000年	乌鲁克	伊拉克，亚洲	重要的宗教和政府中心，拥有多个专业化工场	幼发拉底河重要河段上的供水与运输组织
公元前4000年	城头山	中国，亚洲	含有祭坛和行政办公楼的要塞遗址	周边田地的灌溉系统，有储水池；城市四周建有土墙
公元前3700年	良渚	中国，亚洲	玉器、陶器和漆器产地，有大量贸易	位于两河与带有平原的山地景观交汇处，在夯实土之上抬高地基
公元前3500年	迈哈迪	埃及，非洲	基本上是农业社区，但具有当地手工制造的罐子，并且有专业化制造铜质工具、石制花瓶以及平滑的燧石工具的证据	位于临近尼罗河洪泛平原的岩石山脊之上，有许多垃圾沉积和居住期的地层
公元前3000年	乌尔	伊拉克，亚洲	从公元前2030年到公元前1980年成为世界最大城市	干旱、河道改变，以及水道淤塞造成波斯湾
公元前3000年	孟斐斯	埃及，非洲	皇家城市，其人口高峰时升至4万；等级制的社会组织、行业工厂；贸易	在尼罗河改道和沙丘推进时，向东迁移以应对环境变化

续　表

大致年代	地区	国家与大陆	特　点	环境问题
公元前3000年	克诺索斯	希腊克里特岛，欧洲	人口的快速增长把新石器时代的定居点变为城市；公元前1750年之后，宫殿建筑发展起来	宫殿有将暴雨水与污水分开的排水系统，管道供水来自10千米长的引水渠
公元前2650年	多拉维拉	印度古吉拉特邦，亚洲	由石头建造而成（与其他印度河流域城市不同），巨型的砖结构有可能是墓室	在雨季，Khadit Bet岛被水围困，岛上有一连串土丘；运用石凿蓄水池的先进节水手段
公元前2500年	摩亨佐-达罗	巴基斯坦，亚洲	规则的网状模式，低等的城镇住宅，用于宗教和管理事务的城堡	河道改变的重要性，13米宽的泥砖堤坝；排水系统
公元前2500年	哈拉帕	巴基斯坦，亚洲	差别化的住宅、平顶砖房，以及强固的管理和宗教中心	网格化的城市格局，有效的排污、排水系统

底格里斯河-幼发拉底河流域（尤其是美索不达米亚）

从公元前6500年起，兼具防御、商业和宗教功能的城市聚落在美索不达米亚地区并沿着幼发拉底河上游的贸易线路同时开始发展起来。像位于当今叙利亚境内的哈鲁拉村（Tell Zaidan）和哈拉夫（Halaf）这些地处幼发拉底河流域最北端的地方（表1.1），变得更加重要。专业技能开始向城市定居点集中。宗教领袖与统治首领在更大的聚落里发展了他们的权势，并通过修筑防御性的城墙来保护他们的利益。这些城市主要与安全和商业有关。许多城市也有宗教功能。其中的大部分城市都为建造主要建筑物而垒土成丘，这使当地的环境发生了改变。

至公元前3500年为止，诸如乌鲁克（Uruk）（表1.1）等众多繁华的城市，大都被水田和村落所包围，分布在底格里斯河-幼发拉底河流域。它们具有几个共同的主要特点。它们都是由男性首领统治，最初都信奉女性神祇。耕地直接延伸到城市：许多城里人都是兼职的农民，他们就住在城墙之外，可以步行去农田。贫困人口则住在城墙之内的边缘地带。商人和匠人都在离市中心较近的地方安家，而贵族、教士和军人则居住在拥有壮观的仪式性建筑、神塔和寺庙的市中心。城市的急剧发展几乎导致周边农村的荒废。也许，大多数兼职农民都是些离开了农村中荒芜的家园而进入城市的人①。战争也有可能是农村聚落荒废的一个原因。另一个原因可能在于，乌鲁克的国王们想要更严格地管控他们的臣民②，大概是为了能够迫使他们为主要的建筑工程出工出力。

然而，这些城市是脆弱的，它们都受到了一些主要问题的困扰，包括因烹饪时用火不慎而造成的火灾，与糟糕的卫生状况相关的疾病，在一年一度的洪水泛滥范围有所减小的那些年份里的饥荒，以及被敌人入侵的威胁。饥荒也与城市对环境造成的影响有关。农民没有可以把过剩的水排出农田的排水渠道。因此，当那些过剩的水被蒸发之后，盐分便积聚起来，迫使农民把小麦换成了更具耐盐性的大麦（如表1.1中所列出的埃利都）。直至最后，含盐量甚至大到连大麦也无法种植，田地不得不被废弃。含盐土壤的遗留问题仍旧制约着今日伊拉克的农业发展③。

最早的埃及城市

在公元前3500年前后，在距当今开罗南部大约15千米的地方，

---

① Smith，2002，p.7.

② Smith，2002，p.7.

③ Girardet，1992.

建起了迈哈迪（Maadi）村，它可能被作为一个贸易中心，村中配有货栈、筒仓和地窖。迈哈迪地处一条通向巴勒斯坦的贸易线路的终端，并且可能是那个时期来自黎凡特（Levant）的中间商的居住地，人们发现，这里的贸易项目包括来自亚洲西南部的铜和沥青。把这个地点与上埃及地区联系起来的其他文物显示，迈哈迪是尼罗河上游与黎凡特贸易线路的一个连接点。

到公元前3000年为止，最初的埃及君王们巩固了他们在孟斐斯的政权，制定了一套皇家意识形态，它把所有的地区都与统治者的法权联系在一起。尽管孟斐斯在古埃及法老的3 000年统治历史中一直是一个重要的人口中心，但在尼罗河改道以及沙丘向城市移动的时候，它只能通过向东迁移的办法来应对环境的变化。在发展的极盛时期，孟斐斯的人口大概不到4万人。再往南的底比斯（Thebes，现今的卢克索旧址）也达到了相似的规模，但是，诸如伊拉胡恩（Illahun）、艾德福（Edfu）、耶拉孔波利斯（Hierakonpolis）和阿比多斯（Abydos）等大多数埃及古镇都只有1 400到3 000的居民。这些城市的居住者也包含农村人口，比如像每天工作在田间的农民和牧民等。君主、贵族和寺院拥有庄园和田产，其中雇用了各种员工，大部分是从事农业生产的农村劳动力。同美索不达米亚平原的情况一样，这些城市和城镇都有一种等级制度，宫殿、巨宅和寺院供精英阶层居住，更为简陋的住宅是工人们的居所，此外还有作坊、谷仓、货栈、商店和本地的市场：一切与城市居住区的生活有关的机构。与美索不达米亚和恰塔尔霍尤克的情形大同小异，一年一度的洪水泛滥既是一种挑战，也是一种恩赐。农业生产受惠于这种形式的土地灌溉与淤泥沉淀，可是，洪水也会打乱城市与乡村的活动秩序。

印度河流域周围的早期城市

更宽泛意义上的印度河区域是埃及、美索不达米亚、南亚和中国这四个最大的城市文明的发祥地。在公元前2500年左右，它沿着现今位于巴基斯坦境内的印度河而逐渐兴起。最重要的城市是哈拉帕(Harappa)和摩亨佐-达罗(Mohenjo-Daro)。印度河文明最鲜明的特征是其精细繁复的城市规划。这些城市声名卓著，是因其笔直的街道上一种精心设计的铁网格图案布局，及其石砌或砖砌建筑物和复杂的建筑构造。在这些城市的内部，众多的分区/地区因各自的专门性经济活动而互有差异。这些城市与美索不达米亚地区的城市不同，它们都拥有携带排污和废物回收装置的高度发达的卫生系统。大多数的房屋都有水井和带有下水道的浴室。街道上也有排水系统。①

哈拉帕的人口数可能曾一度达到5万。有些城市是由被城墙包围起来的两个部分构成的，“城堡”部分和“下城区”部分。城堡是管理和宗教事务中心，建有诸如“大浴室”和“粮仓”等公共建筑，而“下城区”则主要是一个生活居住的区域。然而，多拉维拉(Dholavira)却有三重分区：一个卫城区，或者说是由一个巨大的“城堡”和一个毗邻的“城廊”构成的上城区；一个(包括一个举行仪式的巨大场地在内)城镇中心；以及一个下城区，下城区的大部分被一系列的水库所占用(图1.2)。

这些城市显示了与环境变化相关的应对举措以及衰退的过程。印度河文明可能是从西部逐渐向东部传播的，因为在哈拉帕和摩亨佐-达罗衰落之后，印度河地区中部和南部的一些地方开始兴盛起来。位于印度河东部并与印度河平行的古代萨拉斯瓦蒂河(Saraswati River)，或称嘎戈尔-哈克拉河(Ghaggar-Hakra River)，它的干涸也可能影响了这一文明。环境衰退理论为印度河文明的衰落提供了这样一种可能性解释。这些地区以及古吉拉特邦周围的衰落既受到了日趋寒冷和干燥的气候的影响，也受到了与海平面下降有关的港口吞吐能力的影响。②

---

① Smith, 2002, p. 8.

② Teramura and Uno, 2006.

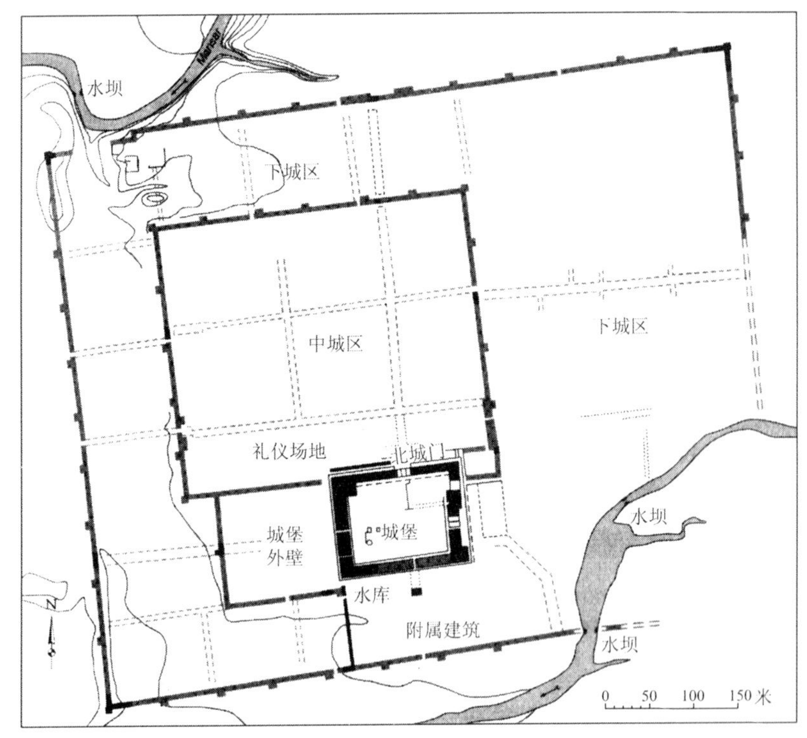

图 1.2 多拉维拉规划(根据 Teramura and Uno,2006)

中国长江下游的最早期城市

中国最早的城市聚落之一据说是城头山（表 1.1），建于公元前 4000 年前后。它坐落在黄河之上，是一个设有要塞的聚居地，被包围在一座黏土墙之内，并且有护城河围护。然而，这些防护设施有可能比这座城市更为古老，因为这个地区的水稻种植在公元前 10000 年前后就开始了，而且，这些壕沟可能曾是灌溉系统的一部分。在中国，尽管孕育了城市的早期农业活动大都集中在从黄土高原到华北大平原的黄河流域附近地区，但长江三角洲地区的聚落大约在公元前 5000 年之前也开始发展起来。

连续的生物地层学、沉积学和地球化学记录显示，气候变化严重地影响了长江三角洲地区的新石器时代文化①。在距今7240～5320年的温暖而潮湿的时期，比现在更高的海平面使这个地区不适于永久定居。到距今5320年为止，海水已经从这个地区退去，但是严寒而又潮湿的气候条件导致了长达约800年的水体膨胀。在这次事件之后，这一文明迁移到了这个区域，并且开垦了平原地区。良渚城的发展在公元前3700年左右，这一时期的文化因之而得名。面积达33.8平方千米的良渚城遗址，地处现今杭州西北部16千米之外，包括119个历史遗址，在这些遗址中，已经发现了高品质的玉雕、织物、雕塑和黑陶工艺品；还有一座墓穴，一个祭坛，一面军事要塞的城墙以及进行灌溉和水源处理的排水沟②。在良渚文化的后期，发生了水体的快速膨胀。高湖面和高水位导致了这一文明的消失，人类聚居区向长江三角洲西部更高的地带迁移。后来，马桥文化出现了，但是，在马桥文化的后期，由寒冷和潮湿的气候条件所造成的水体膨胀再次导致了三角洲地区聚落的迅速崩溃。这个地区的聚落在唐朝（公元618～907年）时得以恢复，在那一时期，这个区域的气候条件再度变化，更有利于农业活动。总体上看，在长江三角洲地区，有过5次全新世人类文明的兴衰（图1.3阴影区a～d），它们对应于5个高海平面时期，这个过程增加了泥煤以及被洪水淹埋的树木的累积。这些环境变化对人类聚居区和人类文明产生了巨大影响③。城市与人类聚落在应对气候变化时的这种普遍的长期存在的脆弱性，向那些在21世纪思考城市如何适应气候变化的人们提出了众多的问题。

---

① Yu et al.，2000.
② Evans et al.，2007.
③ Zhang et al.，2005.

克里特岛和希腊的早期聚落

迈锡尼文明（Mycenaean）和米诺安文明（Minoan）的城市出现于公元前 3000 年之后，大约在这一时期，克里特岛的克诺索斯（表 1.1）开始从农村向城镇转型，尽管雅典直至大约公元前 800 年也没有变为真正的城市。米诺安文明的城市是由方块石头铺成的街道连接起来的，这些石头都是用铜锯切割成型的。街道有排水系统，而且上层阶级还可以使用通过陶管进行供水和排水的设备。这种设备通常有一个放射状的结构，它从街道的中央直接向外延伸，就像是一个车轮上的辐条。这个区域的环境弱点包括锡拉岛（Thera，即现今的 Santorini）火山大爆发的后续影响，它造成的火山落灰和海啸都影响了克里特岛，但是，许多人认为，克诺索斯的最终衰落既要归因于外来入侵者，也要归因于火山爆发所造成的难题以及克里特岛上因城市消费而进行的森林采伐的影响。

公元前 8 世纪，希腊城邦从西西里向安纳托利亚发展（图 1.4）。这个城邦，或者说是城市国家，最初在诸如小亚细亚西岸的士麦那（Smyrna）这样的一些地方获得了发展①。因四周均被非希腊人所包围，这些城市的处境使之需要筑起城墙，成为具有防御能力的聚居点。在这一时期，希腊本土上的大多数城市都集中在城堡（卫城），这里本是寺院区，并且是一个灾难时期的避居地。至公元前 630 年，来自锡拉岛的殖民者再也不能维持其人口的增长，便在昔兰尼加（Cyrenaica）建立了昔兰尼（Cyrene），由此，意义重大的新贸易路线开辟出来了。希腊人在意大利的最早根基是伊斯基亚（Ischia）的皮塞库锡（Pithek-ouassi），这里可能是利用从艾尔卡巴（Elkba）购来的矿石进行铁加工的一个中心②。这些小镇主要是为了满足希腊的城市需求，它们的矿

① Morkot，1996.

② Morkot，1996，p. 48.

石和农产品交易标志了城市发展的足迹，而迁移出锡拉岛的需求则显示了一个岛屿的人口如何可能超出其环境的负载能力。

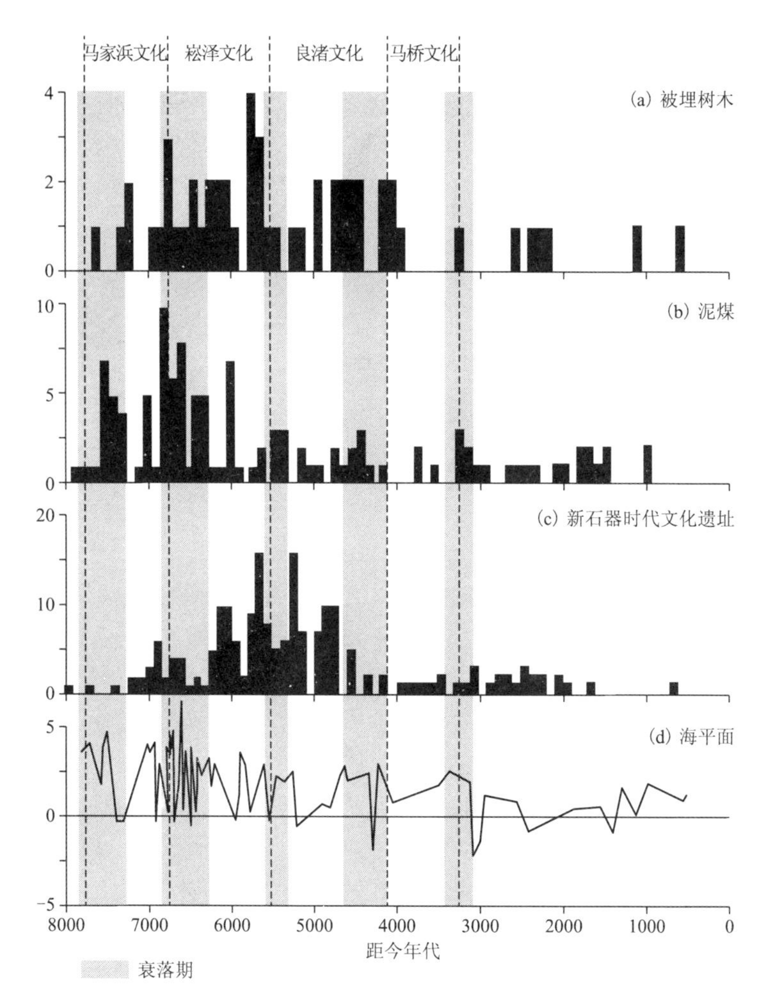

图 1.3　海平面、树木和泥煤掩埋的年代频率，以及长江三角洲部分新石器时代遗址之间的时间关联。(a) 被埋树木的年代频率；(b) 被埋泥煤的年代频率；(c) 新石器时代文化遗址的年代频率；(d)参照贝壳滩脊和泥煤重建的海平面变化数据(以米为单位)。阴影区标志文化衰落期。断续线分开不同的文化时期(根据 Zhang et al.，2005)

图1.4　公元前8世纪的希腊城邦地图（根据Morkot，1996）

罗马的城市与环境

许多古代城市都利用了它们内陆地区的农产品和自然资源，并把它们的废物垃圾往附近的土地上一堆了事，而不去考虑环境后果。土壤的肥力大量消耗，而产品则被收割并被运往远方的城市。罗马人在工程技术方面建立了丰功伟绩，他们沿着引水渠把水输送到很远的距离，并且在小型谷底水坝后面拦截住从山坡上冲刷下来的泥土。这就增加了地方统治者达到罗马权力中心强行制定的农业目标的可能性，但也遗留下了一个日渐荒芜的环境。

罗马成了古代世界最大的城市之一，据估计，至公元前 100 年为止，它已拥有 100 万人口。这些人的生活是由来自整个罗马帝国的供给来支撑的，特别是来自北非。北非珍贵的木材受到了高度重视，森林都被砍伐了，为的是提供高质量的木材和木质燃料。到公元前 50 年为止，非洲每年产出 50 万吨的谷物，而到公元 20 年为止，它满足了罗马 65%的小麦需求①。为了给罗马供应橄榄油，还在北非建立了大型的橄榄树种植园。最终，在 3～4 个世纪之后，这些体系都崩溃了，一些人认为，这里的土壤已经极度恶化，以至于它们无法再支撑起业已在非洲境内的城镇与城市发展起来的巨大的城市社区，但是，这或许只是由于整个罗马体制崩溃了，区域性中心无力抵抗其他社会集团的发展。无论如何，罗马帝国对于城市的安全与商业功能的重视是确定无疑的。

从罗马帝国的一个极端到另一个极端，罗马的城市消费与景观变化的消极后果在今天已经可以看得很明白。在英格兰北部，在蒂斯河谷区和湖区，罗马时代的铅矿残渣仍旧散落在地面上，铅从铅矿中渗出，流入了众多河流之中。在突尼斯的中部，延续了 100 年之久的田地、橄榄压榨机和大面积的罗马农业时代的断墙残垣在当地的景观中

① Girardet，1992.

依然引人注目。这个古代城市新陈代谢的例证表明了城市环境历史的根系有多么深远。

世界宗教的传播及其对城市环境问题的影响：以柬埔寨大吴哥城为例

至公元400年为止，基督教已经在欧洲的大部分地区确立了地位，当众多的大教堂和修道院在随后的若干世纪里兴建起来的时候，它们有时也改变了城市聚落的性质，宗教团体不只是控制了大部分的农业生产，而且打破了城市食品市场的规则。从大约公元300年起，印度教和佛教在东南亚的统治者中逐渐流行起来。公元7世纪，金边湄公河下游的吴哥博瑞（Angkor Borie）就建造了多所印度教寺庙。从公元9世纪开始，混合了印度教和佛教元素的寺庙开始在洞里萨湖北部的吴哥被建造起来（图1.5）。在这里，控制水资源的能力是至关重要的，为的是能够生产出充足的食物，去供养所有的工人、教士，以及投入到后来成为古代世界最大的丰碑式的宗教建筑群建设工作中的其他人。

在城市的发展过程中，农业一直是一个重要因素。大吴哥城是公元1000年前后的亚洲大型城市之一，据说它一度拥有超过100万人口，并且被称为最大的前工业城市。毫无疑问，这样的发展是建立在一种复杂的水利基础设施基础之上的，至于它是一个城市地区，还是一个提供了许多城市节点和精神功能的密集占有土地的地区，尚不能做出定论：这是一个农业与寺院的复合体。遥感资料（观测）给这个问题的回答提供了某些线索，伊文思（Evans）等人的研究①表明，“即使根据非常保守的估计，大吴哥城在其鼎盛时期，也是当时世界上规模最大的前工业低密度城市体系”。它如今可能被看做是一个巨大的、脆弱的、低密度的分散的城市综合体，覆盖了从洞里萨湖

① Evans et al.，2007.

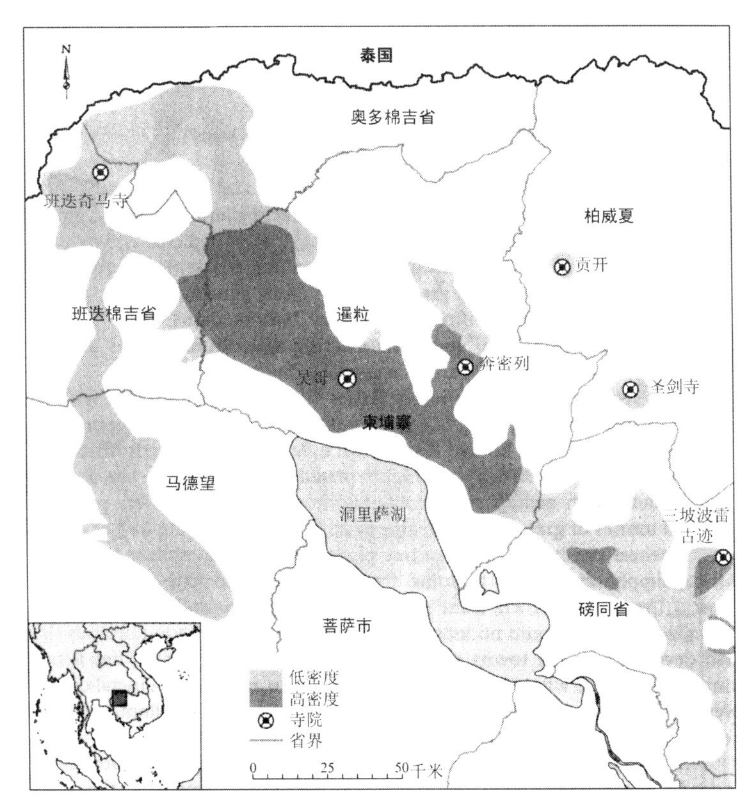

图 1.5 吴哥时期和前吴哥时期以寺庙和池塘为基础的农业聚落的大致规模，以(美国)地球资源(探测)卫星图片以及最近遗址图覆盖范围为根据(数据来自 Evans et al. , 2007)

(Tonlé Sap) 到库仑山 (Kulen hills) 及其余脉的大约 1 000 平方千米的地域①。

吴哥城明显是一个基础设施网络，人们也沿着这一网络居住，它带有洞里萨湖北部居住区景观的区域性模式。大规模的基础设施使传统的分散居住单位有了一致性，并且把大吴哥城“创造”成一个共同的实体。主要的问题是低密度城市复合体的范围。其关键之处在于，

① Fletcher and Pottier, 2002.

定居模式的较小的组成部分（本地的庙宇、被建筑物占据的土丘、水塘，以及把它们联系在一起的持久的、高度结构化的农业空间网络），在现今湖面高水位线的15～25千米之内出现了显著的一致性。而且，对于地球资源卫星数据的分析显示，这种小规模、低密度居住形式本质上是一直连续着的，形成了横贯大片柬埔寨景观的一种相邻的，甚至是更低密度的居住模式（图1.5）。尽管也存在着一些居住更为集中的地区，但在这个阶段，并无特别的空间或时间模式适用于对此做出方便的边界限定①。

大吴哥城被一条周长约13千米的宽阔的护城河和一座强固的红土城墙围住，城墙由一座巨大的土堤支撑。5条石砌的长堤跨过护城河，可以经过5个巨型的大门进入城中，大门上有许多塔楼，塔楼上矗立着有4张人面的巨大头像。长堤的两侧都配有由成排的巨兽构成的栏杆，巨兽的膝间缠有一条蛇（naga），蛇的7颗脑袋在长堤的两端呈扇形抬起②。公元12世纪末，在其达到最大活动规模时，大吴哥城以及周边每年产出三季或四季稻的集约型农业区，都被国王的建设规划消耗到了最大限度。大型的寺庙被分摊给成千上万的村庄去供养维护，与此同时，还雇用了上万的官员和数以千计的舞蹈演员来为他们服务。除此之外，大批的劳工、雕塑工和装饰工也是建设活动所需要的③。国王的这些劳民伤财的需求，使高棉（Khmer）社会陷于枯竭，为整个系统所依赖的水利设施也被忽略。

远不止于城市的聚集区，城市本身就是一个供水系统的集合体，供水系统延伸到了广大的地区，它超出了宫廷及其邻近的寺院，在水堤和运河沿岸，以及在被它们切割成小块耕地的大部分地块上，有数量相当可观的人口密集地定居。④ 格罗斯里尔（Groslier）把投入到水

① Evans et al., 2007.

② Hall, 1968, p.119.

③ Hall, 1968, p.121.

④ Hall, 1968, p.134.

利工作中的劳动看得“比寺院的建造更令人印象深刻，寺院建造活动只不过是为宏伟事业加冕的小教堂而已”①。

城市发展：幸存或衰落

也许吴哥城应该被视为城市蔓延的一个早期案例，一种受水流量支配而不是受机动车流量支配的蔓延。它是一个依赖水利系统的城市，却又被支撑一个伟大宗教的需要所驱动。其灌溉系统的衰落在某种程度上与复活节岛（Easter Island）社会的衰落有些相似：大量建造用于礼仪的建筑工程不仅耗尽了人口的能量，而且过度加重了当地环境的负担。这一点回应了格尔顿·查尔德（Gordon Childe）所利用的某些证据，他谈到了“积累机制”②；他还谈到，为了建造更精美的寺院，美索不达米亚农民和工匠的大部分剩余产品被挥霍在这种“非生产性的奢侈或是繁缛的礼节上”③。在一些人看来，这种情况也可以在现代城市中找到对应，但现今建造的是从拉斯维加斯到迪拜都有的更加精美而昂贵的宾馆以及购物中心，而不是仪式性建筑。与哈拉帕、乌鲁克、孟斐斯或是吴哥城相比，许多大城市都已经存续了更长的时间。然而，一个像伊斯坦布尔和开罗这样的大都市，有可能在无极限的发展与扩张中幸存下来吗？

城市环境史的大部分内容都可以被归因于那些获得了权力、影响和财富的特定个体或是上层集团的决断。某些个体审慎周密地建造新的城市，而另一些人则改变了城市在所在地、在全国，甚至在国际上的角色。对那些有害于健康的环境问题的克服，常常要归功于那些有洞察力的、坚毅果敢的个人。如若说到这些新石器时代的个人的话，我们对之所知甚少，但是对于像亚历山大大帝、哈德良（Hadrian）、

---

① Groslier and Arthaud，1957，p. 30.

② Childe，1958，p. 83.

③ Childe，1958，p. 83.

克里斯多佛·雷恩（Christopher Wren）爵士和豪斯曼（Haussmann）这些人物的作用，人们则已经耳熟能详。

尽管这个时期的关键人物和政府决断很少为人所知，但城市发展和衰落的环境后果，以及它们在面对环境变化时的脆弱性，已日渐为人们所理解。为了更加详细地考察现代城市的内部及周边环境是如何以多种不同的方式治理、损害、恢复和保护的，以下的各章还将进一步总结这些从古代城市中获得（或是被遗忘）的信息和教训。这些章节的安排是为了处理一些主要的环境问题：公共卫生、城市消费、空气污染、供水系统、固体与液体废物、噪音与异味、地形地貌与水循环。最后两章考察了几个世纪以来在走向更加绿色和更可持续的城市方面所取得的进步。

第二章　应对灾难和威胁的共同体：脆弱而又有韧性的城市

在人类历史上，从地震到火灾，从火山的爆发到疾病的传播，无论是由自然过程还是由人类行为造成的极端事件，都已经造成了城市环境的变化，这些变化在很大程度上表现为新的基础设施的重建以及翻新，但有时也通过城市居住区的迁移来完成。有的时候是在一个新的地点进行重建，有的时候则制订新的城市规划，使旧城结构被一个更现代、更健康、更安全的城市规划所取代。在另外一些情况下，一座城市的重新开发已经采用了更严格的新建筑规范以及卫生的、安全的设备，但房地产还使用着之前的土地所有权的空间。在许多事例中，尽管具有前瞻性的观念和规划，试图去建设一座更美好城市，但这种使用权和所有权模式却使城市继续维持着几个世纪以来毫无变化的街道布局。因此，今后人们关注的重心就在于审慎地保持占有的欲望与过去遗产的平衡，就像许多欧洲城市在第二次世界大战的轰炸之后小心翼翼地重建市中心一样。然而，应对灾难的种种方案已经将城市引入了新的开发路径，这种开发路径也相应地形成了自己的遗留问题，常常涉及的问题是不平等与环境不公。①

在极端情况下，城镇和城市惨遭废弃。定居区的废弃可以被想象为一个受害程度不断递增的多阶段过程，从人口增长或者说从稳定的人口向人口的不稳定和下降的方向转变，并且逐渐增加的人口外迁，强化了对原地居留人口适应能力的侵蚀（表 2.1）。②

表 2.1　定居区废弃过程概览（根据 Porter，1997）

	第一阶段 受害程度上升 ←→ 人口上升或保持稳定	第二阶段 人口转为下降 →	第三阶段 废弃
受到冲击	出现源于人类活动和/或由环境引发的冲击，或者是冲击的频率与/或严重程度增加	持续时间延长，严重程度增加，多种冲击的协同作用，出现更多冲击的可能性会被不充分的和/或不恰当的制度化应对方案放大	现有冲击持续存在或者有所加剧，额外冲击可能出现，居民外迁降低了适应能力，外迁本身也变成了一种冲击
适应性反应	留在原地的适应性反应起主导作用，要么是通过机构，要么是出于居民的自觉	原地适应能力越来越受限，其他定居区越来越有吸引力，出现主动的临时性或永久性外迁，继之出现人口的不稳定和下降现象	原地适应的选项失效，主动性外迁增加，临时迁移变成无限期迁徙，人口下降速度加快，机构决策对于最终结果的确定极为重要

作为城市环境变化驱动者的瘟疫、流行病和慢性病

传染病一直以来都是通过隔离病患者的方式来加以处理应对的，不论病人患的是麻风病、黑死病、肺结核还是黄热病。这种避免与未感染人群接触的方式造成了麻风病人聚落、瘟疫村、肺结核病医院和

① Suhrke，2007.

② McLeman，2011.

黄热病人岛。通过对航行途中船舶的检查以及在主要港口附近和航海路线上建立检疫站的方式，霍乱的传播最终得到了控制。当地方政府与殖民当局把那些被认为是更易感染和更可能感染疾病的人迁移到远离其他人群的地方时，这种将患病者与其余人群相隔离的模式逐渐被扩展开来。在一些地方，这类做法开启了一条城市环境质量隔离化与差异化的道路，这种现象一直持续到当下。

瘟疫

尽管“瘟疫”一词最初是作为一个指涉一切传播广泛的高致死率疾病的术语，但它如今是指由鼠疫耶尔森氏杆菌（也称为鼠疫巴氏杆菌或鼠疫杆菌）引起的一种具体的有传染性的热病。瘟疫一直以来都对城市人口构成威胁。从公元前430年到公元前427年，一场大瘟疫袭击了雅典。① 在被称为查士丁尼瘟疫（Justinian's plague，公元541～767年）和黑死病（Black Death，1346～19世纪）的两次瘟疫大流行期间，瘟疫造成了欧洲和北非人口的大面积死亡。② 后者还引起了一场旷日持久的人口危机。成千上万的村庄废毁。到1427年为止，佛罗伦萨的人口已经下降了60%，人口数量从10万以上减少到大约3.8万。③ 许多人都认为，这场瘟疫是上帝派来惩罚有罪者的。倘若如此，只有祈祷和禁食才可能有效对抗瘟疫。执鞭笞罚的团伙从一座城市窜入另一座城市，他们相互鞭笞并且责骂犹太人。这种谴责鼓动了对于犹太人的迫害，犹太人被指控在井里投毒。在巴塞尔（Basel），犹太人被关进木屋，活活被烧死；据说在斯特拉斯堡（Strasbourg）有2 000人被杀戮，而在美因兹（Mainz）有1.2万人被杀害；1349年7月，执鞭笞罚者们带领法兰克福的市民进入犹太人街区进行大规模的

---

① Porter，1997，p. 53.

② Achtman et al.，2004.

③ Porter，1997，p. 123.

屠杀。[1] 最后，由地方法官、贵族或市政委员会采取了控制疾病的行动，他们限制患病者活动，把瘟疫受害者封闭在他们自己的房子里等死，而且还杀死了猫、狗等动物，但他们不知道，他们本应该杀死的是携带病菌的老鼠。

最终，城市制定了检疫措施。1377 年，拉古萨（Ragusa，古名；现今的克罗地亚杜布罗夫尼克）让所有来自传染区的人在附近的一个岛上隔离 40 天。[2] 在不到 100 年的时间里，为了降低瘟疫的发生概率，卢卡（Lucca）、佛罗伦萨和威尼斯等地已经建立了卫生委员会，在环境以及其他方面采取了各种措施。从此开始，便出现了改善城市环境的市政卫生官员的角色。

1894 年以后，在第三次鼠疫大流行期间，当鼠疫被来自香港的海运船传播开来的时候，现代的瘟疫引起了全球性的重视。[3] 至此时为止，强烈的公共卫生意识已经渗透到大部分的城市管理部门，绝不限于欧洲殖民帝国的新城市。例如，在当时比利时属的刚果（Belgian Congo），利奥波德维尔（Leopoldville）的城市规划带有两个特征鲜明的部分："欧洲人区和刚果人区……被一条无人居住地段的防疫封锁线分开……这种设计是为了防止非洲疾病传播到白人居住区。"[4] 在南非，特别是在纳塔耳（Natal）和德兰士瓦省（Transvaal），从 19 世纪 70 年代以来，对瘟疫的恐惧，以及对流行的霍乱和天花的恐惧，推动了城市地区对于印第安人和非洲人的隔离，并且使这一隔离行动合理化了。比如说，德班（Durban）的市政当局在 19 世纪 70 年代就试图建立一个新的印第安人社区，以便祛除"疾病、痛苦和不适的繁殖点与保育场"，这一切都被认为是对于城市的威胁。[5]

---

① Porter，1997，p. 125.

② Porter，1997，p. 126.

③ Achtman et al.，2004；Achtman，2008.

④ LaFontaine，1970，p. 19.

⑤ Swanson，1977，p. 390.

瘟疫的第三次流行在1900年到达了南非，此时正值英布战争（Anglo-Boer War）爆发。港口城市开普敦、伊丽莎白港、东伦敦和德班都是易于受到传染的，它们被战时的商务所拖累，充满了来自内地的难民和大量迁徙而来的非洲劳工。① 在第一个被感染的城市开普敦，卫生官员和鼠疫应急机构都把重点放在了非洲人身上，他们不假思索地把这些非洲人与滋生瘟疫的贫困社会状况和不卫生的环境状况联系起来。瘟疫应急管理机构试图把开普敦的非洲人全体迁移，尽管无论是与白人相比，还是与其他有色人种相比，非洲人都更少感染瘟疫。② 开普敦市政府根据公共卫生法案，在一个被称为Uitvlugt的污水处理场建立了一个土著人安置点，此地位于城东大约10千米的开普平原区。对于瘟疫可能导致一场医疗灾难的忧虑触发了一项社会政策，这项政策改变了开普敦建成环境的外部特征。城市的黑色人种依然是被隔离在筑有围墙的大院以及远离白人社会的安置点之内的移民劳工，唯恐白人社区走向堕落和受到腐蚀。③ 把黑人的城市居住区、劳动与生活环境看做是对公共卫生与安全的威胁，这种“卫生综合征”已变成了官方思维的定势，就大众对健康威胁的想象而言，它强化了一种采取积极控制的欲求，并且使得白色人种的偏见合理化了。

在1917年至1920年之间的西部非洲，瘟疫流行摧毁了塞内加尔圣路易（Saint-Louis-du-Senegal）的城市殖民地社会，这场瘟疫侵袭的主要是生活在极其恶劣的不卫生环境中的贫民。在阻断疫情进一步蔓延的计划与贫民延袭传统文化与宗教手段的要求之间，卫生当局拒绝做出让步，尤其是在葬礼仪式方面。这种情况引起了公众的不安，并造成了一场延续数月的抗议运动。就在卫生当局倡议使用武力来对付造反者的时候，一些政治家试图使双方和解，却没有成功。对于流行病将会侵及富有阶层的担忧，迫使当局宣布进入紧急状态，以此来逼

① Swanson，1977，p. 392.

② Swanson，1977，p. 393.

③ Swanson，1977，p. 396.

迫那些继续采用传统预防手段的人向检疫区迁移；并且还放火焚烧了受污染的地区。直至那部分城区被重建为止，那些被迫迁徙的人一直无家可归。①

疟疾

对疟疾的记录历史悠久，在公元前5世纪，希波克拉底（Hippocrates）就已报告了3种类型：每日型、隔日型、四日型。疟疾是与恶劣的排污条件、死水以及开放容器蓄水有密切关联的，所有这些情况都为蚊子的繁殖提供了机会。因此，疟疾已经隐身于城市的许多地点了。对疟疾的关注既需要适当的预防措施，又需要防止被已经与患疟疾的寄生物发生过接触的蚊子叮咬。

在印度，即使在人们了解到这些危险之前，殖民当局已经坚持把军事营地和欧洲平民的居住区与印度人的居住地隔离开来。这种空间隔离形态在非洲再次构成了抗疟疾策略的一部分，欧洲人居住区被建在非洲人居住地区上风口的制高点，这种现象在非洲许多地区的殖民规划决策中也显而易见。从1900年5月起，英国殖民部的指导手册中推荐了对付疟疾的方法：消灭按蚊，防止蚊虫叮咬的个人防护手段（不是给房屋装纱帘），以及欧洲人的居住隔离。② 这最终造成了非洲殖民地城市的种种隔离模式，但通常有明显的环境分区，欧洲人常常是在上风口，并且是在最高的地点。要回避的是排水不良的低洼地区，但是随着越来越多的非洲人搬入城市，这样的危险地带常常被非正式的居住区占领，直至今日，它们仍是具有风险的地方，有水灾和窝藏水传播疾病的风险。

霍乱

在公元前5世纪，修昔底德（Thucydides）有过记述：雅典可能发

---

① Ngalamulume，2006.

② Worboys，1988.

生过霍乱。然而，公元前 7 世纪的印度医师苏斯拉塔（Susrata）首次对霍乱做了记载。荷兰的雅各布斯·伯恩修斯（Jacobus Bontius）1629 年在荷属的东印度群岛（现今的印度尼西亚）也对霍乱进行了描述，中国作家也曾讲到，霍乱是在 1669 年从印度进入中国的。霍乱长期扎根在南亚，直至 19 世纪初才有世界范围的传播。早在 1814 年，巴黎著名的公共卫生改革者 A. J. B. 帕伦特-杜夏泰利特(A. J. B. Parent-Duchâtelet)写下了他的关于霍乱的论文。[①] 1816 年，一场严重的霍乱疫情开始在孟加拉蔓延，并在 1820 年波及了整个南亚次大陆并且远及中国。[②] 到 1824 年为止，霍乱已到达了菲律宾、日本和俄罗斯边境。在西部方向，霍乱传入了波斯湾，通过波斯进入了奥斯曼土耳其(Ottoman)帝国和俄罗斯帝国，可是，它虽然也抵达了里海，却没有进一步传入欧洲。然而，开始于 1829 年的第二次流行，却从北非传到了欧洲，在 1831 年到达了英格兰东北部的森德兰（Sunderland）[③]，并于 1832 年到达了伦敦和爱丁堡。此后，霍乱继续前行，在同一年到达了纽约，在 1834 年到达了美国和墨西哥的西部沿海地区。第三次霍乱流行开始于 1852 年，这是最为严重的一次，有超过 250 万俄罗斯人被感染，超过 100 万人死亡。

第四次霍乱流行开始于 1863 年并延续至 1875 年。这一次，在被伊斯兰朝圣者带回亚历山大之后，霍乱到达了欧洲，并从那里经由海路被带到了意大利和马赛。它还在普奥战争（1866 年）的余波中得到了传播，并且向南跨过了非洲。第五次霍乱流行是在 1881 至 1896 年间，并在德国的汉堡造成了严重的死亡。

这些霍乱疫情催生了受害者和公共卫生官员的行动。隔离警戒线、检疫隔离所，以及其他隔离措施都未能奏效，当时的人们担心地方法官和医生正在密谋毒杀他们，因此，从圣彼得堡（St. Petersburg）到

---

① La Berge，1992.

② Elvin，2004，p. 119.

③ Woodward，1962，p. 463.

巴黎都发生了暴乱。在英国，凡有霍乱受害者被隔离在劳动救济院的医务室的地方，暴乱者就会指责医疗专业人员，说他们把霍乱的流行当成了猎取解剖尸体的机会。①

在1832年的霍乱流行之后，帕伦特-杜夏泰利特成了调查巴黎霍乱流行原因的一个委员会的成员。他向有关职业健康与疾病的传统理论提出了挑战②，尤其是针对认为从腐烂蔬菜和污秽之物中散发出来的瘴气、射气导致疾病这一观点。他对与疾病相关的居住环境的社会原因进行了批判性的审核，并且强烈要求改善公共卫生、道德规范和行政管理水平。

霍乱是推动公共卫生改革议题的众多因素之一，其他因素还包括人口压力等等。③ 这些问题都有助于向济贫法（Poor Law）的改革施加压力，埃德温·查德威克（Edwin Chadwick）是济贫法委员会的秘书，1834年，经由这个委员会颁布了一部新的济贫法，该项法律有效地提出了对于贫病者的公共责任问题，引起了一场最终构成英国国家卫生服务基础的运动。在接下来的十年间，这场运动进一步引发了与查德威克相关的众多改革，有效地推进了污物处理和排水系统的建设，产生了对于公共卫生核心权力机构的需求，这个机构将指导地方卫生委员会制订排水、清洗、铺路、饮用水的规定，以及建筑、非法妨害和有害交易的卫生准则。④ 因此，公共卫生、城市规划以及住房建设等一系列改革开始了，这些改革极大地改善了城市的环境条件。这些改革运动也帮助城市确定了发展的道路，为之带来了大规模的集中排污系统、格局合理的住房条件以及饮用水处理标准等，这些至今仍构成了许多西方城市的特征。然而，这也并非是一件轻而易举的事情。1866年的法案强制地方政府配备卫生检查员，并且支持中央政府的决

---

① Porter, 1997, p. 409.

② La Berge, 1992, p. 6.

③ La Berge, 1992, p. 5.

④ Porter, 1997, p. 411.

定，坚持取缔各种非法滋扰，提供污水处理设施和良好的供水条件，而在这个法案颁布之前，在 1848 年和 1865 年，又爆发了另外两次流行性的霍乱。①

黄热病

黄热病病毒（YFV）是黄病毒属的典型成员，它是通过节肢动物作为媒介在脊椎动物之间传播的一组病毒。这类病毒在非洲和南美的热带地区被发现，并且由各种蚊子——非洲的伊蚊属（*Aedes* spp.）以及南美洲的趋血蚊属（*Haemagogus* spp.）和煞蚊属（*Sabethes* spp.）——传播给了灵长类动物。分子流行病学的数据显示，黄热病病毒有 7 种基因型，它们在地理分布上是各自独立的，而且，疾病的发生更多地与特定的基因型有关。② 从核苷酸序列数据和系统学分析上看，似乎显示黄热病病毒有可能起源于东部和中部非洲，再扩大到西非，并且之后从西非传播到南美洲。③ 黄热病发生的 3 个周期在非洲得到了确认：热带丛林、热带草原和城市。在前两个周期中，黄热病通过蚊子叮咬从猴子传给了人类，但在城市地区，它是人际传播的。

长期以来，黄热病一直是非洲的一个主要问题，这种病毒在 1648 年到达了古巴，并在 1865 年进入了巴西。从那之后，它扩散到了从布宜诺斯艾利斯到北美洲东海岸的美洲的热带地区。④ 在非洲的许多城市，对黄热病的控制开创了疾病管理的先例。⑤ 它在法国西非殖民地官员的心中占据着独特的位置，这些官员形成了一个信念：非洲人是这种病毒的天然携带者。因此，这使得社会隔离合法化了。在 19 世纪的后半叶，黄热病曾 7 次袭击塞内加尔的圣路易斯，并且造成了数以

---

① Woodward，1962，p. 465.

② Barrett and Higgs，2007，p. 209.

③ Barrett and Higgs，2007，p. 219.

④ Braudel，1981，p. 38.

⑤ Ngalamulume，2004，p. 185.

万计的受害者。在当时，关于这种疾病传播的原因，有两种理论主导了地方的观念：地方特性论和接触传播论。

持地方特性论观念的人坚持认为，黄热病既与当地的自然环境有关，也与人类造成的环境有关。他们认为，黄热病的流行是多种原因造成的：墓地中腐烂的有机物释放出来的有毒瘴气，暴雨过后的死水池把圣路易斯的街道变成了受感染的池塘，还有塞内加尔河口的平坦湿软的环境，以及与城市相邻的咸水与淡水混合区。夏季强劲的南风也常常被认为对疾病的传播产生了作用。

接触传播论者认为，黄热病是由一种毒素造成的，可以通过人际接触传播，也可以通过被感染接触的建筑物、衣物和其他物质传播，这与当地的卫生条件无关。接触传播论者相信，黄热病不是由当地原因造成的，而是被从塞拉利昂、冈比亚或是葡属几内亚带到这个城市的。

19世纪中期的黄热病政策是基于环境论和狭义的接触感染论思考角度制定的。卫生当局首先把目标指向了圣路易斯的集市，它被迁移到了纳达托托岛（Ndar Toute）。他们随后把目标指向了不卫生的住房，搬迁了市中心的一些简陋窝棚，它们被视为疾病的滋生地，而且还打算把非洲人从市中心全部迁移出去。这场“对抗窝棚或茅草屋的战争（bataille de la paillotte）”大约从1850年持续到1874年。[①] 对在城市周边地区熏鱼这一日常习惯的批评导致了对捕鱼活动的取缔，许多迁移出去的渔民变成了塞内加尔河上的引航员或船夫。根据南非的M. 斯旺森（M. Swanson）的描述，卫生综合征在这里又一次出现了。[②] 当另一场黄热病于1900年在圣路易斯暴发的时候，当局迅速行动，确认了那些引入和传播疾病的人，并且强制实行了严格的检疫措施。尽管这引起了商人和另外一些几乎无法获得食品与物资的人的抗议，但这次疾病暴发的严重程度要远远低于先前的几次。圣路易斯良

① Ngalamulume，2004，p. 190.

② Ngalamulume，2004，p. 193.

好的卫生设备、宜人的住房条件、清洁的饮用水供应，以及居住环境的总体改善，减少了人们接触引发疾病的微生物的机会。而类似的成就应归功于埃德温·查德威克和其他一些人所进行的改革。无论如何，非洲的这种进步也是与隔离措施、强制疏散和严密的警方管制相联系的，这也在社会和环境方面导致了相当大的不公正。

目前，由于埃及伊蚊（*Aedes aegypti*）对病毒的传播，非洲城市的黄热病风险正在增加，同样，城市黄热病也有可能返回到南美洲。两地的大型人口中心区都表现出发生严峻的公共卫生问题的可能性。①

尽管可以获得有效的疫苗，但由于在过去的 25 年中黄热病发病率的增加，它仍被认为是一种会再度暴发的疾病。

卫生隔离与被社会和环境分割的城市

全球流行病的接连发生，以及 19 世纪陆地与海洋运输革命带来的贸易和人类活动大幅增加所促成的疾病的传播，也为城市规划确立了新的标准和模式，这些新的标准和模式对于城市环境的变化产生了持续的影响。因而，在非洲城市史的广大范围内，对于卫生隔离的渴望在居住区模式的形成中发挥了作用，但与印第安人营地体系、北非的凡达客（*funduq*，通常是为非穆斯林人，特别是为犹太人预留的一种旅馆或居所）、南非的采矿场地和“土著保留地”等先例相比，甚至与影响更为广泛的政府和私人控制城市发展这样的欧洲观念相比，其中的种族与文化隔离动机同等重要。尽管医学思想的影响很强大，但在热带非洲城市的形成过程中，这种影响既不是单一的，也不占主导地位。作为在异质环境下医生与管理者设法解决生死问题的一个例证，它也许更有意义，其中既有科学的因素，又混杂着种族偏见、政治考虑和经济利益——所有这一切都存在于西方医药史上一次重要的范式变革之中。②

---

① Barrett and Higgs，2007，p. 209.

② Curtin，1985，p. 613.

公共卫生改革者在改善城市环境方面的作用

正如上文所显示的那样，人们从19世纪40年代开始为不卫生的环境感到担忧，诸如法国的帕伦特-杜夏泰利特、英国的埃德温·查德威克和美国的约翰·格里斯卡姆（John H. Griscom）以及勒缪尔·沙特克（Lemuel Shattuck）等人都认为，是带有受污染的水源和大量垃圾与秽物的环境，而不是个人的道德水准，决定了霍乱等流行病暴发的可能性及其进程。①

查德威克在他1842年的卫生报告中写道：②

> 各种各样的流行病、地方病以及其他类型的疾病，主要是在劳工阶级中形成的，或者是在其间加重抑或扩散的，这是因腐烂的动物和植物、因潮湿和污秽以及密集的和过度拥挤的住宅所导致的大气污染而造成的，在英国各地，这类人群普遍居住在上述环境之中，不论是居住在单独的住宅里，还是居住在乡村、小镇，或者是大城市——正如人们已经发现的那样，他们大多都住在大都市最低贱的地区。

在19世纪40年代早期，格里斯卡姆短期担任过纽约市检查员，在此之后的大约20年时间里，他持续地为一个系统性的公共卫生项目工作，这个项目的基本内容包括报告详细的人口动态统计数据，改善贫民窟住房状况，以及城市环境的整体清理等。

1845年，格里斯卡姆写到，贫民阶层比其他阶层更多受到疾病的感染：

> 因为他们生活的环境使得他们更多地遭受到疾病的攻击。他

① Rose，2004，p.771.

② Chadwick，1842，p.369.

> 们许多人住在一起，大多居住在地下室里，他们房间的通风条件不好，并且更多地暴露在蒸汽和其他种种放射物之下，因此，通风、排污以及其他的卫生要求对于他们来说更为必要，并且应该使他们的条件有相对更大一点的改变。①

与此同时，在波士顿，文科硕士勒缪尔·沙特克正把自己沉浸在政治学问题之中，他还借助统计学对公共问题展开了分析，他制定并改进了波士顿市和马萨诸塞州人口动态统计的准则，并且用来指导1845年的波士顿人口普查。② 根据他的说法，他是受到了当时英国和法国卫生改革活动的刺激和影响。《马萨诸塞州卫生状况报告》（*Report of the Sanitary Conditions of Massachusetss*）这份对1850年全州卫生状况的调查，是受该州立法机构的委托而进行的，在这份报告中，沙特克建议创建一种全州范围的永久性公共卫生基础设施。为了搜集有关公共卫生状况的统计信息，他还建议在全州和地方层级建立卫生办公室。尽管立法机构并没有采用他的全面计划，但他的一些具体建议却成为20世纪进程中常规性的公共卫生活动。

然而，在19世纪80和90年代，德国和法国的细菌学研究者不久就发现了导致肺结核和霍乱以及其他疾病的致病性微生物。彼得森（Peterson）声称，"随着这种新的公共卫生实践逐渐扎根，它把人们的注意力从卫生改革的根本前提上转移开了——最具传染性的疾病在可见的环境中有其根源"③。于是，诸如隔离、免疫接种、灭菌消毒，以及抗毒防毒等预防手段变得比卫生改革更重要了。公共卫生方面的科学工作者制订了过滤和氯化处理水的方法，这些方法使被污染的水得以净化。面对微生物和清洁过滤等防疫手段，尽管公共卫生改革最终失去了动力，但在19世纪这个阶段，这一运动却在排污处理与城市规

---

① Bloom，2001，p. 307.

② Cassedy，1975，p. 138.

③ Peterson，2003，p. 33.

划方面引起了有价值的创新，城市规划已经成了规避许多环境恶化风险与人类卫生灾祸的途径。

在19世纪的后半叶，对于疾病在城市地区传播的担忧导致卫生当局出台了许多严格的措施。在控制措施方面，地方政府常常是极其主动的，但他们有时也会遭遇与地方文化传统的冲突。在塞内加尔的圣路易斯，为了抗击疾病，法国殖民当局试图为全体城市人口接种疫苗，尤其是为孩子接种，却遭遇了大量来自非洲贫民区居民的抵制，他们中有的人认为西方的药物是有害的，而有的人则接受了传统医师的劝告，认为还有其他治疗天花的方法。①

由火灾、灾害与战争提供的改造和重新设计城市环境的机会

重大灾难有可能创造重新设计和建造城市的机会。有时，这样的机会也会被人们抓住，更多的时候则被错失，问题主要在于土地所有制的惰性，而不在于重建的资金。对于大面积的受害区的规划都假定，地方当局的力量强大，可以大规模征用私有财产。然而，即使在这样一些情况下，为了防止财产拥有者到别处定居，行政官员也必须与他们达成协议。② 无论如何，在城市遭受一场自然的灾难或是冲突之后，最大的风险之一就是接踵而来的社会混乱或秩序瓦解。例如在2005年遭受卡特里娜飓风（Hurricane Katrina）之后的新奥尔良各地，以及2003年伊拉克战争之后的巴格达，崩溃的城市可以被当做社会生态系统来看待，它们作为灾难与冲突的残局，雪上加霜，已无回天之力，它们已经“解体，从性质上说，进入到了一种不同的状态，它受制于一套完全不同的程序”③。

有人认为，一个城市之内的文化多样性有助于灾后的恢复和韧性

① Ngalamulume，2007.

② Massard-Guilbaud，2002，p. 30.

③ Tidball and Krasny，2007.

修复。可是，有许多具有恢复能力的城市，其文化多样性却并非是它恢复的一个因素，这包括1976年大地震后的中国唐山，包括佛朗哥与德国人合谋轰炸之后的巴斯克人（Basque）居住地格尔尼卡（Guernica）以及地震、火灾和战争之后的东京。在这些例子中，强大的政府和私有企业都在重建中发挥了关键作用，通常都表达了一个设置政治议程的目的（比如表明了中国在毛泽东去世之后的一个更为开放的经济局面，或者是格尔尼卡巴斯克人文化的毁灭）。另一方面，新的外来移民在北美城市的灾后重建过程中一直发挥了重要作用，这包括1835年纽约城大火之后的爱尔兰与德国的移民，以及在20世纪90年代洛杉矶社会动荡之后的拉美移民。① 同样也可以认为，那些在铁幕之后离开东德而迁往西德的人们，在相当大的程度上也有助于1945年之后西德城市的重建。

地震之后的火灾是一种极其变化多端的现象。这类火灾的损失可能有很大差别，有时微不足道（如1999年台湾的集集地震那样），有时严重（1995年日本的神户地震），有时则是灾难性的（1923年日本东京的关东地震）。一种相似的情景也在新西兰出现过，在这个地区，震后火灾的损害程度从未见报道②，有时则几无损害，就像在1942年的怀拉拉帕（Wairarapa）地震中那样，此地有一所房屋被大火毁坏，另有其他一些房屋只受到小火威胁。③ 可是，在另外一个例子中，即在1931年豪克湾（Hawke Bay）地震中，却有一场冲天大火烧毁了纳皮尔（Napier）的大部分商业区。④

1905年的旧金山地震造成了燃烧3天的大火。即使在公众的要求之下建筑规范最终都变得更加严格了，但地面残骸一旦被清掉，填压尚不稳固的土地就被迅速地再次占用，甚至在第二次地震发生的时候，

① Tidball and Krasny，2007.

② Cousins et al.，2003.

③ Downes et al.，2001.

④ Wright，2001.

它还会发生晃动。事实上，当瓦砾被倾倒在城北的地质盆地的时候，也就造成了更多不稳固的填充物。

在1666年的伦敦大火之后，由约翰·伊夫林（John Evelyn）和克里斯托弗·雷恩（Christopher Wren）爵士设计的带有一连串宽阔街道和比萨店的详细的城市重建规划就在国会和王宫引起了争论。国会并没有达成结论，尽管国王的热情很高，而枢密院却因整个规划的高昂费用而迟疑不决。正如雷恩的儿子所写的那样，这个宏伟的规划没有被采用，“因为大多数的公民和业主坚持要毫无偏差地在他们原有的地基上重建房屋”①。

构成鲜明对比的是，芬兰政府在1827年图尔库（Turku）大火之后，没收了所有的私有土地。他们以5倍于先前的价格拍卖了新划了尺寸的地块。这场大火的一个后果便是成片土地的全面调整。在1852年波里城（Pori）大火之后，同样的情况在芬兰再次发生。②

1842年的汉堡大火之后，城市规划者和重建者们被赋予了不受约束的重新设计城市的权力，并且要使基础设施彻底现代化。一份新的城市规划被制订出来了，而且街道也被拓宽。最重要的是，这座新城获得了欧洲最现代的供水系统和排污系统。

1871年芝加哥大火将地面上的一切洗劫一空，火灾之后，在土地投机商与企业主的快速响应之下，芝加哥城被迅速重建起来。在一个物理空间受到限制的中心地区，对于办公空间的需求是紧迫的问题。不动产经济和不断攀升的土地价值都需要有更快速的建设，这也使得更为便宜的新建筑成为可能。钢铁工业的发展提供了材料和技术。芝加哥学派创始者们极具开创性的视野让他们从这些需求和可能性中萌生出了摩天大楼的想法。然而，美国人确实从芝加哥的火灾中得到了实际的教训，因为，在此后不久，他们就开始更为审慎地建造他们的

---

① Jardine，2002，p. 266.

② Massard-Guilbaud，2002，p. 30.

城市了。[1] 也许，对所有美国人来说，意义重大的是，芝加哥大火最终变成了全国性的媒体事件，被各地的多家报纸予以详细报道。即使是普通读者也能在对火灾的叙述中得到他们感兴趣的几乎所有教训，无论是精神复兴的需求、科学规划的例证、优雅的东方生活方式的优越性，还是西方的不可阻挡的进步。[2] 因此，因芝加哥和其他许多可怖的城市火灾，更安全、更强固的建筑和更美好的城市环境出现了。在芝加哥，消防规范和建筑守则得到极其严格地遵守，还产生了作为摩天大楼建设中一个重要的先决条件的消防系统。使钢架结构脱颖而出的机遇也在芝加哥商业区重建需求中到来了。

英国二次世界大战轰炸之后的重建

在 20 世纪 30 年代，英国强烈地感受到了巨大的经济衰退的影响。人们期盼着更加美好的未来，这一愿望开始在一些新型的郊区田园中得到了体现，它们已扩展到了许多城市的边缘。可是，第二次世界大战的爆发使这一切化为了泡影，1940 至 1941 年的闪电式空袭见证了许多大城市的大量中心区域的毁灭。一些人意识到，大战前这种对于更美好未来的期盼应该得到鼓励和支持，而且，战后重建是一个创造更好生活环境以及与现代生活相适应的城市中心的机会。有一些城市抓住了这种机会，特别是普利茅斯（Plymouth）和考文垂（Coventry）。重建目标的确立并非易事。

1941 年 7 月 4 日，正是大多数城市中心在 1941 年 3 月被轰炸的 4 个月之后，英国政府主管战后重建的里斯（Reith）勋爵建议普利茅斯“先行一步，大胆并全面地规划，继续进行良好的筹划，并寄望于获得财政上的帮助”（也就是从政府获得财政支持）[3]。1941 年 5 月，市议会决定拟出一份重建规划，这份规划至 1942 年 9 月完成，其基本原则

---

① Pauly，1984，p. 672.

② Pauly，1984，p. 683.

③ Larkham，2005.

在1944年8月得到了市议会的批准。这份规划为城市居住区和交通提供了相互分离的设计，它具有与主干道路隔离开来的相对自给自足的居住中心区，这些社区有自己的学校、图书馆、商店、游泳池和电影院。在这个严重受损的地区，政治上的天时地利导致了规划的快速贯彻执行。1946年4月29日，对于第一份强制性订单的公开调查就开始了。主要的反对意见来自商会，而且订单还被提交到了上诉法庭，这是英国第一次进行这样的质询调查。1947年5月12日，上诉法庭准许城乡规划大臣向普利茅斯市议会颁发一份强制订单的核准书。如同许多其他战后重建的英国城市所制订的规划一样，这份规划是理想主义的并且是有远见的。随着时间的推移，在实施的过程中，对规划做了若干改动，常常是出于经济的原因。在10年的时间里，普利茅斯从理想主义的"大胆规划"转向了"审慎规划"，并最终走向"必要的规划"（引自一位20世纪50年代的城市发展规划评论家）。①

考文垂具有创新精神的城市建筑师和规划者唐纳德·吉布森（Donald Gibson），使议会成员和普通民众都卷入了对于城市规划理想的思考。甚至在第二次世界大战开始之前，他已经将刘易斯·芒福德的《城市文化》（*Culture of Cities*）② 一书的复印件交给了议会议员。当该城7.5万处已征税房产中的5万处受到11月14日和15日空袭影响的时候，吉布森拟定了一份再开发规划来应对这场灾难，这份规划受到了勒·柯布西耶（Le Corbusier）、芒福德、阿伯克隆比（Abercrombie）和特里普（Tripp）的启发，但也受到了托马斯·夏普（Thomas Sharp）的信念的鼓舞："好的城市规划的成败将取决于这些建筑看起来像什么——第三维。"③ 吉布森的城市规划"旨在市民的未来健康、舒适和便利"④，规划中有一个购物区，它有一连串没有交通

① Larkham，2005.

② Mumford，1940.

③ Mason and Tiratsoo，1990，p. 98.

④ Mason and Tiratsoo，1990，p. 98.

车辆的走廊，有许多俯瞰中心商业区的陈列室。除了一位负责本市工作的劳动党议员以外，规划获得了全面的支持，这份规划被接受了，但是在外界却遭到了一群更为守旧的人的反对，这些反对部分是基于费用的原因，部分是缘于商会的意见。尽管如此，借助地方议会及其官员的娴熟的政治手腕，这份规划还是通过了，尽管必须对大约150家公司予以安抚，它们在此之前已在新城中心的这个地区安营落户。最终，这个规划的实施进展缓慢，只是在1947年“城乡规划法案”（Town and Country Planning Act）为城市赋予了更广泛的指导发展权力之后，才开始加快了进度。预算限制迫使市议会与主要的零售商签订协议，为购物区中最初开发的地段筹集资金。总的来说，这种缓慢的进展让一些市民感到失望，但考文垂还是拔地而起了，它拥有20世纪50年代最出色的城市中心之一。并没有完全违背吉布森的建议。议会克服障碍的能力在很大程度上取决于其在当地的人望，而不在于它对中央政府压力的任何回应。①

1945年以后德国城市的重建

二战之后，西德城市的重建对于来自英国的游客来说似乎是以一种极快的速度进行的。到1955年，当许多英国城市的大部分地区仍然是轰炸后的废墟的时候，德国许多具有历史意义的城市中心区都被修复了。在德国，来自20世纪早期的众多无形的遗留问题深深地影响了重建的努力。② 城市规划的概念与实践这笔复杂的遗产已经得到发掘；有关建筑规范问题的长达20年之久的争议也可供利用；有关建筑风格与建筑方法的持续变化的观点也可能会影响到新的建筑；而且，许多有经验的规划者、建筑设计师、专业人员、企业家、业主以及相关的市民也都能够去指导和质疑重建的进程。③

---

① Mason and Tiratsoo，1990，p. 112.

② Diefendorf，1993.

③ Diefendorf，1993.

德国城市遭受的损害是巨大的。大量群众被招募来打扫、分类和回收被战时的轰炸和炮击所造成的巨大的垃圾（表 2.2）。没有哪个城市会被当做已经毁灭的城市的复制品来进行重建。现今的大多数建筑都始建于 1945 年之后，许多更新的建筑被建在了历史性建筑的门面的背后。战后建筑的本质必须被放在希特勒长达 12 年的第三帝国之前所存在的思想背景中加以理解。在 1939 年至 1945 年的大灾难之后，德国的飞速重建很大程度上借助于来自 20 世纪前 32 年的观念、方法和经验。① 尽管如此，许多受到称赞的 1945 年后的重建工程，都是用来替代恶劣的住房条件和卫生设备的，这一切都是德国城市 19 世纪快速的工业发展所遗留下来的。

表 2.2　第二次世界大战结束时德国主要城市的废墟量

（数据来自 Diefendorf，1993）

城市	废墟（立方米）
柏林	55 000 000
汉堡	35 800 000
科隆	24 100 000
多特蒙德	16 177 100
埃森	14 947 000
美茵河畔法兰克福	11 700 000
纽伦堡	10 700 000
杜塞尔多夫	10 000 000
不莱梅	7 920 000

德国的德累斯顿（Dresden）在二战轰炸之后的重建

德国的德累斯顿展示了另一种重建模式，它关注某些意义重大的历史性建筑，却又忽略另外一些建筑。在二战之后的最初岁月里，在

① Diefendorf，1993.

数以万计的志愿者的帮助之下，人们从城市的中心商业区清理掉了大量的垃圾。在1949年，共产主义的德意志民主共和国建设部被赋予了权力，可以免费征用先前的私有财产。当忙忙碌碌的政府还在他们各自的部门之内对各种不同的重建政策进行探讨时，当政府资金被拿出来进行战争赔偿时，不稳定的环境和不确定的局势依然阻碍着统一的道路。在20世纪50年代初，重建活动是从城市中心区的住宅和有代表性的建筑开始的。然而，在共产主义治下曾有过一场漫长的论战，有关历史核心区应该用多长时间得到重建，以及城市应该用多长时间以一种新的秩序和反映新的社会主义社会的新的空间结构来重构。①

被挑选出来进行重建的纪念性建筑从一开始就得到了优先考虑：茨温格宫（the Swinger）的重建完成于1964年。如宫廷教堂、约翰尼恩中学（Johanneum）、阿尔贝庭宫（Albertinum）、皇家马厩和森帕歌剧院（Semper Opera House）等更多的重要建筑也被重建了，尽管同一时期其他历史遗迹的珍贵遗存被拆除了。实际上，东德在建筑方面是很保守的，并且保留了被毁损的历史建筑，而西方的规划者和开发商每每会抓住机会清理掉这些累赘。共产主义的东德使保守成了一种美德。正如《新德国报》（*Neues Deutschland*）在1950年7月所声明的那样："我们正在保护我们的民族遗产，使之不被美帝国主义的意识形态所毁灭，使之不被布吉乌吉（Boogie-Woogie）文化野蛮化。"② 然而，尽管取得了某些重要的成果，它此后的精力却都被集中在工业建设技术和不断增加的经济难题上，这使得城市的全面重建虎头蛇尾，而且也并不令人满意。

在1989年德国统一之后，德累斯顿再度变成了萨克森州（Saxony）的首府。因此，大量的建设工程改变了城市的面貌。最大的成就便是对于圣母大教堂（Frauenkirche）的精确恢复，它利用了原来的建筑材料和精湛的技艺，因而使德累斯顿再一次成为德国最具魅力的城市

① Paul，1990，p. 176.

② 参见Poiger（2000）对这类态度的叙述。

之一。

战争与国内冲突遗留下来的普遍的城市环境问题

一些具有重大国际影响和历史意义的城市已经经历了战争和内乱的连续冲击。在贝鲁特，交战双方的分疆而治一直是重建规划的一个目标。社区间的“绿线”被想象成了潜在的开放空间。把可能制造麻烦的居住区与主要的国际商业中心分隔开来则是另外一个目标，但这样一来就忽略了大多数城里人每日上下班的旅程及其社会关系的重要性。这种类型的隔离导致了社会失序，并进一步加深了业已存在的疏离感。①

正如考文垂的天主教堂和柏林的勃兰登堡门（Brandenburg Tor）所出现的情况那样，战后重建的另一个问题是，作为具有历史意义的遗产的一部分，标志性建筑的遗址应被允许保留多大的范围。贝鲁特似乎不情愿做这件事情。这些例证似乎表明，在许多情况下，战争损害即使很广泛，也不过是对于城市发展的一次暂时性的干扰。比如，在对过去 8 000 年以来日本地区人口密度的变化与延续性的分析中，戴维斯（Davis）和韦恩斯坦（Weinstein）考察了二战期间对日本城市的轰炸是否具有持久的影响，抑或只是对二战后一段时期日本城市发展产生了暂时的影响。他们发现，至多只能说给相关的日本城市的发展带来了暂时性的影响。日本城市已完全从战争中恢复过来，并且很快回到了战前的发展道路。

对于作为一个整体的德国而言，轰炸对相关城市的范围的影响是相当巨大的，却也是暂时的。这个结论只适用于西德，而不包括 1949 年从西德分离出去的前德意志民主共和国的那个更小的城市群。在那个更小的城市群里，第二次世界大战以及随后建立起来的德意志民主共和国对相关城市的范围产生了持久的影响。② 东德缺乏重建的动机。

---

① Khalat and Khoudry，1993.

② Brakman，et al.，2003.

国家的快速工业化的优先政策用光了供不应求的投资基金。此外，共产党要摧毁旧德国的残余，这让遭受战争重创的城市中心区走向衰落。

从市场经济向计划经济的转换，意味着可能与西德城市发展息息相关的市场力量在德意志民主共和国建立之后已不复存在，或至少是与东德城市的发展相关性不大。因此，第二次世界大战的冲击对于东德的城市发展具有持久的影响，这一结果不只源于战争本身，也源自战后东德变成了一个中央计划的经济体这一事实。[①] 然而，对于日本和德国的这些综合观察为某些城市发展理论提供了证据，这些理论都预测，巨大的暂时性冲击至多不过产生短暂的影响。可是，诸如切尔诺贝利核爆炸这样具有永久性健康危害的最严重的冲击，始终有可能对人类的未来居住区产生永久的影响。

日本原子弹爆炸与核事故之后的重建

在 1945 年日本广岛和长崎的核爆炸之后，重建工作非常迅速，部分是因为当地的植物群以一种惊人的速度从放射性污染中恢复过来，但是，人类为两颗原子弹爆炸所付出的代价仍然没有被清算。[②] 在城市及其林地的重建、改造过程中，广岛的历任市长发挥了重要的领导作用。他们推动了一个全面的重新开发规划，经常失业和没有住房的当地居民并不完全支持这项规划。非法占据者侵占了包括广岛市中心附近占地 12.21 公顷的和平纪念公园在内的公共开放空间，这个公园不仅是用来纪念那些在原子弹爆炸中的死难者的，也是反对在未来使用核武器的一份声明。[③]

在 1954 年，时任市长滨井信三（Shinzo Hamai）请求其他城市的市长为和平纪念公园的林木种植捐献树种。后来，在 1957 年继任的市长渡边忠雄（Tadao Watanabe）又劝说毗邻广岛的各个社区为和平公

---

① Brakman, et al., 2003.

② Tucker, 2004.

③ Cheng and McBride, 2006, p. 161.

园以及其他的公园捐助大树。通过这样的方式，这个城市不仅花费了相当的政治资本去说服土地拥有者交换供公园与和平林荫大道使用的土地，它也开创了一个城市绿色植物运动的成功先例（图 2.1）。

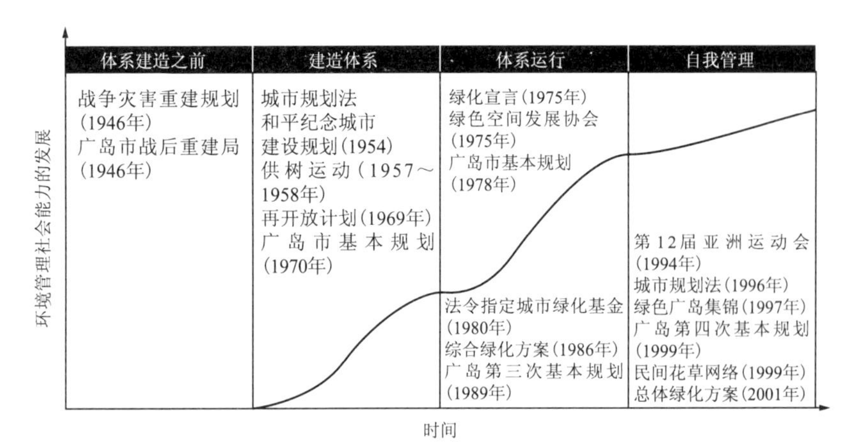

图 2.1　广岛的城市规划与绿色问题：环境管理社会能力的发展过程(SCEM)(根据 Nakagoshi et al. ,2006)

另一方面，俄罗斯的切尔诺贝利核事故之后，在从工厂中泄漏的放射性物质大致相当于 1 000 次广岛轰炸的情况下，没有出现重建行为，而且，接触放射性物质的风险仍然很高。切尔诺贝利仍旧是一个城市能源供应可能暗含最大风险的类型的标志，关于这次灾难的原因和发生过程，仍有许多待解之谜。①

卡特里娜飓风之后的新奥尔良重建

在新奥尔良过去的 300 年历史中，借助长期以来对危险事件的社会应对方案所形成的一系列决策，它逐步改进了洪水防御体系，这些决策曾在相当频繁的事件以及日益增加的重大罕见事件的危害中为人

---

① Petryna，1995.

们提供了更为有效的保护。① 新奥尔良的护城大堤也是它的弱点之所在，它通过泄水渠来控制密西西比河的水势，把那些历史上曾贡献过淡水和沉积物的越岸水流排泄下去，这些沉积物的沉淀抵消了城市塌陷的土壤，并且维持了起保护作用的海岸湿地缓冲区。② 这也就是说，在 2005 年，卡特里娜飓风给新奥尔良造成了真正灾难性的后果，其中包括超过 1 300 人的死亡和 400 亿到 500 亿美元的货币损失。

当卡特里娜飓风在 2005 年 8 月 29 日袭击了市东南 75 千米的地面时，一股 6 米高的风暴潮造成了大堤的溃决，洪水淹没了 75%的市区。③ 这次风暴潮增加了工业运河（the Industrial Canal）的水位，高出了下九区（Lower Ninth Ward）的防护堤，并且在 N. 克莱伯恩大街（N. Claiborne Street）附近造成了一条 250 米的决口，其中涌出的一股急流把住宅区的建筑物从地基上卷走，并对附近的住宅造成了惨重的破坏。大水把 125 座建筑冲到了道路上，房屋的主人们后来自愿撤出了另外的 1 000 所房屋，这些房屋的结构已经被毁坏。④

卡特里娜飓风既是一个悲剧，也是一个改进新奥尔良的机会。⑤然而，大部分别无选择的最贫困的人都是黑人，富有的白人居民在飓风之后的头两年里也不时返回这座城市。在第一年里，仅有 1 600 个新奥尔良房屋委员会（HANO）的社会住房家庭返回这座城市，而另外的 400 个单元也已做好入住的准备。但是，到那时为止，新奥尔良房屋委员会还在 4 个剩余的大型工程中签订了大约 4 500 套公寓的拆除协议。政府官员已经相当正确地做出了决定，必须抓住机会，放弃大规模集中贫民、将之隔离的政策和腐败的规划，支持更多混合型的开发。这些住宅楼确实提供了一定的舒适条件，尽管在那里也发现了贫困、

---

① Colten，2005.

② Templet and Meyer-Arendt，1988.

③ Green and Bates，2007.

④ Webster，2006.

⑤ Hirsch and Levert，2009，p. 210.

犯罪和其他危险。① 市长纳金（Nagin）于2006年地方选举中获胜之后，束缚他的种族纽带立刻变得明显起来。在这场灾难之前许多白人开发者、商人和城市精英支持过他，现在他继续从他们那里征求意见。②尽管1985年新奥尔良市议会的7人成员中黑人已占了多数，可是，在卡特里娜飓风之后，最初宣布就职的成员构成中白人却以4∶3的差额多于黑人。要实现快速回到重建进程和高效政府的预期目标似乎是不可能了，而且，“即使在前所未有的形势需要它做出决断的时候，它也陷入了本能反应和满腹积怨的状态，完全没有摆脱昔日担负的领导才干”③。

市议会的种种事件给路易斯安那州政府环境官员的公信力造成了一些问题。另一个区域性问题是缺乏对垃圾处理的规划，这有可能导致未来的公共卫生问题，并且会成为环境处理不公的症结所在。风暴之后，试图清理废墟和进行重建的居民，特别是贫民和工人阶级，遭遇了特别的困难。在新奥尔良20个具有历史重要性地区的重建过程中，尤其是由于地方性认知与联邦政府的灾难应对方式之间的紧张关系，使得困难情况更是雪上加霜。④ 因为防护大堤必须由联邦政府来提供资金，资金不足的问题依然是一个挥之不去的威胁。⑤现有防护堤有限的防护水准影响了居民的信心，这不仅与重建问题相关，也涉及房屋保险费的问题，在2006年，这项费用在全州22%的地区得到了大幅的增加，而且其中相当多的地区是在海岸地带和受到洪水灾害的教区。⑥ 居民们获得重建资金的难度也严重影响了重建的速度。

直到风暴过去足足14个月之后，下九区并不富裕的返城居民所面

---

① Hirsch and Levert，2009，p. 214.

② Hirsch and Levert，2009，p. 216.

③ Hirsch and Levert，2009，p. 217.

④ Allen，2007，p. 153.

⑤ Green and Bates，2007.

⑥ Green and Bates，2007.

对的额外负担还包括被限制进入该区，缺乏可饮用水和电力，这些都延缓了重建的进度，并且限制了居民把联邦政府应急管理机构所发放的房车放入该区的能力。① 许多居民负担不起临时住宅市场出租的住宿设备，因为下九区的大部分受灾区域都是在联邦政府应急管理机构划定的区域之外，许多人没有水灾保险，在新奥尔良的其他一些地区，这种保险使另外一些人得以展开重建活动。②

被边缘化的亚族群（sub-population）灾后恢复的滞后及其环境后果

正如在佛罗里达的安德鲁飓风和加利福尼亚的洛马普里埃塔与北岭地震（Loma Prieta and Northridge earthquakes）之后所出现的情况那样③，被边缘化的亚族群灾后重建的滞后有着重要的历史、社会和经济原因，与灾害的程度并不相关。在长期的灾后重建工作中所见的事实就是，少数族群和低收入家庭的生活水准常常下滑。④ 在所有的居民都不具有相应的能力去开始重建工作的时候，重建行动也就掂量不出轻重缓急或是规划的优劣。第九区缓慢的恢复过程可以反映出来的是，以自由放任的方式来解决灾后住宅重建的问题是不可行的，这与邻近地区的住宅存量或是社会组织状况无关。⑤

卡特里娜飓风揭露了这个非洲裔美国人的社会、经济与政治生活中所特有的悲剧，这是“持久存在的贫民窟”和“危机”。尽管贫困、衰老、体弱和年幼的白人也遭受了大风暴的危害，但在那些死去的或者是活着遭受水灾最悲惨蹂躏的人们中间，黑人却以极大的比例而成

① Chandler，2007.

② Green and Bates，2007.

③ Comerio，1998.

④ Fothergill et al.，1999.

⑤ Green and Bates，2007.

了代表。[1] 在卡特里娜飓风袭击之前的40余年的时间里，贫困的劳工阶级白人搬出了易受水灾影响的下九区，住进了郊区住宅，把这个地区留给了非洲裔美国人，以及要在城区之内改善生活空间的少数另类人群。尽管灾难也袭击了绝大多数的白人城郊社区，但其他偏远的白人社区却逃过了这次内城飓风所带来的生命与财产的巨大损失。6年过去了，下九区的大部分地区依然近乎废弃之地，满目都是尚未得到修葺的受损建筑，以及其他建筑拆除之后留下的空地。

环境改善是劳动关系变化的一个部分；工业对公共安全与卫生的影响以及城市环境的诸方面

每一种技术都必然会造就特定的生态，而且会产生其自身给人类及环境带来的一系列后果。对一个问题的解决方案常常导致新问题的出现，这些问题既会出现在同一个地方，也可能出现在其他地方。成功的技术发明常常需要社会组织结构的变化，这尤其表现在人们安排生活的方式上。新的组织形式需要不同的工作时间、不同的员工关系，并且会接触到新的危险，其中的某些危险，雇主在当时可能并不了解，正如石棉或来自碳氢化合物的某些烟气所带来的风险那样。因此，意外事故和疾病就成了工业机构和工艺系统的一种生态后果，这种后果不亚于作为农业经济后果的土壤侵蚀或是缘自渔业监管结构的渔业枯竭。因此，技术以下述3种方式塑造了工作场所的生态：以直接产生伤害的方式，以社会组织的架构把工人暴露于风险之中的方式，以及通过影响其劳工人口对风险的社会认知的方式。[2]

随着19世纪的工业制度与劳动分工方式的广泛传播，越来越复杂的机械设备完全改变了工作场所的生态。工人不再具有个体的重要性，而是成了生产过程中的一个抽象的因子，被以一定的价格在非个人性的劳动力

---

① Trotter and Fernandez，2009.

② McEvoy，1995，p. S172.

市场买卖，并且与以企业家的意志为转移的资本和资源结合在一起了。在19世纪作家的描述中，工人的身体仅仅是机器的附属物。在弗里德里希·恩格斯看来①，在1844年的曼彻斯特，劳动性质的这种转变本身就表现为劳动人口的贫困、健康状况不佳以及工作场所伤害等。

伴随着技术的进步和能源的变化，人们在工作场所面临的危害也发生了改变。随着人们对于历史与社会生活以及自然世界中的意外事故、不可预知的后果和复杂的交互作用等情况的重视，劳动卫生与安全成了更为尖锐的焦点。对于城市工厂与工作场所中发生意外事故的重要性的一再强调，揭示了被隐藏的真相：劳动不仅是一项经济活动，而且是对工人生活和人性的一种表达。就城市生活来说，对这些工作流程中的风险的防范以及卫生和安全管理，如同良好的公共卫生环境和安全的交通一样重要。然而，自1950年以来，有关有毒化学物质和放射性物质的经验已经表明，工作场所作为一个生态环境，其地位并不亚于国家公园。

涉及有毒化学品的重大事件确实发生了。这类严重事件常常引发政府行动来改进影响环境的管理体系。1974年6月1日，英国弗利克斯伯勒（Flixborough）的耐普罗（Nypro）化工厂因一个临时管道的故障造成的爆炸，导致28名工人死亡和另外36名工人受伤。事故发生在周末，当时主要的办公楼无人办公，若不是这样的话，伤亡的数目可能会更多。这次事故为建立一个重大危害咨询委员会提供了主要的推动力。这个委员会的第一份报告出版于1976年，而且，在1978年，英国卫生与安全委员会又签发了一份关于危险设施（通告与调查）管理的咨询文件。②

1976年，在意大利塞维索（Seveso）一家生产杀虫剂和除草剂的化工厂发生了“塞维索”事故，在这次事故中，从用来生产三氯（苯）酚（trichlorofenol）的反应器中释放出了含有四氯二苯二氧芑（tetra-

① Engles，1892.

② Carson and Mumford，1979，p. 150.

chlorodibenzoparadioxin，TCDD）的浓重蒸汽云。这种气体通常被人们称为二氧（杂）芑（dioxin，二噁英），是未受控制的放热反应产生出来的一种有毒并且致癌的副产品。尽管尚未见有直接致死的恶性事故的报告，但这种物质即使是微克的剂量就可以对人产生致命的后果，每千克量的二氧（杂）芑如果被散播开去，将会造成大约 20 平方千米土地和植物的直接污染。超过 600 人不得不被从家园迁移出去，并且有 2 000 人因二氧（杂）芑中毒需要接受治疗。①

塞维索事故推动了旨在预防和控制这类事故的立法程序，在此前的 20 年时间里，这类事故在世界范围内快速增加（图 2.2）。1982 年，欧州共同体发布了第一份所谓的“塞维索指令（Seveso Directive）”，1996 年，这个文件又被一个新的版本所替代，并且于 2003 年做了进一步的扩展。“塞维索指令Ⅱ”适用于危险物质储存数量超过指令界限的上千种工业企业。

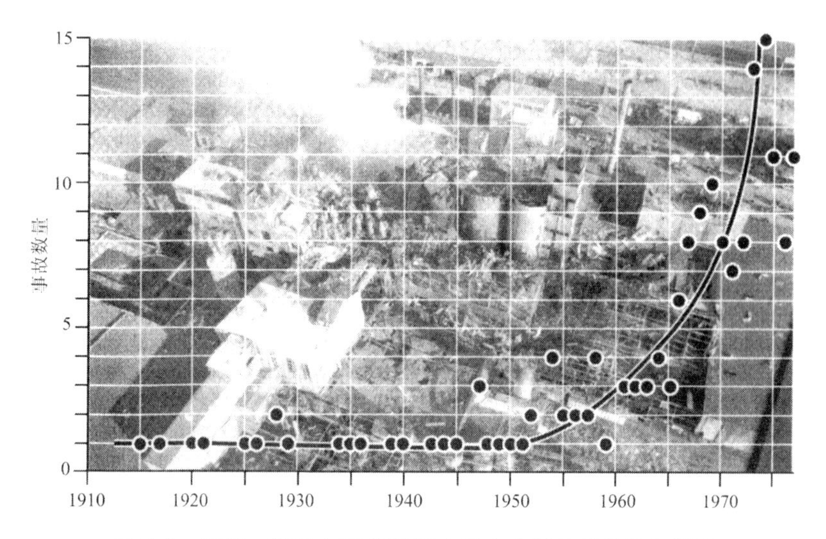

图 2.2　1910～1979 年世界范围内重大化学品事故发生频率
（根据 Carson and Mumford，1979）

① European Union，2011.

作为从1984年印度博帕尔（Bhopal）一个大型化工厂的异氰酸甲酯气体（methyl isocyanate gas）和其他化学物质泄漏事件中“得到教训”的结果，“塞韦索指令Ⅱ”包含了土地使用指导意见，土地使用规划可能引发重大事故的危害后果在监管过程中必须予以阐述。各成员国必须对新建工程的选址、现有企业的改建，以及诸如在现有企业附近的交通枢纽、公共场所和住宅区等人们经常出入的地点的新发展项目采取变更和限制等管控手段，以求达到指令的目标。从长远观点看，土地使用规划政策应该确保有害企业与居民区之间保持适当的距离。①

然而，这样的规定并未得到始终如一的遵守。1986年11月，一场大火在瑞士临近巴塞尔的施韦策哈勒镇（Schweizerhalle）的桑多兹（Sandoz）化工厂爆发了。消防队员用来救火的水柱把大量的杀虫剂和农药喷入了莱茵河，引发了一场巨大的环境灾难。结果，公众的压力迫使制造商采取了十分艰难的抗污染行动。2000年9月，在对不可再生能源税和生态税改革的推介活动中进行了一次公民投票。可是，投票之前的一次燃料价格上涨却使投票活动一败涂地。这次投票活动的失败减缓了瑞士一度雄心勃勃的环境项目的进程。②

“塞维索指令Ⅱ”正是根据1999年以后的多次工业事故（2001年法国图卢兹市 Atofina 的 Grande Paroiss 化工厂的爆炸，2000年罗马尼亚 Baia Mare 的氰化物泄漏，以及2000年荷兰 Enschede 的烟花爆炸）以及对于致癌物和危及环境物质的研究做出扩展的。最重要的扩展部分涉及了仓储和矿业开采中的加工活动、烟火和爆炸物质以及硝酸铵和硝酸铵基化肥的储存所引发的风险。

这个欧洲的例证表明，对于来自工业化学品风险的管控需要持续地改进立法，甚至需要更多地关注与现存的土地利用相关的工厂选址问题，并且控制化工企业设施周围的土地使用。数十年来，甚至可以说100多年以来，制造和储存化学药品的地点一直都是一些危险的场

---

① European Union，2011.

② Pfister，2004，p. 1176.

所。在这段时间里，周边土地的占用情况也许已经发生改变，并且，所使用的材料、所制造的产品，以及工业危害的性质或许也已改变。这是前期土地使用的决定如何对城市环境具有长久影响的又一例证。

环境质量论争中作为连续因素的卫生效益

尽管在城市公共卫生方面已经进行了各种改善，正如2007年英国皇家环境污染咨询委员会第二十六次报告所言，仍有大量的工作要做，这份报告关注的是城市环境，报告称：

> 为了让公共卫生问题成为城市新区和城市重建地区开发的关注核心，为了让人们认识到个人与社区的健康受到了一系列环境、社会和经济因素的交互影响，还有更多的工作可做。①

委员会还介绍说：

> 英国政府为了减少户外空气污染物对健康的全面影响而提倡减少外出的概念，并且积极地在国内、欧盟以及国际空气质量政策中探求这方面的标准。②

英国的城市条件充满了变数，并且确实需要大幅的改善。然而其他地方的许多城市，尤其是处于发展中国家的城市，却面临更大的问题和挑战。以前的种种后果依然伴随着我们，我们的基础设施可能非常脆弱，供应链几乎已经断裂。及时交货也许已经提高了经济效率，但它也使系统变得脆弱。对主要基础设施的忽视，尤其是其中的那些眼不见心不烦的部分，带来了更大的风险，只不过是把问题留给了将

---

① Royal Commission on Environmental Pollution，2007，p. 6.

② Royal Commission on Environmental Pollution，2007，p. 7.

来而已。过去那种仅把环境问题转移到别处的习惯也留下了对于公共卫生问题的重大担扰，比如那些因为有毒化学品的不恰当的倾倒所引发的风险。这些担忧伴随着城市规模的扩大而增长。整体性的问题在甘迪那里得到了精彩的表述：

> 所有的现代城市都面临一种肉眼看不见的系统故障的威胁。尽管城市有赖于复杂的技术网络，但是城市基础设施的政治化已经倾向于与失败相联，而不是与成功相联，无论是19世纪的疾病暴发，还是21世纪的气候变化导致的水灾。城市基础设施的政治史已经成为一种危机、重建和忽视的循环，联系到气候变化和对公共领域的诋毁这对孪生的威胁，这个循环愈加令人担忧。①

尽管如此，城市目前正在众多战争中苟延残喘：2012年，大马士革和喀布尔都在遭受炸弹袭击，但似乎也有被重建的可能。在21世纪的条件下，流行病问题通常也能够得到解决，纵然遭受病患的人数还是很高。令人惊恐的剧情是那些来源于各种威胁相互叠加的情形，比如在一个被战争摧毁的城市里发生一次大地震，它既造成了火灾，也带来了疾病的流行，也许还会引起海啸。当地人口的恢复能力将又一次接受考验，而且，他们的幸存可能还取决于外部援助的多寡。

---

① Gandy，2006，p. 88.

第三章　食物、货物、物质材料和装饰品：城市的代谢

本章使用的“代谢”一词，其意义与通过人类社会完成的物资周转有关。史前社会每年的人均物质材料投入大概需要 6 吨，每年人均呼出 5.1 吨气体，还有大约 0.8 吨的排泄物。他们的材料库存为零，他们每年人均产生大约 0.1 吨的固体垃圾。然而，现代社会每年人均则要使用大约 89 吨物质原料，排出 19 吨气体和 61 吨排泄物。当今社会人均每年拥有约 260 吨的材料库存，并且制造出 3 吨的固体垃圾。①人均材料使用量的巨幅增长主要是城市化的后果，是农业、矿业、渔业、林业和制造业所造成的货物贸易的结果。其驱动力就是消费者、那些有能力购买材料和工业制成品的人的力量，这些购买行为有的是为他们自己，有的是为他们为之工作的机构。

城市消费的进程起始于城市与乡村生产者之间可以追溯到的最初的联系，但在城市地区开始随着政治力量遍及越来越大的地区而扩张开来之前，城市消费一直维持在一个相对较低的水平。当帝国形成的时候，精英集团能够享受到与远方地区进行贸易的好处，并且能够通

① Brunner and Rechberger，2002，p. 55.

过工艺品的收集和财富的展示来显示他们的权势。有时，财富集中在宗教机构，被陈列在寺庙、教堂和清真寺里。在别的地方，它会被堆积在宫殿里，而大多数人口所使用的物资则与前城市化社会相差无几。

在本章中，城市的新陈代谢经由 3 种路径来加以考虑：第一，根据城市地区物质材料的流动和储存；第二，根据供应给城市的货物来源以及将货物输入城市的贸易网络的扩大，包括城市地区生态足迹的变化；第三，根据驱动城市代谢并且影响其方向的社会政治力量。随后各章考察城市的代谢过程对于城市环境所带来的各个方面的影响，以及应对并缓解这些影响的众多努力。

城市代谢的概念

城市代谢这个概念，有助于我们理解和分析城市为维持生存和自身的再生产而利用资源、能源和土地等环境系统中一切因素的方式。城市系统把经济、再生产和分配功能集中在一些特定的位置，而同时却在利用和交换来自更加广大的地区的资源，在一个全球经济的背景之下，情况尤其如此。从空间和技术的角度来说，城市以及城市地区的构建方式在很大程度上影响了用以维持城市生活资源的数量与质量。这种与环境系统的交换，对特定资源和能源的开采，以及废物和废气返回环境系统，就其性质来说，可能会产生越来越多的危害，但也未必如此。

要了解任何特定城市居住区的城市代谢性质，都需要对其相互关联的社会关系网络进行考察，这是一个造就了差异和不平等的网络，它也发展了生物物理学意义上的多样性。这一工作还需要将城市环境问题与更大规模的社会生态解决方案联系起来。[①] 在城市居住区，经过改进的和人为造成的货物与材料的流动与储存，是根据政治和经济需要来调动的，并根据社会地位而占有，它形成了体现并反映社会权

---

① Heynen et al.，2006，p. 6.

力地位的环境。[1] 城市代谢实质上是城市积累赖以发生的过程，并且，那些被丢弃的城市材料要么被回收利用，要么被返还给外部环境。这是食物供应链、贸易、战争和劫掠的结果，是借助财富精英和有权势的机构以及劳动者的个人努力而产生的材料积累。本章的任务就是要分析城市代谢的复杂性是如何出现的，分析城市是如何从越来越广大的地区寻求货物和材料的，以至于某些城市的市民何以竟需要数十倍甚至数百倍于他们城市空间规模的土地面积来供应他们的各项需求。这种“城市足迹”几乎是一个城市给其他地区的地球环境造成压力的一个指示器。

在有关城市化进程的环境社会学中，代谢概念处于核心地位。[2] 一座城市就是一个资源的集中地和一个残余物的发生器。[3] 代谢概念强调的是这样的观念：材料和能源被城市消耗，并且，城市被包含在一个更大的生态系统之中。孤立的社区靠的是当地的自然资源。现代城市的发展则毫无疑问是与“消费物的分散”[4] 相关联的，它把生活必需品从相邻的和更遥远的生产者那里带入建成区。一项国际范围的跨国分析显示，城市化进程与肉类的消费正相关，与鱼类的消费负相关。可是，在美国国内，尚未发现城市地区与肉类消费总量之间有统计学意义上的关联，也许是因为居住在农村地区的人们在生活方式上大都趋近于城市，并且也像他们的城市同胞那样消费食品和货物。在世界其他地区，城乡差别要大得多。与代表着它们活动范围的建成区相比，所有现代城市地区都拥有一个更大的生态足迹。[5] 即使在那些城市农业非常发达的城市，比如非洲的一些城市，本地生产的食物至多只占城市食物需求的 1/3。

---

① Heynen et al.，2006，p. 6.

② Clement，2010，p. 298.

③ Graedel and Klee，2002，p. 78.

④ Gibbs and Martin，1958.

⑤ Clement，2010，p. 306.

城市代谢的初级发展阶段

当城市在规模和复杂程度上得到了发展的时候，它们便越来越需要获得与（或远或近的）内陆贸易区的联系，以便满足它们的代谢需求。因而它们的生存所系也就仰赖于这些支持系统的持久作用和不断完善，这个支持系统是承受着压力的，假如还不至于被这些需求所摧垮的话。[①] 铜器时代早期（公元前3000年）幼发拉底河沿岸的城市（现代的土耳其、叙利亚和伊拉克）证明了这一点。与幼发拉底河中部的那些城市相比，幼发拉底河最靠近海域的诸城市发展到了一个大得多的规模，铜器时代早期的乌鲁克（Uruk）中心区占地将近400公顷，中部城市斯威哈特（Sweyhat）的占地面积是40公顷[②]，其中的部分原因是近海城市获得了一个更广大的地区来作为食物与材料的潜在供应者。美索不达米亚南部的灌溉系统使更高级的和更可靠的农作物生产成为可能。河上的船舶运输可以将巨量的食物以及其他材料径直运送到这些城市。位于如今叙利亚北部的更上游的地区，条件则要差很多。由于变化不定的降雨状况，旱作农业的产出更低也更无保障。当地的地势限制了旱作农业的范围。[③] 在当地人口最多的时候，野生动物的猎取以及农业种植和畜牧业的发展也都达到了最大值。这表明，在那个时期所有可利用的动植物产地都被榨取到了最大的可能程度。[④]也许，对生态系统的需求变得更大了。在斯威哈特达到它最大的城市规模不久之后，它遭遇了某种程度的衰退，导致居住区收缩，公共建筑和城防事业的中断，以及人口的损失。[⑤]

---

① Dogan and Kasarda，1988.

② Cooper，2006，p. 35.

③ Cooper，2006，p. 57.

④ Cooper，2006，p. 42.

⑤ Cooper，2006，p. 35.

一般来说，在幼发拉底河的下游和美索不达米亚，较大的城市都建立了稳固的贸易关系。据说这些交易并不是对等的，① 交易包括从东北部进口的金属、木材、象牙、珍珠、贝壳和珠子项链，交易范围远至伊朗以及其他许多地方。枣椰果、木材、铜、象牙、天青石，以及各种金属之类的物品，如从帝尔蒙（Dilmun）和马根（Magan）等波斯湾周边地区，甚至从远到印度河河口附近的美路哈（Meluhha）等地，通过船运抵达位于底格里斯河和幼发拉底河河口的港口（图3.1）。主要的输出品是大麦之类的谷物，以及羊毛、织物和制成品。

印度河谷铜器时代的城市哈拉帕和摩亨佐-达罗也有着类似的贸易关系，它已扩展到了俾路支斯坦（Baluchistan）、阿富汗、伊朗、中亚、印度半岛和波斯湾以及美索不达米亚平原的南部。为了促进货物与材料的流转，它们通过建立在外围区域的哈拉帕贸易场获得了金、银、铅、铜、锡以及次宝石类的石头。② 木材是从古吉拉特和喜马拉雅山脚下等遥远的地方采集过来的，但除了本地使用之外，这些材料还被出口到美索不达米亚平原地区。到公元前3000年，印度河三角洲和底格里斯河-幼发拉底河三角洲贸易线路变得比中亚的陆路通道更为重要，但这条线路在靠近公元前第二个千年中叶时开始走向衰落。

这些处在印度河谷冲积土壤上的城市受到了当地发达的灌溉农业系统的支持。满足基本食物需求的当地来源也受到了黏土、碎石开发的影响，因为精心设计的城市扩建需要这些建筑材料，这些城市拥有一些在它们那个时代的所有城市地区中最完美的街道设置和排水系统。因此，它们的城市代谢在日常必需品方面靠的是本地的资源，精英阶层的装饰和装潢所使用的奢侈品则依赖更遥远的产地。

---

① Chew，2001，p. 23.

② Chew，2001，p. 31.

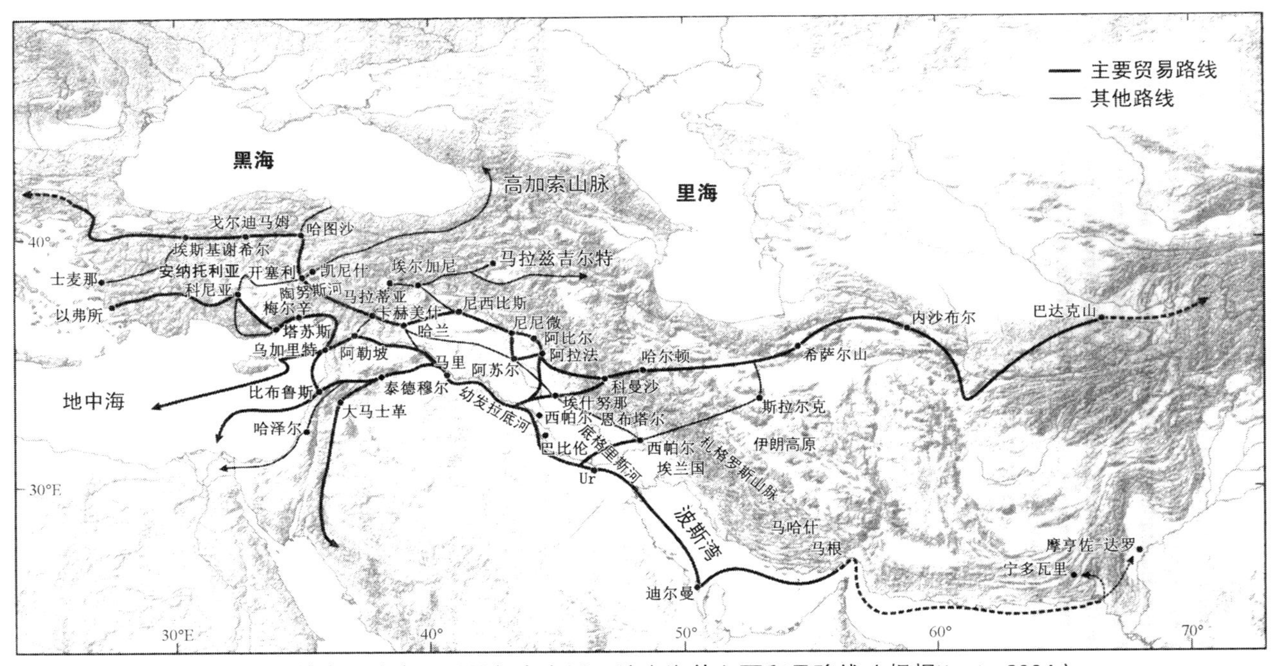

图3.1 连接美索不达米亚平原与东方以及地中海的主要贸易路线（根据Hunt，2004）

在克里特，起始于公元前7000年的人类对景观的改变，随着公元前4000年克诺索斯的发展而开始加速。这座城市不大，却拥有相当可观的储备能力，大约接近25万升的橄榄油和大量的谷物。全岛人口大约有25万人，墨萨拉（Messara）平原有充足的土地供给，可是，土壤侵蚀的发生和产出的下降，可能已成了一个问题。①

公元前5世纪，雅典人的征服给城市带来了新的奢侈品。有来自迦太基（Carthage）的地毯和垫子，来自达达尼尔海峡（Hellespont）的鱼，以及来自罗德岛（Rhodes）的无花果。② 到公元前4世纪，雅典的城市代谢在很大程度上靠的是银矿的开采和橄榄油的出口。③ 银矿为国有，却由私人通过租赁的方式来经营，使用奴隶进行开采。橄榄油和银的出口，换来了从埃及和克里米亚（Crimea）进口的小麦。黑海北部没有橄榄树，但这个地区把兽皮发往雅典，并在那里制成皮革制品。④

罗马帝国的城市代谢

城市和城镇总是依赖周边的农村来供应食物和各种生活资料。古代城市的居民耕种城外的土地，或是密切参与农业活动。罗马帝国时期的英国，有许多农田或者“郊外的”庄园与城市直接毗连，在这种情况下，城市和乡村互利互惠，相得益彰。因运输费用昂贵，园艺和牧场使用的土地也是一个城市在其邻近地区拥有的一项珍贵的资产，可以为城市供应蔬菜、水果以及餐桌上的其他食品。许多城市在它们的城墙之内也可能会辟有菜园。⑤

---

① Chew，2001，p. 47.

② Lane Fox，2006，p. 134.

③ Lane Fox，2006，p. 222.

④ Lane Fox，2006，p. 223.

⑤ Salway，1981，p. 587.

在古代世界，可能只有罗马、君士坦丁堡、亚历山大以及其他一两个城市具有足够的规模，拥有一种基本与乡村脱节的生活。罗马与君士坦丁堡的食品供应由国家筹备，是免费的或是有大量补贴的，这使它们的城市无产者并不依靠田地里的农活生存，而是依靠类似现今城市中现代企业提供的那种就业形式。① 为古罗马的百万居民提供食物供应，这一过程涉及一个复杂的贸易体系，它所延伸到的地区远远超出了城市的范围，并且穿过了地中海而达到北非。罗马成了一个广阔而富足的市场。在各行政区域中，许多土地拥有者先前主要致力于自种自食的农业耕作，仅有少量盈余来做贸易，他们被鼓励去改变农田的经营方式，专注于生产罗马所需的货物。② 在罗马，100 万人口每年需要至少 15 万吨的谷物。实际进口的数量可能比这还要大。同样，大量的基本食品如酒、油、蔬菜和水果也是必需的，此外还有如肉类和调味品等更为奢侈的食品，以及作为燃料和建筑材料的木材、大理石和不计其数的其他各类商品。

北非的埃及、利比亚和突尼斯是罗马谷类食品的主要来源，这些地区直接用船把各类粮食运送到罗马的官方港口奥斯提亚（Ostia）。在罗马城内，大约有 27.5 万名男性公民接受免费的粮食。然而，供应时有中断，罗马也会出现粮荒。因此，对造成最直接的粮食供应路线中断事故的人，判处的刑罚包括驱逐出境和死刑。谷物一旦交付到奥斯提亚，就要称重，质检，然后送往台伯河（Tiber River），用驳船运到罗马，并在那里重新打包，分发到帝国各地。

就在食物的生产和运输主导了贸易产业的同时，还有大量来自欧洲、亚洲和非洲各地的其他货物的交易。帝国的繁荣及其公民的富足，滋生了一种对奢侈品和对舶来品的需求。来自中国与远东的丝绸，来自印度的棉花与调味品，来自非洲的象牙和野生动物，来自西班牙和英国的大量开采出来的金属，来自德国的已成了化石的琥珀宝石，以

---

① Salway，1981，p. 588.

② Morley，2005.

及世界各地的奴隶，都是古罗马城市代谢的一部分。罗马人靠着他们的进口业发展起来，而进口商则属于帝国最富有的那部分公民。[①] 罗马的全部代谢不仅影响了远方的省份，也影响了意大利的农村。至于罗马是不是从最便捷的地方获取物资供给，有没有刺激本地的生产者，以及复杂的城市口味的发展是否为罗马周边地区以及整个半岛的农民赋予了新的作物生产和贸易的机会，学者们对于这些问题的看法并不一致。

就这些历史极限来说，古罗马是一个特例。它拥有一个数字高达百万的人口，是唯一一个能够通过持续的殖民化过程来维持其体系的城市。若无奴隶劳动力的广泛供应、精细的农业技术、宏伟的灌溉工程与水利设施，以及帝国的军队，这个人口数量是不可能维持下来的。换句话说，为了克服罗马农业能源的基础所强行带来的自然的极限，全部已知的世界不得不做出让步。当罗马开始其城市发展的时候，就开始了一场注定要失败的斗争。城市的持续发展对能源数量的需求越来越大，它所导致的混乱与其所吸纳的能源数量成正比，为应对这一问题而建立起来的制度性设施变得越来越庞大，并且这一过程变得无法持续。给予军队的能源供应变得越来越少，以至于军事力量最终摄取的能源比其输送给城市的还要多。对土地的集约开采最终导致了农业系统的逆转，而且蓄奴的成本也变得太高。官僚体制因其不均衡的发展承受了非常高的运行成本，已无法维系。延伸过度的城市陷入了破产的境地，而且，在它被占领之后，它的能源供给就返回到了一种生态平衡。[②] 在罗马城衰落之后，城内总计只有 3 万居民。

早期中国城市的城市代谢

罗马并不是唯一一个曾因其城市代谢榨干了农村血液而受到批评

---

① Finley，1999.

② Mumford，1956.

的城市。[1] 在公元前3世纪，中国城市成都使用的木材来自300千米之外的森林。[2] 城市的周边地区是一个巨大的园圃，它是用从岷江分流出来的水进行维护的，水流被导入了贯穿四川平原的灌溉渠。成都也是一个“从广阔的内陆地区汲取货物的商业化的抽水泵”[3]。

公元11世纪，现今属于华中地区的河南省东部中心开封，当时是北宋的首都，拥有大约100万居民。作为帝国首都，它容纳了包括皇帝的不断扩大的家庭以及超过1 000人的仆从和家臣的宫廷。[4] 连同军队和帝国官员及其家属，这累计起来达数万人的生活都需要城内以及周边农村的其他人的劳作来支撑。尽管皇宫的稻米供应以及其他食物需求来自各种形式的税收，但在城市阶层中，仍有对于农业技术的不断增长的兴趣，包括改进灌溉系统和提高水稻产量在内。

中世纪欧洲的贸易与城市代谢

在中世纪的欧洲，那些最大的城市都因贸易活动而发展壮大。对于如谷物和小麦之类的基本食品而言，把货物发送到城市的供应商必须有靠近海洋或靠近通航河流沿岸的便利。在法国，皮卡第（Picardy）以及韦尔芒杜瓦（Vermandois）的毗邻地区，都经由斯凯尔特河（Scheldt）向佛兰德斯（Flanders）出口谷物，经由瓦兹河（Oise）向巴黎出口谷物，而香槟地区（Champagne）和附近的巴罗斯（Barrois）则经由维特里-勒弗朗索瓦（Vitry-le-François）沿马恩河（Marne）将谷物运送到巴黎。[5] 其他商品则从邻近地区通过马拉、车载和河运送抵巴黎。谷物和酒既可通过船运也可使用马车从周边的乡村运送过来（图3.2）。

---

① Morley，1996，p. 24.
② Elvin，2004，p. 61.
③ Elvin，2004，p. 63.
④ Morley，1996，p. 25.
⑤ Braudel，1981，p. 125.

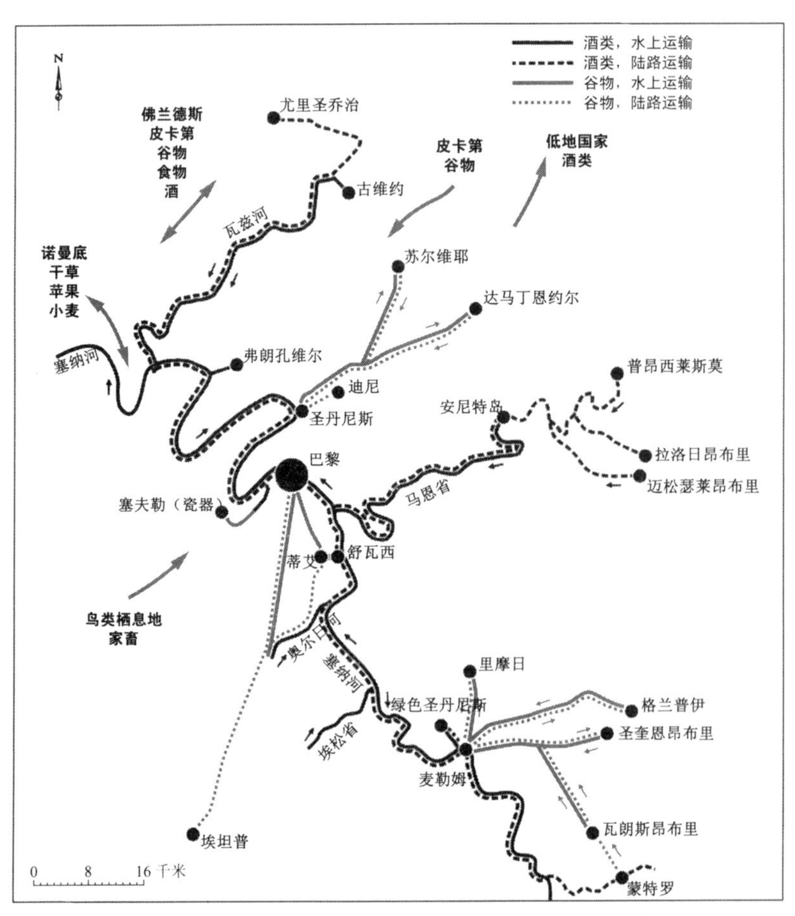

图 3.2　巴黎货物供应的原产地和运输路线表明了航运水路的作用（根据 Braudel，1988）

在这一时期，巴黎的代谢推动了城内和巴黎盆地以外地区的环境变化。水的供给和建筑材料的来源很快就越出了城墙的范围，但是，随着城区的扩展，来源地越来越向远方延伸。在夏季，当塞纳河经常出现干涸的时候，为了取水，引水渠被建在了地下 20 米处。

巴黎的建筑材料最初来自靠近中世纪城址的地方。直至 14 世纪，石灰石仍是从意大利广场（Place d'Italie）到沃利嘉德（Vaurigard）的左岸（the Left Bank）地区开采的。沙子和碎石来自贝西区（Bercy）、意大利门（Porte d'Italie）、格勒纳勒（Grenelle）、比扬库尔（Billancourt）和塞日（Cergy）。后来的石灰石来源是塞夫勒（Sevres）、圣克卢（Saint Cloud）、卡尔玛（Calmart）、巴涅（Bagneux）、伊夫里（Ivry）、沙伦顿（Charenton）、圣莫里斯（St. Maurice）和里尔西姆（L'Î'le Ceam）。石灰石的现代来源是圣卢埃斯朗（Saint-leu-d'Esserent）、圣-马克西敏（Saint-Maximin）、圣瓦斯-莱斯-梅洛（St. Vaast-less-Mello），而此时沙子和碎石来自瑞维西（Juvisy）和巴黎之间的塞纳河谷，以及维尔纳夫-拉加雷纳（Villneuve-la Garenne）、热勒韦尼耶（Gennevilliers）。

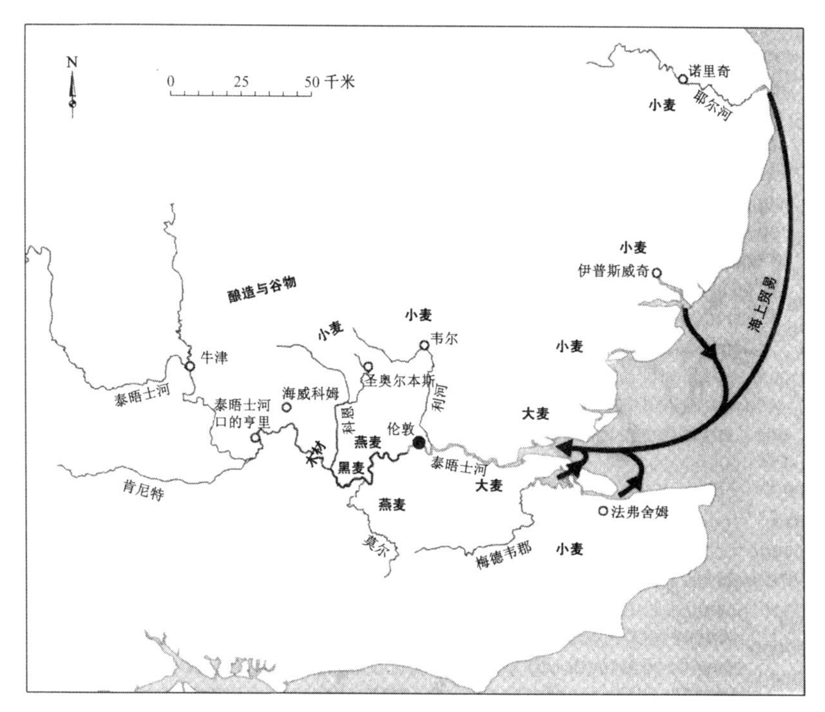

图 3.3　14 世纪向伦敦市场供应谷物和木材的地区。水果和蔬菜种植在紧邻城市的地区。图中提到的城镇都是谷物商人进行交易的主要中心(部分数据基于 Galloway and Murphy，1991)

中世纪伦敦的代谢是从最靠近城市的农田中获得乳制品和易腐烂的园艺产品，之后便是产自米德尔塞克斯郡（Middlesex）森林的燃料，而耕地上的产品与牧场上的产品则来自更远的地方。伦敦市场的出现促进了小麦在适宜土壤上的专门化生产。① 供给伦敦的谷物经由陆地运输，从差不多 35 千米以外的地方运送过来，但水上运输却能够使运输的里程远达 100 千米（图 3.3）。至 13 世纪晚期为止，伦敦周围的林地一直受到妥善的管理，某些庄园专门从事燃料供应。稻草、动物饲料、木料、木炭和煤都被用作燃料。接近 22%的燃料是用来烘烤和酿造的。煤在 13 世纪进入伦敦，主要供石灰窑使用。②

16～18 世纪的全球贸易体系与城市发展

1 500 年以前，贸易已经从遥远的地域带来了各种货物。在此后的两个世纪，巴黎的生态足迹快速增加。不仅有来自法国国内的食物供应，如来自诺曼底的黄油，来自布里（Brie）、诺曼底、奥弗涅（Auvergne）、都兰（Touraine）和皮卡第的乳酪，还有经过迪耶普（Dieppe）、翁弗勒尔（Honfleur）和勒阿弗尔（Le Harve）从东大西洋和海峡养鱼场（Channel fisheries）带来的鳕鱼。

而且，16 世纪欧洲人的美洲之旅还把新的产品带到了欧洲的城市和乡村。咖啡在 1643 年被引进到巴黎，近 40 年以后，诸如摄政咖啡馆（Café de laRéngence，1681）和普罗可布咖啡馆（Café Procope，1686）等著名的咖啡馆建立起来了。③ 在伦敦康希尔（Cornhill）街边的圣迈克尔巷（St. Michael's Alley），第一家咖啡馆开业于 1652 年，

---

① Roseff and Perring，2002，p. 120.

② Roseff and Perring，2002，p. 121.

③ Braudel，1981，p. 226.

紧接着第二家于1655年开张。① 1700年，伦敦已有1 000家咖啡馆。②截至1716年，咖啡都是在留尼旺（La Réunion）岛种植的，后来又在卡宴（Cayenne，1722）和马提尼克岛（Martinique，1723～1730）栽种。直到18世纪，越来越多的糖从西印度群岛（马提尼克、瓜德罗普、牙买加和圣多明各）进入法国。截至1788年，巴黎的糖消费量大约每年人均5千克（到1846年降至3.63千克）。③ 在1707年前后，巴黎市场每年出售大约7万头牛，是从东欧远距离供应的，补充了当地的和区域性的交易。④

巴黎对能源有巨大的需求，主要是燃烧用的木料。1549年以后，原木被沿着屈尔河（Cure）和塞纳河支流约讷河（Yonne）漂流下来。在16世纪，木炭被从东北方向大约250千米的奥特（Othe）森林运到巴黎。到18世纪，可以用马车、驮马和船舶等交通方式把木炭从所有可利用的森林运载过来。需求增长非常之快，1789年，巴黎大约用掉了200万吨木料和木炭，每人每年有2吨的消费量。⑤ 随着城市人口的增长，巴黎的需求驱动了农村的变革。

至18世纪末左右，如1801年的切斯特（Chester）和科尔切斯特（Colchester）地图所显示的那样，英国的许多有城墙的市镇在城墙的内部还有园圃。在紧靠城墙的另一面，大部分地区都被细心耕作，用于园艺栽培或谷类作物的种植。而且，制造业发达的城镇在贸易上已经有了很大发展。截至16世纪末，曼彻斯特已开始向法国、西班牙和葡萄牙输送专业化的毛纺制品。随着市场的拓展，原材料也被从坎布里亚郡（Cumbria）、英国中部地区和爱尔兰等地带了进来。⑥

---

① Ackroyd，2000，p. 319.

② Ackroyd，2000，p. 320.

③ Braudel，1981，p. 257.

④ Braudel，1981，p. 193.

⑤ Braudel，1981，p. 367.

⑥ Tupling，1962.

在17世纪早期，曼彻斯特的纺织品贸易进入了一个新的阶段。羊毛织品衰落了，代之而起的是各类小商品的生产，在这些小商品中，经纱用的是亚麻线，而纬纱用的却是毛绒线（通常被称为“纬起毛织物”），到了17世纪后期，棉花替代了这种毛绒线。① 原棉是从叙利亚、埃及等地中海东部国家进口的。进口原棉需要改善运输条件。截至1730年，默尔西河（Mersey）与艾威尔河（Irwell）已可以通航至曼彻斯特市中心，通向邻近市镇和进入约克郡的道路在接下来的30年间也变成了收费公路。1764年，布里奇沃特运河（Bridgewater canal）的开通使得以更为低廉的价格运入燃煤成为可能，不过，只有这条水路延长到了位于默尔西河河口的朗科恩（Runcorn），才使西印度群岛和美洲的棉花得以便捷地引进。② 随着工业革命的发展，这些条件的改善使曼彻斯特可以扩大它的生态足迹。众多改造成为运河的河流使得铁矿石和金属可以被运送到那些新的铸造厂和鼓风炉，这些工厂都安装了蒸汽机。

19世纪：伴随全球中产阶级的发展而兴起的大众消费

在英国，工业革命见证了医生、药剂师、工程师以及其他专业人员数量的增长。贸易和商业的发展也导致商人和零售商人数的增多。1797年，改革者威廉·威尔伯福斯（William Wilberforce）谴责“上流社会和中产阶级”缺乏对基督教的关心。③ 这种对于三级社会的识别确认了在贵族阶层和穷人之间存在着一个重要的社会阶层。当1832年的“选举改革法案”（Electoral Reform Act）赋予有财产者以价值为10英镑的投票权的时候④，中产阶级已经获得了政治上的重要性，他们

① Tupling，1962.

② Chaloner，1962.

③ James，2006，p.133.

④ James，2006，p.148.

已在伦敦、巴斯、爱丁堡以及其他城市的繁华街道上购置了乔治王朝时代的家庭住宅。新兴中产阶级选民包括那些通过制造业和商业控制了国家财富增长的人。他们激增的购买力改变了城镇与城市的消费模式。消费是中产阶级生活的一个重要的文化动力。阶级构成如何与商品发生关联，以及商品如何充满了社会意义，在从马克思和韦伯以来的社会理论中，这些已成为反复出现的主题。① 同样的情况也发生在所有受益于新兴的工业技术和制造业以及因它们而促进了财富创造的国家。

在 19 世纪，不断增长的个人收入和展示在吸引人眼球的闹市区橱窗里的越来越多的消费品，在许多城市美国人的习惯和生活方式方面造成了异乎寻常的变化，引发了“一场有关奢侈和舒适预期到来的革命”②。1850 年前后，一些纽约人坦然地过着一种奢靡的生活，无视其先辈们对于简朴生活美德的牢固信念。19 世纪后半叶，在美国和西欧已出现了当今消费社会的确定性形态。尽管商业化的种子在 18 世纪末期已经播下，但全国性和国际性的批量生产的消费品市场在 100 年之后才出现。人口的因素，尤其是城市的快速发展、生产过程的革新、不断提高的工资，以及改善了的运输方式，特别是在铁路方面的改善，都使得大众市场的到来成为可能。③

1846 年，亚历山大·斯图亚特（Alexander Stewart）的马布尔干货大厦（Marble Dry Goods Palace）的第一层在百老汇开业，在全店开业两年以后，它就变成了纽约的“最佳去处”④。在芝加哥，波特·帕尔姆（Potter Palmer）复制了斯图亚特的概念，在 1852 年开了一家干货店。1865 年，那家商店被马歇尔·菲尔德（Marshall Field）和莱维·莱特（Levi Leiter）接管了。1858 年，罗兰德·麦西（Rowland Macy）在

① Liechty，2002.
② Blumin，1989，p. 138.
③ Laermans，1993.
④ Laermans，1993，p. 82.

纽约开了一个小商店，并很快发展成为一家生意兴隆的百货商场。后来，约翰·沃纳梅克（John Wanamake）于 1877 年在费城开了一家“新型商店”，之后，又在 1896 年接管了斯图亚特在纽约拖欠了债务的生意。①

百货商场进入巴黎稍晚一些，第一座专门设计为百货商场的建筑“位于街道一角”，它开业于 1864 年，但在 1880 年就关闭了。可是，自 1867 年以来，其他的商场却快速跟踪而至。最后，在 1890 至 1914 年间，图卢兹、波尔多、里昂和勒阿弗尔全都有了它们坐落在显赫建筑中的百货商场。后来，大约在 20 世纪初的时候，英国和德国的大商场也发展起来了。这些商场都是它们那个时代的“消费殿堂”，它们类似于 20 世纪末期的城郊超级购物中心，都是日常外出的目的地。从城市代谢的角度来说，它们反映出了中产阶级人均消费的飙升，这在很大程度上增大了人均生态足迹的范围，并且，它们还通过那些富裕国家中更富有的人群提高了全球的物资供应。与这一现象同时出现的是城市基础设施、运输发展和能源消费，尤其是煤的消费等各个方面的大幅增长，它们必然会对当地与全球的大气环境产生影响。

在伦敦，中产阶级的发展以及家庭与工作场所之间关系的变化让人们接受了铁路交通，这一方面的变化带来了 19 世纪后半叶餐馆饭店的巨大发展。皇家咖啡馆（Café Royal）于 1865 年开张，而标准餐厅（Criterion restaurant）也于 1874 年开业。② 女性开始使用餐厅，城中的午餐变成了工作日购物之旅的一个重要部分。处于发展过程中的中产阶级的新需求被叠加在了不断增长的伦敦和英国工业城市人口的衣食住行对于建筑材料、基本食品和衣物的巨大需求之上。此外，大坝、水厂、排污系统和应对公共卫生系统以维持城市用水和排水工程的废水处理厂的建设也需要建筑材料。还要再加上新的铁路、新的站点和基础设施等所需的庞大的土方工程。因此，所有的城市都乐于见到其

---

① Laermans，1993，p. 83.

② Ackroyd，2000，p. 326.

人均物流方面有一个巨大的增长。尽管如此，许多城市也保持并开发了资源回收系统，这个系统在若干世纪以前即已存在。

19 世纪城市代谢的环境后果

曼彻斯特的制造业造成了许多环境问题，最突出的问题是排放到河流中的废物。同时，也存在一些对于城市原材料的相当可观的再利用现象，如从通过运河和铁路运向城市西部沼泽地的“人类粪便”到纺织厂废纤维的再利用等。一个棉纺厂废品的销售价值常常代表着这个工厂盈亏的差别。至少有 30 种废物，每一种都可以被出售，以便进一步加以利用。对于每一个工厂来说，必不可少的做法就是去开一家废品经销店，因而，许多第二产业都与纺织工厂有一种互惠共生的关系。①

至 19 世纪为止，巴黎已经形成了市内废料回收利用的再循环，大量的人员对城市副产品进行搜集、加工和再利用。单单是这些城市原材料就足以使巴黎新建的企业得到扩张，去满足城市里稠密并且还在快速增长的人口的需要。一个例子就是以植物为原料的破旧衣物的交易，因为若是男男女女不穿衣服，若是不存在用过的布料，纸张是不可能造出来的。造纸创造了一种对碎旧布料的巨大需求：制造 1 吨纸需要 1.5 吨碎布。造纸的机械化导致了服装行业的重构。②

骨头构成了动物垃圾的 20%，而它们在花哨商品、明胶、胶水以及磷火柴的制作中有许多用途。骨炭在拿破仑战争期间被用来加工糖用甜菜。后来又被用于对产自法国殖民地的蔗糖的精炼，制造 1 吨糖需要 1 吨骨炭。破烂的衣物和动物骨头被那些“捡破烂”的人搜集到了一起，直到 20 世纪 50 年代，这些人还依旧穿行在欧洲城市的街道上。破旧的毛料织品则被用在了农业方面。③

---

① Desrochers，2007.

② Barles，2005.

③ Barles，2005.

与此相关的是城市边缘地区的农业，它将城市的有机废物作为肥料。在19世纪20年代，巴黎是人类垃圾的一个丰富的源头，这些垃圾被转化成肥料，或者是脱水或者是粉碎，被运出城市，送到附近的农场。垃圾收集依赖于居民对废料的分类整理，并把它们放在门外以便于收集。制作堆肥要花很长的时间，以至于无法去处理大量可利用的废物。①

到19世纪晚期为止，下水道污泥为环绕巴黎的塞纳河地区2.8万公顷农田中的1.7万公顷提供了肥料。对城市废物的这种利用在1930年以前就变得意义不大了，到1952年止，塞纳河地区只剩下0.7万公顷的农田。相似的是，废布料作为造纸原料的重要性也下降了，它的用途只限于制造高质量的纸张。

20世纪的物流激增和环境影响

在20世纪，欧洲的大都市变成了消费城市的经典样本，它的巨量人口是由其他国家的剩余生产来维持的。② 纵观整个世纪，高度城市化国家的人均物资消费量一直在增长（图3.4）。新技术和新机械产生了对于新材料的需求，比如用于制造IT设备的稀土元素。最重要的是，机动车数量的巨大增长改变了城市的环境。一个国家一旦进入了现代化道路交通阶段，它对诸如水泥等的基本设施建设的材料消费就会呈指数级增长。

城市代谢方面这种急剧飙升的后果便是，城市变成了材料使用的高危地区，它含有比最危险的垃圾填埋场还要危险的有害材料。塑胶材料的巨量库存如今都在城市。在上世纪末，每年有相当于塑胶材料数量的大约50万吨燃料油被倾倒在奥地利的垃圾填埋场。③ 大约有5

---

① Barles，2005.

② Morley，1996，p. 29.

③ Brunner and Rechberger，2002，p. 65.

万吨包装塑料以极高的代价被回收利用。1987 年，当时被广泛使用的制冷剂、（在气溶胶应用中的）推进剂和溶剂中含有的氯氟烃（CFCs），这类物质是在“蒙特利尔议定书（Montreal Protocol）”中被明文禁用的。

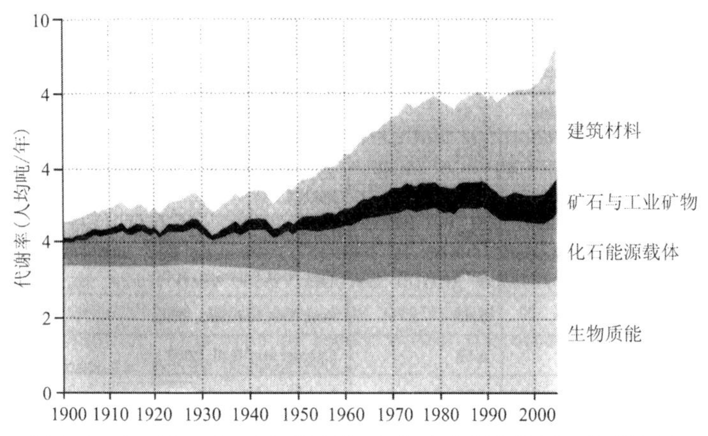

图 3.4　由 1900～2005 年代谢率（每年人均材料利用：吨）显示出来的全球消费增长情况（根据 Krausmann et al. ,2009）

然而，到那时为止，氯氟烃已经在城市中大量储存、累积。这个储存的最大构成部分是各种建筑绝缘材料。其他的泡沫材料、冷冻机和灭火剂占掉大约半数的氯氟烃库存，而家用冰箱则占不到 3%。① 假如这些库存在使用完毕之后得不到适当处置的话，比如说当它们在建筑物拆除、扩建或重建的作业期间被移走的时候，对臭氧层的破坏将依然会延续。在城市的材料库存范围之内，这种类型的遗留问题给后代人带来了难题。

当欧洲城市还是传统型的大都市的时候，亚洲和拉美的现代特大型城市在上个世纪末出现了。在这些快速变化的城市中，并且在遍及非洲、亚洲和拉丁美洲的城市社区中，不断增长的中产阶级消费，与

① Brunner and Rechberger，2002，p. 66.

其说是为了拥有或占用，不如说是为了成为或属于。[①] 比如说，加德满都的新兴中产阶级本身既是对一种新的资本主义全球化市场和商品统治的回应，又是它的积极承办者。加德满都的中产阶级成员正是那些已经让当地的社会文化生活搭上了不断壮大的商品世界顺风车的人。[②]

21 世纪寻求材料和能源消费解耦的机会

一个现代城市的材料吞吐量大约要比古代同样规模的城市大一个数量级。[③] 休斯敦、得克萨斯都是全球化城市，它们不仅在效力于世界原油工业的过程中形成了一种增长机器的模型，而且促进了大众消费和郊区化蔓延。另一方面，古巴的哈瓦那也是一个全球化城市，它以一种社区造园和城市农业的形式，极力阐明一种通向社会生态代谢的激进路径。[④] 在 21 世纪初，国际性的活动正在鼓励所有的城市去提高它们的环境绩效。2004 年，经济合作与发展组织（OECD）要求其成员国完善有关物流与资源生产率方面的信息和知识，并以那些可比性与可行性指标能够被界定的领域为重心，开发出共同的方法论与评估体系。2008 年初，经济合作与发展组织的第二份《关于资源生产力的建议》（*Recommendation on Resource Productivity*）劝说各成员国发展对于物流及其环境影响的分析，并制定提高资源生产力的相关政策。[⑤] 欧洲议会关于城市环境的主题策略也于 2006 年发布。2009 年初，中国的《循环经济促进法》把循环经济界定为“在生产、流通和

---

① Liechty，2002.

② Liechty，2002.

③ Brunner et al.，1994.

④ Clement，2010，p. 307.

⑤ OECD，2008.

消费等过程中进行的减量化、再利用、资源化活动”①。

在众多被用于量化与城市代谢有关的资源流动的技术中，生态足迹②为一个特定的城市或国家中的每一个人对全球环境施加了多大的压力提供了一个生动的表述。尽管在所使用的具体方法论上有一些变化，并且也因某些资源的多种用途而存在着重复计算的误差，但人均生态足迹却显示了城市间的变化幅度，不仅全球的情况是如此，而且在一个单一国家的内部也是如此（表 3.1）。

表 3.1 世界各地不同规模城市的生态足迹估算

国家	城市	生态足迹（人均公顷数）	来源
加拿大	卡尔加里	11.0	Wilson，2001
加拿大	埃德蒙顿	10.4	Wilson，2001
美国	索诺马县	8.90	http：//www.sustainablesonoma.org/quotes.html
英国	贝尔法斯特	8.59	Walsh et al.，2006
美国	圣莫尼卡	8.46	http：//www.smgov.net/Departments/OSE/Categories/SustainabilitySustainable_City_Progress_report/Resource_Conservation/Ecological_Footprint.aspx
澳大利亚	悉尼 woolahra	8.31	Lenzen and Murray，2003
澳大利亚	悉尼 waveley	7.97	Lenzen and Murray，2003
澳大利亚	Aurora 生态开发区	7.03	www.epa.vic.gov.au/ecologicalfootprint/casestudies/aurora.asp

① Li，H. et，al.，2010.

② Rees，1992.

续 表

国家	城市	生态足迹（人均公顷数）	来 源
澳大利亚	兰德威克	6.95	Lenzen and Murray，2003
英国	约克郡	6.79	Best Food Forward，2002
英国	伦敦	6.63	Best Food Forward，2002
英国	温彻斯特	6.52	Calcott and Bull，2007
荷兰	海牙	6.36	Best Food Forward，2002
爱尔兰	利默里克	6.32	Walsh et al.，2006
英国	利物浦	5.47	Best Food Forward，2002
		4.15	Barret and Scott，2001
挪威	奥斯陆	5.44	Best Food Forward，2002
新加坡	新加坡	5.3	http://www.wildsingapore.com/vol/Footprint.html
英国	伯明翰	5.22	Calcott and Bull，2007
中国	香港	4.86	Kou et al.，2006
德国	柏林	4.06	Pacholsky，2003
芬兰	赫尔辛基	3.45	Hakanen，1999
智利	圣地亚哥	3.52	Best Food Forward，2002
中国	上海	3.42	Kou et al.，2006
英国	索尔兹伯里	5.01	Calcott and Bull，2007
中国	北京	3.07	Kou et al.，2006
中国	天津	2.96	Kou et al.，2006
中国	广州	2.5	Guo et al.，2005
中国	青岛	2.26	Kou et al.，2006
中国	沈阳	2.04	Kou et al.，2006

续 表

国家	城市	生态足迹（人均公顷数）	来　源
中国	深圳	2.02	Kou et al.，2006
中国	重庆	1.31	Kou et al.，2006
中国	西安	1.07	Kou et al.，2006
印度	德里贫民区居民	0.8	http：//www.hardnewsmedia.com/2006/11/625

从全球性的和国家的范围来说，把资源的投入从GDP的增长中分离出来的趋势是明显的。工业化的经济体拥有最低的材料集中度（或者说是最高的生态效益），以西欧为世界领先标准，它从20世纪80年代的大约每1 000美元GDP 1吨的水平，改进到2000年的每1 000美元GDP 0.6吨的水平。尽管北美人均资源的开采水平很高，但材料的集中度依然很低并且有下降的趋势。① 但尚不清楚的是，这样的走势是否适用于各类城市，因为大量的生产活动如今已在城市之外进行，并且，在许多情况下，是在一个与所研究的城市完全不同的国度。

从20世纪80年代前后到大约2005年的城市代谢变化分析显示了一个有趣的对比。在匈牙利的布达佩斯，持续变化的政局在资源效率上得到了反映。从1955年到1980年这段时间，是大都市全面的社会化发展阶段，在这一时期，能源、水和食物消费都出现了数量巨大的增长。接下来的一个时期，从1980年到1990年，是以资源利用的临时停滞为特征的前转型时期（图3.5A）。1990年以后，资源效率上的稳固提高可以由人口的显著减少、城市消费模式的转变，以及对“用户支付”原则的更普遍的使用来加以解释。②

香港，作为城市代谢的最早期的研究对象之一，它提供了一份

---

① Behrens et，al.，2005.

② Pomázi and Szabó，2008，p. 366.

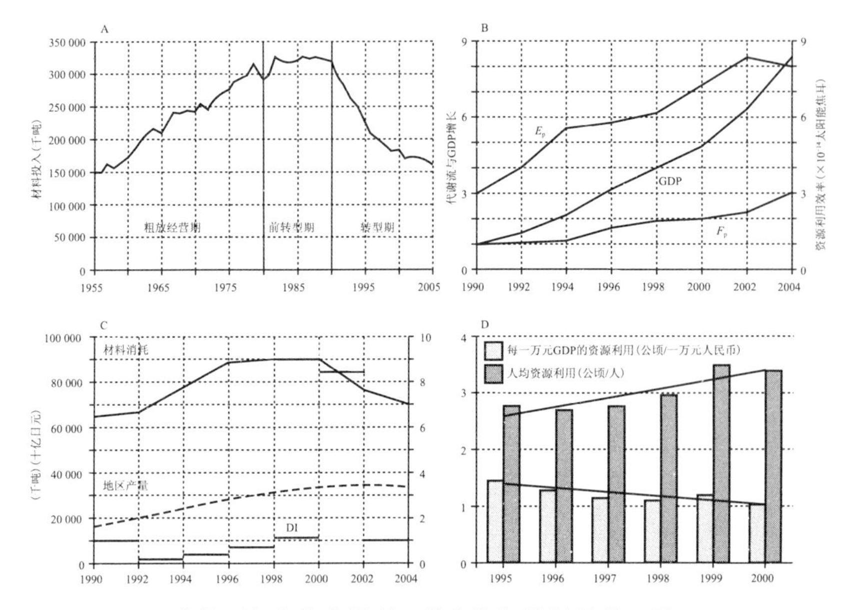

图 3.5　GDP 中得到提高的资源利用效率和解耦材料利用图示：(A) 1955～2005 年匈牙利经济中的物资投入表明资源的利用效率在不断提高（根据 Pomazi and Szabo, 2008）；(B) 北京：资源利用效率增高的指标：1996 年之后资源利用效率（E_p）与代谢流（F_p）的增加都慢于 GDP 的增长（根据 Zhang et al., 2009）；(C) 日本爱知县：1996 年之后地方生产中材料消费的解耦过程（根据 Tachibanaa et al. ,2008）；(D) 广州：在人均资源利用效率提高的情况下，1995 年之后 GDP 增长中每个单位的资源利用情况（根据 Guo et al. ,2005）

1971 年与 1997 年城市代谢的对照。在这段时间里，人口从接近 400 万增长到接近 700 万。到 1997 年为止，香港的物资净投入是 4 650 万吨，或者说是人均 7 027 千克。1997 年的人均食物供应是每天 1.86 千克（每年 679 千克），比 1971 年的每天 1.55 千克增长了 20%。自 1971 年以来，人均消费已经上升的有：肉类（+68%）、水果（+53%）、糖（+128%）、酒精饮料（+56%），以及牛奶(+142%)。但谷类食品（-24%）和蔬菜（-32%）的消费下降了。① 在 1971 年和 1997 年之

① Warren-Rhodes and Koenig, 2001, p. 431.

间，所有的人均物资的投入都有所增长（表 3.2）。并没有增长率与能源利用解耦（decoupling）的迹象，即便是某些制造企业已经采用了大量更为精简的生产方式。[1]

表 3.2　1971 年和 1997 年香港人均物资流动趋势

（注意：香港人口已从 1971 年底的 394 万增加到了 1997 年底的 662 万）

（数据基于 Warren-Rhodes and Koenig，2001）

物资类型	1971 年（人均千克/年）	1997 年（人均千克/年）	百分比变化
食品	570	680	+20
燃料	1 000	2 000	+100
建筑材料	1 000	3 800	+280
其他货物	250	530	+112
固体垃圾总量	762	2 086	+174
污水	73 115	102 311	+40
二氧化碳排放	2 285	4 776	+119
空气污染物	65	50	−23

在加拿大的多伦多，1987 年至 1999 年间，城市代谢输入量的增长总体上说要比输出量的增长更高。水和电的输入量增长率略微低于人口增长率（25.6%），而预计的食物和汽油的输入量则以比人口增长稍高的百分比在增长。除了二氧化碳排放之外，标准输出参数比人口的增长缓慢；在从 1987 年到 1999 年的这 12 年里，住宅区的固体废物和废水负荷根据绝对值来计算是减少了。[2] 这约略表明了走向更大的环境效益的趋势，特别是在废物处理方面，这反映了地方政府在废物回收和处理方面的政策变化。[3]

① Chan and Burns，2002.

② Sahely et al.，2003，p. 468.

③ Keil and Boudreau，2006，p. 44.

在爱尔兰的利默里克（Limerick），尽管总的材料消费和废物生产在 1996 至 2002 年间有所增加，但代谢效率却下降了 31%，从 1996 年的 0.31 降至 2002 年的 0.09。① 这一时期代谢低效现象的总体减少主要是由于利默里克市在 2002 年增加了建筑材料的消费，而事实是，施工与拆除（C&D）所生成的废物几乎不能显示变化。结果受到了建筑企业的严重影响，因为建筑材料占到了 1996 年材料和产品消费的 76% 和 2002 年的 83%。这表明建筑在整个消费中占有很重要的主导地位。从家庭层面来说，环境效益几乎没有增长。相似的是，在瑞典的马尔默（Malmö），也同样收效甚微，这里的总体能源消费等重大案例中相对意义上的解耦现象似乎是明显的。② 在日本的爱知县，2007 年有 700 万以上的人口，其中有 210 万以上的人住在名古屋，在 1996 年以后，才出现生产与材料输入量的某种意义上的解耦现象③（图 3.5C）。

在北京，从 1990 年到 2004 年，代谢流（F_p）有所增长，但却戏剧性地以比 GDP 的增速更慢的速率进行（图 3.5B）。因此，在北京的代谢系统中，其趋势显示资源消费与 GDP 有轻微的解耦现象，但排污与 GDP 完全脱钩了。④ 环境效益的些微增长在广州也表现明显，那里的总体环境足迹与人均环境足迹从 1995 年到 2000 年一直在增长，而每个 GDP 单位的环境效益却在降低⑤（图 3.5D）。自 1990 年以来，上海的快速发展一直伴随着更高效率的能源和水资源利用，以及高效的废水水质处理。把污染企业从市中心向新的郊区迁移的政策也减少了排放。这种更大的生态效益可以解释 1990 年以后上海总体环境质量的改善。⑥

---

① Browne et al.，2009，p. 2769.

② Andrén，2009.

③ Tachibanaa et al.，2008，p. 1389.

④ Zhang et al.，2009，1695.

⑤ Guo et al.，2005，p. 454.

⑥ Zhang et al.，2009，p. 1054.

总结

纵观城市历史，它们一直依赖于周边的农村，起初是在步行几小时的区域之内，靠它们来供应衣食之需，可到了 19 世纪末，大多数跻身于工业化世界的城市开始使用几乎是来自各个大洲的材料。尽管奢侈品和贵金属总是要跨越遥远的距离进行交易，正像古代的雅典和罗马所显示的情况那样。城市的维持仰赖的是获得批量材料与基本食物的便利，财富精英还有机会从远方的市场获得昂贵的货物。香料和宝石在人类历史的早期就已开始被长途贩运。到地中海周围的伟大文明时代为止，船运使大批量的粮食、油以及酒类产品得以便利转运。后来，机械化的陆上运输开始改变了通向城市市场的食物和原材料的供应模式，导致了一场零售业和人们的购物习惯全球性的变革。然而，即便是世界的中产阶级都在购物中心购物，这些购物中心都携带着与它们在其他全球化城市的同行一样的零售商的名号，即便他们的食品杂货都是在网上订购并且由全国性和国际性的公司发送，也许还会有接近 50%的世界城市人口在像卢萨卡或是金边等地那样的传统市场上购买食物。

人均消费仍然是极度不平等的，最富有者的生态足迹比最贫穷的人要大上 10 倍到 100 倍。但随着新兴工业化国家的城市中产阶级的增长，城市消费的速度和幅度都将增加，相关的库存与物流管理的整个基础设施也将不得不有所增加，包括网上购物者所使用的虚拟商店的巨型仓库和分销库。如此大规模的零售系统的供应链具有潜在的脆弱性，或许来自劳动纠纷和战争，或许来自旱涝灾害。对大范围的生产商的依赖也会导致价格的频繁波动，正如在 21 世纪的第一个十年中生物燃料生产的发展造成玉米等粮食作物的竞争时所发生的情况那样。同样，天气和气候变化增加了供应中断的风险。这类极端情况对于城市贫民的影响尤为明显。

第四章　烟、气、灰尘与雾霾：城市的大气变化

城市的空气污染情况随当地的地势、城市上空的大气结构、建成区的规模以及城内绿色区域和水体的分布而定，此外还取决于工业活动和供热、交通运输和发电所用燃料的性质。一个大的问题就是城市上空的逆温层是否自然形成。这种逆温现象会使上升的含有污染物的热空气受到阻碍，并使之留住雾和烟。卡萨布兰卡、智利的圣地亚哥、洛杉矶、墨西哥城以及重庆，都是承受严重逆温现象的城市。① 第二个重要的因素是某种天气系统的出现，它造成城市上空受污染空气的滞留。当空气静止并且当地城市的热岛效应（heat island）以及与之相关的尘罩现象（dust dome）逐渐显现的时候，诸如地中海型或半沙漠气候类型处在干旱的中纬度区的地方常常感受到高压系统。当地的山风或海风风向的每日变化情况也对经过城市地区的受污染空气的运动造成影响。实际的污染物差别很大，它们随当地的环境、气候条件以及工业、家居生活、商业形态和能源利用的运输方式等的变化而有所变化（表 4.1）。

---

① Chovin，1979.

表 4.1　主要的空气污染物

污染物	性质与影响
烟	空气中一系列固体和液体微粒以及当一种物质燃烧或高温分解时所排放出的气体，同时伴有大量空气，或者是混合为气团。烟非常显眼，是木材和煤炭燃烧的产物，在历史上和史前时代都是为人们所习见的现象
二氧化硫	在化石燃料燃烧、石油炼制或金属熔炼过程中，当硫在高温下与氧气接触，生成二氧化硫气体。在高浓度下，二氧化硫是有毒的，但它的最主要的空气污染后果与酸雨和气溶胶的形成相关
氮氧化物	在燃烧或有闪电的情况下，当氧和氮在高温中发生反应，就形成了反应性气体。在燃烧过程中，出现于燃料中的氮也可能以多种氮氧化物形式排放出来
一氧化碳	因燃料中的碳不充分燃烧而形成的一种无臭、无色气体。主要来源是机动车的排放，除此以外还有工业生产过程和生物质燃烧
挥发性有机化合物	从多种来源排放出来的碳氢化合物以及其他有机化学品，包括化石燃料燃烧、工业活动，以及来自植物和用火的自然排放。诸如苯等一些人类活动产生的挥发性有机化合物都是已知的致癌物
悬浮颗粒或微颗粒物	悬浮在空气中的固体和液体微粒。这些微粒转化为大气气溶胶。它们一般的测量标准在直径 0.01～10 微米之间
地面臭氧	一种有害的次生性空气污染物，对人类和植物均有毒性。它因挥发性有机化合物和出现于氮氧化物中的一氧化氮的氧化而形成于空气表层（而且更常见于对流层）
雾霾	一个用于各种降低了能见度的空气污染通用术语，尤指城市地区。通常被认为是工业雾霾或光化学烟雾
工业烟雾（又被称为灰雾或黑雾）	生发于寒冷潮湿的环境之下。寒冷气温常与困住表层污染的逆温现象有关，湿度大则使得二氧化硫迅速氧化，产生硫酸和硫酸盐微粒

续　表

污染物	性质与影响
光化学烟雾	当氮氧化物和挥发性有机化合物遇到太阳辐射发生反应而形成臭氧时，光化学烟雾形成。太阳辐射也促进了次生物质气溶胶颗粒的形成，这些颗粒产生在氮氧化物、挥发性有机化合物和二氧化硫的氧化过程中。光化学烟雾通常形成于夏季（此时太阳辐射最强）因逆温现象和风力不足而造成的空气不流通的环境之下
铅	在过去，机动车辆是铅的最大源头。但在含铅汽油被淘汰的地区，铅排放已经下降了大约98%。金属加工厂已经成为空气中铅的最大来源，其最高的空气含铅浓度接近于铁和有色金属冶炼厂以及电池制造厂
汞	一种有毒污染物，自1900年以来，由于人类活动所造成的大气排放物以及后来的沉积，汞对生态系统的输入已经大幅增长。汞在环境中是随处可见的，在易挥发的各类金属中独一无二。当含汞的材料燃烧时，如同在碳燃烧或垃圾焚化中一样，汞化为一种气体释放到大气之中
其他重金属	一切密度相对较高，而且在低浓度的情况下有毒有害的金属化学元素。除铅和汞之外，镉和铜是与人类健康相关的两种最重要金属。人类通过多种渠道接触到重金属：空气污染物的吸入，被污染的饮用水的摄入，与被污染的土壤或是工业垃圾的接触，或者是食用被污染的食物
酸雨	pH低于5的降水，通常只发生在大气中增加了大量的人为污染的时候。酸雨危及植物，并且腐蚀建筑物和基础设施中的金属材料

古代与中世纪城市的煤烟

长久以来，人们一直都把城市的煤烟视为一个问题，视为对健康的一种威胁，这种从烟囱和交通工具中排放出来的看得见的颗粒物云团，对于政府的治理来说一向是有难度的，一方面是因为它难以监测，另一方面则是因为总是会有来自强大的利益集团的强大的游说攻势，劝说政府不要因对炉火和熔炉的限制而制约了生产和就业。自20世纪60年代以来，监测技术已经有所改进，1毫米直径的小部分细微颗粒可以被探测到，这使得对人类健康威胁最大的雾状物和机动车尾气的成分能够被测定。尽管如此，仍有激烈的社会辩论坚持认为，尽管要关心人类健康，但人们在做饭和取暖方面也应该有使用最经济实惠的燃料的自由。同样，人们也享有使用机动车辆的权利，而且，多数人大概只是受到了鼓动才搬到那些因经济原因而少有污染的地方去的。

在古代城市中，烟雾和煤烟是两种主要的空气污染物。烟雾玷污了大理石，所以古代犹太人以及其他各民族都出台了多种法规。① 许多人都认识到了烟雾和燃烧颗粒物对罗马及其周边的影响。小普林尼（Pliny the Younger）在给德米修斯·阿波里纳里斯（Domitius Apollinaris）的信中写到，与罗马附近的图斯库鲁斯（Tusculus）、蒂沃利（Tivoli）和普拉尼斯特（Praenestes）相比，他所在的托斯卡纳区（Tuscany）的新农场，“环境更清新，空气更洁净”。被烟雾熏染的大理石的灰色色调让包括贺拉斯（Horace，公元前65年～公元8年）在内的许多古典诗人感到恼怒，贺拉斯写道，罗马的建筑正在因为烟雾而变得越来越黑。② 在公元前1世纪，维特鲁威（Vitruvius）已认识到空气流通对人类健康的重要性，他倡议建造宽阔的街道，并在建筑物上开孔，以便促进空气充分流通，用以驱散烟雾。③ 皇帝尼禄（Nero，公元37～68年）的老师塞内加（Seneca，公元前4年～公元65年）终生健康状况不佳，他的医生经常建议他离开罗马。在他于公元61年写给路西里斯（Lucilius）的一封信中，他说他必须从罗马幽暗的烟雾和厨房的气味中逃离出去，自己才能够得到

---

① Makra and Brimblecombe，2004，p. 643.

② Cartuffo，1993.

③ Merlin and Traisnel，1996，p. 16.

康复。[1]

在将近2 000年之前，对于烟雾污染的民事索赔就已被提交给了罗马法院。按照罗马的法律，从事奶酪加工的经营场所需按一定的方式建造，使它们的烟雾不给其他的房屋造成污染。法规是公元535年在罗马皇帝查士丁尼（Justinian）的治下制定的，后来被当成了法学院的教材，其中包括"物权法"一节，它是这样写的：

> 根据自然法，这些事物是人类共有的——空气、流水、海洋，以及相应的海岸。（第二卷，第一款）（Lib. Ⅱ，Tit. Ⅰ：Et quidem naturali iure communia sunt omnium haec：aer et aqua profluens et mare et per hoc litora maris）。

大约从公元1000年起，伴随着中国、地中海地区和北非国家的城市发展，越来越多的人生活在烟雾弥漫、尘埃飞扬的环境里。哲学家和物理学家迈蒙尼德（Maimonides，1135～1204年）熟知那一时期地中海地区的城市情况，他说，从开罗到科多巴（Cordoba），这些城市的空气"污浊、烟雾弥漫、遭受污染、昏暗并且雾气朦胧"[2]。在英国，人们常常提到出现于1180年的煤矿开采和1228年伦敦的煤炭运送。城市的燃煤很快开始带来一件烦心的事。在1257年寓居诺丁汉的时候，英国公主埃莉诺（Eleanor）发现烟雾十分恼人，她因此而搬出了城市，下榻于附近的塔特伯里（Tutbury）。[3]

在英国伦敦，早在1306年，就发布了一份皇家宣言，禁止在伦敦使用煤，紧接着成立了一个惩罚不法之徒的委员会，"第一次违犯处以大笔的罚金和赎金，第二次违规，则拆毁他们的炉灶"。伊丽莎白一世统治时期的另一份声明规定，在议会开会期间燃煤是非法的。尽管如

---

① Makra and Brimblecombe，2004，p. 645.

② Makra and Brimblecombe，2004，p. 644.

③ Marsh，1947，p. 21.

此，煤的使用一如既往，因为随着英国林地的逐渐减少，木材变得稀缺且格外昂贵，这主要是造船和城市建设对木料的需求不断增加导致的结果。1648 年，伦敦人因为深受煤烟的伤害而请求国会禁止从纽卡斯尔进口煤炭，未能获得成功。

1661 年，约翰·伊夫林发表了他对伦敦煤烟的精彩控诉：《防烟，又称消散了的伦敦烟雾》（*Fumifugium：or the smoke of London dissipated*）。[①] 他与国王查尔斯二世讨论了缓解烟雾的办法，可是，国王在同意可以大干一番之后，却并未采取任何行动。1700 年，蒂莫西·诺斯（Timothy Nourse）就新建的伦敦圣保罗天主教堂正在如何因烟雾熏染而褪色发表评论，并且敦促重新引进木材燃料以缓解这个问题。到 18 世纪末，威廉·默多克（William Murdoch）早已着手用煤来制造天然气，1832 年，英国就已有 300 家煤气制造厂。这种更有效地利用煤的运动，对于快速增长的城市人口煤炭消费的巨大扩张几乎没有产生影响。煤的产量从 1800 年的人均 1 吨，上升到 1900 年的人均 6 吨。[②] 空气质量进一步恶化。

1819 年，英国国会任命过一个研究降低蒸汽机和锅炉煤烟方法的委员会。尽管有一些可以被采纳的有效的常规做法，却也并未实行。1843 年，一个选举委员会建议通过立法来全力根除来自家庭和非工业性生产作坊的黑烟。进展无需担心因缺少可能的有效手段而受阻，因为委员会已在市场上发现了 60 多种可用的设备，还有另外 30 种设备正在开发之中。[③] 然而，1845 年，另一个委员会却宣称，可以降低家庭燃煤对大气的污染的法规尚不能推出。尽管如此，1845 年、1853 年和 1856 年的立法还是包含了许多与减少煤烟有关的条款。与此同时，在许多城市已经采取了地方性的行动，曼彻斯特就是其中一个领先的范例。

---

① Marsh，1947，p. 23.

② Marsh，1947，p. 31.

③ Mosley，2001，p. 122.

19 世纪曼彻斯特的煤烟应对方案

如同其他地方一样，曼彻斯特富足的中产阶级都已离开了市中心，迁移到位于主要煤烟排放工厂和家庭烟囱上风口的郊区，去享受那里更洁净的空气和更明亮的天空。他们丢下大多数脆弱的居民，让他们去面对诸如支气管炎、肺炎和佝偻病这类健康问题的攻击。当与煤烟相关的健康危害在不同阶级间不平等分配的时候，被污染的空气对于人类的家务劳动和工作的影响也以性别为界限不平等地分布。无孔不入的煤烟和烟尘穿过最狭窄的裂痕和缝隙，弄脏了家中的一切物件。耗时费力的房间清理和衣物洗涤把大量的女性推进了永无休止的重复劳作之中。①

在 19 世纪早期的曼彻斯特，借助法律手段积极尝试遏制空气污染主要有 3 条路径：习惯法、民事法庭和警察专员。随着使用燃煤蒸汽动力的工业发展和经济的日渐繁荣，煤烟通常被看做是工业成就的一种必然的，并且可能是不可避免的后果。传统的公害法（nuisance law）开始被法庭以不同的方式加以解释。裁定公害法的法官们在试图调和环境质量与企业发展这两个经常是相互冲突的目标时，面临着两难困境，减少煤烟的益处被认为小于工业发展的防污禁令所带来的负面影响。②

对法庭有影响力的托利党商业和制造业精英分享了他们的竞争对手自由派的经济利益。当后者在 1938 年最终冲破托利党对曼彻斯特政治体制的束缚时，认为以有效行动对抗煤烟污染将会危及贸易与工业发展的这一态度并未改变。③

工商业界也控制了曼彻斯特的警察专员们，他们很少行使他们的

---

① Mosley，2006.

② Mosley，2001，p. 134.

③ Mosley，2001，p. 137.

权力去要求蒸汽机的拥有者按照可以减少煤烟的方式来建造锅炉和烟囱。直至他们向1843年新的自治市议会移交权力为止，这些专员们始终无意于采取行动，去追究那些造成了严重的煤烟问题的当事者。①

1842年5月26日，曼彻斯特防烟协会（MAPS：the Manchester Association for the Prevention of Smoke）成立，这在一定程度上是为了让煤烟问题引起下个月聚集在本市的英国科学发展学会的著名科学家的关注。曼彻斯特防烟协会集中精力去寻找可靠的"消除煤烟"的手段和技术，以确保在蒸气上升的过程中让煤得到更充分的燃烧②：对污染问题的一种技术解决方案，这与21世纪对更有效的机动车发动机的研究具有相似性。改革者们相信，改进了的燃烧技术最终将会既节省生产资金又能提供对煤烟问题的可靠的解决方案。可是，空气质量的变化却相对有限。许多小型制造商动作迟缓，不情愿或是没有能力购买改进后的锅炉。当许多实业家建造起高大的烟囱来增加他们锅炉的效率时，曼彻斯特防烟协会担心的是，除非工厂主安装了更大的汽锅，否则的话，经过改进的燃烧过程所产生的大部分热量将会损失在这些大烟囱上。③

家用的开放灶火一向被认为具有重要的卫生功能，它确保了拥挤的工人阶级家庭空气的流通。④ 这一点有助于解释曼彻斯特防烟协会（以及后来的抗烟协会）在说服当地乃至全国的政府机构去推进各种备选的家庭无烟技术时，何以会发现这原本是一个难题。

由曼彻斯特防烟协会发起的运动有助于确保一项新的控烟条款被纳入1844年7月曼彻斯特的警察法案，这遥遥领先于其他任何国家立法。然而，有评论指出，即使在这一时期，类似的条款并未能够让利兹、布拉德福或是德比郡采取减少煤烟的行动。同样的情况也发生在

---

① Mosley，2001，p. 138.

② Mosley，2001，p. 119.

③ Mosley，2001，p. 128.

④ Mosley，2001，p. 131.

曼彻斯特。[①] 造成这种情况的原因包括缺乏评估煤烟浓度的精确标准、煤烟检查员训练不足、所推行的处罚手段的轻微（与 40 年前民事法庭判罚 100 英镑不同，只判罚 2 英镑的罚款），以及地方法官与企业精英之间的关联。[②]

曼彻斯特与索尔福德公共卫生协会（MSSA：the Manchester and Salford Sanitary Association）成立于 1852 年，它使这两个城市骇人听闻的死亡率有所降低，在控烟运动发生的时候，这个协会也与曼彻斯特防烟协会一样遭到了商业机构的反对。在争取更优良的下水道、排水系统、洁净水以及高效的废物收集等方面，获得的成功则更大些。可是，直到 1876 年一个皇家委员会着手对化工厂造成的空气污染进行调查为止，一些公共卫生协会的成员才开始关注因碱厂和其他化工厂排出的有害气体所造成的诸多问题。他们帮助成立了曼彻斯特与索尔福德清除有害气体协会（NVAA：Noxious Vapours Abatement Association），这个协会的职能不久就开始集中于当地的煤烟在空气污染中的作用问题。清除有害气体协会分明不了解曼彻斯特防烟协会已开展的工作，它试图引荐更为有效的煤炭燃烧设备，发起运动以对控烟做出更有效的立法监管，并且努力提高公众对于煤烟污染的有害后果的意识。[③]

除了推荐高效能的锅炉之外，清除有害气体协会还设法改进了为现有锅炉添煤的技术设备，以便让煤燃烧均匀，并且不致造成煤烟的突然爆发。然而，对于按照清除有害气体协会要求的方式进行锅炉操作的司炉工，商会却不情愿付出更高的工资。在 19 世纪 80 年代，当清除有害气体协会努力推动使用燃气发动机的时候，曼彻斯特市政委员会却在抬高煤气的价格，到当时为止，煤气几乎完全是用于照明。

煤气生产有其自身的污染问题，煤气厂生产煤气的烤炉中使用了

---

① Mosley，2001，p. 139.

② Mosley，2001，p. 141.

③ Mosley，2001，p. 147.

会产生煤烟的有烟煤。煤气厂的工人承担着烧伤、呼吸系统疾病和致癌的风险。他们的家庭也同样遭受了痛苦。如同其他不安全和有污染的企业一样，煤气厂一向是建在贫困的工人阶级居住区，那里的土地廉价，有充足的劳动力，并且居民也无权反对这样的规划。① 尽管有一些拥有电灯照明的大型厂房的企业支持清除有害气体协会的一个争取更便宜煤气的行动，但廉价的有烟煤仍然是生产者首选的燃料。

煤仍旧是家庭供暖和烹饪的首选燃料，这也被一些改革者认为是造成曼彻斯特市高达50%的煤烟污染的根由。清除有害气体协会提倡封闭式炉灶和无烟型炉栅，但即使是一些拥有这类器具的中产阶级家庭也发现在让佣人正确使用这些工具的时候存在着很多问题。②

1875 年之后英国空气污染的缓解

在 1875 年至 1926 年之间，除伦敦之外，与企业烟囱的煤烟过量排放相关的英国法律都是按照“1875 年公共卫生健康法案（Public Health Act 1875）”的条款来执行的。伦敦则实行其本地的“1891 年公共卫生（伦敦）法案［Public Health（London）Act 1891］”中的非常类似却又稍微有些严厉的规定，1875 年法案中的一般性条款在进行了某些修改之后，被纳入了这个地方性法案。苏格兰也实行了独立的立法。

几乎有 20 年，“地方当局对大气污染问题视而不见，并没有采取有意义的行动去阻断工业煤烟的产生”③。1894 年，清除有害气体协会领导建立了一个新的施压团体——消除煤烟联盟，它有一个迫使“法律禁止煤烟对于空气的不必要污染”的核心目标。这个联盟对于私人诉讼的推动催生了没有多少作用可言的少量罚金。它没能让国会保证

---

① Meyer，2002.

② Mosley，2001，p. 160.

③ Mosley，2001，p. 172.

地方政府用有技术能力的官员来治理煤烟污染问题。总体上说，无论是索尔福德清除有害气体协会、消除煤烟联盟，还是一些公共卫生官员在教育方面的努力，对于曼彻斯特煤烟盛行的形象，都无丝毫改变的迹象。①

在英国的工业园区，支气管疾病悄然变成了最重要的致死原因，可是，在19世纪末，全体劳动人员并未显示出反煤烟的运动倾向。②对他们而言，一个有烟囱的城市就是一个充满就业机会和拥有固定工资的城市。政府也不愿意出面限制每一个英国家庭享受亮亮堂堂的家庭煤火的权利③，这煤火提供了热量、亮度、空气流通、热饭和开水，而对那个时代的人来说，炉膛“令人愉悦的”光芒，在任何一种意义上，它都暗含着温暖的寓意。④

20世纪英国的除烟运动

20世纪早期的立法仍旧基于1875年的法案，该法案后被“1926年公共卫生（消除煤烟）法案［Public Health（smoke Abatement）Act 1926］”修订，这主要是消除煤烟专门委员会努力的结果。家用炉栅得到了豁免，法案还授权制定了细则，要求在私家住宅之外，新的建筑物中要提供取暖和烹饪之类的设备，这样做可能是为了预防和减少煤烟的排放。

1936年的“公共卫生法案（Public Health Act）”允许两个或更多的地方当局联合在一起去施行法案规定的职能。据此建立的谢菲尔德-罗瑟勒姆（Sheffield-Rotherham）法规委员会开始提出缓解其辖区内严重问题的实用标准。1939年，包括曼彻斯特区、约克郡西区和中

① Mosley，2001，p. 177.
② Mosley，2001，p. 184.
③ Mosley，2001，p. 184.
④ Mosley，2003.

部地区在内的英国许多地区的咨询委员会，正是在终结了所有除烟活动的第二次世界大战爆发之前建立起来的。① 战争之后，煤烟依旧是一个主要问题。1945 年，曼彻斯特和利物浦的居民们曾说，煤烟是当地人面临的最大的规划问题。②

根据后来的地方性法案，许多城市制定了建立“无烟区”的规划，在无烟区里，禁止所有的烟雾排放；而且，一个地方当局还计划为安装现代家用设备发放补助。由市政煤气厂用煤和焦煤制造的家用煤气是做饭和取暖用煤的主要替代品。进入 20 世纪 50 年代，许多家庭仍旧存有一个燃煤的炉子，这种炉子带有一个侧翼的烤箱和家用热水炉，可以用它烧开水，也可以用来做饭。这种炉子通常与煤气灶互为补充。更多的现代家庭，尤其是那些建于 20 世纪 20 年代和 30 年代这个郊区大发展时期的半独立住宅，厨房里都有一种烧开水用的燃烧焦炭或是无烟煤的热水壶和一个煤气灶或电热锅。尽管煤气和焦炭降低了家庭排放量，但煤气厂的排放量却增加了空气污染。2 000 年以来，受到污染的土地最终也影响到了土壤和水的质量。③

实际上，直到 1952 年 12 月伦敦持续多日的伦敦大雾事件（表 4.2）为止，政府因自身也受到了这场大雾的影响，才感到有必要采取措施减少煤炭燃烧，这是早在 20 世纪 40 年代后期曼彻斯特和索尔福德获得第一个城市无烟区许可时就已经为之奋斗的目标。1956 年的“清洁空气法案（Clean Air Act）”在 1958 年开始生效，这使得黑烟的排放或不使用抑制沙尘设备的行为变成了违法行为。地方当局可以宣布建立煤烟控制区，在控制区进行煤烟排放即为犯罪。

---

① Marsh，1947，p. 43.

② Marsh，1947，p. 176.

③ Thorsheim，2002.

表 4.2 一些重大的城市空气污染事件

年代	地点	原　　因	影　　响
1930 年 12 月	比利时默兹河谷	12 月初，浓雾笼罩比利时；默兹河深切谷上空出现逆温现象；默兹河谷谷底的许多工厂有气体排放	3 天之后，出现咽喉刺激、呕吐、眼部刺激和流泪现象，尤其是在老人和健康状况不佳的人中间，在病人的血液中出现有毒物质，明显是由这一事件造成的支气管疾病
1948 年 10 月	美国多诺拉	宾夕法尼亚州上空的逆温与高气压现象；浓雾蔓延到匹兹堡炼钢区附近	5 天之内，有 20 人死于空气污染；停工 8 457[①] 个工作日。在这次事件中，幼儿、老人以及那些患有哮喘、慢性支气管炎、肺气肿和心脏病的人处境最糟
1950 年 11 月	墨西哥波萨里卡	一家天然气厂破裂管道的硫化氢泄漏长达 25 分钟；气体受困于城镇上空原有的大雾，大雾现象来自上部逆温层的压迫	在当地人群中造成了类似支气管病的症状；无风，使得气体集中在居民住宅区附近；22 人死亡，320 人在医院治疗
1952 年 12 月	英国伦敦	反气旋条件与轻微东移（这是把工业烟雾带入伦敦的最糟糕的方向）的城市烟雾合在一起，造成了极厚的大雾，在一些地方，可见度不足 2 米，在伦敦地区上空持续了 4 天	人们流鼻涕、喉咙痛、呼吸困难、胸闷、呕吐，并且患上支气管疾病；超过 45 人病情尤为严重；住院率高于平常；有超过 4 000 人非正常死亡

① 可能有误。——译者注

续 表

年代	地点	原 因	影 响
1954 年 10 月	美国洛杉矶	在温暖且气压高的情况下，极大的雾持续了 5 天	学校与企业关闭数月；严重的眼部刺激；据说大雾在单日之内就造成了 2 000 起车辆交通事故；人们因气体排放缘故而对垃圾焚烧、工矿企业和当政者进行指责
1985 年 1 月	德国鲁尔	5 天时间，二氧化硫 24 小时平均浓度高达每立方米 0.8 毫克，颗粒物升至每立方米 0.6 毫克。起因是炼钢厂和其他企业的化石燃料的燃烧	每日死亡率增加了 8%；因呼吸道和心血管问题而住院的人数上升了 15%

具有讽刺意味的是，因 1952 年的工业灰烟促成的 1956 年清洁空气法案的结果之一，就是让更多的阳光进入了街道，使之适时地与飞速增长的车辆排放出来的氮氧化物发生作用，形成了危险的光化学烟雾（表 4.1）。从 1954 年到 1967 年，英国的烟雾排放总量出现了稳步下降，这反映出了能源、燃料的燃烧方式以及 1956 年清洁空气法案的实施等各方面变化的综合效应。在 1957 年之后，家用器具的烟雾排放量在无烟区的立法影响之下也有所下降。可是，家庭的烟雾排放量在 20 世纪 70 年代初期仍然超过了工业排放量。① 在 20 世纪 60 年代中期，诸如伦敦和大曼彻斯特区这样的大型城市地区的烟雾浓度往往要高于郊区，比中心商业区和大型工业区还要高。在接下去的 20 年间，随着控烟区范围的逐步扩大，烟雾问题大幅减少。尽管如此，公布无烟区的程序是有政治考量的，时断时续，而且这个过程旷日持久。在那些矿工家庭享有免费煤炭的地区，当地政客是不愿意宣布为无烟区的。比如威根（Wigan）就是大曼彻斯特区最后一个禁烟的地区。

① Cox，1973，p. 187.

可是，煤烟问题并未完全消除。发电站、水泥厂、焚化炉和金属冶炼厂都安装了高大的烟囱，它们使得煤烟和污染物在更高的空间进入大气，并从那里被常年盛行的风势裹挟，在下风地区形成酸雨：城市地区把它们的污染输送给了乡村地区，这些地区常常是属于其他国家的。烟雾中的硫黄变成了酸雨（表 4.1）。因此，英国的排放被盛行的西风携带到了斯堪的纳维亚半岛和法国、德国，以及“比利时、荷兰、卢森堡经济联盟”中的各个国家，影响到了挪威和德国的森林和林地，也给城市地区的林木造成了影响。

到 20 世纪末，大英帝国的地方政府都被要求实行空气质量评估，其目的是要确定不可能达到国家空气质量目标的热点地区。大约有 20 个地区被宣布为空气质量管理区，针对这些地区，要求地方政府与其他力量合作，编写并实施一个行动方案，阐述改善这些地区空气质量状况的治理对策。①

德国的控烟管理

德国企业家罕有反对除烟行动的情况，因为环境监管使这种姿态无处生根。排烟监管变成了企业机构与卷入其中的其他党派利益之间的一种折中方案。② 德国商人没有卷进有关煤烟防治的讨论。也不能认为他们削弱了像汉堡燃料经济与煤烟防治协会这类组织的努力。不管怎么说，德国商人面对的是一个强大的官僚机构，这个机构认为制造过量的烟雾是非法的，在这方面它从未有丝毫的动摇。

当城市煤烟这件麻烦事在 19 世纪的最后 20 年出现的时候，德国的官僚机构就做好了去应对它的准备。煤烟防治的法律基础早在德国工业化进程的初期就已经奠定。比如说，德累斯顿、斯图亚特以及布伦瑞克等地在 19 世纪 80 年代都通过了控烟法令，彼时，美国的芝加

---

① Beattie et al.，2002.

② Uekoetter，1999.

哥是唯一一个严肃对待这一问题的城市。而且，与美国的控烟法令不同，直到第一次世界大战之后，大部分的德国控烟法规一旦通过就没有什么变化。普鲁士王国时期的商务部颁布了最重要的德国控烟法规，即1853年的所谓“控烟条例”，它比芝加哥通过的第一项美国控烟法令几乎早了30年。参照同一年通过了防治煤烟公害法案的伦敦的境况，该部还规定，普鲁士官方必须采取防范措施，以避免伦敦类型的煤烟问题在普鲁士的城市中发展蔓延。因此，蒸汽机和其他大型熔炉的未来使用牌照就必须包含一项条款，把无烟燃烧作为法定义务，并且，如果工厂违法制造了煤烟，它使官员们有权力要求工厂改正。在德国统一之后，当普鲁士式的工业许可证制度成了国家法律的时候，各州也都采纳了控烟条例，使之成了1990年前后的一项最重要的防治煤烟的法律措施。这项在德国还主要是一个农业国家的时候由普鲁士商务部制定的禁烟条例，从未引起过重大争议，直至第一次世界大战结束之后，它一直是禁烟法令的支柱之一。

并非所有的德国政府都像发明了禁烟条款的普鲁士王国那样有远见。[①] 防治煤烟公害的法律是一个由市政法规、建筑条例、禁烟条例和若干其他管理条例组成的集合体，它带有各种缺陷和第一次世界大战前夕的时代特征。德国防治煤烟的瓶颈不在于通过立法，而在于强制实施。强制实施的指导方针为德国官员赋予了相当大的回旋余地。在法律理论假定每一起煤烟排放的违法事件都能够被制止的时候，大部分官员则感到，他们通过对市民申诉案件的调查，已经履行了他们的职责。如此一来，大部分官员便奉行一种常规做法，它把合作精神与僵硬的执法态度相结合，尽管是以多少有些随意的方式。大致看来，合作精神与官僚主义墨守法规的做派结合得天衣无缝，这主要是因为它们被安排得有条不紊。在对投诉展开调查的时候，官员们首先采用了合作的方式；只是在这种方式不奏效的时候，他们才会根据法律的

---

① Uekoetter，1999.

条文去进行严厉的处罚。①

德国没有出现市民的抗烟运动。当防治煤烟在美国成为改革团体激愤对象的时候，德国城市居民的介入情绪却很低。有的时候，市民们会对具体的煤烟制造者提出诉讼，但从总体上说，对煤烟公害的抗议行动很少见。更重要的是，与美国的许多城市不同，德国的城市不曾有过一个出来组织类似防治煤烟协会的市民团体。②

美国的煤烟治理

直至19世纪为止，美国早期主要的小型城市一般都以木材为燃料。但一旦烧起煤来，这些城市的居民便开始遭受工业烟雾之苦了。这个问题在1860年以后被称为“煤烟之恶”，它在中西部城市变得越来越严重，这些城市靠烟煤来做燃料，而主要使用无烟煤的东部海岸城市（如费城）则基本上是无烟的。③ 即使到了第一次世界大战，纽约市、费城和波士顿都被说成是无烟城市的典范。因此，煤烟的烦恼开始主要出现在中西部的社区。

19世纪中期，密苏里州的圣路易斯通过了一项控制烟囱高度的法令，而且，在所有的美国法庭中，第一起有记录的煤烟案件也于1864年发生在这座城市，当时，一位市民被法庭裁定获得50美元的损害赔偿，法庭宣称煤烟是一种非法伤害。这个案例被上诉到密苏里州的高等法院，它维持了下级法院的裁决。

芝加哥

芝加哥早在1874年就开始为煤烟而烦恼了，当时有一个市民协会对这一问题非常关注。美国的第一个煤烟管理条例被芝加哥市政委员

---

① Uekoetter，1999.

② Uekoetter，1999.

③ Farrell and Keating，2000.

会采纳，并于1881年5月1日生效。这使得浓烟的排放成了一种妨害公共利益的行为，无论它是来自轮船或机车的烟囱，还是来自市内任何区域的任何烟囱。违规惩罚不少于5美元，不超过50美元。1892年，芝加哥的几位商界领袖组织了预防煤烟协会。他们的目标是劝导本市的商业团体去为他们的锅炉和熔炉安装控烟设备，以便消除从芝加哥市中心的楼房和工厂的大小烟囱里涌出来的乌黑、肮脏、难闻和浓重的煤烟。如同他们英国曼彻斯特的同行一样，这个协会的成员着手向有疑虑的市民证明，有一系列能实际减少煤烟排放的技术。①无论怎么说，芝加哥协会可能获得了更大成功。1892年7月，这个协会的秘书报告说，工程技术人员已经考察了430个产生煤烟的蒸汽动力工厂，并且已向工厂主发送了400份以上的有关限制煤烟方法的报告。他声称，大约有40%产生煤烟的房屋的主人已经自愿采用技术人员推荐的方法，并且已"有效地解决了他们的煤烟问题"。另有大约20%的人自愿安装了除烟设备，可是，要么不能正确地使用设备，要么是没有恰当地生火，煤烟的问题仍然存在。只有40%的工厂主还没有采取任何措施去减少他们排放的煤烟污染。拖船的船主们也没有采取措施，但是，有一些铁路公司已经在它们的机车上安装了除烟设备。导致商人采取行动的驱动因素之一便是他们相信芝加哥必须在1893年世界博览会开幕之前根除煤烟问题。尽管有多种多样的因素使得某些商业团体的成员觉得消除煤烟对他们有利，但另一些人则不这么看。使人们把时间、金钱和精力投入反煤烟运动的个人价值观，是家庭教养、教育背景、生活经验以及性格气质等多方面因素的结果。②

也如同英国的曼彻斯特一样，即使在工厂主因违犯防治煤烟条例而受到起诉并且被认定违规的时候，法庭也常常并不处以罚款。在1891年，331起被判罚50美元的案件无一例收取罚款。当企业改革者为这一过失而谴责腐败与机器政治的时候，其他的人则根本无法对这

---

① Rosen，1995.

② Rosen，1995.

种无耻的执法过失做出解释。如同曼彻斯特的情况一样，许多人把煤烟与商业和繁荣发展联系在一起。① 这在某种程度上被看做是法庭根据一种新兴的、处于发展势头的创新经济的文化精神，普遍不情愿采取行动②："公共政策"比私有财产更重要③。

尽管防烟协会的芝加哥领导人并未能以芝加哥没有烟尘的天空打动前来参加哥伦布纪念博览会（World's Columbian Exposition）的游客，但这一行动并未损害城市的声誉。它实际上倒是赢得了人们对商界在公平基础上所取得的成就的赞誉，游客们惊叹于周边大城市被熏黑了的楼房和遮天蔽日的烟雾与这座"白色城市"的美丽、洁净以及布局协调有序的新古典建筑之间的强烈反差。④

1908年9月，芝加哥的妇女向煤烟宣战，查尔斯·H. 谢尔盖（Charles H. Sergei）女士和她的反煤烟同盟把政策专家间的一场技术性论争变成了一场群众性的政治运动。妇女们走上街头，相约举行罢工，发誓停止清理房间、给孩子洗澡、打桥牌和购物等日常家务。⑤ 尽管妇女们的罢工威胁不过是逞一时口舌之快，但她们的改革运动却是实实在在的。她们选中了最佳对手——伊利诺斯铁路总公司，这家公司喷吐着浓烟的机车运行在城市南部富庶的湖滨地区。与市内的1.7万座工厂烟囱对大气所造成的污染不同，列车的烟雾使人们呼吸困难，还弄脏了他们晾在街面上的衣物。

反煤烟同盟的运动得到了卫生官员的支持，而且，在不到一个月的时间里，就有4万名市民在联盟的请愿书上签名，这场运动最终说服了市政委员会采取强势行动。市政委员会否决了伊利诺斯铁路总公司建设新铁路线的要求，并且制定了一个长期性的政策，使市内所有

---

① Rosen，1995.

② Farrell and Keating，2000.

③ Grinder，1980；Rothbard，1974.

④ Rosen，1995.

⑤ Platt，1995.

的蒸汽列车铁路公司走向电气化。1907年，芝加哥成为第一个拒绝批准新建燃料工厂或是燃料工厂重建工程的城市，除非获得了全体市民的认可。[①] 1930年，芝加哥建立了年审制度以确保工厂进行正常的维护。

可是，在控烟的早期阶段，芝加哥也同英国的曼彻斯特一样，遭遇了市政委员会检查官员短缺的问题，因为他们正在负责全市公共卫生法规的实施，工作覆盖了从打扫街巷和清洁粪池，到污水处理等。这些卫生检查员们没有时间去监督煤烟的问题，并且也很少指认出违法者。[②]

这场由芝加哥反煤烟同盟发起的运动表明了性别、科学与环境政策变革之间的联系。尽管这并非第一个致力于清除污浊空气的市民运动，但它却表现出一种与先前运动不同的鲜明特点，它凸显了对与煤烟及其环境影响相关的健康危害的性别化认识。这些运动参与者在把洁净空气作为一种公共权利来要求的时候，都将关注重心放在了新出现的化学、生物以及医药研究方面，而不是放在技术工程问题上。

匹兹堡

对于煤烟的强烈文化姿态在匹兹堡得到了很好的彰显，在这个城市里，对煤烟的接受曾被人们视为一种粗犷的、野性的拓荒者的做派。一个真正厌倦了城市煤烟的19世纪的匹兹堡人，对于边疆地区来说可能不够粗犷，对于共和国来说也算不上道德高尚。[③] 大约从1880年起，匹兹堡就用上了当地供应的天然气，但截止到1920年，这些供应源基本上都被耗尽了。人们担心的是19世纪中期那种煤烟弥漫的日子会再次到来。[④] 到1914年，匹兹堡的许多重工业产业都已经按照减少

---

① Platt，1995.

② Rosen，1995.

③ Gugliotta，2004.

④ Gugliotta，2004，p. 497.

煤烟的要求改进了燃烧技术。当地的工厂也因其自身的原因而把污染严重的蜂窝焦炭炉改造成了能回收利用废物的炼焦炉，而且，那些最大的工厂都通过使用自动加煤机来节约燃料。1914 年匹兹堡的一项重要研究证实了煤烟与肺炎致死之间的联系，这进一步说明，肺炎不仅杀害了贫困者，也杀死了“我们的许多最有价值的商界人士，在他们的身上已经投注过最多的教育”①。

1916 年，匹兹堡的官方报告称，在一项新的煤烟防治条例出台只有 4 年之后，他们已经减少了 46％的城市煤烟。这一结果靠的是企业在改进技术方面的资本投入，靠的是始终如一地以细心和专注来进行锅炉操作，以及燃用高成本和清洁的无烟煤或是高级的烟煤。② 匹兹堡的煤烟防治条例在 1917 年进行了扩充，包括了仅在类似的投资背景下室内的小型工厂。第一次世界大战期间，联邦政府因担心限制煤烟可能妨碍工业生产的最大化而解除了禁令，匹兹堡的煤烟防治机构对此予以了抵制，可是，最终因战时的运输困难以及洁净煤和熟练技工的短缺，他们又放松了管制。③

采矿工程师兼匹兹堡大学矿业学院主任赫伯特·梅勒(Herbert Meller)被任命为市政控烟部门的主管，这一任命为 20 世纪 20 年代的煤烟防治带来了长达 10 年的在科学性与管理水平上的推进。④ 1910 年至 1950 年之间，有关匹兹堡煤烟的言论一直在欢庆成功与呼唤管制之间转换。

匹兹堡新任市长（1941 年 2 月 18 日）组建的根除煤烟委员会起草了一份控烟法案，这份法案成了城市复兴运动的基石。法案于 1941 年 7 月 7 日通过，但对家庭消费者而言，它的实施最终被推迟到战争结

① Freese，2003，p. 153.

② Freese，2003，p. 156.

③ Gugliotta，2004，p. 494.

④ Gugliotta，2004，p. 502.

束的 6 个月以后。① 匹兹堡新旧禁烟的努力依靠的是梅隆（Mellon）的家庭倡议。梅隆学院（Mellon Institute）长期以来一直是当地从事空气污染与健康关系研究的中心。反煤烟运动的参与者曾经努力确立煤烟有害于身体健康的有说服力的证据。作为本市最有影响力的工商世家，梅隆家族本身对匹兹堡以及他们自己的商业投资拥有全面的战后规划。②

1940 年，有 81%的匹兹堡家庭靠烧煤取暖，有 17%家庭使用天然气。可是，在 1946 年，西南部廉价的天然气通过管道进入了匹兹堡地区，家庭与企业都开始迅速地换成了这种更高级的燃料。截至 1950 年，只有 31%的家庭还在燃煤，65%的家庭用上了天然气。所有的转换几乎都发生在 1946 年之后。因此，以煤为燃料的匹兹堡家庭比例下降了接近 50%。相比之下，辛辛那提市只下降了 44%，克里夫兰市下降了 40%，芝加哥市下降了 23%，此外，密尔沃基市下降了 20%。在这同一个十年里，全国居住区与商业区空间的取暖用煤比例从 67%下降到了 46%。③ 匹兹堡的煤烟防治政策是成功的，因为它设定了有限度的目标，并且着重强调合作与社群团结，而不是相互冲突。不过，让人意想不到的廉价天然气的大量供应，也在更大程度上导致了政策的成功，这在原有的燃料供应条件下是不可能的。④

美国的其他城市

19 世纪晚期，纽约和圣路易斯等城市也正如芝加哥和匹兹堡一样，处在促增长的发展阶段。作为一种平息关于空气质量问题舆论的手段，它们只是通过了基本未曾实施过的煤烟防治条例。政治精英对于空气污染的其他象征性行动还包括装点门面的执法力度以及对于煤

---

① Gugliotta，2004，p. 574.

② Gugliotta，2004，p. 582.

③ Tarr et al.，1980.

④ Tarr et al.，1980.

烟防治口头上的承诺。① 在辛辛那提市，至1886年，致人死亡的3个最大杀手是肺结核、支气管炎和肺炎。一些美国医生认为，煤烟只有心理上的影响，但来自德国和英国的把煤烟与肺部疾病相联系的数据渐渐开始传到美国。德国1905年的一项研究发现，有煤烟地区的肺部疾病比其他地区的情况更严重，而且，报告还发现感染肺结核的动物在有煤烟的空气里死亡更快。

1902年，宾夕法尼亚州无烟煤矿的矿工罢工，使纽约、费城和波士顿等燃烧无烟煤的清洁城市与匹兹堡、芝加哥、圣路易斯和伯明翰等使用有烟煤的脏污城市之间的差别更显突出。在纽约市，因为罢工导致的短缺造成了无烟煤价格的上涨，越来越多的用户转而使用有烟煤，这既违反了城市的法规，也使城市居民感到恐慌。据说有一些人在天黑之后才改烧有烟煤，因为煤烟在此时不至于引起太多的关注。1902年6月，《纽约时报》(*New York Times*) 头条新闻登出“大城市上空的浓烟”(Smoke Pall Hangs over the Metropolis)。钢铁巨头安德鲁·卡内基 (Andrew Carnegie) 发出警告说，“如果纽约允许有烟煤立足的话，这个城市将会失去它大型城市中最具重要意义的优势之一——它的洁净的空气”②。而他的燃用有烟煤的钢铁厂也加剧了煤烟问题。

在这一时期，美国正在创建国家公园保护自然的最野生的状态，可是，不断增长的反污染运动“不是起自森林，而是起于厨房”③。在被称为“城市家务管理”的运动中，妇女们带着她们打扫家庭卫生的原则走出家门，毫无拘束地奔向了社会团体。

中上层中产阶级女性都参加了像“匹兹堡女士环境保护协会 (Ladies Protective Association of Pittsburgh)”和“圣路易斯星期三俱乐部 (Wednesday Club of St. Louis)”这样的市民俱乐部。在她们看来，

---

① González，2005.

② Freese，2003，p. 149.

③ Freese，2003，p. 149.

"根除煤烟"是一项同时涉及供水系统、污水处理以及固体垃圾清理的更大改革的一部分。此时，能够解决这些问题的不是廉价的、政府投资的大型基础设备，而是政府要尽力对煤烟问题采取更强硬的手段：劝说那些向空气中排放煤烟的人寻找他们自己的解决方案，并为这些方案投入资金。① 妇女俱乐部成功地为新的取缔浓烟的市政法规的出台进行了游说，到1916年为止，已经有75个城市发布了减排煤烟的法令。② 作为这种竭力劝说以及相继出台的各种禁烟法案的一个结果，一些城市声称，空气质量已有了实质性的改善。

1915年，因违反了1911年9月6日生效的市禁烟条例，得梅因市对一家洗衣厂提起诉讼。定罪之后，这家洗衣厂上诉到了无需执行得梅因市禁烟法案的爱荷华州南区的联邦地方法院。在上诉被驳回时，这家洗衣厂又上诉到了联邦最高法院，而联邦最高法院则维持了地方法院的判决。

许多年来，美国矿务局充当了一个防止煤烟活动的清算中心。1924年，该局会同国家工程技术协会起草了一份标准的防治煤烟法案，作为各立法机构的指导原则。在20世纪20年代后期和30年代，为防止烟尘、扬灰和炉渣排放的增长，曾出现过对更严格的禁烟条例和某些粉尘浓度标准的呼吁。后来，在1939年，美国机械工程师协会指定其禁烟示范法规委员会推荐一份标准的或示范性的法案。这个委员会由有关燃料和燃烧技术方面的重要的工程技术人员组成。经过委员会的多年努力，"禁烟管理条例示范条款（Example Sections of a Smoke Regulation Ordinance）"被美国机械工程师协会采纳，并于1949年公开出版。在不下100种法案的制订和修订过程中，这些示范条款成为一种指导性的原则。

防治煤烟的经济成本一直很高。1911年，芝加哥市的煤烟检查官员估计，该市每年的煤烟违法案件的诉讼费用至少有1 760万美元，

---

① Freese，2003，p. 150.

② Freese，2003，p. 151.

并且还可能是这个数目的两到三倍。同一年，美国地质勘探局估计，美国的大型和中型城市每年因煤烟而造成的损失合计起来要超过 5 亿美元。[①] 刘易斯·芒福德曾注意到匹兹堡 1940 年用于清洁工作的花费：为额外衣物清洗工作付出的费用是 150 万美元，额外大扫除的费用为 75 万美元，以及额外的窗帘、幕布的清洗费用为 6 万美元。这个估算大约为每年 231 万美元（以 1940 年的价格计算），还不包括因建筑物的被侵蚀或因木器油漆的价格增长而造成的损失，也不包括在出现雾霾的时期额外的照明费用。[②]

在经历了一个煤烟特别严重的时期之后，1940 年 4 月 8 日，圣路易斯市通过了全美的第一份法规，它要求家庭使用机械加煤方式或是使用无烟燃料。[③] 这是一个冒险的行动，而且，市政官员知道他们的事业如履薄冰，因此，从秋季到冬季，他们在法案的实施方面倾尽全力，以确保能以相对合理的价格供应足量的煤烟较少的燃料。这些努力奏效了。1940～1941 年冬的这个圣路易斯取暖季成了这座城市空气质量改善的一个里程碑。[④]

1948 年宾夕法尼亚的多诺拉（Donora）工业烟雾灾难（表 4.2）使整个美国预防煤烟的兴趣大大增加。众多社会团体都呼吁出台防治标准。许多城市的市政当局批准了煤烟防治法案，或者是把现有的法规修改得更加严格。总体上说，那些有更大预算的社群取得了最大的进展。可是 1945 年之后，一件令人吃惊的事情发生了，长期以来让人感到棘手的煤烟痼疾突然之间隐退了，而且是永久地撤退了。遍及全国的多种圣路易斯式的煤烟防治法案无疑是起了作用的，但真正的原因则更加微妙：天然气这种完全无烟的燃料突然（并且出乎意料）地

---

① Rosen，1995.

② Mumford，1940，p. 193.

③ Tarr and Zimring，1997.

④ Farrell and Keating，2000.

出现了。[1] 如同英国一样，灾难性的煤烟事件常常触发法规的制定，但一种使用起来更便捷也更简单的替代品的供应则带来了技术的变革。

铅污染

铅中毒是最普遍和最严重的，也是可以预防的职业病和环境病之一。有许多原因造成人类感染，加上由于粉尘、土壤和饮用水的污染，以前使用过的一些残留物也会持续散发着危险。从许多方面讲，铅中毒是一个小范围的问题，而且，特定环境和工作场所中的各种因素，以及特定人群的典型特征，都决定着疾病的性质和范围。然而，铅也是一种全球性的污染物：来自固定的和流动的各个源头的铅排放被跨国界甚至跨大洋地传输；含铅产品也在广泛交易；还有如电池等含铅的垃圾也在跨国流动。[2] 像许多重金属一样，铅也会通过各种各样的路径进入环境之中，包括进入空气之中。由于用铅衬锅或是铅釉锅做饭，以及用铅质管道供水之类的日常惯例，人们也会在食物和饮品当中接触到铅。至于儿童与铅的接触，他们有可能在家中吞咽一些小碎片的油漆，因此，油漆中的铅一直让人尤其感到担忧。在过去，铅曾经广泛地被牙医用来补牙。一些社群生活在当地岩石中含有自然铅的地带，他们会接触到更高水平的铅。[3] 尽管铅也会引起成年人中毒，并且会侵袭到几乎所有的器官系统，但对于儿童（2～5 岁）认知发展与行为的有害影响更令人关注。

19 世纪初，职业性的铅中毒已经成为一个严重问题，接触铅的工人，他们的孩子常常会有很高的婴儿死亡率，或者是生长、发育迟缓。[4] 到 1900 年，“居所的毒性”已经被人们确认，这是由于它暴露

① Farrell and Keating，2000.

② Silbergeld，1995.

③ Harrison and Laxen，1981，p. 5.

④ Lin-Fu，1980.

在含铅的油漆之中；还有观点认为，“住宅构成了一个简易的铅的诱捕器”①。自20世纪20年代以来，对铅中毒的担忧已经屡见记载。② 美国各医院的大量研究确认，儿童会在家庭环境中吞下油漆碎片，而且，那些油漆中的铅造成了中毒。因为，在某些环境下，尤其是在那些破旧小区的较为古旧的多用途建筑中，漆面可能历经几十年，儿童始终从这个源头接触到铅，对于这个问题的认识在数年之后才受到了全国的关注。

1950年以后，铅被用作一种改善汽油抗爆性的添加剂。但含铅汽油的燃烧过程产生了含有这种元素的微粒，它会感染肺泡并且进入血液，造成严重的健康危害。在20世纪60年代中期，作为一种可以预防的疾病，铅中毒却以流行病的比例出现在许多市中心的贫民区。1966年，美国的大众筛检从芝加哥开始，其他城市也迅速跟进。此后，意外地发现有成千上万的高血铅儿童，这使得卫生工作者意识到有监测儿童不当铅摄入的必要，而且也有必要检测铅对年轻人可能具有毒害作用的危险程度。关键的问题在于，铅一直在血液中累积，在大多数受感染的儿童中，尚未产生任何明显的征候。在20世纪70年代初期，环境中铅的问题被视为更具普遍性的问题，街道和花园尘埃中的铅，来自各种各样的源头，其中包括烟囱和机动车辆的排放。1971年的“预防含铅油漆中毒法案（Lead-Based Paint Poisoning Prevention Act）”授权联邦政府通过卫生、教育和福利部，对住房与城市发展部所要求的筛查与治疗方案进行援助，以便确定这个问题在美国的性质与范围；而且，法案还禁止在已建成的或是联邦政府资助修复的住宅建筑中使用含铅油漆。③ 然而，环境保护署却未能满足国会的一项要求——发布一个1978年以前超过50万人口的城市地区每季

① Gibson，J. L. 1904.

② Aub et al.，1926.

③ Lin-Fu，1980.

度每立方米平均含铅 1.5 微克的空气质量标准。[①] 有人断言，为环境保护署提供咨询意见的科学家们对于铅行业有偏见，而且，降低汽油中允许的铅含量标准也被毫无必要地推迟了。[②] 在美国，无铅汽油在 1974 年就得到了广泛的使用。从 1975 年起，新型汽车为了控制尾气排放，必须安装催化式排气净化器。因而，又花去了好几年的时间才把所有汽油的铅含量降了下来。个中原因有助于解释在 20 世纪 80 年代和 90 年代这段时间内何以会在对美国许多城市的儿童检测中发现高血铅的现象。

1984 年，据估计有 20.07 万名生活在标准大都市统计区（SMSAs：Standard Metropolitan Statistical Areas）的美国儿童血铅含量超过或相当于 25 微克/分升的水平，这是疾病预防与控制中心（CDCP's：the Centers for Disease Control and Prevention's）在儿童普查项目中所使用的对于血铅超标的现行定义。越来越多的证据表明，血铅水平在 10～15 微克/分升范围以上，对于儿童（3～5 岁）的神经行为具有有害影响，1984 年，照此估计有 300 万标准大都市统计区的儿童血铅水平高于或等于 15 微克/分升。1988 年，796 例儿童铅中毒全部都是通过纽约市铅中毒防控局（BLPC）的监控发现的，大约每 1 000名被筛查的儿童中有 3 个确诊病例。因为筛查不全面、假阴性结果等原因，以及对于血铅水平虽然较低（10～24 微克/分升）却也有潜在危害这样的知识缺乏了解，纽约市儿童的过量铅摄入的严重程度被低估了。这些监控数据表明，儿童铅中毒是纽约市的一个挥之不去的公共健康问题。[③] 尽管随着铅从汽油中的去除，美国人口的总体血铅水平出现了全面下降（表 4.3）。[④] 与汽油中的含铅量接近完全去除

---

① Harrison and Laxen，1981，p. 98.

② Schoenbrod，1980.

③ Daniel et al.，1990.

④ Silbergeld，1997.

的时期相比，血铅水平有了40%的下降[1]，但是这意味着人们血液中还有铅的残留，而且也表明其他的源头也是重要的原因。

表4.3 汽油中的铅含量与美国人口血铅水平间的关系

（根据Silbergeld，1997）

年份	汽油中铅的使用量（$\times 10^6$ kg）	血铅水平中间值（微克/分升）
1976	186.47	14.6
1980	51.59	9.2
1990	0.47	2.8

众多研究都已让人们注意到了城市街道灰尘的含铅水平[2]以及沉积在路边的土壤和植物中的铅含量，并且也突出显示了靠近繁忙路段的学校操场的铅含量问题。[3] 土壤中的铅会存在很长一段时间，并且可能影响到生长在城市小菜园和庭园中的蔬菜的含铅水平，尤其是当这些蔬菜被种植在靠近主干道的时候，比如在较为贫困的城市那些缺衣少食的地区经常发生的情况那样。[4] 在加拉加斯（Caracas）的大都会地区，铅污染问题十分严重，铅聚积在主干道沿线的交通隧道中[5]，并且达到了特别高的水平。国家环保局所记录的被污染地区的总悬浮颗粒物（TSP）的水平，最高已达到每立方米80微克，最低也达到每立方米50微克。位于车辆密度较高地区的儿童日托中心，铅浓度高于那些运输车辆少的地区。[6]

对挪威奥斯陆与西班牙马德里的比较研究表明，从含铅汽油到不含铅汽油的逐渐转变，几乎与城市环境中100微米以下尘埃颗粒的铅

① Silbergeld，1996.

② Day et al.，1975；Day et al.，1979.

③ Douglas et al.，1993.

④ Mielke et al.，1983.

⑤ Fernández and Galarraga，2001.

⑥ Fernández et al.，2003.

浓度的降低成比例。[1] 然而，同一研究结果也对城市污染的历史遗留问题提出了一种重要的警示：奥斯陆街道灰尘中最高的铅浓度是在一个关闭了多年的冶炼厂周围发现的。这一事实表明，交通车辆之外的铅的来源（也就是说那些在城市土壤里多年积聚的铅）为当今城市街道灰尘贡献的铅，可能与交通车辆一样多。

过去的若干年以来，西班牙汽油添加剂中的铅含量已经从 1983 年的每升 0.6 克降低到 1991 年的每升 0.15 克。1990 年，无铅汽油已经普遍使用。与此同时，在西班牙大部分城市，可以观察到城市空气中的含铅水平在直到 1996 年的这些年份里一直在下降。[2] 1987 年报告巴塞罗那空气中铅浓度为每立方米 1.03～1.55 微克，自那时起，巴塞罗那城市地区空气中的铅浓度出现了一个非常大的下降，降到目前的每立方米 0.18～0.30 微克。在这种情况下，通过立法来取缔汽油中的含铅添加剂，为降低空气的铅浓度和人们的血铅水平带来了积极效果，并且也因此而保护了人类的健康。

1997 年以前，在英国，大气中铅的工业排放问题，属于 HM 碱与洁净空气检查团（HM Alkali and Clean Air Inspectorate）的管辖范围，这个机构以工厂的规模和每分钟的排烟量为基础制定了管辖标准，每一个烟囱被允许的铅排放浓度范围是：每分钟煤烟排放少于 200 立方米的烟囱，每立方米铅浓度为 0.115 克；每分钟煤烟排放大于4 000立方米的烟囱，每立方米铅浓度为 0.011 5 克。在 1976 年，英国的制铅工厂被监测到的平均铅浓度为每立方米 0.011 克。[3]

在英国，以前释放到大气中的铅的主要来源是公路运输的排放，这个来源从 20 世纪 70 年代开始被稳步削减。在 1972 年，汽油含铅量被允许的最大值是每立方分米 0.84 克，1978 年是每立方分米 0.45 克，

---

① Miguel et al.，1997.

② Rodamilans et al.，1996.

③ Harrison and Laxen，1981，p. 94.

而1981年是每立方分米0.40克。[①] 直至最后，含铅汽油的销售从2000年1月被禁止，而且，在2005年英国排放到大气中的1 100吨铅中，公路运输只贡献了大约3%的份额。

在英国的空气质量战略中，铅是8种主要污染物之一。空气质量标准——作为年平均值，不可以超出这个标准——已经被定在每立方米0.25微克。英国控制铅排放和实施欧盟76/464号法令的法规是1997年（SI1997/2560）的“地表水（危险物质）（分级）管理规则”。与它的排放标准相关的欧洲立法是欧盟76/464号指令：“危险物质对水环境的污染（Pollution of the aquatic environment by dangerous substances）”（外加附属法令）；根据被推荐的“水框架指令（Water Framework Directive）”，它也作为潜在的“首要有害物质”被列入正在审查的11种物质名单上。它的销售和使用受到欧盟76/769号指令的约束：“特定危险物质的销售与使用限制（Restriction on the making and use of certain dangerous substances）”。铅的排放还受到以下3种国际协议的约束：“奥斯陆巴黎保护东北大西洋海洋环境公约（OSPAR Convention for the Protection of the marine environment of the North East Atlatic）”、联合国欧洲经济委员会（UNECE）的“跨国界远程空气污染公约(Convention on Long-Range Transboundary Air Pollution）”以及“有关控制有害垃圾跨国界转移及其处置的巴塞尔公约(Basel Convention on the Control of Transboundary Movements of Hazardous Wastes and their Disposal）”。

在英国，制铅工人受到“制铅工作控制条例（2000年）［The Control of Lead at Work Regulations（2000）］”的保护。这些条例概述了为制铅工人做诊断的职业医师的责任，既包括就业医疗顾问，也包括按照条例由卫生与安全主管部门指定的医生；关于接触无机铅的工人的血铅悬浮水平已经被降低至60微克/分升，而且就低血铅水平

---

① Harrison and Laxen，1981，p. 95.

的工人进行血铅测试的最大时间间隔问题提出了建议；对于“有生殖能力的”女性也有特殊的指导原则。① 对19个国家的汽油含铅水平与人血铅水平的趋势分析显示，达到3微克/分升的人均血铅水平是普遍可行的，这个分析还充分表明，至1999年为止，含铅汽油的逐步淘汰对于血铅水平的降低起到了关键的作用。②

截至2005年，随着含铅添加剂的汽油的停止销售，对于空气中铅的忧虑又返回到了工作单位和旧建筑物等特定的场所，这些地方仍旧存在来自油漆的铅的威胁。技术变革已经解决了一个空气污染问题，但只有在对政府进行强力的游说和施压之后，问题才能得以解决。

铜对空气的污染

有金属冶炼之处，便会有污染问题出现。从大约公元前5000年至公元前3000年，铜是从自然铜中提炼出来的。氧化物和碳酸盐矿石的熔炼方式的发展以及锡青铜的出现，开启了真正的铜时代，在这一时期，铜的产量稳定增长。公元前2000年至公元前700年之间，大约有50万吨的产量。③

在罗马时代，铜的产量突然增长，此时的铜合金被越来越多地用于军事和民事的目的，截至公元10年，每年铜产量达到了1.5万吨。在这一时期，世界上一半的铜产量来自西班牙的韦尔瓦（Huelva）和里奥廷托（Rio Tinto）地区，其余部分大多数产自塞浦路斯和中欧。④在公元前25年到公元350年这段时间，铜的总生产量大约有500万吨。⑤

---

① Gidlow，2004.

② Thomas et al.，1999.

③ Tylecote，1976.

④ Hong et al.，1996.

⑤ Healy，1988.

在罗马帝国之外，亚洲西南部和中东也是重要的铜产地。当汉王朝（公元前 206 年至公元 220 年）的影响扩展到西南亚的时候，中国每年的铜产量大约是 800 吨。大约在公元 1080 年（北宋时期），1.5万吨的世界铜产量中有 1.3 万吨来自中国。从那以后，产量突然下降（在 14 世纪大约是每年 2 000 吨），之后，从工业革命直到现在又开始增长。在日本，从 8 世纪以来，用于塑造大型佛像的铜的生产造成了大范围的环境污染。①

如同在古代一样，现代城市在企业生态和大气排放物等方面也是千差万别的。就能源系统和产业结构而言，斯德哥尔摩和纽约地区代表了铜排放以及能源系统与工业结构方面的两种极端情况。金属加工代表了斯德哥尔摩企业的特点，而纽约地区则是一个铜和石油冶炼以及化学工业等重工业的全国性中心。从 1900 年到 1980 年，纽约地区的人均铜排放总量接近斯德哥尔摩的 4 倍，其主要原因就是能源系统和产业结构的差别，因为两个城市与排放相关的消费差不多具有同样的规模。②

据估计，在这两个城市地区，由燃料的燃烧和工业生产造成的人均铜排放量已经下降，但就与排放相关的消费来说，时间趋势则有所不同。在斯德哥尔摩，来自最终用途的人均铜排放据估计从 1910 年至 20 世纪 50 年代只有轻微的增长，从那个时期以后，铜的排放量急剧增加。可是，在纽约地区，与铜排放相关的消费据估计从 1900 年至 20 世纪 40 年代已有所增长，而在那之后则未见增长。在研究所涉及的这段时间里，最终用途是斯德哥尔摩铜排放中最大的一个范畴。在纽约地区，与排放相关的消费则成了 20 世纪 50 年代铜排放的最大来源。

在智利铜冶炼厂的排放中，硫黄、铜、锌、砷的含量很高。智利冶炼厂附近的含砷水平比世界其他地区要高出很多。③ 靠近智利首都

---

① Makra and Brimblecombe，2004，p. 651.

② Svidén et al.，2001.

③ Romo-Kroger et al.，1994.

圣地亚哥的高山湖泊沉积物中的含铜水平表明，自上个世纪初的采矿活动开始以来，环境基线值已增长了3～4倍。然而，技术改进的结果明显体现在艾尔奥乔泻湖（Laguna el Ocho）最上层的沉积物中铜含量的下降。随着滤尘器的安装以及在铜的冶炼和加工线上建成的两个气体净化厂对烟气的分离，环境中铜的含量进一步下降。①

光化学烟雾（地面臭氧）

正当20世纪中叶美国城市那种“煤烟之恶”最终被克服之际，一种新的、更微妙的空气污染问题出现了：光化学烟雾。尽管它完全不同于烟与雾的混合，却因之而获得了最初的名称，当它第一次在洛杉矶被观察到的时候，城市空气污染的这个当代名称就与这个新的问题紧紧连在了一起。光化学烟雾是许多种污染物的混合，但基本的（并且是最容易测量的）构成成分是臭氧。这种化学物质，是氧的一种特别活跃的形式，它可以在低（背景）浓度之下存在于低层大气中的所有区域，它在19世纪中期初次被发现，但在接近100年的时间里，它只不过是一个科学好奇心追逐的对象。

雾在具有稳定暖空气条件的中纬度城市里很常见，比如像美国西南部那样的常年干旱和半干旱的地区（图4.1）。形成臭氧的反应机制极为复杂，并且是非线性的，诸如硝酸过氧化乙酰（peroxyactyl nitrate，PAN）等中间化学品，可能是如臭氧一样有害于人类健康。②一个巧妙的比喻就是，臭氧在肺部组织上制造了一种“灼伤”。在浓度极高的时候，它可能造成严重的胸痛、呼吸困难、眼睛发炎，并且会损害儿童肺功能的正常发展。哮喘患者和年纪大的人即使呼吸到含中等浓度臭氧的空气，也可能出现特别的困难和不适。臭氧还可能使植物变黄，发育不良，直至杀死植物。

---

① Gunten，2007.

② Farrell and Keating，2000.

图 4.1　雾霾在美国犹他州盐湖城的山谷中形成(伊恩・道格拉斯　摄影)

对流层臭氧是在 20 世纪 40 年代的洛杉矶首次被当做一个问题而引起了人们的关注，当时，神秘的毒云开始出现，这个地区公路附近的农民开始注意到农作物的离奇伤害。[①] 洛杉矶展示了一个几乎是独一无二的案例，在这个案例中，物理条件（地形、气象以及排放记录）对于臭氧的形成是具有很高的传导性的。在这个半干旱地区，几乎没有挥发性有机化合物（VOCs）的自然来源，因为刮进来的风起于一个基本没有挥发性有机化合物的海洋环境。这个城市内部的山陵有效地限制了长途运输的数量。这些原因外加一个依靠机动车出行的市郊延伸部分的发展，使得对流层臭氧成了洛杉矶地区的一个问题，而这个问题差不多是在 20 年之后才在世界其他地区出现。[②]

---

① Haagen-Smit，1970.

② Farrell and Keating，2000.

在洛杉矶，空气污染对于当地的发展同盟来说一直是一个经济劣势，它限制了他们进一步发展的热情。这给当地的发展同盟（实施增进经济发展战略的私营与公共利益的合作关系）制造了一个悖论，这个联盟在很大程度上是发展的结果，只有发展才能给它的成员们带来利润，但它也有可能危及他们以前的经济成果以及未来的投资和经济发展。[①] 1942 年，造成眼部刺激的第一场污染进攻被认为是来自市中心附近的一个合成橡胶厂。这场攻击结束于 1945 年，那家工厂当时已被关闭。然而，污染的再次攻击引起了人们对那些负有责任者的铺天盖地的指责：精炼厂、化工厂、露天焚烧以及机动车辆，都位居榜首。所有这一切都不能解释几乎在一日之内出现的“雾霾（smog）”。雾霾是一种烟与雾的混合体，尽管化学家们后来为之确定了一个完全不同的来源，但它仍然成了一个日常词语。对于许多人来说，南加利福尼亚曾经是一个天堂，可以逃离一些东部城市的熙熙攘攘和臭气熏天的环境，而当他们面对这种非常令人反感的烟雾云团的时候，其反应是迅速的。公众与新闻媒体要求人们行动起来。[②] 1945 年，洛杉矶市通过了一项“监护标准”法案。这个法案迅速在整个洛杉矶地区推广，但是，郡政府却不能把它的意志强加给各个自治市。直到 1947 年，这个问题才算得到了解决，当时，在整个地区创建统一的郡级空气污染控制区的一个国家法案获得了通过。

如同美国治理地方空气污染的早期努力一样，洛杉矶为解决汽车造成的空气污染而付出的政治资本，主要是由以地方为导向的经济精英提供的。如同这些精英在控制更早的污染时所付出的努力一样，技术被设想为治愈空气污染所带来的经济和审美衰退的唯一合适的良药。与早期那些没有进行重大改革的努力不同，洛杉矶的这次清除机动车空气污染的努力获得了一定的成功。这是因为机动车的污染控制技术

---

① González，2005.

② Haagen-Smit，1970.

相对来说还不算昂贵，并且在很大程度上可以转移到消费者身上。① 1953年底，洛杉矶连续5天遭受特大雾霾，号称“雾霾五日围困”，这场雾霾推动地方导向的经济精英以及汽车企业创建了一个政策规划机构——空气污染基金会。② 在20世纪50年代后期，洛杉矶的汽车工业放弃了它长期以来坚持的汽车不是造成洛杉矶雾霾的一个主要因素的姿态。之后不久，加利福尼亚于1960年颁布了要求在汽车上安装控制污染的技术设备的法规。③

从那时起，加利福尼亚通常在治理雾霾的科学性和立法方面处在全国的领先地位。最初，事实证明很难去查明雾霾发生的原因。直至最后，人们意识到雾霾与汽油有关，既与炼油厂的气体有关，也与机动车的排放有关。尽管1952年的实验室试验证实了光化学烟雾形成的可能方式，但在羟基的主要作用被发现之后，确切解释光化学烟雾的理论在20年的时间里却并未有所发展。对流层臭氧的全貌直到20世纪80年代初期才显现出来。④ 总体上说，对于这一问题的监管方式只能是不断加强对于产生臭氧先兆的源头的严格管制。如同煤烟防控条例的情况一样，这种模式的调控解决方案（而不是产权制度）表明，被利用的体制就是公共利益之一。此外，雾霾这个事例也说明科学与工程技术的进步如何可能影响污染问题的治理，反之亦然。⑤

所有的城市如今都显现了光化学烟雾的征候，但其浓度则随当地的气候条件及其无风晴朗天气的天数而定。氮氧化物的浓度在城市的不同地区存在相当大的差异，如伦敦的情况所显示的那样，商业中心附近、主干道沿线以及机场的浓度通常最高（图4.2）。

---

① Krier and Ursin，1977.

② González，2002.

③ González，2002.

④ Farrell，2005.

⑤ Farrell and Keating，2000.

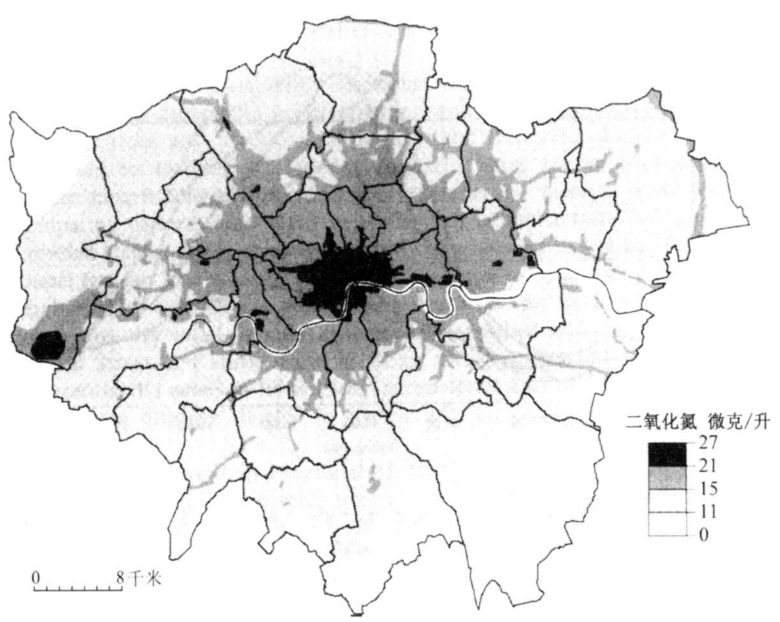

图 4.2　伦敦氮氧化物典型浓度指示图。注意伦敦希斯罗机场附近与北环路沿线西部的节点(城市北部 15～21 微克/升的弧形线)(根据伦敦希斯罗机场提供的数据)

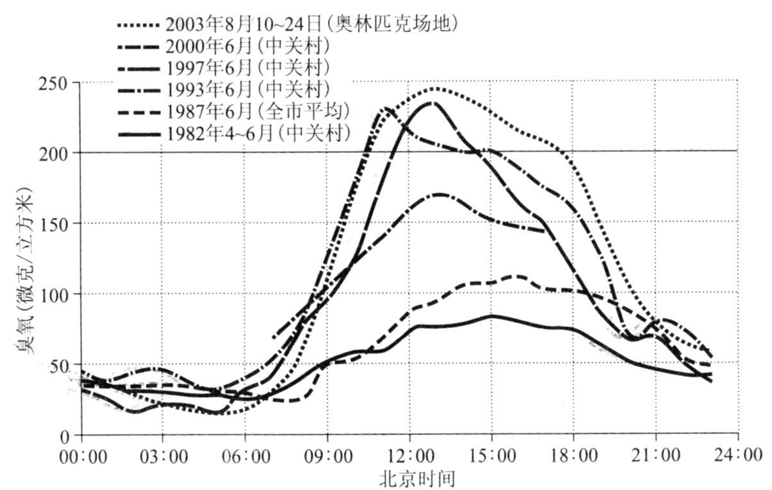

图 4.3　2004 年以前北京不同时期环境臭氧的昼夜变化,标示出可能出现在奥林匹克公园位置的水平线(根据 Shao et al.,2006)(根据 Pandey, Kumar et al.,2012)

在迅速扩张的澳大利亚大城市布里斯班，机动车排放控制方面的重大变化始于1983年到1997年，监管方面的承诺是，到2010年为止，在控制技术与燃料质量上达到欧洲标准。除此之外，在布里斯班，后院焚烧于1986年即被禁止。[①] 远郊区（“城乡交错”地区）通常因为交通车辆、企业以及生物的排放而承受更高的臭氧水平，并且对居住舒适性的预期有时也受到冲击。为了应对半城市地区与乡村地区接合部的人口增长，集约化的畜牧业生产也可能增加空气污染的水平。那些先前坐落于采石场和矿山附近树木丛生的乡村地区的大型企业也可能在无意之中影响了大气化学。因此，空气质量与城市地区的建成形式和开放空间密切相关。颗粒物水平并非总是与人口最稠密地区或是交通流量最高的地区具有相关性。事实上，因为赤道区土地清理期间的森林焚烧所产生的细颗粒物，东南亚的许多城市都曾遭受过雾霾的烦恼。

在许多城市，臭氧仍旧是一个问题，尤其是那些长期处在稳定的热空气环境下的中纬度城市。在2008年奥运会期间，北京为降低空气污染而付出了特殊的努力，因为之前的研究显示，奥运会场地的臭氧水平可能高于国家空气质量标准（图4.3）。[②]

颗粒物

在有着不同空气污染和人口特征的城市中，过高死亡率始终与污染颗粒物水平相关。[③] 机动车辆也产生细颗粒物，伦敦污染严重的空气持续威胁着市内居民的健康。正如“实地研究（real-life study）”所显示的那样，在挤满汽车和出租车的繁忙的伦敦牛津街度过两小时的病人，与那些在海德公园附近的病人相比，柴油发动机的排放物可

① Leishman et al.，2004.

② Shao et al.，2006.

③ Borja-Aburto et al.，1997.

能使哮喘患者的肺功能出现恶化。柴油发动机产生的颗粒物可能比汽油发动机多 100 倍。颗粒物越小，吸入肺部越深，而且，非常小的颗粒物甚至可能被吸入血液。牛津街的超微颗粒物（直径小于 0.1 微米）是海德公园的 3 倍。牛津街空气中的二氧化氮含量较之海德公园也要高 3 倍以上，元素碳的含量则要高出 6 倍。①

巴黎另有一项试验，研究的是大气中的颗粒物是否会增加患心血管病的风险。研究发现，构成血管壁的组织状态与空气中悬浮颗粒物的数量之间高度相关。可能的情况是，随着与这种颗粒物污染接触的增多，有可能导致动脉硬化。②

在 21 世纪初亚洲许多拥挤的城市里，PM10 的水平非常之高。在 2002～2003 年，世界卫生组织确立了 PM10 的水平为每立方米 40 微克的指导原则，在印度的斋浦尔（Jaipur）、艾哈迈达巴德（Ahmedabad）、博帕尔（bhopal）、德里（Delhi）、坎普尔（Kanpur）和苏拉特（Surat）等城市都超出了 5 倍之多，在 2001 年的一部分案例中，24 小时的年平均值超过了每立方米 200 微克。可是，德里、孟买、加尔各答和海得拉巴（Hyderabad）2000～2002 年 PM10 的水平却是每立方米 70 微克，低于 1993 年。这一点可以为以下现象做出解释：这些城市的早产儿死亡减少了将近 1.3 万例，呼吸系统疾病的患者也减少了很多。③

正如北京 2008 年奥运会时期的空气质量变化所显示的那样，空气中颗粒物的急剧降低是有望实现的。在 2001 年，北京获得了 2008 年奥运会的主办权之后，市政府采取了包括改善能源结构、降低发电厂燃煤排放、制订机动车排放标准、关闭和搬迁高排放工厂以及实行施工扬尘控制等多项空气污染控制措施。为了减少空气污染物向北京的跨区输送，相邻的行政区也颁布了排放控制标准。在奥运会期间，通过连续两个月的单双号限行以及强制实行其他交通限制等临时措施，

---

① McCreabor et al.，2007.

② Briet et al.，2007；Boutouyrie，2008.

③ Goyal et al.，2006.

北京道路上的机动车辆大约减少了一半（接近 150 万辆）。①

在加拿大、澳大利亚和新西兰的一些较小的城市地区，用于家庭取暖的木材燃烧产生的 PM 可能构成 PM 总值的主要部分，21 世纪初期，在新西兰的基督城（Christchurch）和澳大利亚塔斯马尼亚州（Tasmania）的朗塞斯顿市（Launceston），柴火烟的 PM 相应地占各自 PM 总值的 90%和 85%。在澳大利亚新南威尔士州的沃加沃加市（Wagga Wagga），PM 浓度高的问题则缘于野火、规划内林火、灰尘、木材燃烧炉以及农业的排放。② 1990 年之后，新南威尔士州其他许多村镇的居民也感受到了类似的由木材燃烧带来的空气质量问题。

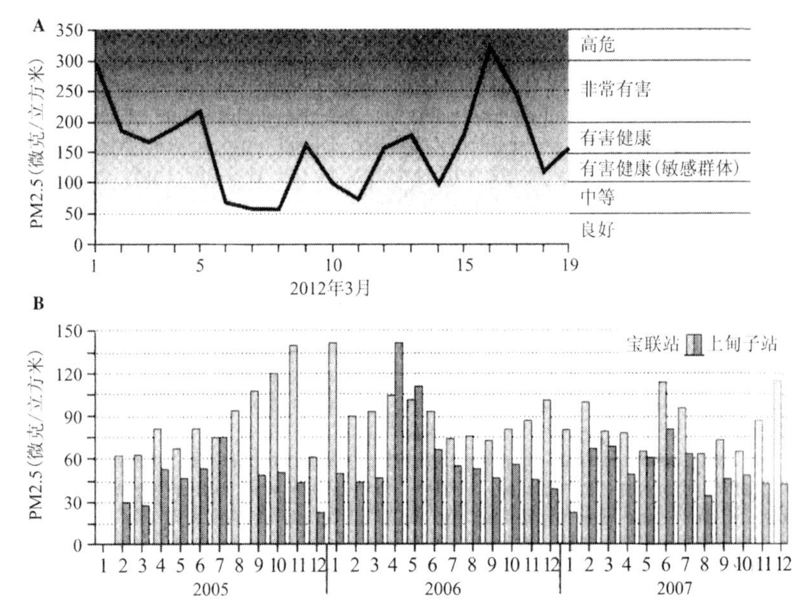

图 4.4　北京大气细微颗粒物浓度：(A)2012 年 3 月间，美国大使馆报告的 PM2.5 浓度的日间变化，显示大多数白天的浓度水平被列入“有害健康”或是更差的级别；(B)北京市政府标示的两个大气观测站的 PM2.5 平均浓度：一处是位于北京东北部 100 千米处的上甸子远郊观测站，一处是位于城区西部三环路与四环路之间的宝联观测站（根据 Zhao et al.，2009）

① Huang et al.，2010.

② Kolble and Gilchrist，2011.

超微颗粒物

超微颗粒（UFP）是直径小于 0.5 微米的颗粒物，在 20 世纪 90 年代，它才开始作为城市呼吸系统疾病的一个致病因素引起人们的关注。① 在德国的爱尔福特市，超微颗粒物的较高浓度与在接触到最小粒级（10～30 纳米）超微颗粒物 4 天之后呼吸系统和心血管疾病患者的死亡率的增高有相关性。② 欧洲多个中心的一项研究表明，每日因缺血性心脏病住院的患者与超微颗粒物的计数浓度有相关性。③

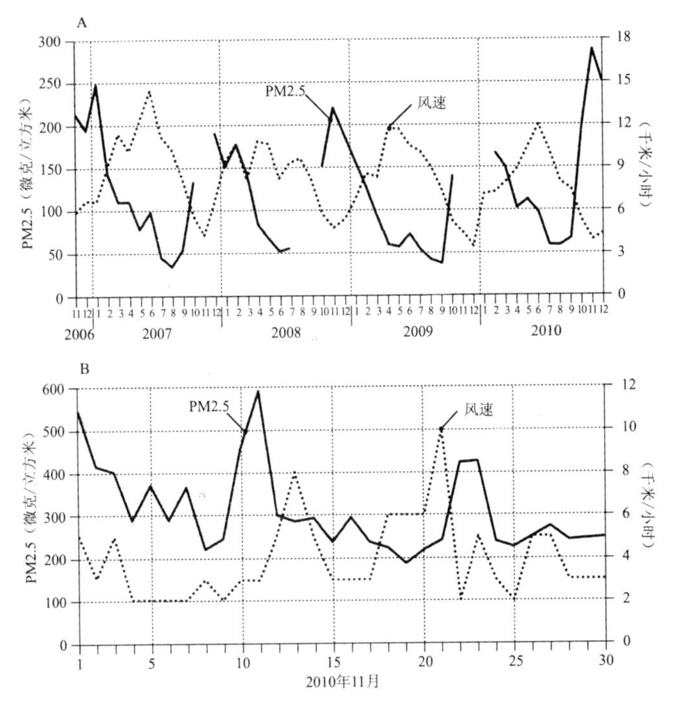

图 4.5　德里 PM2.5 浓度：(A)与风速相关的季节性变化；(B)日平均浓度与风速(根据 Pandey，Kumar et al.，2012)

---

① Levy et al.，2010.

② Wang，Y. et al.，2011.

③ Wang，Y. et al.，2011.

至2012年为止，污染问题在中国已经成了一个舆论声讨的聚焦点。北京环保局感受到了压力，并开始发布PM2.5浓度的实时数据。这些数据每一天都有很大的不同，甚至在一日之内也有很大变化（图4.4），而且，在2012年1月，它偶尔还会超过500微克/立方米这个美国环境保护局采用的空气质量指数（AQI：airquality index）最大值。

2012年印度城市空气的颗粒物浓度达到了与北京类似的水平，在勒克瑙（Lucknow），根据4个不同地方测定的结果，夏季PM2.5数据的范围在32.4～67.2（平均值45.6±10.9），季风季节是25.6～68.9（平均值39.8±4.6），冬季是99.3～299.3（平均值212.4±5.0）。[①]低风速和清朗的环境制造了一种反向的转化，它形成了悬浮颗粒在较低的大气层边界积聚的现象，这可能是冬天PM2.5水平较高的原因。德里在过去5年中的月平均地面风的数据（图4.5）显示，在11月和12月间，德里上空的风速相对较低，而比较高的PM2.5水平就出现在这一时期。[②]

通过全国和全球监管改善城市空气质量

美国国会通过了1970年、1977年和1990年的“清洁空气法案（Clean Air Acts）”，它们为联邦政府制定由各州和各个大城市来实施的空气污染管理条例，这个条例确定了6种主要污染物（一氧化碳、二氧化氮、二氧化硫、PM10、臭氧和铅）。尽管人口、交通车辆和能源利用都在增长，但这6种主要污染物的综合排放量在1980年到2008年之间下降了大约54%。在美国国内，地方的空气污染控制区极力贯彻联邦法规，并且获得了空气质量的改善，满足了地方的需求。控制污染的根据是洛杉矶县议会1947年12月30日通过的“健康与卫生法

---

① Pandey，khan et al.，2012.

② Pandey，kumar et al.，2012.

案（Mealth and Safety Code）”授予的权限，这是第一部指导洛杉矶县空气污染控制区行动的规则和条例。

1989年，“清洁空气法案的1990年修正案（CAA Amendments of 1990）”由乔治·H. W. 布什总统签署而成为法律。他们需要有新的计划，目标是限制城市臭氧、农村酸雨、平流层臭氧、有毒空气污染物排放以及机动车辆排放，并且建立一个新的、统一的全国性许可证制度。

自1977年以来，南海岸空气质量管理区（AQMD：the South Coast Air quality Management District）已承担起了奥兰治县（Orange County）以及洛杉矶城市地区、河滨县（Riverside）和圣伯纳迪诺县（San Bernardino）的空气质量治理。这个地区27 824平方千米土地的居住人口超过了1 680万，这个数字大约是加利福尼亚人口的一半，它是美国第二大人口稠密的城市地区，也是雾霾最多的地区之一。自20世纪70年代以来，这里的空气质量已经得到改善，尽管人口数量与交通车辆有所增长。直至2012年为止，这一地区的臭氧水平达到最高峰值，这是造成本地雾霾最严重的问题之一，但此时的水平还不到20世纪50年代的1/4。然而，南海岸空气盆地2009年仍然超出了113天中有8小时臭氧的水平，这个水平是联邦卫生标准。这个地区臭氧的最高峰值几乎是联邦清洁空气标准的两倍（图4.6）。然而，有必要着重指出的是，尽管加利福尼亚州在清除空气污染的问题上是全国的引路者，但洛杉矶的空气质量却一直是全国最差的。①

并非所有的城市空气污染都与燃料使用和技术进步的变化模式有关。如燃烧木柴这类最简单的事情所引发的问题也可能引出当地的立法和管理。在2010年的“环境规划和评价法案”（清洁空气）管理规则中，澳大利亚的沃加沃加地方管辖区由于上文提到的生物质燃烧被列入了名单，成为一个需要经过批准的露天燃烧地区，沃加沃加市政委员会因此而采取了降低空气污染的行动。这个禁令也适用于篝火、

---

① González，2002.

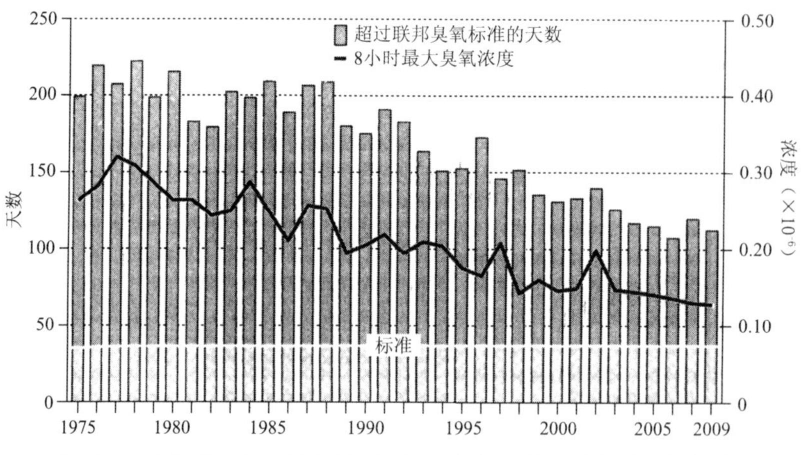

图 4.6　南海岸空气盆地显示，自 1975 年以来臭氧浓度呈下降趋势，其水平仍处于美国 2009 年的标准以上

焚化炉以及防火水桶。居民可以向市政委员会请求用火。沃加沃加市政委员会还在较寒冷的月份检查冒烟的烟囱，以此来监控以木材为燃料的取暖设备的烟尘状况。对于那些被确认为烟雾排放过量的家庭，则为之提供减少烟雾排放方法的信息。①

在西班牙，环境保护取得了巨大进步，但这种进步出现在自律的社区或市政当局的层面上，而不是全国的层面上，进步的道路并不平坦。这与曼彻斯特、纽约和芝加哥等地的地方自治行动相似。可是，在西班牙，全国与地方的协同作战能力较差。西班牙运输部门对于直至 2000 年的趋势以及未来的预测显示，公路交通的排放还要增加。② 1981 年的一次污染事件使得巴斯克（Basque）自治区政府发起了西班牙对于二氧化硫和空气污染输送问题的最初的研究。③ 毕尔巴鄂市（Bilbao）因具有严重的污染问题而出名，污染缘于其地处幽僻峡谷之

① Kolbe and Gilchrist，2011.

② Farrell，2001.

③ Millán et al.，1984.

中的大量工业排放以及鳞次栉比的工厂住宅。几年之后，巴塞罗那的一次类似的污染事件引发了西班牙对于空气污染的流行病学的最初研究，尽管污染物尚未能加以确认。①

表 4.4　1970～2000 年欧洲主要的空气污染法规

时间	名　　称	宗　　旨
1970 年	欧共体 70/220 号指令	欧共体最初的火花点火式发动机的一氧化碳和碳氢化合物排放标准。采用的是“非强制调节”（1978 年增加了氮氧化物。1987 年之后，所有标准都趋于严格）
1975 年	欧共体 75/716 号指令	欧共体最初的燃料含硫量的标准（后来增加了铅和挥发性有机化合物的排放标准。1996 年之后，所有标准渐趋严格）
1979 年	联合国欧洲委员会（UN/ECE）关于远程跨国界空气污染公约	涉及空气污染问题的第一份建立在广泛的区域基础之上的具有法律约束力的国际性文件。除为防止污染制定一般性的国际合作原则之外，该公约还建立了一个把研究与政策合为一体的制度框架
1980 年	欧共体 80/779 号指令	欧共体最初对空气中二氧化硫和颗粒物的限值（执行到 1993 年）
1988 年	欧共体 88/76 号指令	废除非强制调节的原则
1988 年	欧共体 88/77 号指令与欧共体 88/436 号指令	欧共体最初的柴油发动机标准
1988 年	欧共体 88/609 号指令	大型燃烧设备指令
1988 年	氮氧化物远程跨国界空气污染协议	到 1994 年为止，将氮氧化物的排放量维持在 1987 年的水平。欧共体 12 国签署了一项补充宣言：到 1998 年为止，减排 30%。确定临界负载（Critical Loads）的概念，并号召进一步减排

① Castellsague et al.，1985.

续 表

时间	名　称	宗　旨
1990 年	欧共体 90/1290 号指令	建立欧洲环境署，向欧盟及其成员国收集并提供环境信息
1991 年	挥发性有机化合物远程跨国界空气污染协议	降低 30%的排放（排放数据缺失，并且质量较差，这使得评估和实施难以进行）
1992 年	欧盟 92/72 号指令	要求对臭氧进行检测，并确定臭氧的空气质量标准
1996 年	欧盟 96/62 号指令	空气质量框架指令设定了空气质量标准，当不能满足标准要求时，需要让公众监督并予以正式通告
1997 年	欧盟委员会（EU COM）97/88 号指令	应对酸化作用的社区策略——建议继续参与远程跨国界空气污染协议，以 1990 年为基准值，2010 年使二氧化硫降低 66%，氮氧化物降低 48%，以便取得 50%的缺口填补，然后进一步降低以应对临界负荷
1998 年	重金属远程跨国界空气污染协议	保持铅、镉和汞的排放量稳定在 1990 年的水平，逐步淘汰含铅汽油，确立对固定排放源的限制
1998 年	持久性有机污染物跨国界空气污染协议	禁止或限制 12 种化学制品的使用

来源：http：//ec. europa. eu/environment/air/quality/legislation/existing _ leg. htm 以及相关网站

欧盟已经发布了一套指导欧盟成员国进行空气质量改善工作的指令（表 4.4）。有的国家已经在执行更高的标准。降低新型汽车的二氧化碳排放已经成为欧盟气候变化政策中的重中之重。其目标是到 2010 年要把欧盟各国销售的新型乘用车的二氧化碳平均排放标准限制在 120 克/千米。这一战略中的主要元素是一份汽车制造商的协议，协议要求到 2008/2009 年为止，把新型汽车的二氧化碳平均排放标准限制在 140 克/千米。这一标准与 20 世纪 90 年代中期相比，降低了大约

25%。到2006年初为止，汽车制造商几乎大半都没有达到这个目标。[1] 此外，欧盟委员会还要求新型汽车配有强制性标签，标明耗油量和排放数据，政府将根据车辆的二氧化碳排放量来确定至少50%的登记税。一些欧洲国家如今已根据二氧化碳排放量来确定整个车辆登记税，另外一些国家则提供财政刺激措施，鼓励人们购买低排量的车型，而有的国家则根据耗油量来确定登记税，并相应参考其二氧化碳的排放量。[2]

在巴西、印度、中国、印度尼西亚和墨西哥等新兴工业化经济体，严重的城市空气污染已经引发了许多有创新精神的管理方法和应对措施。自20世纪80年代以来，前所未有的工业和城市发展与相伴而来的人口增长，已经加大了印度尼西亚环境破坏的程度。几个大城市空气污染水平的上升，促使政府展开了一项旨在控制空气污染物数量的全国性计划。然而，如同19世纪的芝加哥、匹兹堡和曼彻斯特一样，也有人担心这项计划会影响到经济运行和收入情况。[3]

解决空气污染问题一直是墨西哥大都市环境委员会的首要任务，这个委员会是由地方与联邦政府联合成立的。1980年以后，控制排放的努力相当有成效。比如说在20世纪90年代，政府推出了改善空气质量的计划——PIICA计划和PROAIRE计划，在其他各项措施之外，这些计划还包括每周轮换一日禁止私车的使用。在污染严重的日子里，这个规定增加到每隔一天禁止一次，而且，有些生产活动也受到了限制。此外，车主还必须每隔6个月去做一次车辆检验。尽管铅、一氧化碳和二氧化硫水平被降低了，并且在之后一直保持稳定，但其他污染物的水平仍然超过了2010年的标准。当PROAIRE计划在2000年结束的时候，环境管理部门又展开了一项更长期的雄心勃勃的空气质

---

① European Commission，2006，p. 13.

② ACEA，2010.

③ Resosudarmo，2002.

量改善计划：PROAIRE 2002～2010年计划。①

对于亚洲所有的处在发展中的城市来说，如何在提高家庭出行便利并支持地方产业的同时减少交通拥堵并改善城市环境，这种两难困境依然存在。2008年1月，印度最大的机动车制造商塔塔汽车公司公布了价格为10万卢比（2 600美元）的Nano汽车，这在当时是印度市场上有史以来最便宜的汽车。批评的言论立刻在新闻媒体上出现了："如果塔塔汽车公司……全部售出其计划在今年生产的25万辆超低价的汽车的话，（新德里）的交通拥堵和污染将会变得更加糟糕。"②

从1978年经济改革开始以来，中国的许多城市已经经历了一个空气质量恶化的时期，这一过程在最近一段时间内趋于稳定，或者说在某些情况下，空气污染的程度有所改善。了解将中国导向这条道路的各种经济、政治和制度性的力量是必要的，这既有助于推进环境与发展的科学，也有助于阐明未来中国在治理城市空气污染方面的决策。③中国有一个独一无二的环境治理系统，它以自上而下的行政管理体系为特征，缺乏有组织的和有实质性的公众参与。在工业化国家中发挥了核心作用的某些机构和社会力量在中国并不存在。

从全国性的角度上说，中国尚未达到特定的经济发展水平，可以使环境恶化程度不再随着发展而加剧。直至1997年，中国在环境保护方面的投入尚未超过GDP的1%。④ 在中国的发展议程中，经济发展始终比控制环境污染问题具有更高的重要性。⑤

1990年以后，经济发展成为确定地方政府领导人政绩的最重要的因素之一，这个评价由上一级政府进行，并且会影响到他们未来的升迁。不仅如此，地方政府领导人还掌握了当地的环境管理机构的预算、

---

① Molina et al.，2009.

② Ghosh，2008.

③ Sun and Florig，2002.

④ China Environment Yearbook Committee，1998.

⑤ Edmonds，1998.

人事和更重要的任命与提拔的权力。其结果就是，地方环境管理机构不愿意公开对经济发展提出挑战。① 尽管如此，自20世纪80年代后期以来，大多数中国城市周边的PM水平已经有所下降，这主要是因为获得了一批更为现代的机动车辆，尽管车辆要比先前多出许多许多倍，但每辆车的排放却要低得多。

中国的中央政府在经济发展的较早阶段就采取了控制城市环境质量的行动，这与我们在其他地方见到的情形有所不同。这一点可能反映了中国的中央政府对1990年到2005年间的地方环境状况有相当充分的掌控。② 精英意识与对政治和社会稳定性的追求一起推动中央政府采取专门针对颗粒物污染的行动，③ 而且行动还涉及机动车排放造成的污染以及二氧化硫/酸雨。然而，分配给这三个问题的资源在数量和时机上是相当不同的。颗粒物污染最先得到了国家和地方的关注，比其他污染物吸引了更多的资源。④

尽管许多城市的环境都得到了很大的改善，但亚洲和非洲很多城市深层的社会和经济状况，连同长时间的静止空气和大城市的灰尘圆顶（major urban dust domes）一起，使得它们有可能面临最严重的污染问题和支气管、哮喘等疾病的最高发病率。一个网站曾列出了下列10个城市，作为2012年世界上污染最严重的城市：⑤

1. 阿瓦士（Ahwaz），伊朗
2. 乌兰巴托（Ulan Bator），蒙古
3. 萨南达季（Sanadaj），伊朗
4. 卢迪亚纳（Ludhiana），印度

---

① Chan et al.，1995.

② Sun and Florig，2002.

③ Sun and Florig，2002.

④ Sun and Florig，2002.

⑤ http：//ecocentric. blogs. time. com/2011/09/27/the-10-most-air-polluted-cities-in-the-world/＃ixzz1m7Ru8h1Z（accessed 11 February 2012）.

5. 基达（Quetta），巴基斯坦
6. 科曼莎（Kermanshah），伊朗
7. 白沙瓦（Peshawar），巴基斯坦
8. 哈博罗内（Gaberone），博茨瓦纳
9. 亚苏季（Yasouj），伊朗
10. 坎普尔（Kanpor），印度

降低城市空气污染的财政刺激

1980年，法国通过了一项推行空气污染税的法律。二氧化硫排放在1985年开始被收税，而氮氧化物排放则在1990年开始收税（表4.5）。然而，这些税率不够高，不足以鼓励积极的消除污染的行动。[①] 政府使无铅汽油（所谓"不含铅的"）的价格更具吸引力的行动，在降低这种形式的污染方面则更为有效。

美国的可交易的许可证制度可以说是对以市场为基础的环境保护工具最重要的应用，它被用来监管酸雨的主要前体物（precursor）二氧化硫的排放。在可交易的许可证制度中，政府确定了总排放量的限制。定额（限额）然后被分配（或拍卖）给总量没超过极限的各个公司。当其目标是要降低排放量的时候，排放限值与定额可能会随着时间的推移而降低，直到目标最终达成。一个公司可以让排放量达到定额的极限。它也可以把排放降低到限定额度之下，并通过售出剩余限额的方式来获利。一个更老的工厂可以从其他公司购买多余的定额来获得更大的排放量，因为降低排放对它们来说将会付出极大的成本。要建立一个新工厂，公司必须购买额外的定额。

这样的一项计划在限定总排放量的同时又保证了最大的弹性。排放定额主要是临时的许可，而非"污染的权利"。它们可以被一年一年地降低，直到空气质量得到改善并达到国家标准。对于排放限额和交

---

① Vernier，1993.

易制度来说，空气质量标准应该以保护人类健康和环境质量为基础。许多人认为，采用排放限额与排放交易的结果常常是高成本效益的。①

这个在美国“清洁空气法案1990年修正案”Ⅳ条款之下建立起来的体系，目的就是把二氧化硫和氮氧化物从1980年的水平分别降低1 000万吨和200万吨。降低二氧化硫排放的第一阶段开始于1995年，第二个阶段开始于2000年。② 2010年，环境保护署制定了一个新的规则，要求发电厂把二氧化硫和氮氧化物的排放分别降低到2005年水平的71%和52%。强大的公共支持系统具有调控标准和在适当的技术领域投资的能力，它已经成为这一成功立法的重要因素。

表4.5　法国有关空气污染的主要法规

（数据主要根据Vernier，1993）

颁布日期	目的	主要特征
1917年12月19日	控制有害企业、污染、气味	有效解决了各种污染源问题
1948年3月10日	能源利用	控制用于发电厂建设或重建的设备类型，并且监控可能出现的各种磋商
1961年8月2日	防止污染和气味	废除1917年法案；之后在1973年产生了负责自然保护和环境保护的政府部门，以及后来的对于大气污染、燃料燃烧和颗粒物排放的监管，并为个别污染物设立了限制或标准。还出台了管理机动车排放以及汽油、柴油燃料中内含成分的措施
1976年7月19日	危险场所的新规则	气体燃料中允许有固定水平的颗粒物；当气象条件产生污染危害时，要求使用含硫量低的燃料；对诸如水泥厂之类的特殊企业的监管

① Bliese，2001，p. 72.

② Stavins，2002.

续 表

颁布日期	目的	主要特征
1980年	征收空气污染税的立法	1985年实施对二氧化硫排放的征税，之后是氮氧化物、挥发性有机化合物，以及氯化氢。在20世纪90年代，二氧化硫、氮氧化物和氯化氢的排放量据称因征税政策而显著减低
1983年	清洁空气机构开始运行	负责监测和发布空气污染信息

随着需求的出现，还制定了更多的规章制度。洛杉矶县空气污染控制区的许可证制度就是空气污染控制计划中最重要的内容之一。污染交易允许一个污染者在降低（或增加）污染之前，依靠其自身的能力在别的地方换取降低排放量的定额，或是购买代表别人降低污染成绩的信用。污染交易的拥护者认为，这种方法节约了金钱，推进了创新技术，并且通过市场刺激降低了污染。① 1976年，环境保护署批准的第一个大的排放交易计划，就允许以“补偿”的方式来换取建造新的污染空气的固定污染源（比如工厂）的权利，所谓补偿就是在同一地区通过其他渠道大幅降低空气污染。一项更有争议的交易计划很快随着所谓“结网”的运作方式而到来了，它利用一个现有工厂的多余减排额度，去补偿因同一套设备运营扩张而增加的污染。此后，在1979年，环境保护署所采纳的一项“泡沫方针”允许现有工业污染者通过任何形式的现场减排组合，以加总的方式来达到降低污染的目标。通过这种方式，在加利福尼亚，厂家若有一件产品的挥发性有机化合物含量超标，可以通过其他产品中超额达标的部分来补偿。加利福尼亚曾运用一个车辆报废计划来降低机动车的空气污染排放，这个计划与信用体系非常类似，它采用的方法就是不让最老式的并且最有污染的车辆上路。

① Drury et al.，1999.

“清洁空气法案1990年修正案”允许各州对受监控的污染物征税，以此来回收各州计划项目的行政管理费用，它还允许在那些极端不遵守监管的地区收取更高的费率。借助这样的系统安排，洛杉矶的南海岸空气质量管理区拥有全国最高的许可证申请费。[①] 为了降低洛杉矶地区氮氧化物和二氧化硫的排放，负责控制4个南加州县污染排放的南海岸空气质量管理区在1994年1月开展了一项可交易许可计划，据预测每年可节约成本42%，总计为0.58亿美元。至1996年6月为止，这个区域性清洁空气市场激励计划的353位参与者已经交易了超过10万吨氮氧化物和二氧化硫排放量，价值超过1 000万美元。[②]

“清洁空气法案1990年修正案”还授权各州政府和当地的清洁空气控制区开发经济刺激计划，进一步为洛杉矶的污染交易铺平道路。受到国家政策发展的鼓舞，一个名为“弹性调控集团”的企业联盟成功地说服了南海岸大气质量管理区，使之在市场激励计划的细则正处于开发的阶段，对空气质量管理规划加以修订，以此来延缓对企业空气质量的监管。到2001年为止，美国环境保护署积极参与了加利福尼亚州、康涅狄格州等19个不同的州的35种污染物交易项目。

洛杉矶的污染贸易已经造成了有毒气体集中排放的热点区，这些排放区已经使低收入和少数民族社区被区域性的空气污染所围困。洛杉矶的污染交易计划已经受到了批评，这些批评声称，这座城市已经证明，对排放交易越是不加约束，就越有可能产生不公正的热点影响、配额过度和欺诈性交易。[③] 至此为止，改革仍需要提高环境绩效，减轻污染交易的不良影响，清除交易倡导者所兜售的成本节约和弹性调控的观念。

---

① Stavins，2002.

② Stavins，2002.

③ Drury et al.，1999，p. 289.

欧洲

欧盟委员会坚持认为，碳定价能够为欧洲高效、低碳技术的部署提供一种刺激。欧盟的排放交易体系（ETS）是欧洲气候政策的核心支柱。它的设计目标是技术中立、讲求成本效益并且与内部能源市场完全匹配。它必须发挥一种更大的作用。委员会的2050年行动方案表明，碳定价可能与旨在实现特定能源政策目标的措施共存，尤其利于探索与创新、能源效率的提高与可再生能源的发展。① 欧盟排放交易体系的这个目标有助于把排放以“一种重视成本效益和经济有效性的”方式降低到被认为是“有科学必要性”的水平。2012年，人们认为，欧盟排放交易体系举债经营能源效率和燃料转换，这在某种程度上是违背第一个准则的。尽管如此，欧盟的排放交易体系在减排方面的总体作用是相对边缘的，其他的政策（如可再生能源和能源效率等）目前正在发挥更重要的作用。截至2012年，欧盟排放交易体系的缺陷反映出3个主要问题：（1）因当前许可证的滥发而产生的一种价格疲软、波动的征兆；（2）更重要的是，缺乏一个清晰、可信的后2020年构架；（3）缺乏制度化的程序和机制来确保有可信任的未来管理来调节欧盟排放交易体系。② 随着2012年价格走低，欧盟排放交易体系对于降低排放可能没有完全具有成本效益的贡献。问题之一就是确定在任何一年里的排放极限应该是什么。一个单一的国家政府能够相对容易做到这一点，比如在任何一个给定的年份里，澳大利亚都确定了5年时间段的最高排放极限。对于排放极限的这种滚动调节的方式赋予了澳大利亚的排放交易以很大的稳定性。欧洲委员会27国间的临时协议则与此不同，其中的各个国家都不愿意放弃对于能源和经济政策的主权。这种民族主义及其对本国经济成就的关注挡住了向减少温室气体排放这个更大目标的迈进。一些国家不愿意签署和实施京都议定书，

---

① European Commssion，2011.

② Spencer and Guérin，2012.

这种态度不只会让城市的空气更加令人不悦，还将导致更大的卫生、洪水和干旱的风险，而且使许多海岸城市以及城市居住区中的一些地段惨遭淹没。

对于城市空气质量的总结性意见

城市空气污染的历史是一段数十年来的抗议和运动的历史，是在严重的事件之后，或是在见证了公众健康受到严重影响之后的行动，它还是这样一个技术发展历程：它把问题转移到其他地方或是城市生态系统的其他部分，并在之后发现，新技术又制造了另一种类型的空气污染。发现与监控污染物的能力发展越快，排放变化的种类以及新兴的问题就会越快地得到认知。因此，城市空气污染的历史就是一个问题转移和问题替换的问题，既改变了污染的去处，也改变了技术：以柴油发动机和燃气锅炉代替蒸汽机和露天野火，也就相应地制造了新形式的污染。在无污染的新能源能够生产出充足的电力之前，电力机动车的污染是不会消除的，它只不过是改变了污染的来源。

在 19 世纪晚期和 20 世纪中叶这段时间，生态现代化的努力没有在资本主义与环境之间，或是在资本主义与人类健康之间发展出一种和谐的关系。相反，这些努力主要被用于工业生产和铁路建设以及汽车运输业的发展，这与资产阶级的一个分支——地方发展联盟——的经济利益更为意气相投。考虑到这一点，我们就能够懂得生态现代化的努力为什么会把许多城市丢在了持续恶化的空气质量之中。① 尽管有大量的人被召集到了环境问题的周围，但空气污染的监管政策却持续强调用技术手段去消除空气污染。诸多事件已经将城市的空气污染与温室气体排放问题推到了世界环境政治的中心。在许多如今已年届退休的人看来，与燃煤相关的工业烟雾已经成为一桩童年时代的事情了，但是，超微颗粒物（PM10 和 PM2.5）的问题以及挥发性有机化

① González，2005.

合物的问题却是新的也是更难以确认的问题。可悲的是，对于最贫困地区的许多人来说，旧的污染物和更新的污染物一同出现了。切实可行的排放治理条例，以及按车辆排放水平征税等财政手段，都有助于减少污染物负担，并且有助于增进对个体的行为和消费与城市空气质量之间关系的认识。截至 2012 年，人们似乎越来越多地关注财政措施和成本效益行动，而不是关注污染对人类健康以及食物供应造成的影响问题，而这些问题却曾使 19 世纪的女性群体、地方政治人物和公共卫生改革者非常担忧。

第五章　来自山丘、地面、海洋和房檐的水：迈向综合的城市水资源管理

美洲的水资源管理可能开始于1万年之前。在现今墨西哥特瓦坎山谷（Tehuacán Valley）的圣马科斯内考克斯特拉村（San Marcos Necoxtla），有一口位于原初地面上的5米深和10米宽的水井，它2 000年来一直在被人使用①。这口井可能是专为家庭供水的。后来的许多水井也用来为农作物的灌溉提供水源。可是，大约在公元前1000年时，墨西哥就修成了第一条运河。运河主要是用于作物灌溉，也为城市的井水和泉水提供了补充。这些运河都是大型水利工程的成就。至公元前5000年，特瓦坎山谷南部拥有超过1 200千米的运河河道，满足了330平方千米灌溉区的需要。简单的引水渠引着运河水穿过峡谷和洼地。

早期的城市依赖于当地的泉水或河水，通过对这些水的调控来为公共广场或是当地商业区的喷泉提供水源。在古代世界，为公共水池或喷泉提供水源的引水隧道是城市的一个显著特征。为满足西罗亚水

① Caran and Neely，2006.

池（pool of Siloam，约公元前 725 年）的需要，耶路撒冷的希西家（Hezekiah）引水渠和尤帕里尼安（Eupalinian）引水渠，是在波利克拉特斯（Polycrates）的统治时期修建的，其中包括一条穿过喀斯特洛山（Mount Kastro）的隧道，它为萨摩斯（Samos）爱琴岛的古代首府供应淡水（约在公元前 530 年）。这些都是非常著名的例子。带有间隔检修孔的引水隧道也见于伊朗呼罗珊（Khurasan）西部的一座古城，就是公元前 500 年前的和椟城（Hecatompylos）。

罗马的水源供给

罗马也遵循了这些传统，它修建了阿皮亚（Appian）引水渠（公元前 312 年，长约 16.5 千米）和阿尼奥维图斯（Anio Vetusian）引水渠（公元前 272 年，超过 50 千米长）。它们都是在地下，主要是出于防御的考虑。罗马的第一条地上引水渠是带有 9 千米拱门的阿克马尔西亚水道（Aqua Marcia）（公元前 144 年，约有 90 千米长）（图 5.1），它从高处往下输水，足以供应卡匹托尔山（Capitoline）、西莲山（Caelian）和阿文丁（Aventine）。至公元 97 年，罗马的 9 条引水渠每天为城墙内提供 1.43 亿升的水，为城墙外提供 0.75 亿升的水。总计起来，古罗马有 11 条主要的引水渠，修建于公元前 312 年（阿皮亚引水渠）至公元前 226 年（亚历山大里亚水道）之间；最长的引水渠（阿尼奥诺弗斯水渠）长达 95 千米。在帝国时期，当城市人口超过 100 万的时候，水源分配系统可以每天为每一个城市居民提供 1 立方米的水，这个数量多于今天的大多数人。然而，除去对城市的大量水源供给之外，古罗马公寓（*insulae*）的卫生条件却是原始的，这是一种专供租户和分租房客居住的又小又黑的多层公寓。只有在一层的住户才可以直接用上管道供水和排水系统。那些住在他们楼上的人不得不用水桶从街道上的喷水池中取水，或是依赖声名狼藉、不堪信任的送水工。这些居民还不得不用桶把他们的生活垃圾运到楼下来，并倒进地下室的垃圾堆中，或是将它们积存在附近的污水沟里，也有许多把废物径直从窗口抛到楼下街道的例证①。

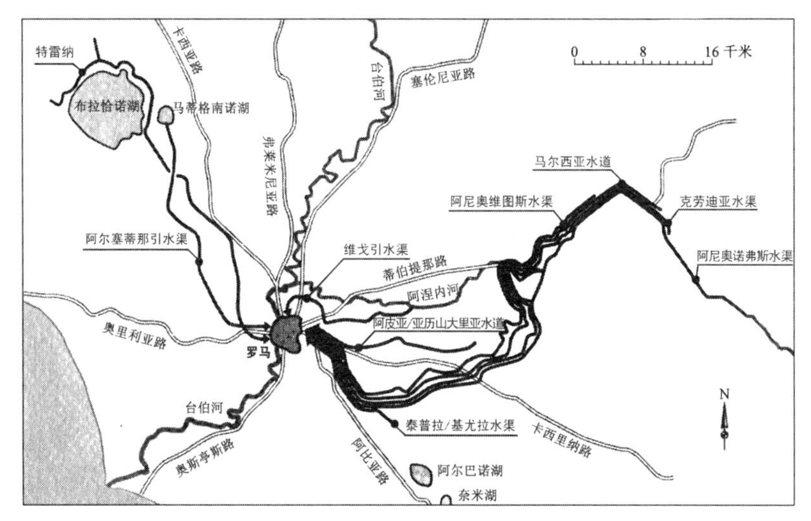

图 5.1　古罗马的引水渠(根据 Scarre,1995)

罗马的范围内有许多城市供水渠的范例，包括法国尼姆城(Nimes)附近的加德桥（Pont du Gard）和在公元 2 世纪中叶由哈德良(Hadrian)修建的、为迦太基供水的宰格万（Zaghouan）引水渠②（图 5.2)。不列颠的每一座重要的罗马城镇都有一个经过技术设计的供水系统。它为公共浴室供水，也为街头上的喷水池供水，就像林肯市的情形那样。私人可以付费接入公共供水系统。多余的部分则被输入到一个排水系统中去③。许多引水渠都因为多尔切斯特（Dorchester)、罗克塞特（Wroxeter)、莱斯特（Leicester）和林肯等城市供水而闻名；另外一些引水渠至少有可能在伦敦、锡尔切斯特（Silchester)、赛伦塞斯特（Cirencester)、凯尔文特（Caerwent）和维鲁拉米恩（Verulamium）等城市存在，人们已经发现，这些市镇有配水管道的迹象。

① Hibbert，1985，p. 54.

② Scarre，1995，p. 106.

③ Salway，1981，p. 578.

引水渠补充了其他水源，尤其是水井的水源①。因此，罗马人积极从事对地下水与地表水的联合运用。在那些夏季河水经常处于低位的地区，这种方式可能是很重要的。为多尔切斯特供水的引水渠是从大约10千米以外的诺顿米尔（Notton Mill）、梅登牛顿（Maiden Newton）的弗罗姆河上游开始输水的，通过一条18千米的水渠把水输送出去，这条河道大约有15米宽、0.7米深，它沿着90米的外部轮廓迂回曲折地流淌，在入水口与西城门之间，落差仅为7.6米②。

图5.2　突尼斯欧德迈里安(Oued Meliane)附近的宰格万引水渠
(摄影　伊恩·道格拉斯)

地中海地区的供水系统

伊斯坦布尔的瓦伦斯水道（Valens Aqueduct）又称“灰鹰的拱廊（Arcade of the Gray Falcon）”，始建于君士坦丁大帝时期，并在公元

① Wacher，1976，p.48.

② Wacher，1976，p.320.

4 世纪完成于瓦伦斯（Valens）之手。查士丁尼二世为之增加了第二层，征服者穆罕默德与希南（Sinan）都曾经对其做过修复和扩展。0.8 千米长的引水渠连接了伊斯坦布尔的第三层和第四层山丘。水被输送到拜占庭宫殿、城市蓄水池，并在此后被输送到托普卡普宫殿(Topkapi Palace)，而且，这个引水渠还辅助城市供水超过 1 500 年。

在地中海东部再往南的地区，纳巴泰人（Nabateans）在公元前 60 年左右建立了一个王国，它从现今的叙利亚南部延伸到西奈半岛南部和阿拉伯半岛的红海海岸北部。这个王国的水源供应来自地下水，依赖的是专业的水利工程。这一时期，在佩特拉（Petra），泉水和来自水道径流的水注满了 200 多个岩石雕凿的蓄水池，在没有地表泉水迹象的玛甸沙勒（Mada' in Salih），有 130 口水井供人使用，而且，所有的雨水都被导入了在砂岩中凿成的蓄水池。石砌的水井利用了这一时期低于地表 5 米的地下水位①。

迁入伊比利亚半岛（Iberian Peninsula）的阿拉伯人，在他们位于现今马德里的军事根据地建造了渗水廊道。基督徒在 11 世纪重新夺取这座城镇之后，将这条廊道延长，把这条地下通道称为“水之旅(viaje de agua）”。

中世纪欧洲的供水系统

中世纪欧洲城市的供水系统既使用了罗马帝国的基础设施，也逐渐地获得了它们自己的水道。意大利的斯波莱托（Spoleto），是教区总教堂所在城市，它有一条 13 世纪的高架引水渠，大约有 220 米长、90 米高，带有跨度达 20 米的尖拱（图 5.3）。这一时期，许多城市都在试图寻找额外的水源供给。在 1236 年，从泰本河（Tyburn Brook）引渠向伦敦城输水的一项专利获得了批准。到 14 世纪为止，佛兰德斯最大的布匹交易城市布鲁日（Bruges）是这一时期人口众多（4 万人）的一

---

① Harrigan and Doughty，2007，p. 20.

座城市，它开发了一个利用集水池的系统，用一个带有连锁吊桶的轮子从这个集水池中汲水，再通过地下引水渠把水输送到公共场所。齐陶（Zittau）在1374年铺设了输水管道；弗罗茨瓦夫（Wroclaw）在1479年铺设了管道，水从河流中抽出，之后便被用输水管送往城市的不同地区，这种输水管可能是木制的，直至19世纪这种木制输水管还很常见①。

图5.3　13世纪意大利斯波莱托(Spoleto)引水渠，可能是在罗马帝国时期引水渠的基础之上建造的(取自一位佚名画家的绘画作品)

中世纪的巴黎人也是从水井、河流和泉溪中获得水源。在塞纳河的左岸，水井在4～6米深处可打出地下水，但这些水是被污染的②。美丽城（Bellville）引水渠在1457年得到了修补，并且与普雷圣热尔维（Pré-Saint-Gervais）引水渠一起为这个城市供水，直至17世纪。

① Mumford，1940，p.48.

② Braudel，1981.

16世纪与17世纪英国的市政供水系统

迟至15世纪，伦敦的输水设备依靠的是与医院和救济院等机构相关的私人慈善事业。至都铎王朝晚期为止，这些资源已明显不足，在此后的两个多世纪，一直都在筹划一系列的私营企业方案。1581年，为了给城市输送水源，在伦敦桥的一个拱廊之下安装了一个巨大的水车，输送的是清洁用水，而不是饮用水，因为潮水含盐量太大。更重要的计划是1608～1613年的新河方案（New River Scheme），根据这个方案，一条水渠，这实际上是一条64千米的人工河，把赫特福德郡的泉水输送到了伊斯灵顿的一个大水库，再把水从这个水库分送到市内。弗利特河（River Fleet）上游的汉普斯特德西斯（Hampstead Heath）的其他水源则由汉普斯特德自来水公司开发，该公司成立于1692年。在水源的供应上，一系列的水塘起到了辅助作用①。

16世纪早期，通过私人的赞助，在曼彻斯特修建了一个引水系统，它一直靠居民的遗赠和募捐来维持②。这条引水渠把一条泉水引向市场中的一座装饰性的木建筑。它使得这条街道被取名为泉水园和喷泉街③。这个引水系统需要不断地维修，而且，据说它在1570年已经“缺水”④。根据蓄水的规模，1578年开始了对用水的限制，在之后的1581年又禁止在21点至6点之间取水，而且还给这座建筑上了锁，1586年，供水时间减少到6点至9点和15点至18点。人们在寻找新的水源。1602年，一个泵水机在悬渠（Hanging Ditch）投入了使用⑤。

利兹是英国拥有家庭管道供水最早的城市之一，这项工程实施于

---

① Maynard and Findon，1913，p. 23.

② Willan，1980，p. 120.

③ Kennedy，1970，p. 31.

④ Willan，1980，p. 120.

⑤ Willan，1980，p. 120.

1694年。一架水车从艾尔河（River Aire）泵水，经过1.5英里①的导管，引向蓄水库，然后向富裕的居民供应。

1695年，德比郡获得了使用木制管的管道供水系统（供应那些能负担得起接入费用的人家），感谢乔治·索罗克尔德（George Sorocold），一位天才的水利工程师，他使用了一种有专利权的水车，这种水车可以根据河水的高度升降，而不损失能量。河水被用一个螺旋桨提至水箱，并经由水箱导入德比郡市中心的许多公共出口。河水还驱动了一个装置，用以凿通新的木制管道②。

1678年，乔治·麦卡特尼（George McCartney）出资在北爱尔兰的贝尔法斯特铺设了1 200米的木制管道，将塔克水库（Tuck Dam）的水供给有7 000人的社区。这个系统最终未能完成，运营者无法收取水源供应的费用③。

16世纪与17世纪欧洲的市政供水系统

1560年以前，在西班牙的马德里，原有的水源供应能够满足那一时期人们的需要，但是，在1561年宫廷迁入这个城市之后，人口迅速增长，城市周边出现了森林采伐现象，许多泉水干涸了，到16世纪末，水井也不得不被加深，而且必须安装水车来取水④。

1608年，萨玛利坦（Samaritaine）水泵建成，它每日从塞纳河取水700立方米，供给卢浮宫和杜伊勒里宫（Tuileries）。1670年，借助于圣母院大桥（Notre Dame Bridge）的几个水泵，每日供水量进一步增加到2 000立方米⑤。这些水都是由运输公司分送的。据说水质比地

---

① 1英里约等于1.61千米。

② Lambert，2007.

③ Plester and Binnie，1995.

④ Corbella，2010，p. 444.

⑤ Braudel，1981.

下水更好，但常常是浑浊的，这是因扔入河中的垃圾所致。

18世纪和19世纪初期英国城市供水系统的发展

伦敦西区的快速发展亟须另外的水源。1723年，切尔西自来水公司（Chelsea Waterworks Company）成立，它直接从泰晤士河取水，将之放入一个大的渠道网络。风车水泵和马拉水泵，以及1750年以后的蒸汽水泵，凭借着海德公园以及圣詹姆斯公园（St James's Park）的水库，把水提到稍高于西区地平面的位置。输水的路径和渠道最终覆盖了差不多50公顷，每日为圣詹姆斯区和梅菲尔区（Mayfair）的新住宅输水接近200万升。品利柯（Pimlico）的大部分地区都被变成了郊区的沼泽地，小溪、泄水闸和步行桥随处可见，水鸟和垂钓者也常常光顾这里。水泵的入口处恰在如今的格罗夫纳路（Grosvenor Road）铁路桥所在的位置，蒸汽水泵就安装在维多利亚车站的位置①。1760年以后，蒸汽水泵促进了新河（New River）的供水量②。1835年，也有几个水泵房加入到了汉普斯特德西斯的供水之中③。

自1786年以来，利物浦市为了确保可靠的水源供给，与包括市镇泉水公司（Town Springs Company）在内的几家私人公司进行了协商。还与两家建立了泵站的企业签订了合同，但收效甚微。这两家公司的供水最好的时候是时断时续，最差的时候每周只有几个小时可以供水④。穷人为了取水要排2到3个小时的长队。疝气的高发病率据说是因为远距离挑过重的水所致。

贝尔法斯特的供水无法盈利，因此，在1791年，新成立的贝尔法斯特慈善协会承担了供水责任。允许征收水费的立法颁布了，供水系

---

① Whitfield，2006，p. 97.

② Whitfield，2006，p. 97.

③ Maynard and Findon，1913，p. 23.

④ Midwinter，1971，p. 103.

统得到了修缮，而且还开发了新的泉水水源。在那一时期，据说贝尔法斯特每人一天最高的水需求量达 160 升①。

18 世纪与 19 世纪初期欧洲城市供水系统的发展

巴黎水资源的短缺依然如故。至 18 世纪末，水供给下降到大约每人每天 1 升的水平。1782 年，皮耶尔兄弟（Périer brothers）在夏乐宫（Chaillot）安装了两台蒸汽水泵，把水从塞纳河的低水平面上抬高了 30 米，用以供应圣-奥诺雷区（Saint-Honoré）。尽管蒸汽机引起了人们的高度重视，但这个项目却成了一个金融丑闻②。1785 年，巴黎有 60 万人，大多数人都非常贫困，平均寿命为 40 岁。鳞次栉比的墓地给地下水供应造成了污染。环境危机挥之不去，亟须大型的工程来解决这些问题。乌尔克运河（Canal de l'Ourcq）修建于 1812～1825 年间，它为城市中的许多喷泉增添了水源③；从 1841 年开始，每小时有 150 立方米的水被从巴黎地下的低绿砂（the Lower Greensand）含水层中抽出④。

水短缺的情况也出现在马德里。至 18 世纪末，“水之旅工程（the Viajes ele agua）”由 70 千米渗水廊道组成，每天只有 2 000～4 000 立方米的供水量，相当于每人每天的最高用水量在 10～20 升之间。和巴黎情况一样，该市也凿井寻求地下水，却没有成功。最终的思路转向了离城市有一定距离的地表水。

走向城市自来水厂：19 世纪英国的城市公共卫生与水福利

切尔西水厂供给伦敦的水实际上并不适合人类的消费。它既受到

---

① Plester and Bonnie，1995.

② Braudel，1981.

③ Girard，1812.

④ Risler，1995.

了潮汐的影响，也受到了来自市区上游地区污水的影响。1827 年，激进的政治家弗朗西斯·伯德特爵士（Sir Francis Burdett）曾向国会申诉说：

> 切尔西公司从泰晤士河取来的水供给大都市西区的居民使用，这些水被指控含有许多杂质，它们来自大型的公共下水道，来自垃圾堆的排水沟，还有的来自医院和屠宰场、彩铅厂和肥皂厂、药厂和加工厂的废弃物、垃圾，并且带有各种各样腐烂的动物与植物成分，这使得上述的水对于健康有侵害，自来水公司不应该再从这样肮脏的水源取用。①

国会的论争导致了 1828 年皇家大都市供水问题专门调查委员会的产生，它建议应该用更上游的水源来代替低于泰晤士河的进水口。尽管这个要求未被采纳，但自来水公司却试验用沙子和砾石对水进行过滤②，这极大地改善了水质状况，至 1835 年，每日有 9 090 立方米的水从切尔西自来水公司输送到西区的 1.3 万户住宅③。这只是一个临时性方案，因为不断增长的人口日复一日地增加了对泰晤士河的污染。霍乱不断暴发，尤其是 19 世纪 40 年代的那些疫情暴发，加之像埃德温·查德威克等人的鼓动，最终导致了 1852 年的大都市用水法案，这个法案要求自来水公司在它们的水源供应方面进行彻底的改革，以更洁净的水为目的，其终极目标是有更健康的人口④。切尔西自来水公司把它的水厂迁到了帕特尼（Putney），把品利柯的旧厂地卖给了开发商，并且在更上游的沃尔顿（Walton）建了一个新的进水口⑤。

---

① Cited by Whitfield，2006，p. 97.

② Foxell，2007，p. 149.

③ Whitfield，2006，p. 97.

④ Foxell，2007，p. 149.

⑤ Whitfield，2006，p. 97.

1849年和1853～1854年的霍乱暴发提供了一个检验1852年法案有效性的大好机会。以测绘闻名的约翰·斯诺（John Snow）证实了位于索霍（Soho）的宽街水泵是1853～1854年霍乱的源头，他准备进一步绘制一张图纸，来对比朗伯斯自来水公司（Lambeth Water Company）与南沃克和沃克斯豪尔自来水公司（Southwark and Vauxhall Water Company）这两个竞争对手的客户在两次霍乱暴发中的死亡率水平。在前一次暴发中，死亡率是相当的，但在第二次暴发中，南沃克和沃克斯豪尔自来水公司的供水危害则几乎多了6倍。差别就在于朗伯斯自来水公司根据1852年法案的要求，已经把它的进水口移到了泰晤士河上游的迪顿（Ditton），它位于潮水区之上。而南沃克和沃克斯豪尔自来水公司却尚未采取类似的行动①。为处理伦敦所面临的日益增加的种种悬而未决的基础设施问题，大都市工程委员会得以建立。它要处理的问题包括脏乱不堪的垃圾、街道和桥梁，并且从1866年开始还包括了火灾防御，由新建的伦敦消防队来承担责任。

在西部地区，布里斯托于1846年有了第一家自来水厂；在接下来的20多年时间里，这家水厂还向城市的其余地区延伸了一条供水管道。与此同时，在英格兰中部地区，德比郡在1851年获得了一个新的自来水厂，它为这个城市提供了合乎卫生要求的水源供给②。在更北部地区，谢菲尔德于1836年开始在城市以西不到10千米的奔宁山（Pennine）旷野取水，最初是从红泥潭水库（Redmires reservoirs，1836～1854年）获得水源，后来则从里维利诺谷（Rivelin valley，1848年）取水③。1848年，在奔宁山脉的对面，曼彻斯特根据约翰·弗·拉筹伯·贝特曼（John F. La Trobe Bateman）的设计方案，开始在德比郡的隆敦戴尔（Longdendale）修建水库。在水库建成之后，人们断言它构建了世界上最大的人造水域。伍德黑德（Woodhead）、陶

① Foxell，2007，p. 150.

② Adam，1851，p. 6.

③ Edwards，1962，p. 190.

塞德（Torside）和罗德斯伍德（Rhodeswood），这3个处于上游的水库都是用于供水的，而更低一些的韦尔豪斯（Valehouse）和波特姆斯（Bottoms）水库则是用来补充流入伊斯罗河（River Etherow）的水源①。

18世纪晚期和19世纪初期，英格兰北部地区日渐发展的工业城镇和城市的供水主要依靠的是在奔宁山谷对面建立起来的土坝。对于那些住在比这些山谷更低处城市的工厂主来说，水最重要的作用就在于它是转动机器的动力。这些工厂主合在一起就拥有了足够的政治权势，对任何可能使他们的工厂失去他们认为是“足够的”水源的法案构成了威胁②。

市政水务工程师按照运河修建者向运河更高区域输水的技术方案，建造了横跨山谷地带的更高的土坝。一场大灾难几乎不可避免。1852年就出现了一个警示，当时，在哈德斯菲尔德（Huddersfield）附近的霍尔姆弗斯（Holmfirth），有一个大坝的基础由于渗漏而被侵蚀，所幸没有发生灾难性后果。随着33米高的戴尔堤坝（Dale Dyke Dam）的溃决，大祸在1864年接踵而至，戴尔堤坝是谢菲尔德市的系列供水站之一，它在第一次刚刚被完全封堵之后就塌陷了。水流漫过大坝，20分钟之后，8万立方米的土和8亿升水冲过下面的峡谷，致使250人丧生③。溃堤的原因与大坝中心附近截水沟中的一个10.7米的台阶有关，它在黏土淤塞的地方造成了分流的阻力，并最终在极大的压力之下导致了事故的发生④。这次事件促进了水坝工程技术实践方面的调整。根据格拉斯哥大学兰凯恩（Rankine）教授提出的一种建造理论，后来的所有大坝都采用大型的砖石结构，其中的第一条大坝便是为了给利物浦供水而在威尔士修建的维恩威（Vyrnwy）大坝

---

① Turbutt，1999. p. 1478.

② Sheail，1986，p. 48.

③ Rolt，1974，p. 246.

④ Binnie，1983.

（图 5.4）。大坝基础的排水系统防止了水压的形成，否则的话，水压可能造成沉重的防水结构的颠覆。在 1892 年建造完成之后，这座 30 多米长、26 米高的大坝，拥有当时欧洲最大的水库贮存量，贮水接近 500 亿升①。

图 5.4 建造维恩威大坝，威尔士，1888 年
（来源：http://history.powys.org.uk/images/llanfyllin/damwall.jpg）

不久之后，曼彻斯特和伯明翰也按照利物浦的做法兴建大坝，开发远方的水源。至 1885 年为止，曼彻斯特城东 29 千米的隆敦戴尔已经供水不足，因此，瑟尔米尔大坝（Thirlmere dam）于 1894 年在英国湖区建成（图 5.5），大坝位于城北 154 千米处。与此同时，伯明翰也开始在威尔士拉德诺郡的伊兰（Elan）山谷建造了一系列砖石结构的大坝。克雷格克奇（Craig Coch）便是伊兰山谷中的大坝之一，它高达 40 米。通向伯明翰的 120 千米管道线的建设也是一个重大的工程技术伟绩（图 5.6）。

---

① Rolt，1974，p. 247.

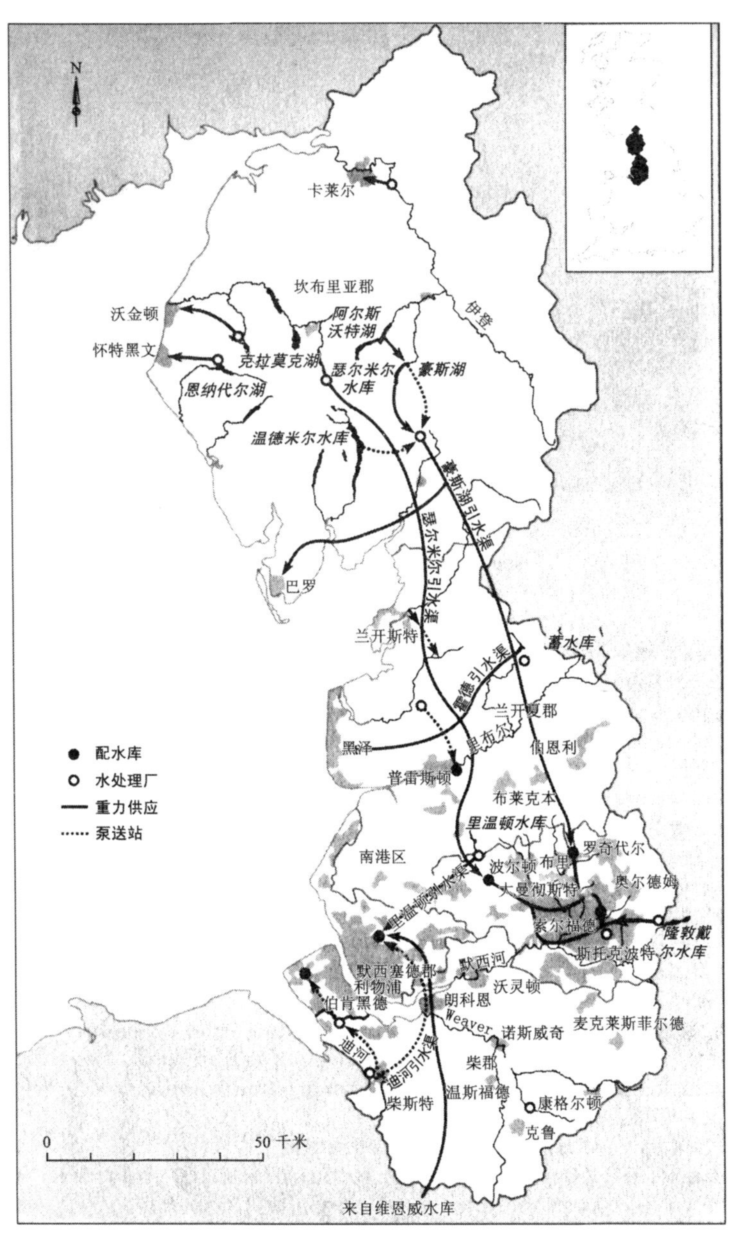

图 5.5　英格兰西北部主要供水线路

（作者根据多种资料绘制）

图 5.6　威尔士伊兰山谷(Elan Valley)引水渠的建造
（资料来源：history. powys. org. uk）

在高波尔斯（Gorbals）的自来水不够用的时候，苏格兰的格拉斯哥市又在洛奇卡特琳娜（Loch Katrine）开发了水源。通往城市的引水渠包含 30 千米的隧道，隧道上方还带有一个 2.75 米高和最大宽度为 3 米的拱顶。

1830 年，贝尔法斯特快速增长的人口已经达到了 7 万，供水服务显得过度紧张。1840 年，一项国会法案建立了英国唯一一个民选的水务委员会，贝尔法斯特水务委员会的专员（the Belfast Water Commissioners）被授权征收水费和收购用水权。委员会专员们起初在加里科夫古斯（Carrickfergus）收购了伍德伯恩集水区（Woodburn Catchment），把它作为贝尔法斯特城市范围之外的第一个水源。至 1890 年为止，他们还收购了斯多尼福德（Stoneyford）和里森镇（Leatherntown）的集水区①。截至 1898 年，贝尔法斯特每人每日的最高供水量为 150 升，这个数量被认为是充足的，但是，工程师们却仍在希望从

① Plester and Binnie，1995.

摩恩山脉（Mourne Mountains）中获得补充的水源①。

19 世纪欧洲城市供水系统的发展

从 1800 年到 1850 年，伴随着乌尔克运河的修建以及排水系统建设措施的启动，巴黎见证了迈向供水与公共卫生一体化的最初一些步骤。1848 年的立法（*arrêté ministériel du 21 juin*）目睹了巴黎公共工程与公交部门和水务与排污部门的合并，以便为城市提供一种统一的供水和排污服务。豪斯曼重建了污水管网。在自流水的水平面高于平均海平面 126 米的情况下，通过 1841 年在格雷奈尔（Grenelle）凿出的 548 米深的井眼，对向巴黎供水的主要蓄水层的开发开始了一个快速发展的时期，打出了 300 多口水井。②

通过一条 97 千米长的运河，利用杜朗斯（Durance）的水源为马赛市供水的渠道是 19 世纪初期供水发展最为明显的例证之一。这条运河始建于 1839 年，竣工于 1847 年，河水通过 45 个隧道并穿过 3 条石灰岩山脉，输水路线总长达 13 千米，而且借助引水渠穿过了无数峡谷；其中最大的一条引水渠，80 米高、392 米长的洛克菲佛（Roquefeavour）引水渠，高悬在距离艾克斯（Aix）5 英里远的阿尔克河（River Arc）沟壑之上，在规模和高度上都超过了古代的加德桥。巨大的水体以每秒 11.67 立方米的流量，冲过一条砖石结构的水渠，就如同那个古罗马的引水渠一样。

马德里的水源短缺导致的结果就是，在 1850 年，22 万居民平均每人每天最高只能得到 7.1 升水。与私营公司旷日持久的协商未能提供一种令当局满意的解决方案。最终，在 1851 年，为了修建一条把洛索亚河（the Lozoya River）的河水分流到马德里的 60 千米的渠道，市政

① Lockwood，1995.

② Soyer and Cailleux，1960.

当局创建了一个由政府所有的公司①。那家公司——伊莎贝尔二世运河（Canal de Isabel II）公司——至今仍是一家负责管理马德里社区水源分配的公共公司。这个计划将为市民提供每人每天最高为 90 升的水，这个数量明显地多于此时的巴黎或伦敦②。

最初的新水源供应绰绰有余，即便是人口更为快速的增长增加了用水需求。但是，不久之后，在城中修建第二座大坝和第二个蓄水库就势在必行了。尽管最初打算让一家私营公司来建造城市蓄水库，但这一计划未能实现，伊莎贝尔二世运河公司承担了这两项新的工程，这增强了它在马德里水务企业中的地位。第二座大坝，埃尔比利亚尔大坝（the El Villar dam），于 1882 年开工建设，新的城市蓄水库具有第一座水库 3 倍的蓄水能力，在 1879 年投入使用。然而，直到 1893 年，也并没有测定其实际的蓄水能力，而且，它还允许市政委员会尽情用水，当因埃尔比利亚尔下游的洛索亚河水流量变化而造成了水源高度浑浊的时候，过度消费又一次成了问题。在 19 世纪末，这个城市面临着增加供给的需求，也面临公共卫生问题和基础设施老化的问题。

20 世纪城市供水系统的发展

到 20 世纪为止，自来水公司大部分都变成了市政企业。对私营公司的批评已越来越频繁："大众的不满源于它们在参与开发工作时犹豫不决的姿态。它们是在做牟利的生意，它们尽可能减少在那些可能或不可能产生即时的又有令人满意回报的工作上冒险的机会。与此同时，它们既赚钱也付出大笔的红利，它们以最令自己满意的方式经营自己的生意，并尽可能缩小与公众福利的关联。"③

---

① Llamas，1983.

② Corbella，2010，p. 454.

③ *New York Times*，1904，p. 6.

国会和新近成立的伦敦郡委员会（London County Council）都对伦敦未来的供水高度关注。委员会极力推动一个从将近260千米之外的威尔士山脉调水的法案。这一计划失败了，而且得到了裁决：伦敦的水源应该只能来自泰晤士河和利河的集水区①。这些河流，连同其地下的白垩系含水层，直至今天仍然是伦敦供水的来源，尽管有可能在2005年建造一个淡化海水厂。

为了实施新的供水战略，并且让9家私营自来水公司在一个单一的公共机构协调之下为伦敦供水，1903年成立了大都会水务委员会。这个委员会的成员由其供水区内部的各地当局提名。一个皇家委员会在1899年已经就这种管理方式的必要性提出了报告。随着英格兰和威尔士供水管理部门的重新组织，这个委员会在1974年被取消，管理权移交给了泰晤士河水务管理局。在1988年和1993年之间，一条80千米长的环形供水总管线（当今的泰晤士河环形供水总管线）被铺设到伦敦地下40米深的黏土层中②。泰晤士河水务管理局以及其他服务机构的自来水与排水运营系统在1989年被合并在一起，组成了私有化的公用事业公司——泰晤士水务。然而，一些私营公司继续向伦敦大都会地区的外围郊区供水。其中之一便是三谷水务公司（Three Valleys），这个公司成立于1994年，当时，科恩河谷（Colne Valley）、里克曼斯沃思（Rickmansworth）以及利谷（Lee Valley）3家水务公司合并了。当三谷公司在2000年与其姊妹公司北萨里郡水务公司（North Surrey Water）合并之后，它就变得更大了，成了英国最大的单独经营水务的公司。它每日向接近290万的客户供水9.29亿升；其中42%的水来自河流和水库，其余的58%来自水井和含水层③。

---

① *New York Times*，1900，p. 22.

② Foxell，2007，p. 150.

③ Water Guide，2007.

在2000年夏天，泰晤士河水务公司变成了一家德国大公司莱茵集团（RWE）的一部分，这家集团参与了全世界各地的供水。莱茵集团又以大约80亿英镑的价格把它卖给了澳大利亚的麦格理（Macquarie）投资集团。麦格理集团在之后又将它卖给了本部设在巴黎专门提供水服务的跨国公司威立雅水务公司（Veolia Water）。泰晤士河水务公司现今归肯布尔水务有限公司（Kemble Water Limited）所有，这是一个由麦格理集团的欧洲基础设施投资基金会领导的国际集团。这就是作为城市环境关键元素的水管理方面的变化。

在19世纪末，德比郡的皮克区（Peak District）已经开始向当地的周边城市供水，比如斯托克波特（Stockport）、切斯特菲尔德、谢菲尔德和曼彻斯特等城市，为了给谢菲尔德郡、德比郡、诺丁汉和兰开斯特等地区提供一个联合的供水系统，1899年的一项国会法案批准成立了德文特谷水务委员会（Derwent Valley Water Board）①。开发分为3个阶段：豪登水库（Howden，1912）、德文特水库（Derwent，1916）、莱迪鲍尔水库（Ladybower，1943）。这3个水库构成了英国最大的项目之一。委员会在1962年以下列比例向4个城市供水：谢菲尔德29.7%，德比郡19.3%，兰开斯特36.5%和诺丁汉14.5%，供水速率为每天2亿升。②

在德文特的下游，奥格斯顿（Ogston）水库最初是为了向温格沃斯（Wingerworth）的国家煤炭委员会的碳化厂供水而创建的，但是，它现在由瑟温特伦特水务公司（Severn Trent Water）运营，并且向当地的部分地区供水，而且，它被用来作为附近的卡辛顿水库（Carsington Reservoir）的储水地。卡辛顿水库的设计曾经被作为具有连接作用的或者说是为了确保21世纪中东部地区“水源补偿”的一个

① Edwards，1962，p. 190.

② Edwards，1962，p. 191.

项目中的关键元素[1]，水库工程于1992年启动。在降雨量大的时候，水就被从德文特河泵入卡辛顿水库，储存在水库中，而在河流的水平面太低以致无法为更下游的水处理（和饮用）供水的时候，这些水就会回流到德文特河。此外，曼斯菲尔德、诺丁汉郡附近的三叠纪砂石含水层也可以增加德文特河的供水。1973年的法案创建了水务管理部门之后，德文特峡谷的供水问题全部归为瑟温特伦特水务公司承担，如今这里已形成了一个向英格兰中西部和中东部地区城市和城镇供水的更具整体性的、有多重资源的规划（图5.7）。传统的高地储水库和直接通过管道向城市供水的形式目前已与地面水库和地下储水层相互结合起来。尽管采取了所有这些措施，瑟温特伦特水务公司还是像其他的所有供水运营商一样，当下更关注的是气候变化。公司在展望供水的前景时说道："为了对抗气候变化的影响，有一种对于新的重大的水源发展战略的潜在需求。然而，我们也承认，气候变化对于供需平衡的任何影响，在其程度上存在着相当大的不确定性。"[2]

利用高地水库的一个重要考虑就是想要获得对供水保护的严密控制。这些聚集在一起的高地水库构成了皮克区国家公园（Peak District National Park）的一个重要组成部分（图5.8）。有关高沼泽地的自由通行与对外开放问题，曾经有过一场漫长的争论，争论一定程度上涉及了与传统的松鸡射击权的竞争，也在一定程度上涉及供水污染的风险问题。许多水库最初是被林木种植园包围着的，人们假定这些树木保护了供水，而事实上它们却比高沼泽地使用的水量更多，而且在某些情况下，林业经营加快了侵蚀过程，造成了水库中持续沉淀的问题[3]。久而久之，高沼泽地的水入口就增高了，皮克区的许多高地区域如今已拥有了"漫步权"，这让邻近城市的散步者大感欣慰。

---

① Kitson，1982.

② Severn Trent Water，2006，p. 7.

③ Stott. 1986.

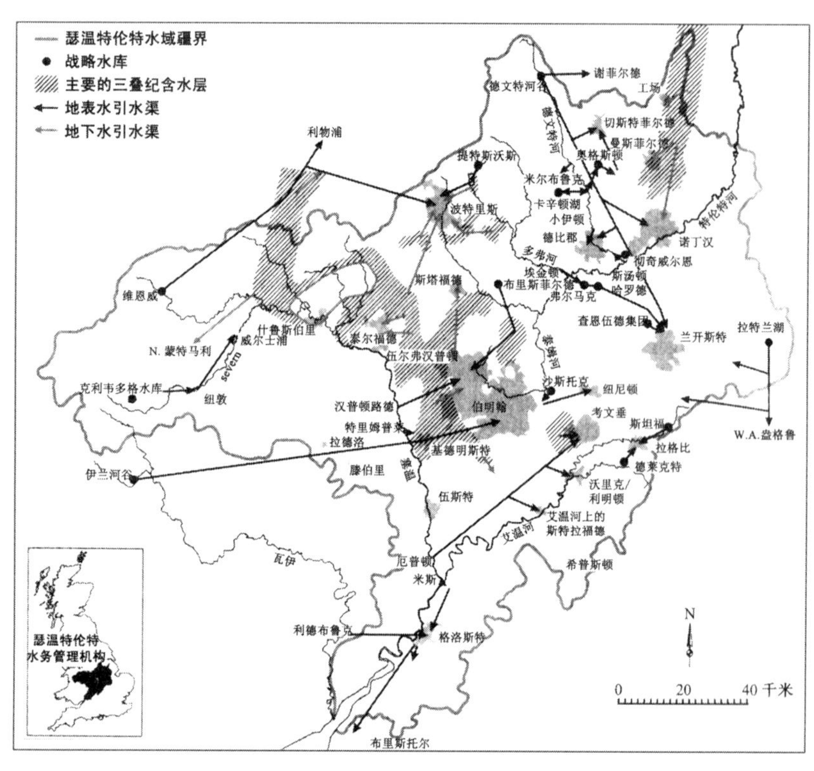

图 5.7 英国瑟温特伦特水务公司供水区内的水源与分配
(根据 Seven-Trent Water,2006)(作者根据多种资料绘制)

进入 20 世纪以来，贝尔法斯特的供水系统稳步扩展，最初是通过增加地面水库和引水渠，后来则是通过地下水和综合利用项目。摩恩山脉集水区的开发早在 20 世纪初期就开始了，但是，寂静谷水库（Silent Valley Reservoir）的建设却被第一次世界大战延迟了，直到 1932 年也没有完成。从安纳隆（the Annalong）集水区向寂静谷水库输水的比尼安隧道（Bignian Tunnel）建于 1953 年，本克罗姆（Ben Crom）水库也在 1957 年进一步增加了储水量。在 20 世纪 60 年代，已经开始

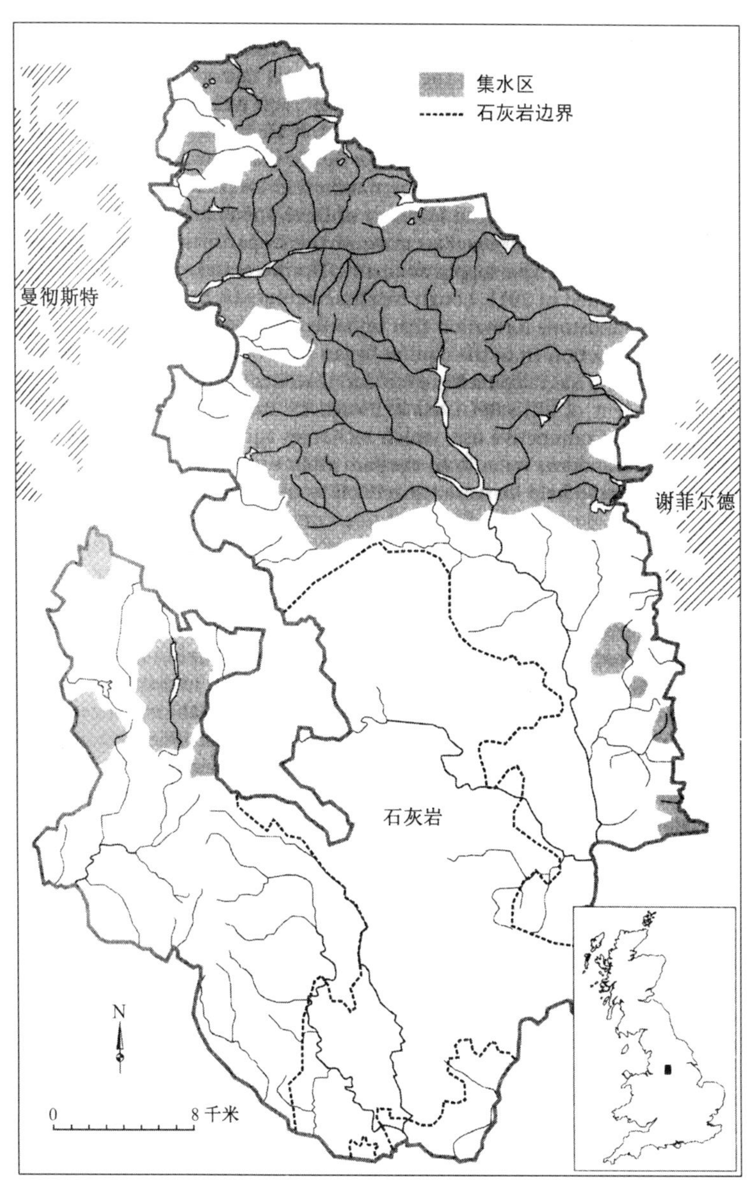

图 5.8　英国皮克区的水库集中地
(根据 Edwards,1962)(作者根据多种资料绘制)

从内伊湖（Lough Neagh）提取水源①。1973年，已经变成了贝尔法斯特城市与地区水务委员会（Belfast City and District Water Commissioners）的机构以及北爱尔兰当地的其他供水商都把权力移交给了发展、水服务部（Ministry of Development，Water Service）。这个机构后来成了（北爱尔兰）环境部的水务行政部门（the Water Executive of Department of Environment）②。北爱尔兰水务（Northern Ireland Water）这个供水公司在2011年依然归政府所有。内伊湖部分是由利根（Legan）含水层提供水源的，这是一个舍伍德砂岩（Sherwood Sandstone）岩层，它构成了北爱尔兰那一地区的基础。增加从蓄水层提取的水量开始于20世纪80年代，但是，对于污染与海水浸入风险的担忧也有所体现③。不过，在2011年，在北爱尔兰所使用的全部水源中只有5%是从含水层提取的。在地表水充足的时候补充含水层，在地面水库水位低的时候则从含水层提取水源，这种联合使用方式的开发有助于增加贝尔法斯特供水的可靠性。

20世纪欧洲城市供水的发展

在巴黎，来自低绿砂含水层的自流流量到1930年就已经有所减少。政府决定通过1935年的《地下水保护法令》的监管规定来保护含水层。之后，钻井活动便有所减缓，在1937年至1965年之间，只打出了5口井，到1966年，含水层的水量提取从每日10万立方米降至每日5万立方米。地下水水位在1971年之后开始上升，紧接着又在1980年之后有缓慢的下降。1992年的《水法》确认了地表水与地下水的相互依存关系，有助于增进对巴黎所有水源的联合利用④。

1900年，一个改进马德里供水系统的初步计划获得了批准。

---

① Plester and Binnie，1995.

② Lamont et al.，1995.

③ Kalin and Roberts，1997.

④ Risler，1995.

1902年，一条新的供水线路——横截运河（Canal Transversal）项目获得批准，但是人们极为担心在一些年度里夏季里洛索亚河出现枯水现象。新的运河于1911年开工，这条运河最大可以容纳每秒8立方米的水流。与此同时，一家私营公司——桑蒂拉纳液压公司（*Hidráulica de Santillana*）——也开始向马德里北部的一个地区提供水和水力发电。伊莎贝拉二世运河公司为了对这种情况作出回应，就在城北修建了另一个城市蓄水库，并且还开始了对额外的地表水水源的探察①。

通过1926年的一项皇家法令，西班牙成为世界上最早创设江河流域管理机构（*Confederaciones Hidrográficas*）的国家之一。埃布罗河（Ebro）与塞古拉河（Segura）流域管理机构于1926年在该流域成立，紧接着是1927年的瓜达尔基维尔河（Guadalquivir）和1929年的东比利牛斯（Eastern Pyrenees）地区。至1961年为止，江河流域管理机构已经遍及全国，对水资源的利用进行了整合。在马德里，人口在1950年之后迅猛增长，亟须新的取水口。更多的河流被打上了大坝，也有更多的城市储水库被修建起来。至2005年为止，马德里的供水系统是由加拉玛河（Jarama）和瓜达拉马河（Guadarrama）流域的17个水库组成的，它满足了每年5亿立方米水的城市需求，尽管这个系统还有另外可选择的水源，比如地下水或者是从阿尔贝切河（Alberche）流域调水等②。在连续两年或三年的时间里，持续的干旱可能会影响到水库的水位。对于城市的南部地区而言，市政委员会的目标就是每日为每人提供最高250升的水，而且，为了满足城市的需求，还在2004年到2006年间对泵水系统进行了升级。流进来的生水可以通过12个处理站中的任意一个进行处理，新的系统名义上的总能力是，每秒钟可以处理44.5立方米任何来源的供水。在规划供水系统未来改进方案的时候，一个主要的考虑因素就是需要避免随气候变化而来的更为严重的干旱影响。

---

① Corbella，2010，p. 472.

② Garrotte et al.，2007.

澳大利亚城镇和城市供水系统的发展

澳大利亚的大城市遵循的是英国的水库建设模式。悉尼最初以一种类似于曼彻斯特和利兹等地的方式开发了一个小型的地方性水源。最初的供水来自贮水池溪流（Tank Stream），这样称呼它是因为“贮水池”或者水库为了节水而减少了堤岸。这条溪流在从环形码头（Circular Quay）流入悉尼港之前，蜿蜒流过了早期的居住区，它受到了严重污染，并于1826年被废弃。从1824年到1837年，戴罪的劳工在这段时间里开掘了巴斯比水道（Busby's Bore），这是一条起自拉克兰沼泽（Lachlan Swamps，即现今的百年公园，Centennial Park）、终于海德公园东南角的4千米水渠，直至19世纪80年代，这条水道仍在使用①。到1852年的大旱为止，不断增加的人口导致了悉尼对更为稳定的供水系统的要求。第三条水源是植物湿地项目（the Botany Swamps Scheme），这个项目在1859年后期开始运行，但在不到20年的时间里，一度充沛的清水供应就枯竭了。富有革新精神的上纳平计划（Upper Nepean Scheme）是悉尼的第四个供水源头。它完成于1888年，这个计划通过64千米的水道、运河以及统称为上运河（the Upper Canal）的多个引水渠，把水从卡特拉克特、科尔多、埃文和纳平等河流分流到前景水库（Prospect Reservoir）。

然而，上纳平计划仅仅给悉尼的供水难题带来了暂时的缓解。1901～1902年的大旱把悉尼带到了几乎完全陷入水荒的危机四伏的境地。在两个皇家委员会介入悉尼的供水问题之后，行政当局同意在卡特拉克特河上修建大坝。在1907年至1935年之间，卡特拉克特河、科尔多河、埃文河和纳平河大坝的连续修建极大地提升了上纳平计划的蓄水能力（图5.9）。然而，澳大利亚的降雨量是极端变化无常的，一个明智的市政管理机构不会依靠每年都有冬雨来注满水库。悉尼有

---

① Short，2000，p. 29.

足够的水库库容来应对十年九不遇的降雨状况（表 5.1）。可是，它也必须与人口的增长速度以及不断上升的人均用水需求同步发展。

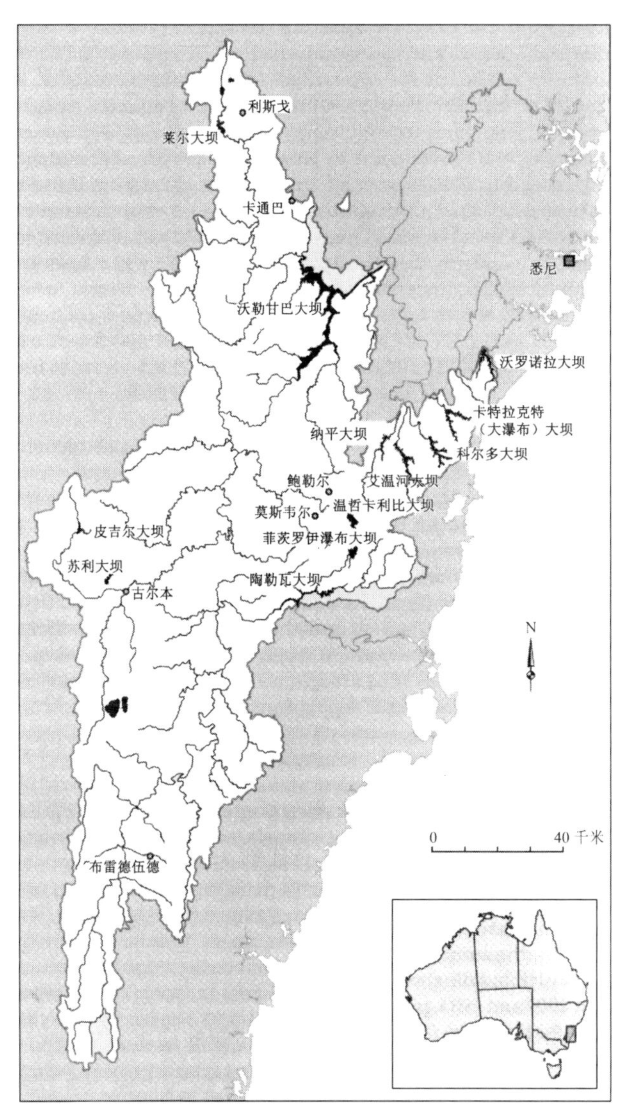

图 5.9　新南威尔士纳平集水区，标出了供水的水库
（根据 Crabb，1986）（作者根据多种资料绘制）

表 5.1 为悉尼贮水管理局地区供水的贮水区和水库

贮水区和水库	建成日期	贮水面积（平方千米）	可用存储容量（亿升）
上纳平贮水区			
卡特拉克特	1907	130	943
科尔多	1926	90	506
埃文	1927	140	1 467
纳平	1935	320	520
未受监管地区		200	
沃罗诺拉贮水区			
沃罗诺拉	1941	85	717.9
沃勒甘巴贮水区			
沃勒甘巴	1960	9 050	18 860
温哲卡利比	1974	40	335
肖尔黑文贮水区			
菲茨罗伊瀑布	1975	31	100
亚朗加湖	1977	5 750	360
小型贮水区			144.7
总计		16 850	23 953.6

1977 年，大型多功能的肖尔黑文计划（Shoalhaven Scheme）开始增强了悉尼的供水能力。这个计划包括 3 座水库、3 个泵站、水压管道、水道和运河。如同许多有代表性的 1950 年后的大型开发项目一样，肖尔黑文计划也是一项由袋鼠谷（Kangaroo Valley）和班迪拉发电厂（Bendeela power station）组成的多功能的抽水蓄能计划。亚朗加湖（Lake Yarrunga）的水经由班迪拉蓄水库被向上泵入菲茨罗伊瀑布水库（Fitzroy Falls Reservoir）。这些水可以被释放到亚朗加湖用来发

电。这个计划可以产生 2.4 亿瓦的发电能力。就水源供给来说，水被往上泵入菲茨罗伊瀑布大坝，并从那里再被往上泵入温哲卡利比大坝，然后流入纳平河，或是进入沃勒甘巴水库（图 5.9）。尽管损失了农业用地，肖尔黑文河沿岸的渔业活动也受到了干扰，皮划艇运动以及其他的水上娱乐活动也都受到了限制，但这个多功能计划却不止为悉尼增加了水源供给，而且提高了向位于南部台地的那些城市供水的能力，同时在菲茨罗伊瀑布水库和亚朗加湖上，可控的消遣娱乐活动还是被允许的。① 1977 年，预计还要再修建一座大坝，这座迎客礁大坝（Welcome Reef Dam）将会建在肖尔黑文河的源头。这个水库将会覆盖 150 平方千米，并且会有 2.68 万亿升的蓄水能力，比沃勒甘巴水库要大很多。然而，这个项目并未开发，在一定程度上是为了回应人们对那一时期环境与社会影响的担忧，而且，据官方预测，迎客礁水库在 2030～2040 年以前无修建的必要。尽管如此，在 2002 年的旱灾之后，悉尼的水位大幅降低，人们又一次目睹了政治家和工程人员要求启动迎客礁大坝计划的呼吁。

2002 年的不再继续修建迎客礁大坝的决定，是根据降低水需求这种新的责任而做出的，这个责任被放在了悉尼自来水公司的身上，这是一家法定的国有公司，全权归南新威尔士政府所有，它有 3 个同等重要的目的：保护公共卫生，保护环境，成为一家成功的企业。

悉尼自来水公司的运营许可证上写道：

> 悉尼自来水公司必须采取行动去降低供水量（再利用的水除外），到 2010/2011 年度为止，它要使用一切手段把需水量降到每日人均 329 升（这比 1990/1991 年度基准线每日人均水量减少了 177 升，降低了 35%）。②

---

① Crabb，1986，p. 24.

② Knights and Wong，2004.

因此，悉尼自来水公司在悉尼的水资源保护方面担负着责任并且有引领作用。水的人均家庭消耗已经有所下降，而且，对于“灰水（grey water）”的循环利用计划也获得了批准，到2015年为止，公司的目标是每年回收700亿升灰水。被确定下来的一个主要努力方向是减少配水系统的水泄漏现象，但即使如此，在2006年仍有额外增加供水量的需求。

2006年11月，规划部部长批准了在克内尔（Kurnell）建造一家海水淡化处理厂以及与之相关的海水进出口设备的计划。这个厂将会利用反向渗透技术把盐和其他杂质从海水中去除，从而产生饮用水。克内尔海水淡化处理厂生产出来的水会被通过一条管线泵入悉尼的配水系统，管道起自克内尔，经由博特尼湾（Botany Bay）抵达吉伊玛（Kyeemagh）。这家海水淡化处理厂2010年1月开始运营。当水库的地表水水位下降到蓄水能力的70%的时候，工厂就开始运转，并且一直持续到水位达到蓄水能力的80%为止。这家水厂非常大，足以满足悉尼供水量的15%，如果需要的话，还可以增大到其供水量的30%。它依靠可再生能源去为淡化处理过程提供动力。① 为补偿这家工厂的能源利用，在新南威尔士的宾根多尔（Bungendore），有一个拥有67台涡轮机的风力场专门为之生产足量的可再生能源。

西澳洲的城市供水

1891年4月，西澳洲总理约翰·福里斯特（John Forrest）爵士聘请查尔斯·耶尔弗顿·奥康纳（Charles Yelverton O'Connor）为总工程师。在回复他的责任是否包括铁路或港口或公路的问询时，福里斯特的电文称“无所不包”。

1896年7月16日，福里斯特向他的国会提出一项法案，批准一笔250万英镑的贷款，用于建造一条直径760毫米的管线，这条管线每日将2.3万立方米的水运送530千米，从曼德林拦河坝（Mundaring

---

① Sydney Water Corporation，2008.

Weir）附近的海伦娜河（Helena River）上的一座大坝，输送到卡尔古利（Kalgoorlie）的夏洛特山水库（Mount Charlotte Reservoir），形成通向金矿区各采矿中心的水网结构。到1902年底，这个工程将按照规划中的预算成本建造完工：大水库已经建好，水泵业已安装，通向库尔加迪（Coolgardie）的主要管线以及通往卡尔古利的另外一条25英里的延长线已经铺完。管线水流已经完成了精细的流量调节，这个调节过程8个月前在曼德林的海伦娜河谷就已经开始了。1903年1月24日，在巨大的欢呼声中，福里斯特开通了库尔加迪和卡尔古利的供水管线。他称赞奥康纳是"这一工程最伟大的建设者……给金矿区的人民带来了永久的幸福和安康"。

10年以后，一位金矿区参观者在评论中提到金矿区的方案如何把水运送到了30多个城市，并且还向农村地区延长了200千米，平均每日要消耗13 640立方米的水。尽管根据精确计算这个工程是不盈利的，年均收益也不能满足其运行成本和偿付贷款，但它从其他方面对国家的贡献将会比补偿进去的差额要大得多。这笔国有资产被认为是有积极意义的，而且，参观者还认为，从无从推卸的国家责任角度来说，生产不足和人口过少远比金融借贷的风险更大。①

大约在95年之后，对于这一成就存在着两种截然不同的观点。采金区的收益使得19世纪90年代成为西澳洲历史上的动荡岁月。它们见证了以福里斯特为第一任总理的责任政府的开端，福里斯特在奥康纳的协助之下，驱动了10年的基础设施建设的发展，这一发展的规模之大也许只在1970年之后的皮尔巴拉（Pilbara）铁矿石开采业和铁路发展中才可以再次领略。奥康纳指导创造了3个国家建设工程的奇迹：弗里曼特尔港口（Fremantle Harbour）、铁路和库尔加迪金矿区的供水系统。库尔加迪的这个仍在运行的工程杰作如今已成为西澳洲国家信托机构管理的以"金管线"闻名的计划中的重要遗产和旅游项目。②

---

① Brady，1913，p. 714.

② Lowe，2004.

可是，另一种观点却更为尖刻和挑剔：

> 爱尔兰工程师查尔斯·耶尔弗顿·奥康纳是典型的现代英雄——为大工程做宏大设计的工程师。在19世纪60年代至90年代设计建造了爱尔兰、新西兰和西澳州（在这里还设计了弗里曼特尔港口）的铁路之后，奥康纳开始致力于卡尔古利金矿区的输水管道建设。为这个全州人口只有10万的地区花掉了250万英镑的英国货币，这条557千米的管道线是一个乌托邦计划，它在佩思周围地区的河流和集水区上修堤筑坝，并且通过那个时期的“最先进的”管道系统和水泵把水输送到采矿企业和相关的市镇。澳大利亚人庞大的水利梦想在1903年的那次开幕典礼上被约翰·福里斯特总理给予了清晰的表达，他慷慨陈词：“我敢肯定，未来的一代代人将会因我们具有远见的爱国主义精神而记住我们，并且为我们祈福，而且，正如以赛亚谈论古人那样，还有人会这样说起我们，‘他们在荒野中开辟了道路，在沙漠里掘出了江河’。”①

这种反驳大型水利工程的论点还继续指出，许多人依然设想着大型水利拥有一个如其往昔那样辉煌的未来，随着气势如虹的水利工程新构想的浮出，旧的梦想则被周期性地循环利用。体积大、耗能多的海水淡化处理厂曾被设想用来应对西澳洲的干旱状况和新南威尔士的水源短缺。这些工厂将会提供一小部分的城市用水，而同时却产生了温室气体排放，这些排放加剧了全球变暖的趋势，导致了更干燥的气候以及澳大利亚许多地区的水源短缺。② 这个批评性观点的支持者们似乎没有记住，从第一次淘金潮开始直到维多利亚时期，澳大利亚城

① Sofoulis，2005.

② Sofoulis，2005.

市居民所享受的相对富足的生活完全仰赖于大型水利工程。没有了大规模的水利和公共卫生工程，没有了构想出这些工程的像奥康纳这样值得尊敬的大胆的工程师，城市无法运行。在21世纪初，人们已经认识到，增加供水只是城市水管理的一个部分，灰水再利用、雨水集流、减少泄漏、水位计量、适当的水价以及高效的工业过程和家用设备等等，都是系列管理工具中的一部分。

北美洲城市供水系统的发展

加利福尼亚大城市的供水系统

位于当今美国西南部的早期西班牙定居点已经构建了用水权的某些重要环节，尤其是“皮迪克规划（Plan of Pitic）”，它确认城市以它所代表的社会团体的名义对一切水源利用拥有管辖权。[①] 在18世纪的洛杉矶，市政委员会始终在竭力保持社区饮用水的质量，它采取各种措施禁止任何人在城市水渠中倾倒垃圾或是在其中洗澡和冲洗衣服，还禁止污水流入水渠或是在靠近水渠的地方建造污水池。[②] 这种“印第安人的水权”还允许社区为其自身利益而提出对上游水源的唯一使用权的要求。洛杉矶成了支持这类诉求最积极也最见成效的城市，它说服了加利福尼亚州法院授予它1 300平方千米江河流域所有径流的专属权。[③]

在19世纪60年代初期，洛杉矶人要求建立一个掩护饮用水管道的安全网络，尤其是1863年天花的流行更为这种要求提供了理据。1868年，洛杉矶市自来水公司获得了30年供水合同，之后不久，该市

---

① Hundley，1992，p. 40.

② Hundley，1992，p. 44.

③ Hundley，1992，p. 49.

开始制订安全供水的长期规划。一个由 5 位成员组成的水利专员部门获准掌管该市的供水系统，该部门还获得了洛杉矶所有江河流域的控制权。到 1900 年为止，这种水资源管理方式，通过对江河流域相邻地段的吞并，很快就把该市的市区面积从 73 平方千米发展到 112 平方千米。①

截至 1904 年，额外增加水源的需求得到了确认。威廉·穆尔霍兰德（William Mulholland）的献身精神和聪明才智把他从一个体力劳动者带到了洛杉矶自来水公司主管人的位置上。他知道他将具有发现新水源的先见之明，这个需要自来水公司的城市才会雇用他来管理这家公司。穆尔霍兰德把量水器装遍整个城市，并且很快就产生了经营利润。1904 年，穆尔霍兰德了解到欧文斯谷（Owens Valley）有可能成为未来的水源地，但他因担心投机商会开始出售土地而按兵不动。②美国的开垦服务机构发布命令说，它不会协助城市开发新的水源，除非开发计划完全是一个市政工程。利平科特（Lippincott）既是开垦服务机构的主管工程师，又是一个私人咨询顾问，他使洛杉矶获取更多土地和水权的要求获得了许可。这个许可在 1905 年 7 月下达，消息的公开在当地引起了争辩，围绕欧文斯谷开发计划的经费问题展开了一场激烈的市政选举战役（图 5.10）。③ 到 1913 年为止，欧文斯谷的水第一次经由新的引水渠流进了费尔南多山谷（Fernando Valley）。这座城市获得了更多它想得到的共享相邻地区水源的权利，至 1915 年底，这一权利范围已达到 609 平方千米。④

---

① Hundley，1992，p. 138.

② Hundley，1992，p. 141.

③ Hundley，1992，p. 144.

④ Hundley，1992，p. 160.

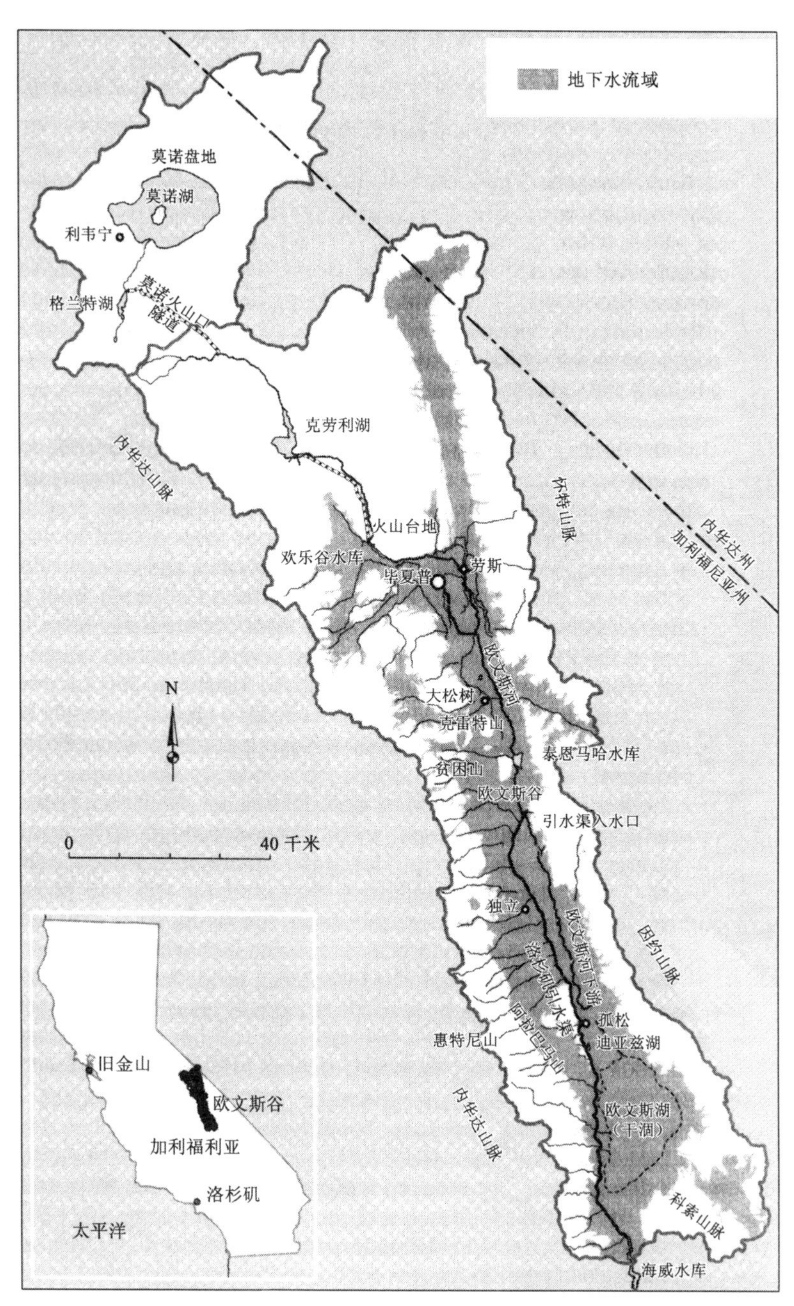

图 5.10　加利福尼亚欧文斯谷供水规划(作者根据多种资料绘制)

后来，洛杉矶与其他13个城市和社区合作，组建了南加利福尼亚大都市水源区等机构，建设了科罗拉多河引水渠。这个引水渠的主干线通过抽运把派克水坝（Parker Dam）的科罗拉多河水转道经由数座山脉输送出去，并分配给390千米以外的主要目的地马修斯湖（Lake Matthews）。马修斯湖下游的配水系统包括了为圣地亚哥供水的一个分支。这一分支离主干线有350千米之远，并且又延长了大约120千米，到达圣文森特水库（San Vicente Reservoir）。

与过去1 000年的平均气候条件相比，20世纪美国西南部沙漠城市的扩张发生在一个不常见的丰水期。供水基础设施是根据这个湿润时期的降雨量和河流流量数据来规划的。对于2000年以来这个流域的树轮气候记录的考察已经证实了过去气候的多变性，并且也为当今预测由于全球变暖可能带来的河水流量变化提供了根据。科罗拉多河水源供应的未来前景并不美妙。到2050年为止，这条河的平均流量可能会低于2005年为供应拥有这条河流用水权的地区与城市的灌溉所抽取的水量。①

1999年，米德湖（Lake Mead）以及1963年在米德湖上游开掘的鲍威尔湖（Lake Powell）已差不多被两湖之间的616 740.93亿升水灌满，鲍威尔湖的开掘本来是为了确保上游流域有充足的水源，即使在干旱年份也能满足较低流域的需求。但是，旱灾却在2000年之后到来了，拥有科罗拉多河用水权的7个州不得不坐下来讨论如何应对水源短缺的问题。

美国西南部的城市在2000年之后也开始采取措施来控制过量用水。拉斯维加斯禁止开辟新的房前草坪，限制屋后草坪的规模，并且为人们提供每平方米21.6美元的费用，用沙漠植物替代现有的草种。在2002年到2006年之间，拉斯维加斯城区用尽一切办法把耗水量降低了大约20%，尽管该市人口已有了相当大的增长。阿尔布开克市

① Kunzig，2008.

(Albuquerque) 也减少了用水量。①

2007年8月，埃尔帕索（El Paso）为一个海水淡化处理厂举行了开业仪式，它也因此而可以从深海区的砂石蓄水层提取水源来增加城市的供水。虽然海水淡化处理的成本下降到了每万升9美元，但仍然高于美国垦务局对小规模用户的收费标准，取自米德湖的水每万升要价4.93美元（灌溉渠无需付费）。对许多城市来说，一个明显的解决方案就是从农民那里买水。2003年，因皮里尔灌溉区（Imperial Irrigation District）迫于压力把它3.7万亿升科罗拉多河水中的0.247万亿升卖给了圣地亚哥，作为让加利福尼亚停止超出其配额的全部交易条件的一部分。圣地亚哥要为每123万升水付费接近300美元，而这些水实际上是因皮里尔河谷（Imperial Valley）的农民免费获得的。美国政府赞同这样的市场机制。以每123万升水300美元的价格计算，分配给因皮里尔河谷的水的价值几乎与它一年大约10亿美元的农业收入一样多。②

在加利福尼亚州的更北部，为了从内华达山脉向旧金山每日输送15亿升水而设计建造的赫奇赫奇（Hetchy Hetchy）引水渠开通于1934年。这个工程包括若干个穿过海岸山脉的隧道。其中，山脉地段有超过30千米的隧道，山脚地段还有25千米的隧道，而海岸山脉段的一条40千米的隧道在其建成的时候则是世界上最长的连续隧道。

居住区水源管理需要面对若干因素，其中的某些因素（比如价格、用水限制、打折回扣计划等）是公用事业公司可以控制的，也有一些（比如天气和气候、人口特征等）是他们无法控制的。在2000年至2005年科罗拉多州的奥罗拉（Aurora）动荡不安的干旱时期，人们发现：(1) 定价政策与户外用水限制政策彼此相互作用，确保了节水总量不止于每个单独运行计划的累加；(2) 定价与限制政策在不同阶层（即低、中、高水量的使用者）客户中产生的效果差别很大，而且前干

---

① Kunzig，2008.

② Kunzig，2008.

旱时期与干旱时期也有差别；（3）有关消费用途的实时信息（通过水量智能阅读器）有助于客户达到用水目标。[①] 这类信息以及不断加强的智能化、信息化的管理策略在21世纪接下来的时间里将会是所有城市都需要的。

使用地下水的美国城市供水系统：污染问题

尽管在美国大城市都有宏大的供水工程计划，但许多郊区居民依靠的却是当地水井里的地表水，特别是在纽约州长岛这样地势相对较低的地区。郊区的快速发展常常见证了人们对有病菌感染的蓄水池的依赖。地方管理当局发现，如果他们对开发者管理太严，比如说在住宅建设开工之前要求开发者建造排污系统，那么开发者就会径直把投资转移到另外一个地方管理者要求较少的地方。截至20世纪60年代，尤其是用于洗衣和洗碗的洗涤剂出现之后，一个由蓄水池腐化引发的严重地表水污染问题出现了，起初只是影响了当地的供水，但最终进入了小溪、河流和湖泊，并在这些地方产生富营养化现象。[②] 住户有时会发现水龙头里的水开始自己产生泡沫。这便是洗涤剂造成的结果。这些洗涤剂从腐化的蓄水池进入地下含水层，并且由此进入了用水泵输送的当地供水系统。仅在长岛的一个县份，就有1.7万个家庭受到过这样的影响，在大都市明尼阿波利斯和圣保罗也有2.7万户人家受到了类似的影响。[③] 由于起泡剂、烷基苯磺酸盐可以在地下水中持续存在许多年，而且会迅速形成一定浓度，所以，洗涤剂泡沫在河流与湖泊之中出现已经司空见惯。1972年的《联邦水污染控制法案》呼吁出台措施"恢复和保护国家水源的化学、物理和生物完整性"[④]。进一步的地下水保护措施在1974年推出。美国政府还对郊区下水道的建设给予了补助，

---

① Kenney et al.，2008.

② Rome，2001，p. 103.

③ Hackett，1965；Cain and Beatty，1965.

④ Rome，2001，p. 107.

帮助偿付了腐化蓄水池的替换费用。至1977年为止，大多数的州已经制定了有关腐化蓄水池的管理规则。①

到1981年，氯化脱脂溶剂已经成为一个全国性的地下水问题，环境质量委员会把这个问题称为“最近的，并且似乎是突然之间在饮用水井中出现的有毒有机化学品”②。地下水被这些溶剂污染的风险需预先考虑到并提前做出防范。在20世纪中期的加利福尼亚，有4个因素解释了水文学者、监管者和企业在这方面的失败。首先，这些化学物质仅仅被认为是工作场所的有害物质，因此，工厂地板上的蒸汽成了唯一令人担忧的对象。第二，水文学者以及其他的人员并没有在这些溶剂的溶解成分到达水源井之前对地下水进行取样分析。第三，没有指导性的科学范式来解释这些按照企业和保险协会推荐的常规做法处理过的溶剂对环境的影响。第四，以上3个因素以一种禁止科学与技术工作者去探究——并因此而禁止范式创造——的方式相互作用，这些科学家和工程技术人员原本可能早已把溶剂的地下迁移及其命运看做是一个合适的研究主题了。③

美国地下水被氯化碳氢化合物（氯代烃类）污染的第一个有记录的案例似乎是，1945年夏季加利福尼亚州阿罕布拉市化工厂把2，4-二氯苯酚（2，4-D除草剂产品中的一种中间体）释放进了一个下水道。这种化学物质进入了一个污水处理厂并且被排进了圣加布里埃尔河（San Gabriel River），之后沿河下行了5千米，并且渗进了为蒙特贝洛（Montebello）水源地供水的地下蓄水层，致使为2.5万人供水的11个城市水源地关闭，并且需要4～5年的专门处理。这种化学品传给蒙特贝洛地下水的滋味和气味都证明了它的存在，而且，迄今尚无试图通过化学分析来确定它在地下蓄水层中的浓度的迹象。④

---

① Rome，2001，p.107.

② Jackson，2004.

③ Jackson，2004.

④ Jackson，2004.

1979年，包括贝德福德（Bedford）、北诺丁（North Reading）和沃本（Woburn）在内的马萨诸塞州的许多城市，都发现它们唯一的供水源头被制造厂释放出来的氯化碳氢化合物污染。[①] 在加利福尼亚州的洛杉矶县，许多水源地也被确认在1979年至1981年间被释放到圣加布里埃尔河和圣费尔南多山谷的化学溶剂污染。航天工业和电子产业的排放物致使这些峡谷中的水源地被关闭，这对100多万人的用水造成了影响。[②]

在20世纪80年代期间，环境保护署（EPA）发起调查，发现有许多成团的溶解态污染物从工业设施和垃圾填埋场中往外迁移。在一些案例中，这种"补救性的调查"使得浅表蓄水层中带有化学溶剂的水塘显现了出来。然而，当水文学者在20世纪70年代第一次发现这种现象的时候，他们并不是在寻找地下水中的化学溶剂污染。直至1988年，相应的补救措施与行之有效的公共政策都因缺乏具有指导意义的范式而推迟了。[③] 对公有的和私营的公用事业来说，水质管理已经变成了一个越来越大的负担。监管者越来越担忧的是，虽然标准已达到要求，但在21世纪的第一个十年中，化学品和药品生产的复杂性依然以远比管理者的监管以及发现新化合物的能力快得多的速度发展着。

亚洲城市的供水系统

19世纪发展起来的许多亚洲殖民地城市的供水规划都是以传统的高地水库、高架渠的自然灌注、水处理以及城市配送和储存等为基础的。在20世纪，如孟买这个案例（图5.11）所显示的那样，诸如此类的规划得到了全面的扩展。每天的家庭供水常常被限制到几个小时。有些人会另外买水储存于水箱中，所以，当公共供水系统不可用的时候，他们还能有一个水源。许多人自己打地下水井，这也带来了另外

---

① Jackson，2004.

② Jackson，2004.

③ Jackson，2004.

一些问题，比如说加剧了曼谷的地面塌陷。另外一些人收集雨水来增加供水量。水源目前尚未成为经济增长的一个局限，可是，如果它变得更加供不应求的话，它的价格有可能大幅增长，将会致使货物的生产成本更高。

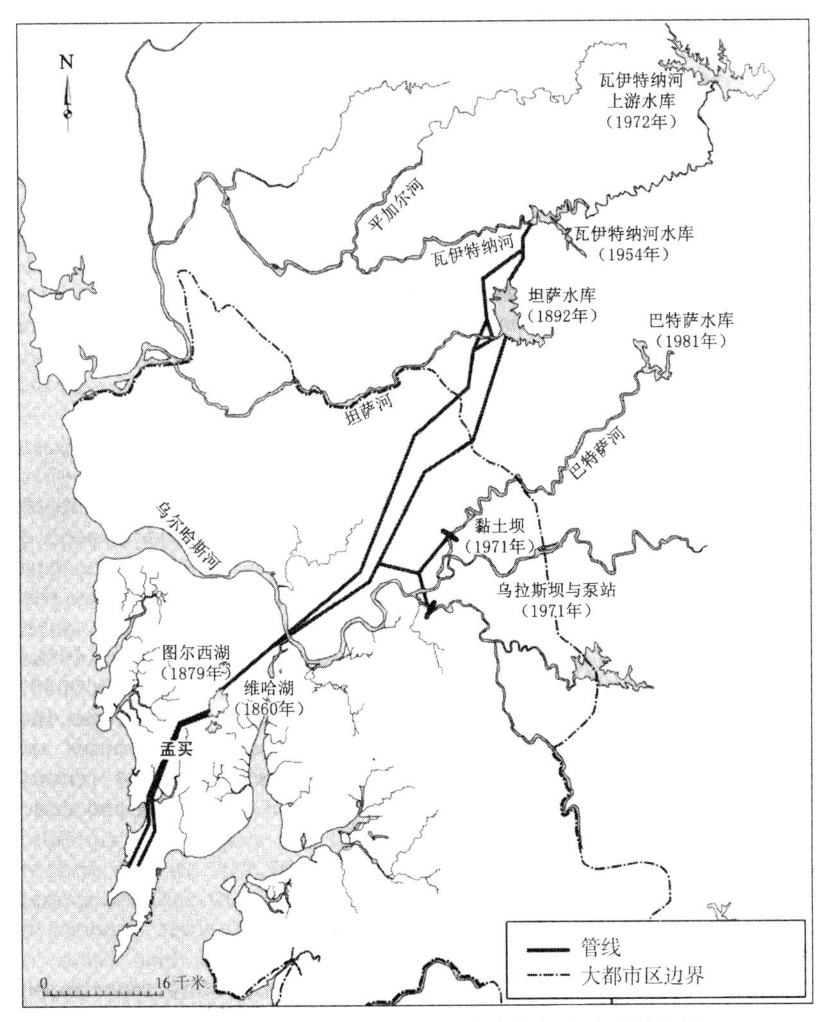

图 5.11　印度孟买市的供水计划(作者根据多种资料绘制)

21 世纪开始时城市供水战略

许多城市都有两套应对水源不足的策略：a）一套被国家或城市管理机构采用的系统，它负责主要的水源供给，无论其输水系统是否已经私有化，以及 b）一套个人、家庭和当地社区采用的系统，这个系统有时也被小企业和小商贩所采用。前一套方案的内容包括寻找补充和替代水源以及制订措施把城市用水作为一个整体来加以保护。第二套系统是一套生存手段和应对机制，它覆盖了从住宅里配备了水井或水箱的中产阶级人士到在拉各斯（Lagos）① 的路边水塘舀水喝的极度贫困阶层。②

在富裕国家和那些有大量燃料供应的国家，海水的淡化处理发展迅速。比如，科威特市在 20 世纪 50 年代初期就已开始运用淡化处理技术来避免从伊拉克进口水③，并且正在建设一个新的淡化水厂，该厂预计每天产出 2.27 亿升水。而西班牙仍然是最大的淡化水利用国。淡化水在石油藏量丰富的中东国家以及以色列④和新加坡等有可替代性水源的国家也很普及。而且，淡化水在加利福尼亚、佛罗里达、澳大利亚，甚至在现在英国的伦敦也很普及。伦敦的淡化水厂将利用生物燃料，其中包括来自一个相邻的废水处理厂的生物气体。利用风能或者太阳能作为淡水净化动力的试点项目正在澳大利亚的袋鼠岛（风能）⑤ 进行，并且，人们还在沙特阿拉伯⑥和奥古斯塔港（Port Augusta）、南澳大利亚等地展开了（太阳能）实验。⑦

---

① 尼日利亚城市。——译者注

② Gandy，2006b.

③ Murakami，1995.

④ Aharoni，2006.

⑤ Working with Water，2010.

⑥ Patel，2010.

⑦ Anon，2007.

地方可再生的地下水与河水结合在一起，长久以来就被作为干旱地区以及滨河大城市的主要水源供应。比如，河内仍然主要依赖地下水，但如今在当地水源地和灌溉渠枯竭的干旱季节，它也遭受着水源短缺的困扰。① 地下水利用是可持续的，只要不超过含水层的补给量。然而，在许多干旱城市，地下水的使用远远超过了地下含水层的补给，这样的使用基本上成了为一次性使用而“开采”地下水。墨西哥市已经过度使用了它的地下蓄水层，在某些地区，地面每年都沉降 40 厘米。② 在北京的地表以下，地下水位自 1980 年以来每年大约要下降 1 米。③ 内罗毕也在遭遇类似的下降速率。另外还有许多发展快速的城市也面临着类似的问题。但从全球的情况看，城市地下水的开采规模尚不清楚。然而，可能只有几亿规模的城市人口还在使用他们当地的不可持续的地下水。④

当地方供水不充足或者是地下水提取过度的时候，城市管理者可能从远处开掘地下蓄水层。这类工程中最大胆的例子就是伟大的利比亚人工河⑤（图 5.12），这条河在 7 000 多年的时间里从撒哈拉沙漠之下的蓄水层取水，并将之输送到地中海沿岸的城市与农庄。沙特阿拉伯也严重依赖深层蓄水层，但蓄水层的水位也在下降，比如，曼居尔（Manjur）蓄水层的水位在 1984 年到 1990 年间每年下降 1.8 米。⑥

在靠近高山积雪和冰川融水的干旱地区，地表水储水管道仍然是一个被人称道的应对方式。美国科罗拉多河上游的积雪与冰川融水长期以来被用作向西南部大城市供水的储水库，冰雪融水对于印度河与恒河流域、黄河与长江流域以及澳大利亚默里盆地（Murray Basin）的

① VNA，2010.

② Carrera-Hernandez and Gaskin，2007.

③ Yang et al.，2009.

④ Foster，n.d.

⑤ Kuwairi，2006.

⑥ Alkolibi，2002.

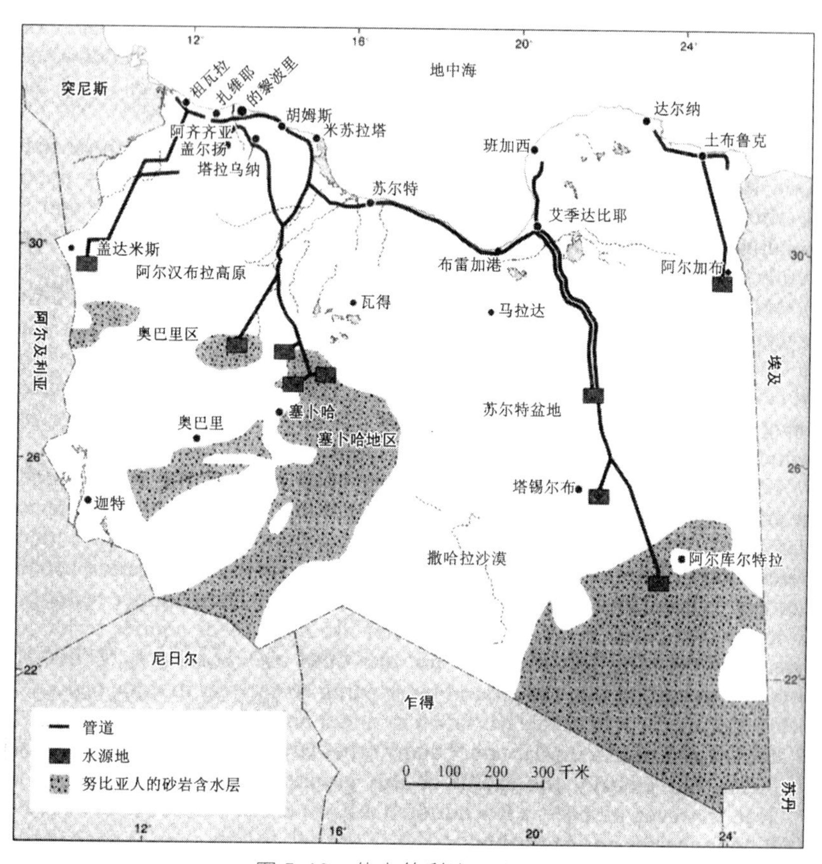

图 5.12　伟大的利比亚人工河

部分地区也有重要意义。中国正在规划建造 59 座新水库，收集西部地区冰川退缩的融水。① 即使没有冰雪融水，城市，尤其是非洲的那些城市，也仍然在建新水库和新管线。内罗毕于 20 世纪 90 年代在离市区 60 千米的地方建造了锡卡大坝（Thika Dam），使得该市有了两套供水管道。② 拉各斯也正在规划一条与奥顺河（Oshun River）相通的供

① Watts，2009.

② Syagga and Olima，1996.

水管道。然而，在流量不足的干旱季节，这里可能会出现水质问题：奥顺河的水可能必须与来自拉各斯潟湖的水质更差的水相混合，产生一种每升水大约含有600毫克总溶解固体的预处理水，这种水的处理可能需要一个反渗透海水淡化程序。①

跨流域的水源调动在持续增加。中国一直在进行"南水北调"②，这个工程最终会把450亿立方米的水从长江转送到北方的农庄和城市。③印度的许多大城市，包括德里、孟买和金奈（Chennai）在内，都已部分依赖于跨流域的水源调动。④这种调水战略涉及对不同社群需求的协调，但那些快速发展的工业城市的用水需求越来越大于农村地区的需求。

通过输水管道进行的国际性水源调配相对比较少见。像新加坡从马来西亚的柔佛州（Johor）进口水这样的特殊案例虽然存在，但常常受制于无法轻易延长的国际协定的限期。许多跨国河流连接着众多的大城市。欧洲的莱茵河为跨国河流的流域管理提供了一个范本，它通过莱茵河国际委员会、欧盟莱茵河指令以及欧盟水框架指令等一系列组织和规则来进行流域管理，但这个体系的建立和维持也需要付出很大的代价。比如，莱茵河地势较低河段的清理工作牵涉到对所有城市排污处理系统的改造升级，因为排出的污水必须达到欧盟认定的标准。莱茵河水现今被用来补充荷兰海岸沙丘下的蓄水层。在抵达蓄水层之际，河水已经相当洁净了。⑤

对经过处理的水进行再利用的情况也在增加，它通常与其他供水系统结合在一起。在加利福尼亚的奥兰治县，下水道的水在被用来补充地下蓄水层之前，要经过微孔过滤、逆渗透和用过氧化氢消毒的紫

---

① Anon，2010.

② Liu，1998.

③ Zhang et al.，2009.

④ Jain et al.，2007.

⑤ Bonné et al.，2002.

外灯来加以处理。在澳大利亚的亚拉河谷（Yarra Valley），要求住户们既要使用循环水作为辅助之用（不饮用），又要用太阳能热水器，还要进行雨水收集。①

双重供水系统存在于这样一类地方：那就是它们有过或曾经有过政治方面的原因限制了它们对水源的获取，比如直布罗陀和香港都有配送海水供冲洗马桶、洗车和其他清洗形式之用的第二套管道网络。②在荷兰，许多住宅开发项目中的房屋都从屋檐或其他源头收集“灰水”③，但是，在灰水和饮用水之间交叉污染的案例也出现了，这类试验也因此终止。④

雨水收集是一种古老的技艺，但它在本书所讨论的所有3类城市中也被更广泛地采用了。要求一定规模之上的所有房屋收集雨水的法规已经在班加罗尔、艾哈迈达巴德、金奈、新德里、坎普尔、海得拉巴和孟买等地获得通过。班加罗尔的法规⑤要求每一套新房屋都要有一个雨水收集系统，以便获得一个饮用水的连接点。雨水被用于补充井水，通过渗透来补充地下水，或者做灰水使用。在美国，税收刺激鼓励了德克萨斯州和亚利桑那州的雨水收集，而在新墨西哥州的圣达菲和亚利桑那州的图森（Tucson），要求所有新的商业开发都利用雨水收集来浇灌草坪和园林。⑥

减少无理由用水是所有供水事业的一个目标。在比较富裕的城市，主要的关注点在于减少旧的或是被毁坏的主管道和水管的泄漏。在欧洲，马耳他就有超过一半的水管泄漏，而英国1995年至2001年间的泄漏现象则减少了1/3。⑦ 利雅得（Riyadh）因为泄漏而丧失了60%的

---

① Kelly，2006.

② Chau，1993.

③ Fernandez et al.，2006.

④ Oesterholt et al.，2007.

⑤ Karnakata Act 2009.

⑥ City of Tucson 2008.

⑦ Lallana，2003.

水量，现在已采用了系统的压力测试、流量监管等手段，并且及时处理上述监管暴露出来的问题，将泄漏损失减少到了20%。然而，对于许多快速发展的贫困城市来说，这个问题在一定程度上还要归因于那些前文提到的拉各斯式的非法接入。当修理工作完成，立管安装完毕，这个工程有可能会被卖水的小贩再度毁坏，他们的营生靠的就是从公共供水系统盗水出售。① 在贫困地区最贫穷的城市，减少无理由用水有可能依然是一个长期的问题。

上述的全部策略都被供水商们演练过了，无论是在公共的还是私人的部门。个别的家庭和工商企业早就拥有了他们自己的水井。在当今的富裕城市，在从蓄水层取水以前需要一份地下水提取许可证，但几十年以来，私人打井一直是克服不可信任的公共供水问题的一个主要策略。可是，在德里，有那么多的地下水被私自汲取，为的是克服公共供水的水质和水量问题，以至于开凿管井几乎已被颁发打井许可证的机构德里水务委员会（Delhi Jal Board）禁止。② 私人打井也对水位的下降和地表的沉降产生了作用。在曼谷，过度的地下水汲取已经造成地表沉降，危及了极有价值的历史性建筑的基础，也造成了地方性的洪涝灾害，因为雨水被改变了的表面地形所困。③

地方的私人售水在亚洲、非洲和拉丁美洲都很普遍。在遭受水质和输水问题困扰的贫困城市，经常开发出一种两级分层系统，较富裕的居民可以付得起钱来购买私营售水商的洁净水，而贫困的住户要么尽力澄清被污染的地表水，要么从当地的水贩那里以高价购买塑料瓶里或是被密封在塑料袋中的“纯净”水来喝。在太子港（海地），穷人可能会把他们收入的20%花在用水上；在奥尼查（Onitsha）（尼日利亚），干旱季节的用水要花掉收入的18%；在亚的斯亚贝巴（Addis

---

① Gandy，2006b.

② Anon，2008.

③ Phienwej and Nutalaya，2005.

Ababa）（埃塞俄比亚首都），用水要花掉9%的收入。① 从当地水贩那里购买袋装水的穷人们会面临水质恶劣的风险，霍乱的暴发一直与这种水有关联。② 大多数住户增加了水的储存，中产阶级用水箱，而更贫困的居民则用塑料瓶、简便油桶或是石罐③，但卫生风险仍可能由于家庭储水的腐变而出现。④

城市所采用的政策因各地的财政资源情况的不同而有很大差异。除雨水收集之外，在干旱地区，几乎没有什么有利条件去实现旨在恢复和加强自然生态系统服务这样的解决方案，更谈不上去建设新的基础设施了。然而，在某些案例中，土地管理方式的改变也可以节约水源，如南非的“挽救水源计划（Working for Water Programme）”，在这个计划中，为增加可用水，蔓延性非原生且又需水量大的树种都被移除。更常见的情况是，一些城市只是从其他用户那里获得用水，特别是从农业部门，这实际上部分地把农业中的一部分水域土地利用方式变成了一种耗水较少的土地利用方式。⑤ 例如，科罗拉多的许多农民已经停止了生产，并把他们的水权出售给丹佛和其他城市。⑥

解决水质问题的明显办法就是水源管理，既要在污染物排出之前管理，又要在城市居民使用之前去管理。许多城市目前还不能负担得起数千万或是上亿美元的投入。非洲城市的大多数主要基础设施的改进通常都是利用国际援助机构的援助，或者借助用于建设下水道和/或综合水处理厂的贷款来进行。可是，还有无数其他的利用自然系统的方式已经被尝试过。自然的或人造的湿地都有助于减少水污染。例如，在坎帕拉（Kampala）（乌干达），纳吉弗博（Nakivubo）湿地如同一个

① Bhatia and Falkenmark，1993.

② Hutin et al.，2003.

③ Bartlett，2003.

④ Hammad et al.，2008.

⑤ McDonald et al.，2011.

⑥ Kimball 2005.

过滤器一般，在城市垃圾影响到城市进水口之前已将之清除掉了。[1]更多综合性的集水区管理，即便是跨越了国际边界，也能持续地降低水污染。

受到配水挑战的城市几乎没有财政资源支持它有效地为居民配水。然而，许多这样的城市正在取得进步。例如，在1995年，只有74%～82%的达喀尔（Dakar）（塞内加尔首都）人可以得到安全充足的水，并且，只有58%的家庭接入了输水管道。时至今日，98%的人获得了安全的水，76%的家庭接入了输水管道。这项工程花去了大约2.9亿美元，它使160万人得到了安全的水，每人平均180美元[2]，按照全球经济的标准来说，这是相当小的一笔费用。

总结

长期以来，供水一直被视为一种专业性的工程任务，但水源管理还涉及人们对于水的不断变化的态度和行为。有适应能力的管理常常被认为是管理复杂的水资源问题最有效的方式。然而，社会的和制度性的因素制约着对于真知的探索及全面理解，正是这样的知识界定了什么才是适应性管理。市政当局与自来水公司已经在坚持不懈地寻求路径，以应对影响了城市用水各个方面的人口、经济、社会和环境变化问题。许多最富成效的改进方案已经涉及对于管理的新的思考方式、新的组织结构和新的实施程序与工具。适应性管理鼓舞了对流行的社会与组织规范的重新审核，而且，如若在自然资源管理与探索方面没有出现文化上的变化，所谓适应性管理是不可能出现的。这一点在21世纪剩下来的时间里可能会越来越显示出其重要性。要取得成功，管理者、利益相关者和专家们都必须在水域规模和城市规模的问题上精诚合作，架起弥合理论与实践、对于城市水资源和它们的系统所服务

① Emerton et al.，1998.

② IDA，2010.

的人民的社会理解与技术理解之间的桥梁。① 在为所有城市人提供可信赖的和安全的供水系统以及合格的卫生环境这个千年目标尚未达到的时候，许多城市，无论是大的城市还是小的城市，在降低新生儿死亡率、降低儿童腹泻发病率以及避免霍乱发生等方面，都仍将面临无数的挑战。这样的目标不可能留给私有企业。市政领导与国家政府的投入在满足这个基本需求的时候是最为重要的。

① Allan et al.，2008.

第六章 公共卫生、污水与垃圾山：城市的污水与垃圾

污 水

如本书第一章所述，第一个城市公共卫生体系产生于哈拉帕、摩亨佐-达罗以及拉希迦希等印度河谷城市的铁栅格（grid-iron）式的规划。在这些城市的内部，单个的家庭或家庭集团都是从水井中获得水源的。废水从一个供洗澡用的房间里直接导入沿着主干道排列的有盖的下水道。房屋的门只开向户内的庭院和小胡同。在这个地区的一些村庄里，住宅建筑在某些方面仍与哈拉帕人的住宅相像。他们的污水处理系统要比当今在中东任何城市遗址中所发现的系统都要先进得多，甚至也比当今巴基斯坦和印度某些地区的污水处理系统效率更高。大约在相同的时期，美索不达米亚平原也有类似的排水系统，比如在现今巴格达东北部 80 千米的埃什南纳（Eshnunna），当地的考古学发掘发现了横向连接到家庭的砖砌下水道。

在公元前 2000 年，克里特岛上的米诺安文明就拥有一种不同寻常的建筑和水力方面的基础设施，用以处理宫殿与城市中的水流、暴雨

水和排泄污水。废水很可能是用于农作物的灌溉。在克诺索斯宫殿的居住区，一楼有一个卫生间，它带有木质的座位和一根冲洗导管，这可能是历史上最早的冲水厕所了。[①] 大多数米诺安人的浴缸都与房屋外部独立的排污系统相连，这种常规做法标志着这一时期先进的水源管理水平和环境技术水平。房檐上的雨水经由天井流下来，并用于冲洗克诺索斯宫殿东翼3个浴室的下水道。在米诺安文明中，城市的水管装置和排水系统都是经过审慎规划的，在许多城市都发现了带有石盖、用厚石板砌成的排水系统，它们既被用来输送污水，也被用来输送暴雨水。意大利作家安杰洛·莫索（Angelo Mosso）在1900年之后就访问过克里特岛南部的圣三一别墅（villa of Hagia Triadha），他注意到，在被修建了4 000年之后，那里的所有下水道依然功能完好，他还惊异地看到了暴雨水从中流出的情景。[②]

城市排水系统也出现在几个爱琴海文明（大约在公元前3400～公元前1200年）的遗址中，包括圣托里尼岛（Santorini）的希拉（Thera），在它铺砌平展的街道之下有一个排水网络，直接与通常位于房屋上层的浴室和卫生设施连接。这个系统与摩亨佐-达罗的一个系统相似。[③] 这些技术还被转移到了地中海沿岸的其他希腊人聚居地，尤其是西西里岛。

公元前7世纪末，一个伊特鲁里亚人（Etruscan）王朝——塔昆斯王朝（Tarquins）——开始把罗马从一个村庄变成了一座城市。广场谷（Forum Valley）通过罗马最古老的工程技术纪念碑——马克西玛下水道（Cloaca Maxima）（图6.1）排干，这条伟大的下水道至今仍在

---

① Angelakis et al.，2005.

② Angelakis et al.，2005.

③ Angelakis et al.，2005.

把污水排向台伯河（Tiber）。[1] 斯特雷波（Strabo）[2] 注意到，罗马人已有了铺砌平展的街道，有了良好的供水系统和排水系统。罗马还有公共厕所，人类的粪便在这里被循环利用。人们把家中的排泄物存放在楼梯井底层的有盖马桶中，捡粪的农民和清洁工定期从那里把粪便清理掉。小便则被收集在一个专用的坛子里，并且被漂洗工用来浆布。农田施粪为城外农田的土壤补充了氮肥。但可能还有更多的废物，农田里无法利用，因为有报告称，居民区里的一些露天下水道和污水沟最终就被当地的垃圾填满了。除了下水道之外，罗马人似乎也没有能够安全地处理固体垃圾，它们大多数被存放在城外的垃圾堆中。[3]

中世纪的巴黎尽管已经成了欧洲的大都会，而且，至少从表面上看，它还是优雅生活的聚焦点，但它却有着被垃圾搞得肮脏难闻的街道。蒙田曾抱怨说，他都很难租到远离污水沟的住所。巴黎人把他们尿壶里的东西倒到窗外，能不被它浇在身上就算幸运的了。更贫困的阶层更是不分场所随地便溺。1531 年的一部法律要求房东为每套房子配上一个厕所，这个要求似乎并没有得到很好的实施。到法国革命时期为止，巴黎无数的厕所都是肮脏不堪的，人们只好用卢浮宫、杜伊勒里宫的走廊和王宫的地面来取代它们。政府当局在后两个地方建造了厕所，但是人们发现还是使用卢浮宫便利，那里的待者不会打搅他们。[4]

在中世纪的英国，用以处置排泄物的方法要比将近 3 000 年以前在克里特岛发展出来的方法差得多。在富人和有权势者的城堡中，当壕沟里有活水的时候，有时把卧室或厕所从外墙面横架到壕沟之上，以便粪便相当顺畅地掉进壕沟。如果没有活水可用，他们就会挖上一

---

① Scarre，1995，p. 20.

② Strabo（公元前 63 年？～公元前 21 年?），古希腊地理学家。——译者注

③ Mumford，1961，p. 216.

④ Gray，1940.

些坑洞或是污水池来存放通过各种形式的斜槽从上面各个楼层接收下来的排泄物。①

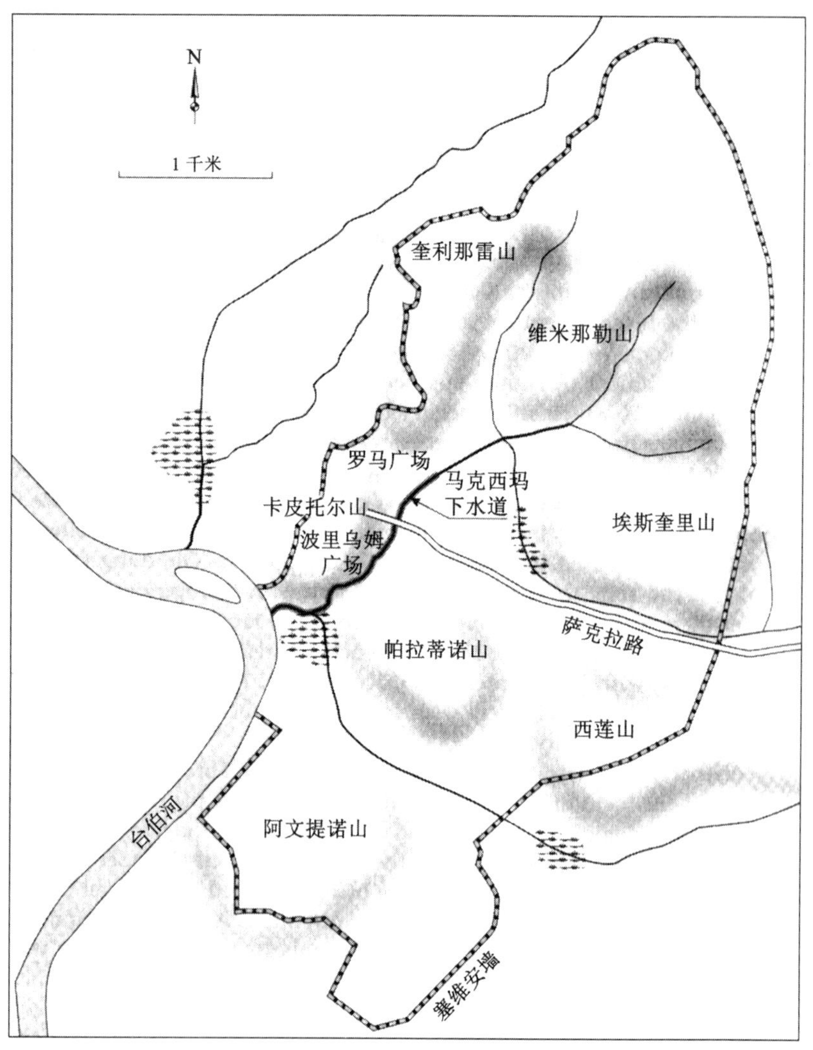

图6.1 古罗马马克西玛下水道示意图(根据Scarre,1995)

① Gray, 1940.

在过度拥挤的中世纪条件下，用活水冲洗排泄物的公厕在 1290 年以前就在伦敦出现了。可是，在住户家中却很少有这种设施。比如，在 1579 年，在塔街（Tower Street）的万圣教区（Parish of All Hallows），85 人只有 3 个厕所。大量的排泄物只能是往街上一扔了事。偶尔也有清理的时候，比如在 1349 年这个灾疫之年里，国王下令市政当局清除掉街道上积存的污秽之物。① 在 15 世纪，一个由亨利六世建立起来的管理下水道的委员会制定了严肃处罚污染河流行为的法规，这个法规得到了严格的实施。② 拉吉（Larkey）认为，"16 世纪英国的卫生状况比有人常常要我们去相信的那种情形要好得多"③。然而，在 16 世纪的曼彻斯特，公共卫生是由厕所和茅坑组成的。有些厕所直接建在水道之上。排泄物桶直接倒进艾威尔河（River Irwell），据说是在夜间。④

当然，在工业革命开始的时候，当数目巨大的迁徙者进入伦敦城的时候，对于大多数城市人来说，环境状况进入了最糟糕的时刻。

在 19 世纪，人们充分认识到城市人口是相互依存的。疾病丝毫不会顾及阶级差异或是财富之类的东西。一个洗衣妇或是一个挤奶工有可能把伤寒症传入一个城市最奢华的地区。⑤ 糟糕的住房条件与贫困、营养不良、犯罪和疾病相关。住房条件的改善有望减少疾病，提高人们的健康水平。正如本书第二章中所讨论的那样，霍乱的反复暴发在所有城市都引起了人们对健康问题的关注，尤其是在那些因制造业的扩张而获得快速发展的城市。

这些城市中的典型就是德比郡，它从 1811 年的 1.3 万人增长到 1835 年的 3.2 万人，但人口的增长却带来了不断加剧的污水处理、公共卫生、街道清洁和照明等问题。德比郡被一个封闭的寡头统治集团

---

① Gray，1940.

② Larkey，1934.

③ Larkey，1934，p. 1101.

④ Willan，.1980，p. 121.

⑤ Mumford，1940，p. 176.

所控制，其中大半都是英国保守党高层人员。然而，实际的权力落在了改进委员会的手上，这是一个因特殊的使命而通过国会法案确立起来的机构，在德比郡，这个委员会通常是由锐意改革的纺织业巨头威廉·斯特鲁特（William Strutt）以及与其志趣相投的托马斯和威廉·伊文斯（William Evans）等成员来主持工作的。1835 年的“市政委员会法案（Municipal Corporations Act）”结束了德比郡的这段由一个小型精英集团操控行政事务的甜蜜岁月。先前的那些荫袭的市长家族在这一幕里消失了。城市问题困扰着当地的行政管理。1844～1845 年的一份报告对于德比郡的高死亡率以及因改进委员会与新的市政委员会的责任重叠所引起的混乱局面做出了负面评论。1850 年，改进委员会把权力移交给了德比郡市政委员会，而且，相继的立法也增加了市政委员会的责任范围。①

在维多利亚时期，“毒气”致病的理论在一些有影响力的人群中呈现出一些怪异的形式。1844 年，医生尼尔·阿诺特（Neil Arnott，1788～1874 年）告诉负责调查大型城市和人口稠密地区状况的皇家专门调查委员会说：

> 对人们身心健康造成伤害的许多疾病，其直接的和主要的原因就是浑浊大气中的毒素（他加的着重号），而且，它也是把相当多的人过早地带入坟墓的元凶，这些毒素是由他们居所周围那些被作为食品的物质的腐烂残骸造成的，也是由他们自己身体中散发出来的不洁之物造成的。②

另外还有许多人断言，新鲜空气要比洁净水重要得多，他们把关注重心放在良好的住宅设计与完好的通风设备上。在接下来的 100 年

---

① Turbutt，1999，p. 1565.

② Royal Commission for Enquiring into the State of Large Towns and populous Districts，1844.

中，后继的一代代人都懂得了打开窗户让空气在居所流通的意义。

到19世纪后半期为止，改善居住条件的努力呈现出多种多样的形式。在伦敦，如美国商人皮博迪（Peabody）和普林斯·阿尔伯特（Prince Albert）等慈善家成立了许多为穷人改善住房条件的协会，并且建造了实验性的工人阶级住宅。从1851年起，夏夫兹博里（Shaftesbury）勋爵牵头致力于制订一系列的标准：公共卫生的最低标准；工人住房的合格建造与维护标准；以及新住宅开发的路面基本铺砌、供水、开放空间和排水系统等方面的规定。这些规定最终都通过法律强制推行。奥克塔维亚·希尔（Octavia Hill）认为，通过对贫民居住区的适当维修和监管，工人住宅的环境能够得到改善，这对于房主和房客都有好处。①

大都市改善工业贫民居住条件协会等团体所倡导的示范性单元住房的费用超过了薪水可怜的工人能够租得起的水平。最终，示范房不得不降低标准。让贫民安居只是一个最低限度的生存条件，但这还远远不能构成更高生活质量的条件。

约瑟夫·布拉默（Joseph Bramah）在1778年获得了一项改造抽水马桶的专利，并且着手制造冲水厕所，他还把它们安装到了伦敦的住宅。尽管存在许多问题，但这种抽水马桶还是很受欢迎的，因此在1841年，奥斯本王宫也安装了这种抽水马桶，这是维多利亚女王在怀特岛（Isle of wight）的寝宫。1851年，第一个现代通用的冲水厕所被安装在伦敦水晶宫举办的大展览会上，它成了那里的第一个现代公厕。不幸的是，新型冲水厕所的快速吸水能力使得大量的水被排入了陈旧过时的下水道。约翰·斯诺以他对霍乱病源的了解（参见第五章），对于不合格下水道的溢流可能带来的污染危险发出了警告。他提示人们，解决之道就在于使用管道从远离污染的远方水源输送饮用水。② 然而，霍乱发生与受污染的水质有关，他的这个假设在1858年他去世的时候

① Mumford，1940，p. 177.

② Halliday，2001.

并没有被官方的圈子所接受。当国会在那一年受到来自泰晤士河中污水的“大恶臭”（参见第七章）影响的时候，立法者们才把心思集中在大都市的排水问题上。

包括罗伯特·斯蒂芬森（Robert Stephenson）、托马斯·豪克斯莱（Thomas Hawksley）以及威廉·丘比特（William Cubitt）爵士在内，许多杰出的工程师都因伦敦的排水问题而受到咨询。最终，在1855年成立了大都市工程部来负责伦敦187平方千米以内的建成环境。大都市的“地上与地下”改造工程被视为它的专职功能。对于这个部门的一种当代看法认为，它是：

> 大城市器官被指定的医生……它有使之恢复健康并促进其未来发展的职责，它有责任赋予其肌肉以力量，赋予其动脉系统以活力，赋予其肢体以完满，赋予其面容以美丽。

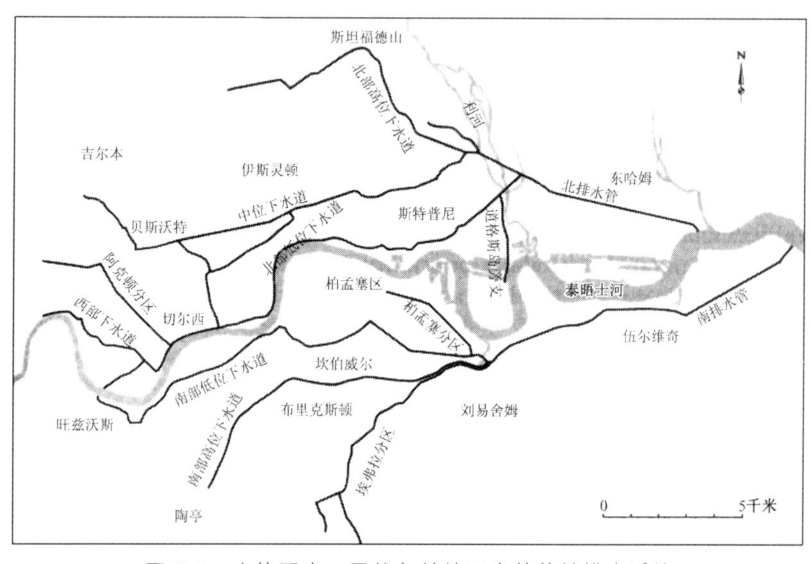

图6.2 由约瑟夫·巴扎尔盖特开发的伦敦排水系统

1856年，大都市工程部要求该部总工程师约瑟夫·巴扎尔盖特(Joseph Bazalgette)尽快报告关于污水处理与城市排水系统的情况。他的第一份报告介绍了与泰晤士河并行的拦截式下水道大系统的方案(图6.2)。对于这个方案以及其他各种方案的旷日持久的公共讨论连绵不断，中央政府、公断人和新闻媒体无不卷入其中。这些讨论对国会造成了影响，结果，巴扎尔盖特最终被准许着手为伦敦的主要排水系统做出规划。1866年，伦敦的最后一次霍乱流行发生在一个尚未受到巴扎尔盖特排水系统保护的地区，这有助于确保约翰·斯诺的假设被政界所接受。

1858年，大都市工程部获得了它的授权法案，不久之后，地面工程就在北部的中位下水道开始了，个中情形被作者描绘如下：

> 砖砌的拦截式下水道被从西向东以每隔1英里下沉2英寸①的方式铺成，因此，有必要通过位于伦敦东部的抽水站把污水往上泵入下水道的排水口……②

1864年夏季，这个工程的进度接近完成，至少是泰晤士河南段的部分。这些拦截式下水道把过去直接流向泰晤士河的所有下水道中的污水收集起来，并且把它们输送到许多大型的沉淀槽内，这些沉淀槽位于人们所知的泰晤士河达格南（Dagenham）辖区的南北两个出水口。为了防止这些污水再被潮水带回伦敦，流体的污水在满潮刚刚退去之后，才从这里泵入潮汐水道，而固体的污物则被装上驳船运走，倾倒到远离河口的深水区。这个系统一直流行到大约1970年，当时，有人意识到，由于潮汐的运动，被倾倒的固体垃圾正在对泰晤士河口造成污染。③ 这个工程包括2 100千米的下水道和132千米的拦截式下

---

① 1英寸等于2.54厘米。

② Smith，1987.

③ Rolt，1974，p.143.

水道，后者用掉了3.18亿块砖。该工程的建造过程恰好与泰晤士河堤坝的修建重合，而城北的拦截式下水道正好位于堤坝的下方。

“1875年公共卫生法案（The Public Health Act of 1875）”成了直到1937年为止的所有公共卫生立法的基石。大都市工程部的责任在1889年被伦敦郡议会接管。这个工程部一直是一个由既得利益者控制的机构，而且，它已受到大量的指控，指认其涉嫌腐败和权力滥用。伦敦郡议会推行了一种新式民主管理办法，并在伦敦内部实行综合的行政管理，尽管外部郊区仍旧是在“伦敦周围各郡”的各个郡议会的管辖之下。伦敦的下水道在1989年被移交给了泰晤士水务管理局。

为城市污水排放口与城市排水系统产生的影响负责

长期以来，让污染者付费一直是环境立法的政策精神，但在河流管理中，谁的权利应得到伸张，这个问题并非总是清晰的：它是河岸土地所有者的权利还是下游用户的权利？这个问题出现于1952年，在当时，德比的普莱德公司与德比郡垂钓有限公司以及哈林顿伯爵将上游的3个污染者告上了法庭，德比郡垂钓有限公司是一个钓鱼俱乐部，它在德文特河、德比郡以及哈林顿伯爵所拥有的沿河土地上都拥有捕鱼权。德文特的河水在到达德比郡两个下水道出水口所在的那个行政区之前一直未受污染，这两个出水口一个是在洪涝情况下用于排泄泛滥的暴雨水和未经处理的污水，另一个是用来排放当地污水处理厂的那些未经充分处理的污水。德文特河在那一时期经过英国赛拉尼斯①有限公司所拥有的土地，这家公司的污水污染了河流并且使水温升高。在河的下游，英国电力管理局发电厂的排放物更增加了河水的温度。因为水质和水温的变化杀死了河里的鱼类及其食物，法庭发布了一道禁令，制止被告方改变河水水质或水温及干扰原告享受垂钓权利的行为；判决之后，这个禁令被推迟了两年才执行。大法官庭对两个被告

① Celanese，一种醋脂纤维，俗称人造丝。——译者注

的申诉做出了裁定，维持了原判，驳回了行政区有法定污染权的辩词。在1901年的“德比市政府法案”已经授权建立污水处理厂的时候，把未经处理的污水泵入河中的现象也仍旧不被认可。事实上，这个法案已经专门禁止了各种非法滋扰：

> 建造的污水处理厂……必须从建成之后始终如一地得到控制，以便这个处理厂不会成为一种非法滋扰，公司尤其不应该允许任何有毒有害或是令人不快的恶臭气味从公司溢出，也不允许做出，或是允许抑或忍受其他任何造成下列后果的行为：将会构成非法滋扰的，或有害于斯邦顿（Spondon）居民的健康抑或合理的舒适享受……①

德比郡还曾认为，当它在世纪之交建成了自己的排污系统的时候，这个系统对于当地的人口来说已经足够了。随后的人口增长、失控的环境已经使得这个排污系统无法满足要求了。贾斯蒂斯·丹宁（Justice Denning）勋爵抗议说，按照规划法案，如果说地方当局已经拥有了他们管辖地区开发活动的控制权的话，那么，他们就应该对开发的后果负责：

> 他们知道（或者说应该知道），建筑物的增加将会导致现有下水道溢流，然而，他们在没有增大排污系统能力的前提下，仍然允许这种情况继续发展。他们这样做，本身就在让这个系统过度淤塞，他们是负有非法滋扰的罪责的。②

法院是以这样一种方式来确定城市管理者责任的：这就是要保证城市的排污系统能够应对日益增长的人口的需求，并且能够设法处理

① McLoughlin，1972.

② McLoughlin，1972.

城市的暴雨水溢流问题。

霍乱与巴黎下水道的发展

1892年，巴黎一次严重的霍乱暴发再一次显示了饮用水被下水道废水污染的后果。在那个时期，塞纳河最大的污染发生在圣丹尼（St. Denis）附近，那里有两座岛屿，并且有一个主要的下水道排水口。正是在这个位置，一些最初的霍乱病例出现在流动的驳船船员之中。大致是沿着城市范围内的河段，在那些驳船上的居住者之中有特别高的霍乱发病率，他们的驳船就停泊在下水道排水口附近。医学期刊《柳叶刀》（*The Lancet*）的一位记者当时就发现，霍乱主要限于某些特定的社区，这些社区是在塞纳河从城市经过之后才从其中获得供水的。①

在霍乱流行后不久，巴黎的第一家大型废水处理厂于1894年在阿榭里（Achères）开业。大约到1905年为止，85%的进入塞纳河的废水已经得到处理。城市的发展以及两次世界大战的爆发也就意味着在废水总量增长的同时，得到处理的废水量却在下降，在1940年和1944年，被处理的废水降低到了总量的18%。阿榭里废水处理厂处理能力的巨大增长以及在大诺瓦西（Noisy-le-Grand）、瓦兰顿（Valenton）和科隆布（Colombes）等地新建的废水处理厂，使得经过处理的废水的比例到1985年为止已上升到了87%。1890年的年均废水排量只有1亿立方米，到1985年为止，这个数字已经增加到9亿立方米。

美国混合排污系统与独立排污系统

在美国，从对工业废物与下水道废水的综合关注，转向了对下水道废物（被排水系统携带的废物）的集中关注，这一转向与从疾病的环境理论到疾病的细菌理论等科学认识的转变相关。1886年，在面向康涅狄

① Special Correspondent，1894.

格州农业理事会的一次演讲中，詹姆斯·奥尔科特(James Olcott)号召他的听众和内战之后的康涅狄格州的市民，为了“清除”“来自家庭和工厂的污物废水”污染的“社会罪恶”状态，要“抗议，抗议”。他敦促他们不要“按照无知的或不计后果的资产阶级的意愿，把被污染的溪流喷溅到任何人身上”①。内战之后的“水质”改革者以一种政治斗争的方式来看待公共卫生改革。他们的努力，尤其是为了把工业废物从水中清除出去而做出的努力，使战后改革者直接与工业资产阶级发生了冲突。到 20 世纪初为止，公共卫生的倡导者们为了关注排污系统而放弃了对工业废物的关注，因为国家供水系统的超载正在与下水道废物一起造成很高的发病率和死亡率。②

麦乐西把美国的公共卫生服务、供水、排水（如管道、抽水站等物资设备与流动处理和处置废水的设备）以及固体垃圾收集等领域的历史分成了 3 个时间段：“瘴气时期，从殖民地时期到 19 世纪 80 年代”；“细菌学革命时期，1880～1945 年”；以及“新生态学时期，1945～2000 年”。麦乐西把这些主题定名为“环境范式”，它们反映了“在当时流行的环境理论背景之内已知的”技术选择。③ 在麦乐西看来，在这个背景之下，“环境理论”似乎意指病原学理论，它包括环境的各个方面的相互作用：空气、水和土地。他考察了城市决策制定者和工程技术人员的技术选择受到当时流行的公共卫生理论强烈影响的情形，比如瘴气或是污物致病理论以及细菌致病理论等。从另一方面来看，他所划分的最后一个时期，也就是最近这个时段，受到了“新的”生态学理论的影响，这一理论未必是在单独地回应公共卫生领域的问题。而且，这最后一个时期还包含基础设施危机、环境运动和对新污染问题的关注等等现象，所有这一切都对公共卫生的决策制定产生了相当大的影响。麦乐西审慎地提到了从欧洲转移技术的重要性以

---

① Cumbler，1995.

② Cumbler，1995.

③ Melosi，2000，p. 6.

及这些引进技术的成败问题。

曾经引起过广泛论争的一个关键问题就是混合下水道与分体下水道的优劣问题。混合下水道既从房屋等处所带走脏水，也从屋檐和路面带走溢流的暴雨水。正如在19世纪的讨论中所表明的那样，英国冲水厕所的发展把下水道和原先主要用来排泄暴雨水的排水道合在了一起，它使数量越来越多的污水进入了河流或是下水道排水口的海岸水体。即使在拦截式下水道修建起来的时候，暴雨水的水流量有时超出了拦截能力，并且只能溢流到自然水体中。整个20世纪，这些混合下水道的溢流在欧洲和北美洲的许多国家制造了一些最惨重的河流污染事件。

到19世纪50年代，在美国的波士顿，人们开始意识到对排水系统和下水道的全面规划是必要的。在之后的20年时间里，波士顿一直在着手进行一项巨大的垃圾填埋规划以及对其后湾地区的开发计划(图6.3)。为了避免把下水道的气体和其他气味释放到大气之中，一个重要的努力方向就是要制造高效的下水道，人们仍然相信纯净的空气是避免疾病必不可少的条件。下水道被重新修建了，所以，废水被排入了南湾，而不再流入有更多死水的后湾。① 在接下来的100年时间里，波士顿人靠的是3米的潮位变化幅度来对废水进行充分的稀释，他们凭借每一个潮汐周期来防止出海口的水发生脱氧作用。② 开明的工程技术人员日益强烈地敦促政府管理部门制订一个全面的开发规划，尤其是要对排水系统进行整体的规划。③ 在波士顿，很有远见的景观建筑设计师罗伯特·莫里斯·科普兰（Robert Morris Copeland)认为，应该支持审慎的土地利用规划和城市基础设施配置，他让人们相信，审慎的工程可以满足现代城市的需求。尽管这种想法与那个时代粗犷的个人主义背道而驰，但到1889年为止，经州立法机关批准，大都市

---

① Schultz and McShane，1978.

② Schaake，1972.

③ Schultz and McShane，1978.

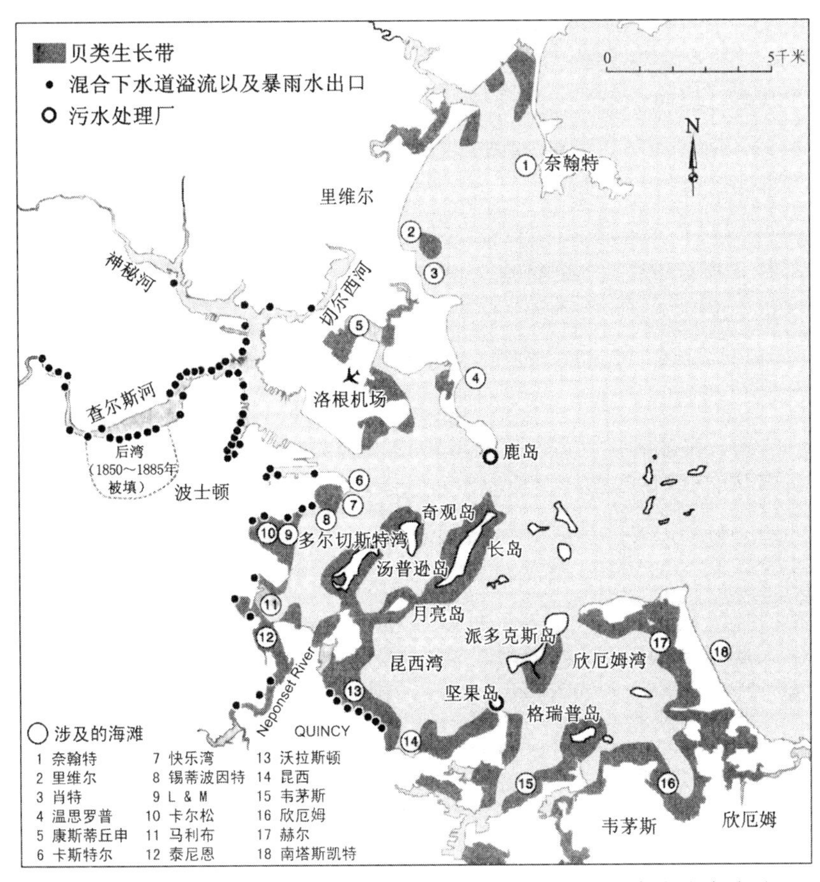

图 6.3 波士顿港下水道排水口、海生贝类生长带以及坚果岛和鹿岛水处理厂示意图(部分参考了 Schaake 在 1972 年的地图)

供水区与污水区接受波士顿大都市污水管理委员会的管理。① 波士顿早期排污系统的原始骨干波士顿主干道排污系统是从 1877 年到 1884 年建立起来的。波士顿主干道排污系统拦截了当地的下水道，并把废水和暴雨水输送到近海的处理点。

① Schultz and McShane，1978.

1919年，为了监管复杂的大都市排水区（以及供水系统），马萨诸塞州的立法机构成立了大都会区委员会，即现今的自然保护与修复重建部。然而，大都会区委员会仍然由该市管辖。到此时为止，废水只是被收集起来并被处理到了波士顿港。因为日渐恶化的污染状况，大都会区委员会便在坚果岛（Nut Island）（1952年）和鹿岛（Deer Island）（1968年）建造了主要的废水处理厂（图6.3）。在多雨的季节，卡尔夫牧场和月亮岛的排水口也被当做鹿岛处理厂的备用基地来加以维护。尽管如此，混合的污水流在20世纪70年代早期仍然是一个主要问题。在每一个潮汐周期，潮水总是把污水冲得来回流动，细菌在港口积聚。①

出故障的潮汐闸门被进行了加固处理，并在主要的混合下水道出口安装了氯化处理设备。1977年，波士顿排水系统（以及供水系统）的所有权和运营责任从市政府转交给了新成立的波士顿供水与排水委员会。1985年，马萨诸塞州的立法机构把大都会区委员会供水与排水部门的所有权、管理和运营权都转交给了新成立的马萨诸塞州水资源管理局。

波士顿供水与排水委员会已着手规划改进和改良的方案。1988年，新的波士顿主干道拦截装置和新的东侧河道拦截装置完工，它们代替了部分原有的主干道排污系统。此外，马萨诸塞州水资源管理局还把改进方案纳入了系统。在1997至2000年之间，所有的废水都被波士顿供水与排水委员会的设备收集，并且被输送到了马萨诸塞州水资源管理局的鹿岛处理厂进行二次处理，15.3千米的排水渠从那里将处理过的废水带出波士顿港，带到马萨诸塞湾的深水区。

西雅图：工业垃圾和渔业资源的含义

西雅图有过一段下水道发展以及随后重新配置的历史，它的主要拦截式下水道的建造有点类似于波士顿的情况。1889年，市长罗伯

---

① Schaake, 1972, p. 114.

特·莫兰（Robert Moran）雇用了大名鼎鼎的工程专家克罗内尔·G. E. 沃林（Colonel G. E. Waring）来为西雅图做排水规划。沃林建议使用分体下水道，把污水排入艾略特湾（Elliot Bay），但这个计划对于市政委员会来说造价太高。来自芝加哥的贝尼泽特·威廉姆斯（Benezette Williams）制定了一套备选的混合下水道规划，这个规划被市政府采用了，威廉姆斯的理由是环绕西雅图的沿岸海水完全有可能充分地稀释任何可能输入的有机水。因为城市下方多种冰川沉积物中出现了地下水，城北下水道的隧道开掘工作遇到了问题，冰川沉积物中出现地下水有复杂的原因，这是那个时期的工程技术专家所不能充分了解的。① 在那之后，城市工程专家 R. H. 汤姆森（R. H. Thomson）提出了一个全面的规划目标：一个有洁净的可信赖的供水系统的城市，一个完备的排水系统，以及一个新的街道体系，它比那种圆丘状的冰河期地形少了许多陡坡。汤姆森是那个时代一个典型的前瞻式的工程专家和景观设计师。他坚持继续采用混合下水道，下水道有通向皮吉特湾（Puget Sound）的排水口，而且是沿着排入皮吉特湾的杜瓦米许河（Duwamish River）的河道。1898 年，他开始了对这个城市长达 20 年的重建工程，为了建造下水道和调整街道的布局，这个工程动用了数百万吨的岩石和岩屑。②

随着城市发展以及新郊区的建设，越来越多的专业行政部门和地方政府都修建了新的排污管线。1936 年，西雅图市把它原来的 36 个排水口都从华盛顿湖转到了皮吉特湾，但混合下水道的溢流仍然把有机废物带入了湖中。1948 年，阿贝尔·沃尔曼（Abel Wolman）建议采用分体排水系统，但成立于 20 世纪 30 年代后期的华盛顿州污染控制委员会却建议在华盛顿湖周围使用一种拦截式下水道。到 1955 年，已经有接近 40 个社区的 21 个独立的排水区，全都聚集在西雅图市中心区的腹地华盛顿湖周围，自 1941 年以来，又有 10 个处理系统先后建

---

① Klingle，2007，p. 89.

② Klingle，2007，p. 92.

立，它们都把处理过的和未经处理的废水排入湖中。来自泄漏的化粪池、花园、高尔夫球场的化肥和农药以及宠物粪便的弥漫污染增加了华盛顿湖和杜瓦米许河的污染负荷。① 1955 年，华盛顿湖中蓝绿藻的出现提供了一个湖中严重缺氧的证据，这是高负荷污染的后果。一个应对水污染的州专门委员会提议成立一个大西雅图城市委员会来协调西雅图城市地区的基础设施建设。尽管有大量的地方反对意见，这个大都市委员会还是于 1958 年成立了，并且在 1960 年制定了一个工程升级的十年规划。1962 年，它与金县（King County）的 15 个市政机构和排水区达成了建造拦截式下水道的协议，把污水输入到远离华盛顿湖的新处理厂，再把处理过的水放入皮吉特湾。这个工程最终于 1982 年完成。② 1999 年，杜瓦米许河下游的清理工作继续在进行，政府指定的严重污染（Superfund，有毒废物堆场污染清除基金项目）地点也仍在处理之中。即使到那时为止，污染问题也并没有结束，多环芳香烃类（polyaromatic hydrocarbons，PAHs）和内分泌干扰物质在河水中被发现。③ 在皮吉特湾，木材处理设备是多环芳香烃类的主要源头，因为用于木材处理的木馏油含有接近 85%的多环芳香烃类。④

1975 年，肝部损伤（肝肿瘤）的重大事件在来自杜瓦米许河的英国鲽鱼（*Parophrys vetulus*，副眉鲽）身上第一次被发现。这种现象在来自受污水和工业活动影响的河口和港湾水域的鱼群中频繁地出现，而在皮吉特湾更靠外的开阔水面上，鱼群中则少见这种现象。⑤ 大多数受影响的鱼群都与水和沉积物中高水平的多环芳香烃类密切相关。1999 年的一项研究显示，来自伊格尔港（Eagle Harbor）、城市航道、西克雷斯特（Seacrest）、四里岩（Four Mile Rock）以及辛克莱水湾

---

① Klingle，2007，p. 208.

② Klingle，2007，p. 209.

③ Geiselbrecht et al.，1996.

④ Malins et al.，2006.

⑤ Myers et al.，1990.

(Sinclair Inlet）等城市地点的皮吉特湾蚌类身体里的多环芳香烃类［比如荧蒽（fluoranthene）、菲（phenanthrene）、苯并芘（benzopyrene）等］、多氯联苯（PCBs）、滴滴涕（DDTs）、其他杀虫剂以及指定金属（汞与铅）等的总组织浓度要比那些来自非城市地点［橡树湾（Oak Bay）、盐水公园（Saltwater Park）、库珀维尔（Coupeville）以及达布尔海岸（Double Bluff）］的蚌类更高。[①]

遭受化学污染的皮吉特湾比目鱼往往出现疾病增加的现象，并且在生长和生殖功能上也出现了变化，这种变化可能降低了主要生活在被污染地点的鱼的子种群的产量。诸如皮吉特湾的英国鲽鱼等物种已在被污染的海滨地区附近度过了一个关键时期，它们可能比那些只在这个时期未受污染的近海水体中的美洲拟鲽等物种更容易受到抗雌激素以及其他干扰内分泌的化学物质对于性腺发育的有害影响。[②]

俄勒冈州的波特兰

1929 年，俄勒冈州农业学院（现俄勒冈州立大学）对流经波特兰的威拉米特河（Willamette River）进行了第一次全面的水质调查，检测出夏季低流量时期上游 210 千米的溶解氧水平高于 8×10^{-6}。从塞伦（Salem）到纽伯格河段溶解氧水平为 7×10^{-6}，但更接近下游处则出现了迅速的恶化。在威拉米特瀑布上方，溶解氧水平为 5×10^{-6}，而到了波特兰港则只有 4×10^{-6}。这次调查的结论是，威拉米特河到达哥伦比亚的时候，溶解氧水平已经低于 0.5×10^{-6}。当这些废水流抵达波特兰港的时候，水质状况就变得严重恶化了。到 1930 年，波特兰已经有超过 30 万居民了，它的城市垃圾未经处理就通过 65 个单独的排污口流进了港口。潮汐作用以及来自哥伦比亚的逆流使得夏季低流量时期的废物大体上都被保留在港口之内了。其结果便是溶解氧差不多完全

---

① Krishnakumar et al.，1999.

② Johnson et al.，1996.

丧失。①

波特兰在对市中心西北部哥伦比亚泥潭（Columbia Slough）的污水和水污染进行处理时遇到了一些特殊的问题。在20世纪初期，波特兰每月有几百万升未经处理的污水注入了这条流动缓慢的航道，另外还有来自航道两岸的大约200个工业场所以及一个垃圾填埋场的污染。从1935年到1993年，在当地的新闻报道中出现了许多与之相关的气味和垃圾的投诉。许多非政府组织也谴责当地政府没有采取行动是因为许多当地居民是有色人种。1932年，该市着手在泥潭两岸运营一个垃圾场。到20世纪50年代，这个泥潭的状况已经变得极为糟糕，甚至连锯木厂的工人都拒绝去处理从它的废水里漂流过来的原木。②

波特兰在1951年开设了一家污水处理厂，这在某种程度上减轻了泥潭带来的问题，但当地垃圾填埋场的渗漏以及混合下水道的溢流迟至1993年还持续存在。北波特兰半岛变成了一个主要的工业区，留在工业区中的居民与总人口的状况相比处于弱势地位，他们对于城市其他地区的环境改善并不欣赏。最终，在1993年9月，市政委员会表决通过了一项决议，以1.25亿美元的投入来清除这个泥潭的全部混合下水道的溢流，这项工程利用5.5千米的隧道把受污染的水从泥潭中运走。直到那时，这个泥潭的环境状况仍是一个环境不公的最佳例证。

澳大利亚：悉尼应对污水海洋排放问题

悉尼在早期的卫生和污水处理方面遭遇了许多问题。悉尼市区和郊区下水道与卫生委员会在1875～1876年关于靠近悉尼湾的洛克地区的住宅状况报告中指出，只有4个厕所可供接近100位的居民使用，而且在有些情况下，粪便直接流入街道的排水沟里。③ 该市在1889年

---

① Bauer，1980.

② Stroud，1999.

③ McCracken and Curson，2000，p. 104.

安装了一个新的排污系统，但并非所有的流行疾病都得到了控制，因为没有处理过的废水被排入了悉尼港。到20世纪30年代，曾经影响过悉尼的瘟疫和其他流行病基本上被根除了，这部分是下水道改进的结果，但也是因为有了更好的总体卫生环境、日常饮食和健康关怀。

在1995年的“21世纪城市”战略制定之后，情况有了进一步的改进①，这个战略采取了一种整体性的眼光，它把规划作为一个“政府倾力投入”的过程，所有相关的专业行政部门都对悉尼的发展负有重大责任，包括供水、排污、道路和公共交通等。② 2000年，法定的国有公司悉尼自来水公司全部归新南威尔士政府所有，这是一家负责供水和排污的公用事业单位，它每日要从家庭和企业为悉尼收集、运送和处理大约13亿升（通常只达到基本水平）的污水。悉尼2.5万千米的下水管道还有相当多的部分需要维护和维修。大多数直冲式排水系统排出的污水通过废水处理厂处理后再流向出海口。尽管已在改进和保养上投入了千万美元，但暴雨水溢流的威胁却始终存在，它有可能把污水带入港口并且带上海滩。③

布宜诺斯艾利斯：从世界一流到扩展网络的紧迫需求

布宜诺斯艾利斯的供水和排水系统可能曾被其他地区的许多首都城市所艳羡：它们设计稳健，能够为500万以上的人口提供服务，它们是从1860年直到20世纪30年代这个黄金时代阿根廷水利工程专家们的作品。④ 为了给联邦首府（FC）和大布宜诺斯艾利斯（GBA）提供给排水服务，该市还成立了国家卫生工程机构（Obras Sanitarias de la Naciion，OSN）。1991年，当联邦首府的所有人家都有了下水道连

---

① New South Wales Department of Planning，1995.

② Freestone，2000，p. 129.

③ Connell and Thom，2000，p. 322.

④ Walton et al.，1995.

接的时候，大布宜诺斯艾利斯地区还只有26%的人用上排污系统。混合下水道为老旧地区排水，而新的地区已经有了分体式系统。下水道的非法连接是混合下水道溢流的主要原因：每天都有150万立方米的污水被排入普莱特河（River Plate）。大布宜诺斯艾利斯的广大地区只有化粪池，它们把污水都排入了当地河道的沟渠，这导致了地表水和地下水的污染。

1991年，阿根廷政府采取步骤把国家卫生工程机构私有化，阿根廷阿瓜斯水务集团（Aguas Argentinas）是一家由里昂水务集团（Lyonnaise des Eaux）领导的联合企业，它获得了管理、改进和扩展给排水系统的合同。① 这家联合企业是当时世界上最大的拥有单一供水特许权的企业，它的目标是，到1998年为止，为133.1万人连通供水系统，为92.9万人连接排污系统；但截止到预定日期，只有63万人的供水系统和11.2万人的排污系统被接通了。在1993年到2001年之间，本来应该保持10年不变的税费被提高了45%。然而，也有人声称，私有化过程每年已经挽救了375名儿童的生命，而且，它对卫生不平等现象有积极的影响。② 在未与政府协商的情况下，合同条款似乎也被管理机构随意地改变了。因偏向更简便、更有利可图的供水系统连接，并且还提高了收费标准，阿瓜斯水务集团明显忽略了下水道系统的改进，这侵害了公众对该集团的信任。③ 这家联合企业的盈利3倍于英国的那些私营的供水公司和排污公司，一份评估报告总结称：

> 一个被恢复了活力的公共部门供应商不可能做到的事情，布宜诺斯艾利斯的私营供水公司也同样无能为力，事实上，它使得该市某些严重的社会经济和环境问题更加恶化。④

---

① Walton et al.，1995.

② Baillie and Catalano，2009，p. 263.

③ Baillie and Catalano，2009，p. 264.

④ Loftus and McDonald，2001，p. 3.

布宜诺斯艾利斯给排水系统私有化的经验是否是20世纪后期环境不公的又一例证？在私有化之后，一个居住在更新、更贵的住宅里的家庭正在为付费的公共服务而支付账单，这笔费用是那些居住在更旧、质量更差的住宅里的家庭的7倍。然而，给排水连接高达1 500美元（1996年美元价格）的费用，也远远高出了该市贫困家庭每月200～245美元的平均收入水平。单是每月交付的连接安装费也会占到这些家庭收入的18%。① 除此之外，接入贫困家庭的水也已经被从数量日增的化粪池和污水坑渗漏到地下蓄水层的污水污染得更加严重了。2001年以后，阿根廷阿瓜斯水务集团制定了以贫困线以下的家庭为对象的“社会水费计划”，以保持卫生支出在家庭收入的4%以下，但涉及的范围只占潜在目标受益人口的10%。这分明有悖于私有化进程到特许期结束为止达到普遍服务的目标。②

2002年比索贬值之后，苏伊士水务集团（在1997年与里昂水务集团合并）取消了与阿根廷阿瓜斯水务集团的合同。当谈判在2005年9月结束的时候，该市超过95%的下水道仍在直接把污水排入普莱特河。苏伊士水务集团与阿根廷政府之间的争议最终得到了国际投资争端中心的裁决。③ 然而，尽管存在所有这些争议，面对这个局面的人性尺度就是要关注它对大布宜诺斯艾利斯大约1 100万人造成的影响。商业安排未能大幅改善贫困人口的条件，随着2002年经济危机的到来，这部分人口出现了急剧的增长。这些事件使人们想起了19世纪早期工业城市中一些与供水公司相关的灾难，也使人们联想起欧盟制定提高安全用水与卫生标准的千年发展目标的原因。

① Alcazar et al.，2000.

② Delfino et al.，2007.

③ Suez Environment，2010.

利物浦的排水口与拦截式下水道的发展

1786 年的“利物浦改革法案（Liverpool Improvement Act）”为利物浦街道和下水道的改善预留了 17.5 万英镑（相当于 2010 年的 1 300 万英镑）的费用。利物浦的排水系统始建于 1802 年。1816 年，除了南北两岸的下水道之外，利物浦的所有下水道都排入江边的码头和水坑。在 1830 年到 1856 年之间，利物浦公路局沿城市主干道铺设了 80 千米的下水道，但这些下水道的主要功能却是输送暴雨水。① 1848 年，自治市的工程师约翰·纽兰德（John Newlands）提议建立一个全市范围的排水系统，到 1857 年为止，该市已经修建了 130 千米的下水道。截至 20 世纪 50 年代，许多排水口还在把 45 万利物浦人制造的未经处理的污水放入利物浦的默西河口（Mersey Estuary）沿岸②（图 6.4）。

英国的 1951 年“河流法案（Rivers Act）”与 1960 年的“清洁河流法案（Clean Rivers Act）”对新的污水排放实施了废物排放控制标准。1973 年的“水务法案（Water Act）”创设了西北水务管理局，它的工作重点就是改善废水处理状况。20 世纪 70 年代改善河流状况的努力使工业污染的负荷下降了 30%。“默西河流域运动（The Mersey Basin Campaign）”形成于 1985 年，它拥有一个改善水质与进行河岸开发的 25 年规划。到 1987 年为止，有 40 种鱼类在默西河流域出现了，因为污水处理的改善和制造业的衰落使得工业污染大量减少。默西河口污染缓解计划的项目制造了一种重要的拦截式下水道，还打通了贯通利物浦砂岩基层的隧道，它把该市的废水输送到桑登码头（Sandon Dock）的一个新的废水处理厂，这是 1991 年被委托建造的（图 6.4）。③ 经过后来的扩建，这个因潮水对污水废物的来回冲击

---

① Midwinter，1971，p. 109.

② Burton，2003.

③ Olsen et al.，1999.

而一度肮脏的港湾变得十分洁净了，野生动物又回到了这里的盐沼和沙岛。

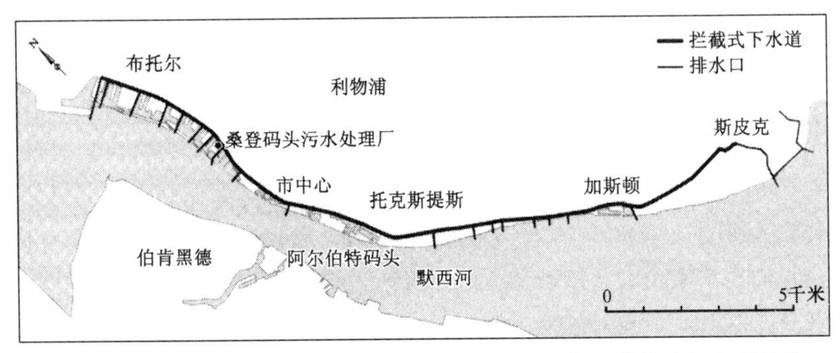

图 6.4 利物浦的拦截式下水道；以前的排水口，它们通常将未经处理的废水排入出海口；还有现今的桑登码头污水处理厂

排水系统的现代化

巴黎、波士顿、西雅图、悉尼、布宜诺斯艾利斯和利物浦都见证了 19 世纪后半叶对于公共卫生的重视，但为了在水质上实现重大的改善，却又另外花掉了 70 年到 100 年的时间，在这段时间里，混合下水道溢流的现象得到了控制。直至 20 世纪 70 年代，包括英国在内的欧洲大部分地区以及北美洲的情况都反映出了一种“理所当然”的态度，在英国的一份关于污水处理的报告中对这种态度进行了批评。① 1969 年的“美国国家环境政策法案（US National Environmental Policy Act）”以及欧洲经济共同体（EEC）1974 年至 1978 年发布的一系列有关水质的指令②从那时起开始产生了影响。最终，以保护环境、使之不会受到未经处理的“城市废水”的不利影响为目标的“欧洲城市废水处理指令（91/271/EEC）”开始涉及点源（来自工厂的排水口、

① Working Party on Sewage Disposal，1970.

② EEC 1975，1976，1978.

出水管道和下水道）污染的问题，尤其是来自混合下水道溢流的污染。这个指令确定了对于重要的污水排放处理的最低要求。欧盟的成员国在 1991 年 5 月采纳了这个标准，到 1995 年 1 月末，它还被转变成为英国的法律。在这种情况下，下水道的管理与废水处理已经变成全国性的甚至是国际性的关注重点，尤其是在像格兰德河（Rio Grande）、莱茵河、多瑙河和恒河等这些跨国河流的流域。

大城市地区的城市下水道管理问题已经变成了公共性、半公共性和私人机构关注的领域，但后者通常受到民选政府强有力的监管，不论它们是国家政府、州政府还是省政府。布宜诺斯艾利斯的案例表明，如果监管薄弱，或是缺少法律部门对公用事业公司的处罚，它们就不可能达到标准并且谨守它们合同的限期。许多城市已经对把集中的排污系统作为最佳解决方案的做法提出了质疑，尤其是在全年太阳能充足和生物活性高的低纬度地区。被用于相对规模较小的工程中的芦苇床显示，污染物可以被转变成植物性生物质，它们可以每年收获，可以为野生生物提供栖息地，改善城市的生物多样性，并且，它们还会提供诸如摄取温室气体等生态系统服务。① 在马来西亚，氧化池和曝气塘被广泛地用于污水处理，因为它们的建设和运营成本低。② 它们的操作和维护也很简便，但需要大片的土地。氧化池可能包含一个或多个系列的浅水塘。自然的水藻和细菌的生长有协助污水处理的作用，但处理的水平要视天气状况而定。氧化池和曝气塘经常被用于特定的新开发区，为的是避免通向大型中心处理厂的主要下水道的流量增加。

关注重心已经从公共卫生问题转向了江河流域和入海口的整体治理问题，并且还转向了生物学指标的利用问题，这种指标考察的是水生生态系统的质量，而不是具体的物理化学作用对水质产生的影响。这种对生态系统健康的关注，与对湖泊、河流和海洋废水中药用化学物质以及碳氢化合物，尤其是多环芳香烃类（PAHs）的关注，是相同

---

① Li，S. R. et al.，1995.

② Bradley and Dhanagunan，2004.

的。对内分泌干扰物质的广泛研究揭示了城市的农业化工和制造业是如何把这些物质排放到水生生物的食物链中的，它们影响到了可能最终出现在城市食品市场上的鱼类，并因此而影响到人类。

固体垃圾

古代的废物处理

大约在公元前2500年，在美索不达米亚平原苏美尔人的城市里，住宅还没有水管装置，所以，居住者都在河中洗澡，大部分的家庭废物只是在胡同里加以简单处理。城市的工人受雇来保持这些公共区域的清洁，大多数情况下，这也就意味着垃圾上会有一层灰尘和沙尘。过了一段时间，被积累下来的垃圾、灰尘和沙尘增加了路面的高度，因此，在房子的两侧搭上台阶就成为必要了。[①]

在北美洲，古代的玛雅人把他们的有机垃圾随便堆放，并且用石头和破碎的陶器来填埋。古代埃及城市赫拉克利奥波利斯（Heracleopolis）是下埃及（Lower Egypt）第九世和第十世王朝的首都，在这个城市里，社会精英和宗教人员家中的垃圾都有人收集和清理，通常是倒入尼罗河。到公元前1500年为止，克里特岛被指定为倾倒有机垃圾的地区。在大约公元前200年的中国，一些主要城市都有公共卫生巡查人员来监管街道的清洁问题，他们必须把动物和人类的尸体从街道清除出去。[②]

大约在公元前500年，希腊人建成了地中海文明中的第一个垃圾场。雅典市政委员会开始通过法律来要求捡破烂的人把垃圾扔到至少

---

① Hunt，2004，p. 38.

② Melosi，2005，p. 3.

离城墙 1.5 千米以外的地方，并且禁止把垃圾扔到街道上。①

罗马缺乏这样严格的市政管理手段，重要的公共活动之后的垃圾只是被管理部门收集起来，而在其他情况下，根据法律要求业主打扫与他们的房屋相邻的街道。富有的人则雇用奴隶来做这些事情，捡破烂者收集可再利用的和可以出售的垃圾，而粪便和其他垃圾则被高高地堆放在城市的许多地区，大约在公元 400 年，这些垃圾已经变得非常有害于健康了。②

中世纪的垃圾处理

在英国，对于露天垃圾场中垃圾焚烧的管理可以被追溯到 13 世纪。③ 英国议会在 1388 年就禁止在公共水道和沟渠进行垃圾处理。④

中世纪的巴黎逐步要求对一些具体的公共滋扰行为进行监管，范围包括从限制猪在街道上随意跑动，到坚持让运载货物进城的马车在从城市返回的途中携带一个垃圾兜。⑤

1914 年以前欧洲的垃圾处理

直到一种城市工业文化开始代替欧洲中世纪的农业社会为止，垃圾问题始终大同小异。从 15 世纪到 18 世纪的开拓性工作带来了地方性的改进，但主要的改革，正如排水问题一样，开始于 19 世纪。

法国

19 世纪是以对不断增长的城市原材料的依赖为标志的。单是这些

---

① Melosi，2005，p. 4.

② Melosi，2005，p. 4.

③ Petts，1994.

④ Melosi，2005，p. 5.

⑤ Melosi，2005，p. 6.

材料就已经能够让巴黎的新建企业去进行扩张，它们还满足了该市稠密的并且不断增长的人口的需求。不仅有大量的破烂的交易（参见第三章）①，而且屠宰场的副产品和其他动物的粪便也被广泛利用（图6.5）。② 19世纪20年代，在科学开始了解植物性营养之前，一种对肥料的探寻在法国开始了。各个城镇都是主要的巡猎场所，巴黎是其中猎物最丰富的源头（参见第三章）。下水道污泥为19世纪欧洲城市周围的城市边缘地带的农耕活动提供了一种重要的农业资源。下水道污泥肥沃了巴黎周围塞纳河区61%的农田，但直到20世纪20年代，城市垃圾在农业上的这种利用开始变得不再重要了（图6.6）（参见第三章）。③ 大多数没有在巴黎被循环利用的城市垃圾都被焚化了；但是，到1938年为止，垃圾量已经非常巨大，因此，垃圾填埋就开始了。

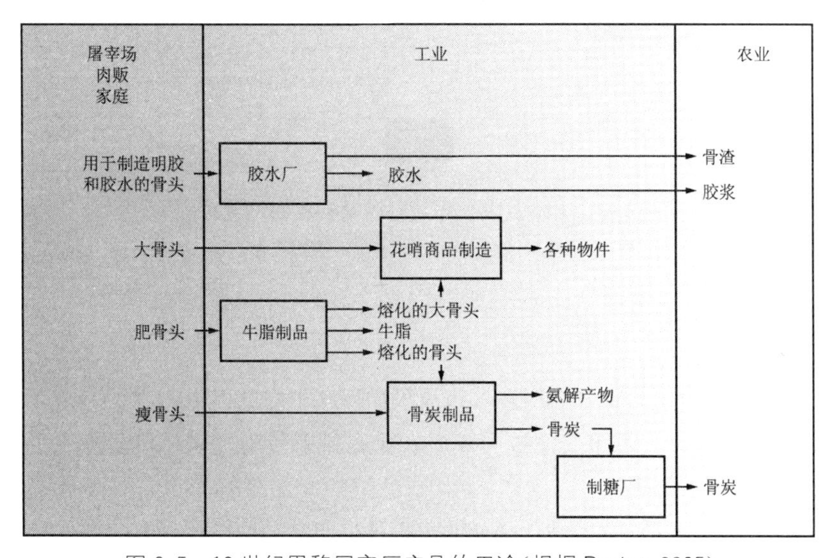

图6.5　19世纪巴黎屠宰厂产品的用途(根据Barles,2005)

① Barles，2005，p. 31.

② Barles，2005.

③ Barles，2003.

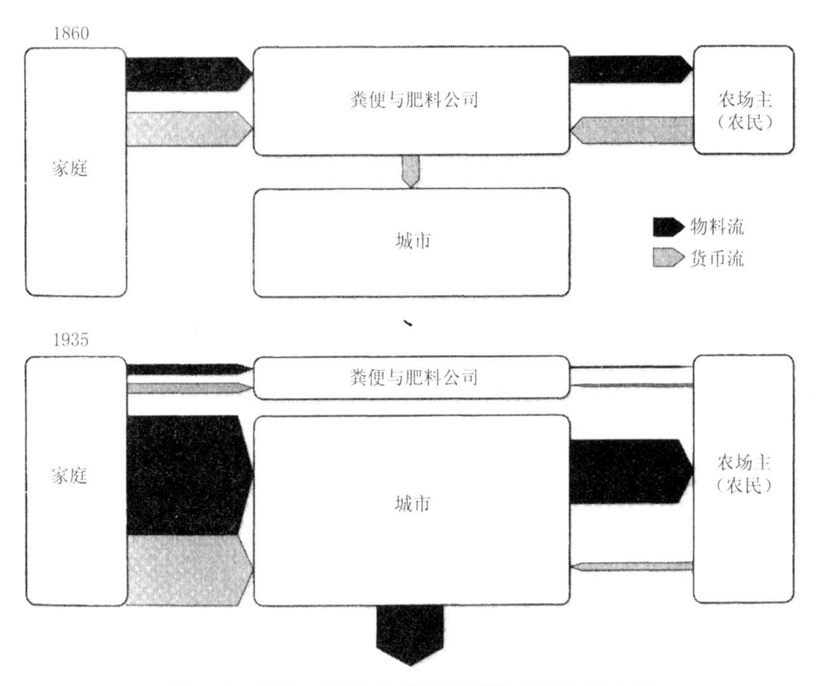

图 6.6　1860～1935 年肥料流动和农民与城市家庭之间金钱流动的变化（根据 Barles，2005）

英国

在 19 世纪后期，马匹在城市垃圾循环利用的进程中构成了一个非常重要的部分。城市粪便被当成了农业肥料来使用，这一用途构成了垃圾处理的手段之一。例如，在 19 世纪的大部分时间里，对于敦提（Dundee）公司而言，城市粪便的出售被证明是一种有利可图的商业机会，这桩生意还把喀斯高里（Carse of Gowrie）变成了苏格兰最肥沃的水果产区。①

1898 年，曼彻斯特市拥有 76 913 个桶式厕所、22 990 个户外厕所

① Clark，2007.

和 13 014 个粪堆，但当企业提供了冲水厕所进而把它推广到家庭住宅的时候，这些数字就开始减少了。每周从桶式厕所收集到的排泄物大约有 900 吨，其中大约有一半被晾干，而且被变成浓缩肥卖掉；剩余部分与灰尘和垃圾混合，它们被农民在卡林顿（Carrington）和查特茅斯（Chat Moss）地区的公司场地上加以处理。这些公司的地产范围达 1 520 公顷，并且每年能够使用大约 9.3 万吨的混合人类粪便。[①] 那时每年下水道废水、污物的处理都能产生超过 5.5 万吨由污泥压制的饼。1897 年，有 14 233 吨被农民移走了，这等于每天平均要搬 39 吨。平均有 41 875 吨是在两地企业的连接处被处理的。[②]

在英国，利物浦使用了两艘公司轮船阿尔法号和贝塔号来向海中倾倒垃圾。两船分别载重 330 吨和 400 吨，每周 4 次经过 38 千米的航程到达爱尔兰海。然而，至 20 世纪末，对被冲上威尔士海岸的垃圾的抱怨日益增加，渔民们抱怨称，他们的渔网都被罐头盒和其他垃圾填满了。[③]

英国的垃圾焚烧

城市家庭垃圾的“消灭”（焚烧或是焚化）代表了“垃圾革命”。第一次市级规模的有计划的垃圾焚烧开始于 1874 年的诺丁汉。[④] 垃圾焚烧炉的研制是一个大规模的市政计划，它受到了中央政府的贷款援助。它们是英国工业城市积累下来的有害物和公共健康问题的宏大的技术解决方案。最具意义的是，垃圾焚烧炉还标志着从再利用和循环利用的家庭文化（domestic culture）向垃圾处理方式的技术专家管理（technocratic management）的转变。从他们的拦截式下水道来看，垃圾焚烧炉在清洁和效率上得到了提升。通过燃烧垃圾来发电，在垃圾

---

① Meade，1898.

② Meade，1898，p. 424.

③ Clark，2007.

④ Melosi，2005，p. 39.

的再利用与垃圾处理之间，垃圾变能源的焚烧炉计划似乎提供了一种可选择的中间道路。垃圾焚烧炉体现了“城市现代性”，因为它承诺要通过有效的垃圾管理来改善公共卫生状况。① 曼罗夫埃利奥特公司（Manlove，Alliott，and Co.）于1876年在曼彻斯特、伯明翰和利兹等地安装了垃圾焚烧炉，当时，煎锅式的垃圾焚烧炉是有专利的。到1912年，在英国已有不少于338个垃圾焚烧炉，其中有80个以上在为地方发电。火焰将导致“接触到的传染物和病毒”完美毁灭。古德里奇（Goodrich）鼓吹说，“对于所有的垃圾，只有一种最终的处理方法，那就是净化器——火”②。在英国遭遇到了被明确定义的垃圾流所强加的挑战的时候，人们对作为一种垃圾处理工具的垃圾焚化炉，似乎拥有一种不可抑制的欲望。

然而，地方对垃圾焚烧炉的反对突出显示了19世纪后期和20世纪初期英国围绕有害物、公共卫生威胁和空气污染等问题所存在的诸多歧义。技术官僚把垃圾焚烧炉作为抵消由垃圾腐烂带来的公共卫生威胁的最有效的手段来加以推广。面对将要到来的法律诉讼，地方议会把“通过火焰来净化”当成了最有效的消除令人讨厌的城市垃圾的手段。③

在他们努力让人们相信垃圾焚烧炉的良性效果的时候，19世纪的工程技术人员在许多方面夸大了它与许多家用设备的近似性。T. 柯廷顿（T. Codrington）注意到，伦敦怀特查佩尔（Whitechapel）的垃圾焚烧炉位于一个人口稠密的居住区，而且，炉膛的砖砌结构离相邻的房屋还不到1英尺④。作为大都市的一个贫困地区⑤，怀特查佩尔也许是环境不公的更晚近的例证，它所显示的并不完全是一个让人吃惊的垃圾焚烧炉的位置问题。

---

① Clark，2007.

② Clark，2007.

③ Clark，2007.

④ 1英尺等于30.48厘米。

⑤ Clark，2007.

托基（Torquay）的垃圾焚烧炉

当城市在19世纪后期面对有组织的垃圾处理行动的时候，垃圾焚烧炉的引进凸显了技术官僚与当地居民之间的紧张关系。也许，没有哪个地方比英国西南部的托基、丹佛能更好地证明这一点。如同中部地区和北部地区的许多快速扩张的城市工业中心一样，托基在19世纪的最后10年选择了建造垃圾焚烧炉。当地的反对意见导致的结果就是，它留下了有关托基的垃圾焚烧炉的相对独特并有案可稽的调查。作为一个中等规模的自治市，托基提供了一种有关垃圾处理问题的有益的历史性洞察。一份有70位托基居民签名的请愿书在1902年被提交给《柳叶刀》杂志。请愿者相信，他们的健康已经受到了"（当地）垃圾焚烧炉里喷吐出来的烟雾和气体的损害性影响"①。

因担心垃圾填埋地点不足以及更远程垃圾运输费用过高，在砖厂黏土坑这个可利用空间已被用完之后，托基市议会做出决定，用火来处理垃圾是减轻城市垃圾堆积产生有害物的唯一可行的选择方案。为了与当时的标准做法保持一致，托基市又花了三四年的时间才认识到它使用垃圾焚烧炉的目的。然而，这并非没有难度。1899年3月，洛德·凯尔文（Lord Kelvin）在A. 巴尔（A. Barr）的协助下开始写一份报告，他因垃圾焚烧炉几乎完全不产生烟尘而予以强烈支持。垃圾焚烧炉内置两个多管锅炉，它们为驱动一个砂浆搅拌机、一个煤渣粉碎机和一个发动机的两个引擎供气。后者还为工厂和临近地区生产照明用电。

卫生工程师声称，英国引领世界采用了垃圾焚烧炉，因为这个国家的垃圾有大量的煤渣和很高的含灰量，并因此而有很高的含热量。②托基的垃圾有相当高的有机物含量，并且有时没有足够的垃圾来保持火炉的持续燃烧。垃圾焚烧炉常常不得不短期关闭并在之后重新启动。

---

① Clark，2007.

② Clark，2007.

在低温的情况下，煤烟也会排放出来。

1900 年 11 月 6 日，圣玛丽彻奇（St. Marychurch）、巴巴科姆（Babbacombe）和柯廷顿通过一项国会法案与托基合并了。在第二年的 2 月份，这个自治市的市政委员会做出决议，“禁止为了耕作的目的在自治市的任何地方出售或是处理家庭垃圾，所有这些垃圾必须被送到垃圾焚烧炉焚化”。垃圾焚烧炉的这种贪婪胃口显著地体现了这个自治市的公共卫生方针和地缘政治格局。①

也许并不令人吃惊的是，有关采用垃圾焚烧炉的大多数直言不讳的抱怨并非来自厄普顿山谷（Upton Valley）的贫困居民，而是来自垃圾焚烧炉周围山上的那些价值昂贵的别墅中的居民。在托基，地形上的特点已经在合力反对在垃圾焚烧炉与社会阶层之间的那种通常“安全”的空间关系。

当地对于托基垃圾焚烧炉的反对声音渐渐消失。居民们提出的各种投诉连篇累牍地见于 1902 年全年的《柳叶刀》杂志特别调查栏目，不过这一切在第二年就平息了。市政委员会坚定地相信，对于垃圾焚烧炉的技术改造已经解决了煤烟排放的问题。无疑，托基的地形变化和人口增长为垃圾焚烧炉提供了一种更慷慨的燃料供应。这进而又使得市政委员会减少了对于燃烧较差的花园有机垃圾的依赖。就在政区合并的 1 个月之后，市政委员会就限定每户每年要无偿清理两车花园垃圾。与根据 G. 戴维斯（G. Davis）的建议进行的技术改造相结合，这些手段可能为焚烧炉的炉膛提供了持续的高温，并且在一定程度上减轻了煤烟的麻烦。所以，反对意见的消失也标志着垃圾革命的胜利。

英国垃圾焚烧的衰落

由第一次世界大战造成的政治与经济危机导致了对于旧材料、旧设备再利用的重新发现，但是，长期来说，战时的特殊性没有能够把补救行为转换为和平时期的循环利用行为。所以垃圾焚烧炉再也没有

---

① Clark，2007.

获得令他们陶醉的1870年到1914年垃圾革命期间那种流行程度。但在20世纪初，英国还有超过300座垃圾焚烧炉，100年之后，只剩下了19座。尽管到20世纪30年代已被新兴的“垃圾卫生填埋”所替代，但垃圾焚烧技术仍然作为一种可行的替代方案而存在。①

1914年以前美国的垃圾处理

1870年，在美国的城市有150万匹马；截至1900年，马匹数量已经上升到300万。② 马匹需要喂养，这构成了复杂的生态系统交换的一个部分，邻近的农村土地的肥力通常要依赖把马匹和人类的城市废物用到土壤里。来自城市的肥料也被用于附近土地里的食物，尤其是蔬菜生产上。布鲁克林（即金斯县）、巴尔的摩和费城都保持了这种与邻近农村地区的关系。然而，饲料的提供也涉及更远的地区。在1879年到1909年之间，美国的干草产量从3 500万吨上升到9 700万吨，这主要是受到了城市马匹饲料需求的驱动。1895年，纽约市用掉了40万吨以上的干草，芝加哥市用掉的干草也接近20万吨。美国城市马匹的数量随着更有优势的机动车的出现而下降，从1910年的300万匹，下降到1920年的170万匹，再到1930年的不到100万匹。③

1885年，美国的第一个垃圾焚烧炉在纽约的总督岛（Governor's Island）开工，接下来便是1866～1867年在衣阿华州的得梅因（Des Moines）、西弗吉尼亚州的惠灵（Wheeling）和宾夕法尼亚州的阿勒格尼（Allegheny）等地出现的城市垃圾焚烧炉。美国垃圾焚烧炉的数量在19世纪90年代迅速增长，但到1909年为止，在过去15年里建造的180座垃圾焚烧炉中，有102座已经被拆除或是废置。燃烧不充分、又会产生有害煤烟是被提及的原因，但这并不恰当，或者说并不准确，

---

① Cooper，2010.

② Tarr and McShane，2005.

③ Tarr and McShane，2005.

与垃圾倾倒相比，它的设计问题和高成本也是其关闭的重要原因。①

美国20世纪垃圾处理技术的发展

垃圾的卫生填埋

西雅图、新奥尔良早期的垃圾卫生填埋试验，以及达文波特（Davenport）、衣阿华在20世纪10年代的实验，只是比以地面为基础的垃圾场稍大一点。现代系统性的或是大规模的垃圾处理实践在20世纪20年代开始于英国，当时是在“控制废物倾倒”的名义下进行的。在20世纪30年代，纽约市、旧金山和加利福尼亚州的弗雷斯诺（Fresno）取得了一些进展。在纽约，垃圾主要被放在位于沼泽之中的深洞里，之后，洞穴就被污泥填满了。在旧金山，垃圾层被在用于土地开垦的潮汐沼泽中进行处理，但实际上并不挖深沟。

让·文森兹（Jean Vincenz，1894～1989年），公共工程专员，城市工程专家，从1931年到1941年还担任了加利福尼亚州弗雷斯诺公用事业公司的经理，他是美国开发垃圾卫生填埋的关键人物。在弗雷斯诺，他建议该市不应该再延长弗雷斯诺垃圾处理公司的垃圾焚烧炉特许经营权。他认为固体垃圾的收集和处理应该是一项市政事业。他研究了英国、加利福尼亚和纽约盛行的好做法，并由此得出结论：一种真正的垃圾卫生填埋需要与别的地方不同的构成要素，尤其是需要系统地建造垃圾室，这是一种垃圾层之间的深度覆盖，而且既要压紧垃圾，也要培固覆盖的泥土。挖沟和压实覆盖物的过程，连同每日填充覆盖物，是弗雷斯诺垃圾卫生填埋的独有特点，把覆盖物压实是两者中更重要的一环。

在第二次世界大战期间，在让·文森兹的指导下，美国陆军工程

① Melosi，2005，p. 40.

兵把它的垃圾处理程序现代化了，并且被当成了各种规模的社区进行垃圾卫生填埋的一个范本。市政当局也被建议采用这种指导原则。加利福尼亚的卫生服务以及其他几个先进的州的卫生部门都制定了市级的垃圾卫生填埋标准，并且积极地为关闭传统的垃圾场展开了斗争。然而，在整体回顾美国固体垃圾管理实践之后，国会在1965年总结道：

> 无效的和不适当的固体垃圾处理方法导致了风景毁坏，对公共健康造成了严重危害，这包括空气和水源的污染、事故性伤害、以啮齿动物和昆虫为媒介的疾病的增加，这对土地价值产生了不良的影响，造成了公害，此外还干扰了社区的生活和发展……在抢救和再利用这些材料方面的失败和无能为力的现状造成了不必要的浪费和自然资源的大量消耗。①

直到20世纪70年代，固体垃圾处理方面的专业人士以及另外一些人士都开始怀疑只用垃圾卫生填埋的方式来应对未来的城市垃圾处理需要的适当性。建立新的垃圾填埋场在这个国家的一些地区已经有些困难，尤其是在东北部地区，许多社区根本就没有专门指定的为垃圾处理设施预留的土地。因为公民的抵制和越来越严格的环境标准，垃圾填埋场的建造还成了一桩令人不信任的事情。对于垃圾填埋环境的整体性关注，尤其是对那些没有充分监测甲烷气体的垃圾填埋场的关注正在增加。② 即便如此，垃圾卫生填埋可能依然是有待发展的最重要的也是最广泛地被采用的垃圾处理技术。

进一步的发展开始于20世纪50年代后期，其中包括一种私人承包形式的崛起。那些提供了规模经济、复杂管理和高效募资的公司吞并了更小的公司，并且取代了市政运营。处理成本的激增以及把劳动和运营成本转移到私人企业的愿望也发挥了作用。在20世纪80年代，私人承包快速发展，因为这是可以获得的最具成本效益的路径。到20

---

① Eliassen，1969.

② Read et al.，1998.

世纪最后一个十年为止，随着再循环材料的利用和废物控制技术的发展，社会似乎走上了更可持续的平衡的道路。

纽约史坦顿岛（Staten Island）的福莱西吉尔斯（Freshkills）垃圾填埋场是在 1947 年作为一个“临时的填埋场”而开业的，这个 890 公顷的场所（图 6.7）是由 4 个部分组成的，其中包括 50 多年的垃圾填埋场，填埋的大多数都是家庭垃圾。当驳船和垃圾车卸载的时候，化学物质就被释放到空气里；水泥粉碎车也把灰尘释放到空气里；雨水仍旧通过垃圾渗透到地下水中去。尽管这个垃圾填埋场在 2001 年被正式关闭，但那一年之后，它却开始接受世贸中心灾难的废墟。纽约地区先前的垃圾填埋场如今都已成为宝贵的地产。比如，2008 年，新泽西垃圾处理公司开始把新泽西州泽西市先前的 PJP 垃圾填埋场的 20 公顷土地开发为新泽西市有毒废物堆场污染清除基金的基地，它还将在这个地点建立一个 8.1 万立方米的配货中心，为纽约和新泽西的港口服务。至 2011 年为止，开发活动并没有进行，而在 2012 年，该市却开始在先前 PJP 垃圾填埋场旧址最不显眼的位置建起了一个休闲公园。

垃圾处理的公共责任或私人责任

英国传统的去中心化和自由市场的环境政策以及严重依赖以私有成分为基础的垃圾处理产业（几乎 100%是对有害垃圾的处理）的发展战略已经产生了这样的结果：它在对更高层次的垃圾管理方案的采用与投入上的能力和意愿几乎完全依靠其业已察觉的经济利益（比如更低的负债和市场优势等）。这与在荷兰、丹麦见到的管理类型以及德国兰德尔的某些管理方式都构成了对比，兰德尔的垃圾处理是由中央政府控制的，它对未来的垃圾量、所需的处置和处理能力以及设备的数量和地区分配等方面的预测，都是经过规划的，并且得到了中央政府的支持。①

① Petts，1994.

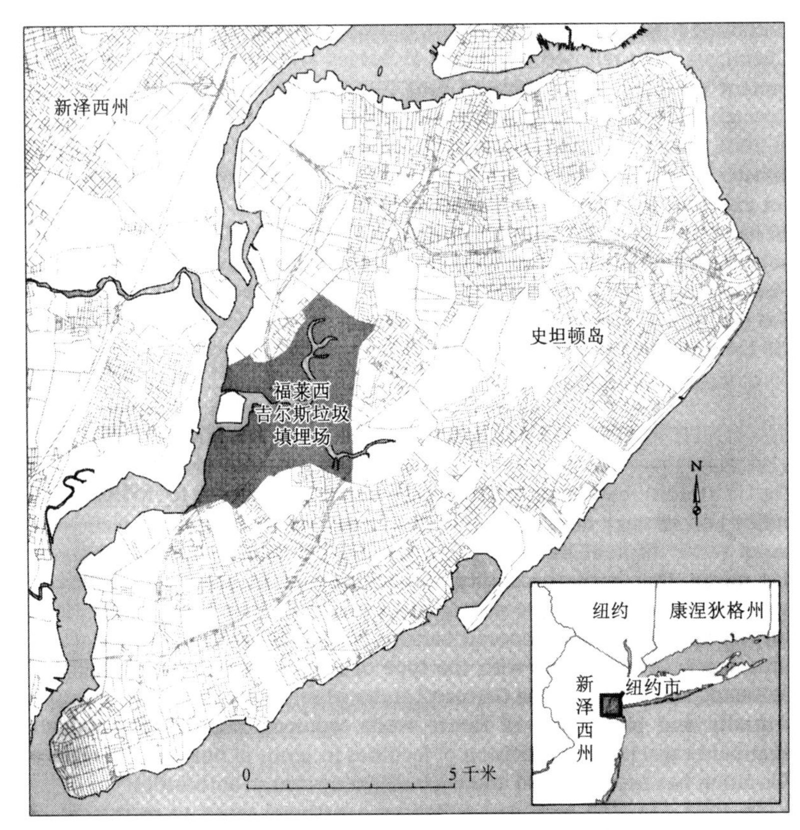

图 6.7 史坦顿岛福莱西吉尔斯垃圾填埋场的位置

1993 年，英国的循环利用政策设定了一个国家目标：到 2000 年为止，回收家庭垃圾流中 50%的可利用成分。欧共体有关垃圾的“第五环境行动计划（The EC's fifth Environment Action Programme）”制定了一个每年人均回收 300 千克城市固体垃圾量的目标，这是 1985 年的平均水平，大多数成员国在 2005 年都超过了这个水平，有一些国家要求的数量很大，法国规定的数量是每年人均 500 千克。①

尽管在许多国家有广泛的运用（表 6.1），至少从 1980 年以来，垃

① Petts，1994.

圾焚化设备和提案（也包括垃圾填埋）在欧洲的大部分国家和北美地区都已经遭遇到了当地社区的反对。当社会普遍拥有了以负责任的和环境安全的方式处理垃圾的需求的时候，在安装了那些处理设备的地方社区中，就会有许多成员不愿意再为缓解其他人的垃圾问题而接受潜在的风险和不良的环境影响。对于垃圾焚烧炉的反对也同样反映出公众对于那些似乎对他们生活造成了直接影响的制度性和政治性安排的反对，就像在面对烟羽（stack plumes）、噪声等现象时一样，这也反映出公众对于“有毒”垃圾、气味处理引发的悲剧性事故，对于任何重要的工业设施给当地社区的安逸生活带来的普遍损失的恐惧。①

表 6.1　2005 年被焚烧的城市固体垃圾的比例

国家	被焚烧的城市垃圾百分比	焚化炉数量	包括能量回收在内的被焚烧垃圾百分比	被焚烧废物、淤泥百分比
加拿大	9	17	7	*n*/a（不适用）
美国	16	168	*n*/*a*	*n*/*a*
新加坡	90++	4		
日本	75	1 900	*	*n*/*a*
瑞典	55	23	86	0
丹麦	65	38	*	19
法国	42	170	67	20
荷兰	40	12	72	10
德国	35	47	*n*/*a*	10
意大利	18	94	21	11
西班牙	6	22	61	*n*/*a*
英国	7	30	33	7

* 这些国家的大多数工厂都回收能量。

++ 不可循环垃圾的百分比。

2006 年 2 月，英国政府发布了一份关于其垃圾处理战略的审核方案，方案宣称，它预定要把城市垃圾的焚烧率从 9%提高到 22%。政

① Petts，1994.

府认为，增加垃圾焚烧的规模将会减少垃圾填埋场的垃圾，垃圾焚烧还可以通过垃圾变能源的技术应用而产生“绿色能源”。环境团体立即反对这个提案，理由是这将会减少垃圾的循环利用。

21 世纪的环境激进主义分子反对垃圾焚烧所造成的污染和卫生威胁。尽管如此，他们还是在 20 世纪 60 年代后期的环境主义准则之内行动的，准则把对公共卫生的关怀与全球背景下的自然保护和资源保护结合起来了。尽管以往的讨论已经对垃圾变能源可能带来的利益做出过评估，最近有关垃圾焚烧的批评却在抱怨说，垃圾焚烧有损于对可再生能源的推进。①

垃圾焚烧问题应该在综合的垃圾管理战略的背景之下来加以讨论，而不是作为一个单项的选择。尽管垃圾填埋在许多国家不可能丧失它的突出地位，但对其长期的环境影响更仔细的审查，那些捍卫其潜在可靠性的垃圾制造者们的日益增长的忧虑，对可接受垃圾范围的直接限制，以及改进了的工程控制技术，已经推进了垃圾焚烧的行动。后者已经从技术上被证明是一种高效地销毁和减少垃圾的方法。然而，要在公共领域把垃圾焚烧作为一种环境可持续性的选择加以推进，仍需要一系列的行动：

(i) **关注综合系统的运作**，一些材料（主要是金属材料）在这个系统中要被分离出去，并且在其余部分被焚烧之前加以回收；

(ii) **从所有污染物中回收能源**，有必要时利用经济手段推进其进展；

(iii) **残留物的处理和再利用**；

(iv) **高效并负责任的现场管理与调控**；

(v) **风险评估**，以对结果进行公开讨论的方式对所有指定工厂的运营进行评估。

最重要的是，对垃圾的高效管理需要一个长期的战略，它要以对

---

① Clark，2007.

包括不同选择方案的长期环境影响在内的各类相关的成本和效益的全面理解为基础。①

下水道污泥

英国每年总共要产生大约 140 万吨的下水道污泥，其中，大约有 90 万吨被处理在农田中。剩余的大部分污泥被焚化发电，电被用于垃圾处理厂的电力机械，甚或卖给电网系统。比如，威尔士水务高级处理厂在加地夫（Cardiff）、赫里福德（Hereford）和塔尔伯特港（Port Talbot）等地就减少了公司 10％的购电需求，购气需求也削减了 50％。在迪德科特（Didcot）污水处理场，除了用沼气发电之外，处理后的生物甲烷被输入国家气体供应网。即使如此，也还有一些灰渣被倾倒在类似英国默西河口弗罗德舍姆（Frodsham）沼泽的联合电力公司那样的处理地点。

垃圾与沿海开垦

如上文所示，城市垃圾在 20 世纪 30 年代的旧金山被用于土地开垦。旧金山海湾咸水沼泽的充填一直持续到 20 世纪 70 年代初期，到那时，原有的 2 200 平方千米的潮汐沼泽，只剩下大约 125 平方千米。②

直到 1945 年，东京地区的所有垃圾都是在陆地上处理的。但大约从 1957 年以来，垃圾处理场也被选定在东京湾开垦出来的土地上。1976 年以后，已在东京湾开垦出了更多的土地，几乎所有的垃圾都被倾倒在这里。③ 20 世纪 90 年代，日本相关的政府部门经过测算，大都市的垃圾将在 10 年内充填东京湾 10 亿立方米的空间。一项有关垃圾填埋利用 600 公顷土地的计划也被制定出来了。但为了处理城市家庭、

---

① Petts，1994.

② Nichols et al.，1986.

③ Takahashi，1998，p. 171.

工业、建筑、拆除垃圾，整个工程计划开垦 2 250 公顷土地。

减少垃圾流：减少，再利用，循环利用

垃圾的减少、再利用以及循环利用主要涉及个体和组织行为的变化。变化可以通过法规、经济刺激以及威慑来促进；也可以通过从再利用或简易的循环利用中获得的牟利机会来推动。法律手段通常只针对特定类型的垃圾。比如，“1994 年欧盟委员会关于包装垃圾的指令（the 1994 European Commission Directive on Packaging Waste）”①，其目的在于使各国所采取的措施统一起来，以防止或降低包装以及包装垃圾对于环境的影响，它含有预防包装垃圾的规定，含有包装再利用的规定和包装垃圾的回收与循环利用的规定。2004 年的一个评论对“包装”这个术语的概念做出了澄清，并且提高了包装垃圾的回收和循环利用的目标。

欧盟指令已经在垃圾循环利用方面带来了许多重要的变化。爱尔兰的数据显示，尽管垃圾收集量在增加，但进入垃圾填埋场的垃圾数量却在减少（图 6.8）。在分类垃圾来源地（即家庭、办公室或企业）所安装的设施有助于大幅度地减少一般垃圾箱中有循环利用潜能的材料的数量（图 6.9）。

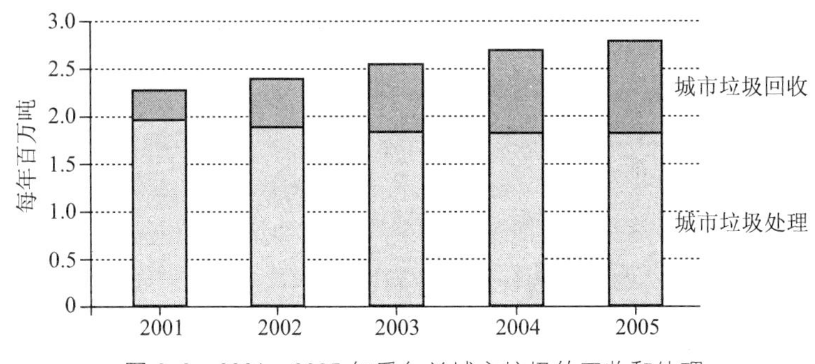

图 6.8　2001～2005 年爱尔兰城市垃圾的回收和处理

① EEC 1994.

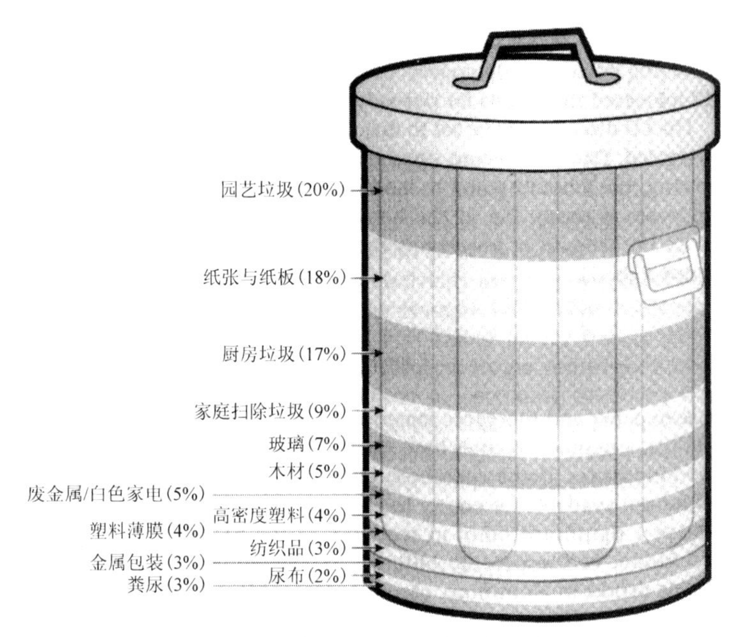

图 6.9　2005 年前后爱尔兰家庭垃圾箱中各种物质的平均含量

经济刺激

为了防止纸张和金属、玻璃以及塑料等非有机材料进入垃圾填埋场，许多城市都已经找到了推动循环利用和废物利用产业的方法。饮料包装罐退款模式已经建立。在 2007 年的上半年，用于空饮料包装罐的返还金额增加使加利福尼亚人在废物的循环利用方面实现了重大跨越。在加利福尼亚人购买的 200 多亿份含二氧化碳和不含二氧化碳的饮料中，铝制包装、玻璃包装、塑料包装以及双金属包装都可以有偿退回，在 2010 年，其中的 165 亿份被回收利用。

一些城市已经在收取未分类垃圾收集费，比如用于捡取那些可回收利用部分已经被分离出去的无成本垃圾。通过采用“为扔出付费”系统，至少有 11 个美国城市已经把垃圾循环利用率推高到 45％～60％

的范围，远远高于27%的全国水平。①

垃圾填埋税

垃圾填埋税是一种垃圾处理税。它旨在激励垃圾制造者制造更少的垃圾，从垃圾中回收更多的价值，比如通过循环利用或是堆肥等方式，并且利用更具环境友好的方式去进行垃圾处理。加利福尼亚的垃圾填埋场既被市政府、县政府征收了税费，也被州政府征收了税费。1989年的“垃圾综合处理法案（The Integrated Waste Management Act）”授权州政府征收垃圾处理费（2011年每吨垃圾1.4美元），用于赞助加利福尼亚州垃圾综合管理部的活动。为了回收设立当地固体垃圾处理规划和检查项目的成本，展开了收集和处理家庭有害垃圾的计划，也为了给循环利用和再利用项目提供一些资金，许多城市和县区都在向它们辖区之内的垃圾填埋场收费。2011年，蒙特雷（Monterey）地区垃圾处理区的固体垃圾处理费是每吨47美元，食物残渣处理费为每吨380美元，庭园垃圾和木材废料处理费为每吨23美元。

英国的第一个环境税种垃圾填埋税在1996年由环境保护大臣约翰·格默（John Gummer）建议推行，这是为了能让英国达到“垃圾填埋指令（Landfill Directive）”设定的可进行生物降解的垃圾填埋目标的一个关键机制。最初设定在每吨7英镑的额度，每年都有所增长，直至2012年4月达到每吨64英镑（表6.2）。在1997至1998年，以这样的收费标准每年被送往垃圾填埋场的垃圾总吨位达4 620万吨，从2000年到2002年，上升到了5 000多万吨，之后，在2010至2011年，下降到2 488.4万吨。在垃圾填埋的总吨数减到一半时，收费却增加了3倍。

通过那些生产一次性商品或是产生垃圾的企业的参与，一些城市已经向垃圾填埋场溢流的防控更迈进了一步。1997年，在土地短缺的日本寻找新的垃圾处理方案的东京市政府官员宣布，他们将会要求塑

① O'Meara，1999.

料瓶的生产者和销售者对他们的产品进行回收并循环利用。奥地利的格拉茨（Graz）已经制定了标签计划，鞭策小型和中型规模的企业减少垃圾：如果公司的固体垃圾减少了30%，有害垃圾减少了50%，它们就可以得到市政府的生态效益标签。

表6.2　英国垃圾填埋税税率

日　　期	标准税率（英镑/吨）	低税率（英镑/吨）
1996年11月1日	7	2
1999年4月1日	10	2
2000年4月1日	11	2
2001年4月1日	12	2
2002年4月1日	13	2
2003年4月1日	14	2
2004年4月1日	15	2
2005年4月1日	18	2
2006年4月1日	21	2
2007年4月1日	24	2
2008年4月1日	32	2.5
2009年4月1日	40	2.5
2010年4月1日	48	2.5
2011年4月1日	56	2.5
2012年4月1日	64	2.5

循环利用

在过去，原材料供不应求，进口尤为困难，在西方工业化国家，工业废物的循环利用在当时非常流行，这些国家都为大量的废纸、废纺织品以及废金属企业提供了资助。然而，21世纪初期见证了贸易全球化的重大变化，城市代谢必须通过工业制成品与废品的洲际流动来加以观察。在这个系统中，那些进入了垃圾流的物品变成了“有阅历的（experienced）”资源，它们可以在更多的产品生产过程中被重新利用。

媒体曾经对富裕国家向不发达地区出口有毒材料和电子垃圾给予了最大的关注，在那些不发达地区，废物的再利用是更为省钱的。在20世纪90年代，欧盟各国的政府、日本和美国的一些州政府都建立了电子元器件垃圾（电子垃圾）“循环利用”系统。但是，许多国家还没有能力去处理它们所制造的数量巨大并带有危害的电子垃圾。因此，它们开始把问题输出到发展中国家，在那些国家，保护工人和环境的法律尚不充分或是还没有被加强。在那些发展中国家，垃圾的“循环利用”还有价格上的优势；从电脑显示器的玻璃到玻璃的循环利用，其在美国的成本高出中国10倍。

当废料场发现它们可以在废物回收过程中获取铜、铁、硅、镍和金等有价值的物质的时候，亚洲对电子垃圾的需求就开始增长了。比如说，一部手机有19%是铜，8%是铁。在1995年到2007年之间，从欧盟各国运出的诸如废纸、塑料和金属等垃圾出现了引人注目的增长，大多是运往亚洲的，尤其是运往中国。输出给亚洲的废纸数量增长了10倍，塑料增长了11倍，金属增长了5倍。这些装船运输的垃圾在欧盟的内部也有所增长，只不过是以低得多的水平罢了。2007年，就在大量的废纸被运往亚洲的时候，也有许多废纸被从一个欧盟国家运往另一个欧盟国家。在欧盟内部转运的金属数量比运往亚洲的数量要大。可是，欧盟运往亚洲市场的塑料垃圾比在欧盟内部转运的要多。一个促成因素就是向中国运输垃圾是低成本的，因为用于进口货物的集装箱必须返回，装载任何货物都比空载而归有利。

在中国，电子垃圾拆卸在贵屿镇已经变成了一种重要的商业活动，它提供了5万多个就业岗位，并且还在能源消费的过程中积攒了被回收利用的材料，降低了二次污染的可能性。贵屿镇的材料再利用的情形也出现在附近的城镇和城市。周边地区成了使用回收材料的相关产业的大本营。被回收的塑料在汕头市被用于制造人造花、塑料配件、文具、礼品和其他商品。在澄海区，电子元器件被再利用于玩具制品，并因此而降低了这些产品的成本。这种闭环的材料使用（closed-loop material use），与企业的共生互利关系一起，对这些企业进行了协同定位，或者说把这些企业紧密联系在一起了，因此，一个企业的垃圾或是副产品，变成了另一个企业的原料，这种现象在中国和韩国已经被人们接受。

2005 年，超过 1.5 万吨的二手彩电从欧盟运往非洲国家。① 单是在尼日利亚、加纳和埃及，每天就有 1 000 台电视机抵达。与二手汽车和旧服装相比，这些电视机在被最终废弃之前可能会被再度使用。

城市代谢变化的副作用

从国际上看，垃圾的跨国贸易产生了严重的副作用。作为城市代谢全球循环的一部分，向中国出口的供拆卸的电子垃圾产生了广泛的环境影响。贵屿镇周围空气中的污染物水平高于通常的城市地区。比如，在贵屿镇采集的空气样本中，PM 2.5（每立方米 16.8 纳克）微颗粒物中，来自电子设备阻燃剂的有机溴化合物的含量比在其他地区采集的空气样本中通常见到的水平多 100 倍，这种化合物可能是扰乱内分泌系统的物质，并且可能来自不受控制的电子垃圾的露天燃烧。②

就其影响效果而言，有害垃圾的非法交易可能更为危险。2009 年 7 月，有 89 个装有混合垃圾的集装箱被非法地从英国运到了巴西。被巴西管理部门在 3 个港口发现的这 1 500 吨垃圾，贴有“混合可循环利用”的标签。管理部门声称，这些集装箱里装有垃圾填埋的废渣和有害垃圾，其中包括家庭垃圾、电池、注射器以及脏尿布。这些集装箱

---

① Fischer et al.，2008.

② Wong et al.，2007.

被遣返英国，而且，英格兰和威尔士的环境管理部门还对此发起了调查。①

政府的废物循环利用目标

欧盟的“垃圾填埋指令”表明了各国减少输入英国垃圾填埋场的垃圾数量的目标。这些目标包括：

1. 截至2010年，输入垃圾填埋场的垃圾应该是1995年的75%；
2. 截至2013年，输入垃圾填埋场的垃圾应该是1995年的50%；
3. 截至2015年，输入垃圾填埋场的垃圾应该是1995年的35%。

为了达成指令的要求，“2000年垃圾战略”确定了下列垃圾回收目标：

1. 截至2005年，回收40%的垃圾；
2. 截至2010年，回收45%的垃圾；
3. 截至2015年，回收67%的垃圾。

英国政府还公开了国家“2000年垃圾战略”的循环利用目标：

1. 截至2005年，25%的家庭垃圾应该被循环利用或是堆肥；
2. 截至2010年，30%的家庭垃圾应该被循环利用或是堆肥；
3. 截至2015年，33%的家庭垃圾应该被循环利用或是堆肥。

由各地方管理部门确定的2005/2006年废物循环利用的目标是

---

① Browne et al.，2009.

30%。政府颁发了一笔 2.6 亿英镑的“垃圾管理效率与性能补助金”，对地方政府减少垃圾、增加循环利用并且把垃圾从垃圾填埋场分流出去的行动予以援助。

改善更小城镇和城市废水处理系统

诸如澳大利亚、加拿大和美国等国家的许多小城镇都依靠当地城镇的垃圾场、垃圾填埋场来进行固体垃圾的处理。自 1970 年以来，更严格的国家或者是地方性的立法已经带来循环利用情况的改善，但在许多小城镇，垃圾填埋场还在数十年前的旧址上运行。澳大利亚新南威尔士州的阿米代尔（Armidale）是一个拥有 2.3 万人口的小城，它提供了一个很好的例证。市政府现有的垃圾填埋场靠近城市的东部边界，离城市中心区东南的大沼地路（Long Swamp Road）大约有 4 000 米，这个垃圾填埋场于 1961 年开业，到 2008 年，它还只有不到两年的使用期限。

与上文讨论过的波特兰有关下水道溢流的环境不正义问题相呼应，在阿米代尔，在垃圾填埋场西部不到 1 000 米处，城市中心区的对面就是一个叫做纳弯村的土著居民住宅区，这是先前的土著保护区，归阿米代尔地方土著土地管委会所管辖。当东风来临时，垃圾填埋场的灰尘和残片通常会被刮到纳弯村。

在 1993 年以前，几乎还没有垃圾循环利用现象。阿米代尔卫生院就在收集可供再利用的玻璃瓶以及可循环利用的玻璃。在阿米代尔周围的城市边缘地区，有 200 户或是稍多一点的人家拥有化粪池，这些化粪池必须每隔 3～5 年抽干一次，以便清除淤积的污泥和糟粕。以前，这些污泥都被播撒到农田里，但新南威尔士州环境和垃圾管理法规的有关变化，禁止对化粪池污泥或油脂废水进行这种形式的处理。阿米代尔市政委员会在 1996 年还采用了一种流质垃圾处理策略。与现有的垃圾填埋场相邻的两个厌氧塘和一个好氧塘在 1998 年 7 月已投入使用。

该市市政委员会的2003年企业规划承诺要制订垃圾最少化和开发垃圾填埋场的方案，规划还附上了一份垃圾收集的详细计划（表6.3）。在2003年，市政管理部门还在垃圾填埋场附近安装了一种处理可循环利用垃圾的材料回收利用设施（MRF），这套设施是由多种废料桶以及其他便于当地居民对各种垃圾材料进行手工分类的处理点构成。“废料箱”或是其他分类/收集设施可用于：（a）进行填埋处理的一般不可回收利用垃圾；（b）金属和金属的汽车零配件；（c）一般的园艺垃圾；（d）废木料；（e）砖石和水泥；（f）纸张和纸板箱；（g）塑料制品；（h）玻璃；（i）铝罐和钢罐；（j）旧电脑。重塑料、汽车电池、涂料、油类以及其他化学品可以被放进各种小垃圾箱或是专门的处理设备。这个设施还包括一个“资源回收中心”，这是一个商店，回收到的、可再利用的“二手”货物可以在这里销售。任何不能被分类到上述范畴的居住区垃圾都被归为易腐烂垃圾，在2008年，这种易腐烂垃圾被转让给了现有的垃圾填埋场处理。规划还打算在离阿米代尔东部将近12千米的瀑布路（Waterfall Way）旁边建造一个地区性的易腐烂垃圾填埋设施，这个问题被持续讨论到2012年中期。反对者们认为，垃圾填埋场的地址靠近加拉河（Gara River），该河流入见于“世界遗产名录”的森林地区。加拉河谷环境保护协会主席曾告诉新南威尔士州规划委员会，这个垃圾填埋场被建在了错误的地方，他还认为，现在大沼地路的地址可以被扩展。他说，被提议的新地点离“世界遗产名录”所在地仅有4 000米远，如果开发项目获得批准，可能会给环境带来不良影响。① 与此同时，阿米代尔市政委员会开始了一项家庭食品垃圾堆肥系统的实验，这个系统将把肥料出售给农民和住户。

---

① Jeffrey，2012.

表 6.3　2008 年澳大利亚新南威尔士州阿米代尔及周边各郡的垃圾收集系统

（根据阿米代尔-杜梅里克网站和可持续阿米代尔网站信息编制，网址为 http：//armidale-new. local-e. nsw. gov. au and http：//sustainablearmidale. com. au）

市政机构	垃圾类型	容器与容量	收集频率
阿米代尔-杜梅里克	城市固体垃圾（家庭）	140 升红色有盖“带轮子的”垃圾箱	每周一次
阿米代尔-杜梅里克	城市固体垃圾（商业楼宇与公共空间）	240 升垃圾箱	每周一次
阿米代尔-杜梅里克	绿色垃圾（园艺垃圾）	240 升绿色垃圾箱	两周一次
阿米代尔-杜梅里克	可回收垃圾（包装盒、金属、塑料和玻璃）	450×350×300 毫米分格箱（有盖）	两周一次
阿米代尔-杜梅里克	可回收垃圾（洁净硬纸板和纸张）	450×350×300 毫米分格箱（有盖）	两周一次
盖拉郡	城市固体垃圾（家庭）	140 升垃圾箱	每周一次
盖拉郡	城市固体垃圾（公共空间）	遍及全市的可变垃圾箱	每周一次
盖拉郡	可回收垃圾	52 升可回收垃圾分格箱	每周一次
尤腊拉郡	城市固体垃圾（家庭）	50、120 或者 240 升垃圾箱	每周一次
尤腊拉郡	可回收垃圾	52 升可回收垃圾垃圾箱	每周一次
沃尔卡	城市固体垃圾（家庭）	240 升“带轮子的”垃圾箱	每周一次
沃尔卡	可回收垃圾	52 升可回收垃圾垃圾箱	每周一次

伊斯坦布尔：从垃圾场到垃圾卫生填埋和循环利用

许多城市还有露天垃圾场，各种垃圾被储存在一起，这里不曾有过或者说根本没有打算每天要对这些垃圾进行遮盖。这些垃圾场常常连续起火，这种现象对那些靠从被倒掉的垃圾中捡拾材料勉强维持生计的人们是非常有害的。一些城市的垃圾管理者审慎地对垃圾进行定期的焚烧，以此来减少垃圾量，腾出空间以便延长垃圾场的寿命。捡拾垃圾者也可能造成人为的火灾，因为在灰烬中寻找并回收金属会比在混合垃圾堆中更容易。

直到 1995 年，捡垃圾者和垃圾起火一直是伊斯坦布尔的一个主要问题。在 1953 年之前，伊斯坦布尔的垃圾都是被倒进海里的。之后，不确定的垃圾倾倒地点开始发展到像莱文特-萨那伊马哈莱西(Levent-Sanayi Mahallesi)、赛伦迪普（Seyrantepe）、乌穆兰尼耶-穆斯塔法科迈尔马哈莱西（Ümraniye-Mustafa Kemal Mahallesi）等地。随着城市的快速扩张，这些地区都被非正式定居点所侵占，新的垃圾倾倒地点也在哈比布勒（Habibler）、乌穆兰尼耶-海吉姆巴西(Ümraniye-Hekimbaşi)、亚卡西可（Yakacik）、埃丁里（Aydinli）以及其他地区形成了。风从这些垃圾区刮过，形成了尘雾，它与来自垃圾中的有毒气体一起造成了当地的空气污染。溢出的甲烷造成了火灾并且带来爆炸的危险。垃圾堆中的水影响到了当地的河流和地下蓄水层。垃圾堆中还窝藏着害虫。垃圾“山”上也常常出现滑坡。1993 年 4 月 28 日，乌穆兰尼耶-海吉姆巴西垃圾场大约有 35 万吨的垃圾从 500 米高的地方滑入皮纳巴西居住区，掩埋了众多的房舍，造成了 32 人死亡。

这种危险的环境状况在 1995 年 1 月得以终结，当时，伊斯坦布尔大都市委员会开建了两个以现代方法进行管理控制的垃圾填埋场，分别是在博斯普鲁斯海峡临欧洲一面的伊优普-奥达耶里(Eyüp-Odayeri)和赛尔-科姆廓达（Şile-Kömürcüoda）临亚洲的一侧。奥达耶里垃圾场每日有 6 100 吨的垃圾接受能力，垃圾来自巴鲁塞恩(Baruthane)、耶尼波斯纳（Yenibosna）以及哈尔卡里（Halkali）转运站。亚洲的科姆廓达垃圾场则以每日 2 650 吨的能力接收来自海吉姆巴西和埃丁里转运站的垃圾。这两个垃圾场计划接收垃圾并为之分类的时间为 25 年。一个医疗废物管理的专项计划也在1995年启动。机械-生物垃圾的分类处理以及堆肥设施也从1999年开始运行。这家处理厂有日处理1 000吨垃圾的能力，这大约相当于伊斯坦布尔欧洲一侧市区全部垃圾的1/6。

印度的艾哈迈达巴德（Ahmedabad）：通过利用循环材料从垃圾中得到附加值

2006年，在古吉拉特邦的艾哈迈达巴德，产生于家庭范围内的固体垃圾中有接近2/3是有机垃圾，在垃圾流更下游的当地家庭分拣与破烂捡拾的系统内，有30%的非有机垃圾是可循环利用的。在该市各个棚户区，捡垃圾者捡到的材料都被承包人收购下来。然而，捡垃圾者也可以通过用垃圾制作新产品来改善收入状况。以前的捡垃圾者挣钱都是通过用废弃的纸张制作购物袋和结婚请柬的信封等手段，也有的捡垃圾者用碎布制作有用的物品来卖钱。用可循环利用的垃圾制作的产品还包括有良好隔热性能的屋面材料、缠有精致细绳的塑料袋，以及使用可循环利用的玻璃和陶土制作的新型窗户等。这些东西都被直接用来改善棚户区的条件。

马尼拉：垃圾超载

1991年初，迫于不断上升的要求改善垃圾处理状况并且关闭臭名昭著的斯莫基山（Smokey Mountain）的舆论压力，由世界银行提供资助的占地73公顷的地区垃圾卫生填埋设施在黎刹省（Rizal）的圣马特奥（San Mateo）开始运行。在此之后，1992年，65公顷的卡莫纳（Carmona）地区垃圾卫生填埋场在甲米地（Cavite）开业，而斯莫基山也在此时关闭。这两处设施都是按国际标准设计建造的，并且代表了政府的重大成就。几个大的垃圾场也在20世纪90年代初期开始运营，包括巴亚达（Payatas）和卡特蒙（Catmon）垃圾场。

1998年初，已经加剧的公众反对声浪使得卡莫纳的运营暂时停滞，这就把更大的压力放到了圣马特奥和其他主要垃圾场上了，它们必须接纳更多的垃圾。迫在眉睫的危机促成了巴伦苏埃拉（Valenzuela）的零古那恩（Lingunan）垃圾场的开工以及马尼拉18号码头的垃圾储存行动。1998年通过的“清洁空气法案”实际上搁置了建造垃圾焚烧厂的计划，这进一步限制了垃圾处理的选择空间。由于公众的强烈反对，圣马特奥垃圾卫生填埋场的运营也在1999年年末被强制终止。仅在数周之内，这一决定就导致了市政垃圾管理体系近乎灾难性的坍塌和严重的公共卫生风险。大都市马尼拉对垃圾处理无计可施，大量的垃圾无人收集。随意倾倒在巴亚达垃圾场的垃圾在2000年7月造成了一次灾难性的滑坡。这个悲剧显示了这次危机中人类付出的代价。随后，巴亚达垃圾场也被暂时关闭，但它在不久之后又开业了。2001年以后，另外一些受到严格控制的垃圾场被开发出来了，其中包括蒙塔尔万（Montalban）的罗德里格斯（Rodriguez）垃圾处理设施以及位于纳沃塔斯（Navotas）的坦扎（Tanza）垃圾处理设施等，但是，危机依然存在，到2003年，马尼拉还只剩下两年的垃圾填埋能力。① 试图在2007年关闭罗德里格斯垃圾处理设施的打算最终没能实现，当马尼拉的垃圾处理状况从一个潜在危机步入另一个危机之际，其他众多的垃圾场也只好延长它们的使用寿命了。

金边：一个传统的不受控制的城市垃圾堆

在柬埔寨的首都，垃圾是由私营公司收集的，并被它们运往斯登棉芷区（Stung Mean Chey）垃圾场。材料仅仅是被一倒了事，多达500人的捡垃圾队伍在卡车卸货的时候尾随其后，寻找着一切可以回收利用或是可以拿去出售的东西。对于被倒掉的这些物件，没有正式的循环利用或是再利用的路径存在。只有一架推土机来平整垃圾。②

---

① Asian Development Bank，2004.

② Kum et al.，2005.

然而，一个完整的非正式的回收利用垃圾的社群却在这些垃圾里讨生活，这要冒着相当大的受到伤害并且危及健康的风险。在 2003 年，每天大约有 86 吨材料从这些垃圾堆里回收，这大约是该市日总垃圾量的 9.3%。① 柬埔寨的状况是 20 世纪最后的 1/4 时间里，存在着包括红色高棉在内的那些冲突的后遗症，直到 2007 年，在金边还有大量的童工，包括斯登棉芷地区，在这里，那些收购被捡拾到的废物的中间商的店面在通往垃圾场的道路两旁并排而立。

在经过一段时间的拖延之后，一个新的垃圾卫生填埋场——东窟（Dorng Kor）垃圾填埋场——在 2009 年开业。它最初是被作为柬埔寨第一个垃圾卫生填埋场来设计的，财务和技术人才方面的难题表明，东窟垃圾填埋场目前正在以部分卫生填埋的方式来运营，因为每日的土壤覆盖是不规则地进行的。虽然建造了存储渗漏液的水池，却没有渗漏液处理设施；渗漏液从垃圾处理地区抽进存储池，任其自己蒸发掉。在垃圾填埋场官员的管制下，斯登棉芷地区的捡垃圾者都转移到了东窟垃圾填埋场；他们必须注册登记，并且必须从指定地点捡拾可循环利用的材料。②

内罗毕：破烂捡拾与非正式定居点

在发展中国家的大多数城市里，垃圾收集消耗了相当大的一部分市政预算，但在鼓励垃圾的循环利用方面却无功、无效也无用。在肯尼亚的内罗毕，大量的垃圾进入了大垃圾场，但在像基贝拉（Kibera）贫民窟这样的非正式定居点，大量的垃圾被非法乱扔。与基贝拉贫民窟相邻的内罗毕大坝建成于 1953 年，作为一个饮用水供水系统的水库，它在暴雨期间已经受到来自基贝拉贫民窟的径流冲到下游的垃圾的严重污染。由此而产生的环境退化给附近的居民带来了健康风险，

① Seng et al.，2011.

② Seng et al.，2011.

对于贫民区的那些使用更下游地区被污染水源来灌溉庄稼的人们来说，情况尤其如此。① 在内罗毕，许多不同的群体都在收集诸如纸张、废金属和塑料等可循环利用的材料（图 6.10）。其他的一些群体则用有机固体垃圾（厨房垃圾）来堆肥，这些肥料都出售给市区农民和景观设计者。

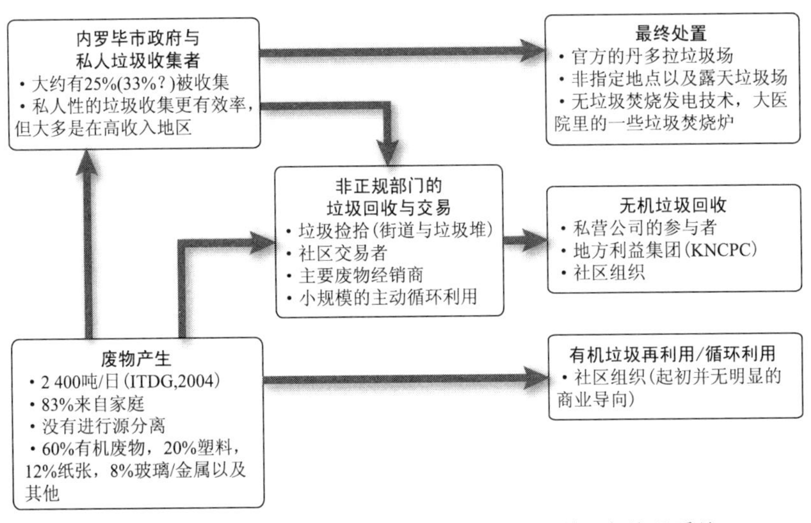

图 6.10　肯尼亚内罗毕的城市垃圾收集、循环利用和处理系统

尼日利亚废物流中的塑料问题

在尼日利亚的拉各斯大都市区，大多数城市固体垃圾都被不定期地在类似科索夫（Kosofe）地方政府区的奥卢索森（Olusosun）处理厂这样的露天垃圾场进行处理。这个垃圾场原本处在市郊的位置，如今却已被居民区、商业区和企业区所包围。被随意倾倒的垃圾包含着医疗废物、有毒的工业固体垃圾以及家庭垃圾。家庭垃圾可能还含有

① Henry et al.，2006.

人类和动物的排泄物，这些物质都可能是影响包括捡垃圾者在内的垃圾处理工的致病菌的源头，那些捡垃圾者都以可循环利用的废品为生。无机垃圾材料在垃圾场的随意倾倒则导致了重金属的持续污染。这个问题可能已经通过对固体垃圾以及可循环利用的无机成分的分类而有所缓解。① 火灾周期性地出现于垃圾堆，造成了浓烟并且引发空气污染。奥卢索森垃圾场的常规做法并不符合公共卫生和环境保护的最佳原则。垃圾的捡拾在资源回收/再利用中发挥了关键的作用，但这个过程也给生命带来了威胁。为了减少对工人的健康危害，捡垃圾者应该被纳入正规部门的管理之中。②

到 2009 年为止，一项从奥卢索森垃圾填埋场提取垃圾填埋气体并且把它在火炬中烧掉的计划得以实施。而且，生物气体可用于发电等目的，并且也因此可以给地方电网输电。由于地方政府缺少行动的自由或是行动的意愿，机遇也常常错失。

城市废物的总结

在许多富庶的城市，过去的 30 年见证了在对使用过的材料进行回收和再利用方面的方法转变，这是从软硬兼施的政策过程向具有更大的可持续性方向的转变，那些被利用过的材料，有时也被称为“有阅历的资源”。郊区有多达 4 种不同的彩箱或是彩盒，在规定的日子里，它们被放在街上以回收废物。光顾一下当地的“回收中心”，那里有常常被当成了展窗的仓库，一系列贴有标签的货柜上摆放着从旧电视机到废木材和金属等物品。在城市的另外一些地方，建筑垃圾和拆迁垃圾被就地再利用或是被储存在一个合适的地点，以备日后使用。工业废料可能会被相邻的制造厂使用或是回收。旧产品被重新制造则减少了对原材料的需求。为了回收贵金属和其他成分，特殊的废物或是电

---

① Oyelola and Babatunde，2008.

② Oyelola et al.，2009.

子垃圾也得到了谨慎处理。对于医疗垃圾和有毒物质则有严格的管理。

在其他地方，尤其是在亚洲、非洲和拉美的许多城市，循环利用采取了一种不同的形式，可利用的无机材料很少进入城市的废物流，因为它是被单独收集的，并且卖给了中间商。塑料和有机垃圾成为了最大的问题，而提炼肥料的技术尚未得到充分的开发。在马尼拉和金边等地，废物处理还有许多曾见于中世纪的巴黎和伦敦的元素。卫生风险仍然很高，而政府正努力寻找足够的资源来规范捡拾垃圾的行为，以确保儿童的健康和安全。

麦乐西曾经获得了“垃圾历史学家”这个可爱的绰号，他争辩说，固体垃圾作为一个城市问题，它的历史根源、复杂性和持续性经常被人忘却。[①] 多重解决方案，尤其是减少废物和废物再利用已经开始产生效果。垃圾填埋、焚烧和回收利用如今正与园艺垃圾和食物残渣的生物分解、沼气能源回收以及在城市垃圾中提炼肥料等手段同时并存。并不存在毫不费力的简单解决方案，垃圾填埋地点的短缺已经迫使许多地方政府寻求备用方案。然而，面对公众对于各种形式的垃圾焚烧的担忧以及普遍的“不在我后院”的麻木综合征，政府管理部门必须继续向着让垃圾制造者付费的原则挺进，比如垃圾填埋税或者是按垃圾箱（垃圾桶）的容量或质量收费。最终，每一件无用的材料必将被看做是一种寻找新用途的“有阅历的资源”。在价格合理的时候，废金属也会变得极有价值，因此才有窃贼从路边下水道偷取井盖的行为。所以说，可能所有的剩余物都会有一定的价值，即使仅仅是作为一种加热燃料或是肥料。从全球来观察，那些非常富有的人把东西扔掉，那些贫困的人却在极力地为他们可以得到手的任何废物寻找着再出售的机会。

---

① Melosi，2001.

第七章 城市的声音与气味：喧闹而难闻的城市

为有一个可持续的未来而管理城市，这在很大程度上有赖于让城市地区更加紧凑化，但这也会带来紧凑城市困境（compact city dilemma）。紧凑城市限制了环境问题的扩散；它们维护农村地区的环境，并且保护自然、节约能源，它们还有一个高效的公共交通系统。但是，一个紧凑城市也会产生环境问题：更多的噪声、外部的安全风险、气味问题以及丑陋的市容。① 老的城市力图维护它们紧凑的足迹，当它们想要开发市中心破败失修的地区并把它们变成居住区的时候，经常面临诸多问题。国家的环境标准，特别是限制对这些地点进行空间开发的有关规范，似乎有违紧凑城市的观念。②

尽管人们可以很明显地感觉到，在紧凑、密集的建成区，噪声和气味问题常常被城市环境报告所忽略，这可能是因为它们不属于环境系统或城市景观讨论经常涉及的对象。然而，对于生活在城市和城镇的人们来说，这一切却是普遍存在的环境现象，它们既是日常生活的

① de Roo，2000.

② Glasbergen，2005.

一个不变的背景，也是对人们舒适生活的偶然性干扰。纵观城市历史，噪声和气味问题早已引起了人们的不满。索福克勒斯（Sophocles）曾写道，公元前5世纪的底比斯（Thebes）充满了各种各样的噪声、气味，从呻吟叹息到赞美诗以及焚香的余烬散发出来的恶臭①；而在古罗马，诗人贺拉斯（Horace）也曾抱怨过街道上重型货车发出的噪声②；尼禄曾通过了一项禁止马拉车在晚间活动的法律，因为马蹄踏在卵石街面上会产生噪声。③ 19世纪以后，马塞尔·普鲁斯特（Marcel Proust）把他的书房用软木板做内衬，以隔绝街道的噪声④，而在伦敦，为了拥有一个平和与安静的氛围来写作关于弗里德里克大帝（Frederick the Great）的著作，托马斯·卡莱尔（Thomas Carlyle）则于1853年在他夏纳步道的住宅建造了一个隔音室。⑤ 在16世纪的伦敦，齐普赛街（Cheapside）东端股票市场的气味是如此浓烈，以至于相邻的沃尔布鲁克圣斯蒂芬（St. Stephen Walbrook）教堂的会众都被这种腐烂蔬菜的恶臭气味熏倒了。⑥ 在19世纪，来自爱丁堡皇室居住地荷里路德宫（Holyrood House）周边"肮脏小溪"（foul burns）（露天河流）中污水的恶臭也变得更加糟糕，以至于维多利亚女王拒绝在那里下榻。⑦ 与此同时，伦敦怀特查佩尔（Whitechapel）地区的一个普通科医生也报告说，住在这类贫困地区的人没有足够的水来洗涤恶臭难闻的衣服，以至于他一进诊所，就要把门敞开着。⑧

那些来自类似啤酒厂或面包房的气味可能标志着一个城市的特定地区的特点。在很多情况下，它们还与特定的噪声联系在一起，比如

---

① Classen et al.，1994.

② Stevenson，1972，p. 195.

③ Miller，1997，p. 69.

④ Stevenson，1972，p. 195.

⑤ Picker，2003，p. 43.

⑥ Ackroyd，2000，p. 366.

⑦ Fry, Michael，2009，p. 313.

⑧ Royston Pike，1966，p. 341.

像航空燃料的气味与飞机场周围飞机起降的噪声。当许多人发现面包房的气味是城市多样性中一个迷人的部分时，而诸如失修下水道或是有毒工厂等排放出来的另一些气味则是对人们生命的持续摧残。本章将会触及这些问题，并对在现代城市历史中为抵制这些问题而采用的手段做出解释。

噪　声

城市噪声：性质与计量手段

噪声可被界定为一种不想要的（unwanted）或不受欢迎的(undesired)声音。接触高噪声水平可能直接导致听觉丧失和/或听力损伤。噪声还可能降低生活质量，并且影响健康和生理机能的发展。① 从远古时代起，城市居住者就不得不去应对各种不想要的声音，或者说是噪声。在19世纪后期，伟大的德国医生罗伯特·柯奇(Robert Koch)曾经预言，“人类与噪声战斗的日子即将到来，这场战斗将会像与霍乱和鼠疫的战斗一样激烈”②。自工业革命的早期阶段以来，噪声的数量已出现了令人瞩目的增长。时至今日，城市生活里持续存在的喧闹声已经影响了人们的工作，造成了人们听觉和心理的障碍，它还在邻里与宾馆旅客之间引起了有关城市居民应该勉强容忍什么样的噪声水平的争论。“声音已不再只由人类和自然发出，因为机器也在到处轰鸣，技术并非只是测量声音的各种手段，它也在制造和仿造声音，电子游戏和电影就是如此。”③

噪声有两个维度：音高（频率）和振幅（强度）。音高是通过一个

① Piccolo et al.，2005.

② Garcia，2001a.

③ Pinch and Bijsterveld，2012，p. 4.

给定的点上每秒钟声波传递的数量来测算的，以赫兹（Hz）来表示。振幅反映的是声波在中值线之上或之下的高度或深度，它是以分贝［dB（A）］来计算的。对数分贝标度（表 7.1）的范围是：从可以被正常年轻人的耳朵捕捉到的最小的声音［0 dB（A）］到类似站在喧闹的风动钻机旁边听到的那种痛苦的声极限［130 dB（A）以上］。[①]

表 7.1 分贝水平

（根据 http：//www.gcaudio.com/resources/howtos/loudness.html）

环境噪声	
可以被听到的最弱声音	0 dB（A）
安静图书馆内 2 米距离的低语声	30 dB（A）
1 米距离的正常会话声	60～65 dB（A）
打电话的声调	80 dB（A）
城市交通（车内）	85 dB（A）
160 米距离的火车鸣笛，交通货车	90 dB（A）
16 米距离的凿岩锤声	95 dB（A）
65 米距离的地铁	95 dB（A）
持续接触可能造成听觉丧失的噪声水平	**90～95 dB（A）**
猛烈的电钻钻击声	98 dB（A）
1 米距离的电动割草机声	107 dB（A）
雪地机动车，摩托车	100 dB（A）
1 米距离的电锯声	110 dB（A）
喷砂打磨，摇滚音乐会	115 dB（A）
感到疼痛	**125 dB（A）**
1.3 米距离的气动铆接机声	125 dB（A）
即使短期接触也能造成永久性损伤——被建议为借助听力保护可以接触的最大声音	**140 dB（A）**

① Stevenson，1972，p.196.

续 表

环境噪声	
30米距离的喷气式飞机声	140 dB（A）
12mm口径的散弹射击声	165 dB（A）
听力组织死亡	180 dB（A）
最大可能声音	194 dB（A）

一次分贝的检测并不能证明环境噪声的情况。为了克服这个难题，ISO1996/1建议检测一个时段的百分位水平，也就是超出一个规定时段 T 的 $N\%$ 的分贝水平。百分位水平显示了最大的和最小的噪声水平。①

环境噪声“污染”与超出了舒适水平的环境声音水平有关，这些声音是由交通、建筑、工业以及某些娱乐活动制造出来的。它可能直接地也可能间接地加剧对健康造成的严重影响，比如损坏听力，或是影响睡眠，它还可能造成后来的精神障碍，也可能导致血压升高。与噪声相关的血压升高持续在儿童身上发现。关于缺血性心脏病，也有一些文献上的证据表明，住在屋外噪声水平超过65～70分贝的喧闹地区的研究对象增加了患这种疾病的风险。② 噪声影响可能引发早产儿的疾病，并且，在极端的情况下还可能导致早产儿的死亡。夜间的影响可能与日间的影响有重大的区别。45分贝以上的噪声在夜间醒来的时候达到了一种呈指数级的增长（图7.1）。幸运的是，大多数城市都显示出，午夜之后的噪声水平明显降低，而在早晨6点钟之后，噪声迅速升高（图7.2）。在北美和欧洲的大多数城市中，有10%的城市在大约早晨7点钟的时候达到了75分贝的噪声水平，直到下午4：30，噪声水平仍然很高（图7.3）。

① Brüel & Kjær，n. d.

② Babisch，2000.

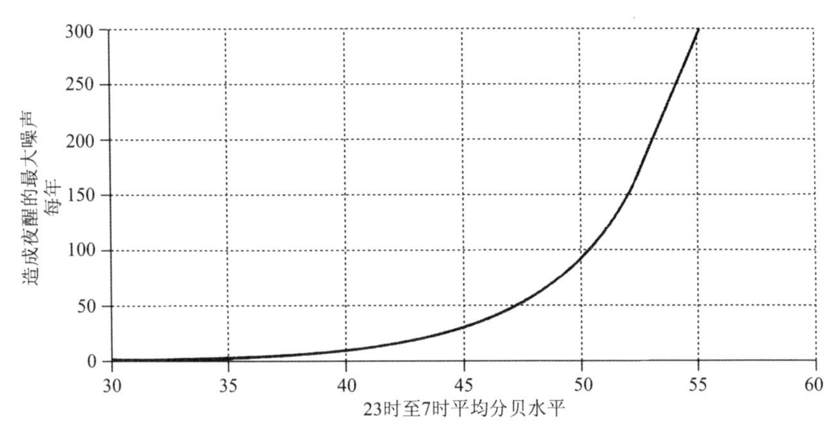

图 7.1 夜间醒来时的噪声水平函数

（根据 Passchier-Vermeer and Passchier，2000）

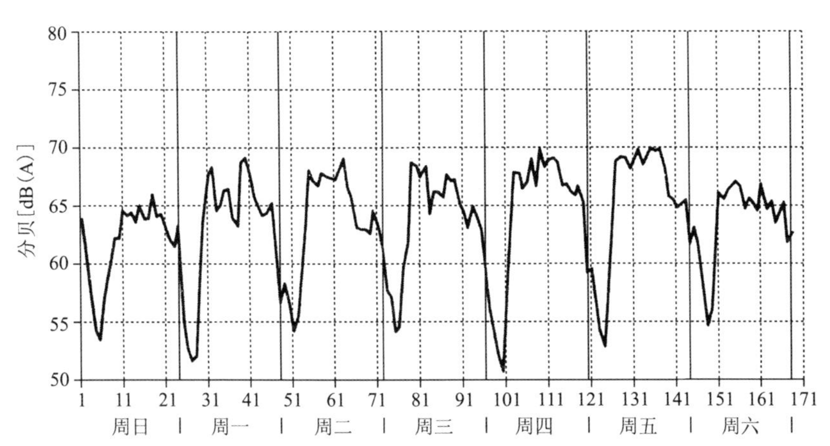

图 7.2 美国俄亥俄州阿克伦城噪声水平的日间变化，该图显示了噪声水平在午夜之后的降低以及周末较低的峰值水平（根据 Harnapp and Noble，1987）

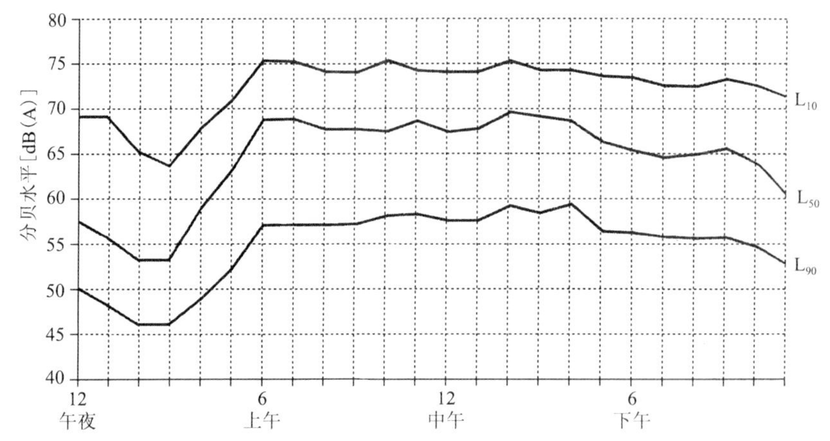

图 7.3　北美城市平均每天 10%(L_{10})、50%(L_{50})以及 90%(L_{90})分贝水平的相对频率(根据 Harnapp and Noble，1987)

城市噪声管理

英国的噪声清除

19 世纪初期的城市都是喧闹的地方，有大量的街道活动。许多人抱怨由马匹以及马拉车辆造成的干扰以及出售货物的人们争相叫卖的噪声。这就是许多作家写到的伦敦的喧闹声，比如狄更斯就在他的小说中时常提到这个现象。① 1839 年的“大都市政策法案（the Metropolitan Police Act）”第 54 节就包含了针对这种噪声来源的专门条款。②

就在肯辛顿（Kensington）和切尔西（Chelsea）这些内伦敦最整洁的郊区中的中产阶级欢迎“1839 年政策法案（the 1839 Police Act）”的

① Picker，2003，p. 21.

② Noise Abatement Society，1969，p. 50.

神威之时，其他的人却对之予以猛烈的批评。1941 年，查尔斯爵士（Charles Knight）就公开支持那些被居民指控为敲诈者的街头音乐家，这些居民为了让他们到别处演奏，曾经定期付钱给他们。爵士认为，这些街头音乐家应该有其存在的权利。20 年过后，国会的贵族成员以家长式的作风代表工人阶级辩护称，把所有的手风琴师从街道上清除将会剥夺穷人的一项娱乐活动，他们的娱乐活动本来就很有限。①

总的说来，“1839 年政策法案”并没有遏制伦敦街道噪声的增长。有些人对噪声问题迁就颇多。在某种程度上，反对街头音乐家的运动开始被看做是与新兴的专业人士斗争的一个组成部分，中产阶级知识分子认为，他们的知识劳动需要一个低噪声的环境。现代计算机之父查尔斯·巴贝奇（Charles Babbage）是一个不懈地反对街头噪声运动的活动家。当他在要求警方逮捕手风琴师的时候，他常常被持批评态度的人群跟踪。② 在维多利亚时代，街头噪声越来越成为社会骚乱的一个极为恶劣的源头。③ 最终，德比市的议员迈克尔·T. 巴斯（Michael T. Bass）成功地在 1864 年促成了一项更有效地管理大都市街头音乐的法案，这项法案改变了警方的权限并且加强了住户对直接影响他们城市环境质量的行为行使权利的能力：

> 大都市警区的任何住户、个人，或是通过他的佣人，或是通过任何警员，都可以要求一切街头音乐家或是马路歌手离开他们房屋所在的住宅区，或是出于患病的原因，或是出于干扰了日常工作的原因，或是根据这套房屋的任何居民的要求，或是出于其他合理或充分的理由……④

---

① Picker，2003，p. 46.
② Picker，2003，p. 58.
③ Dyos，1982.
④ Noise Abatement Society，1969，p. 51.

当这一法案被当做一个房产拥有阶层对于其他人拥有权力的例证的时候，它也获得了来自包括弗洛伦斯·南丁格尔（Florence Nightingale）在内的卫生专家的支持，南丁格尔曾为噪声对于人们听力的影响而争辩。① 对于噪声干扰家庭生活问题的集中关注也在某种程度上表现了更富裕的女性日益增长的影响力，她们已经开始动用她们的游说力量，既在她们的家庭之内，也在整个社会。

在英国，对噪声的抗议并没有随着时间的推移而消失，但生成噪声的原因却是多样而变化的。1959 年，约翰·康奈尔（John Connell）发现，并没有主管部门来处理噪声的投诉，他便建立了“清除噪声协会”。他把噪声描述为“被遗忘的污染”，并且认为过度的噪声对社会是有破坏性的和有害的。通过持续的运动，他游说了 1959 年大选的所有候选人。他对消除噪声运动的锐意推动伴随着一些解决噪声这个挥之不去的恼人问题的想法。他的工作导致了塑料垃圾桶盖和塑料牛奶箱的推广使用。他劝告制造商说，噪声更少的产品也会是一个不错的卖点。康奈尔的战术还包括在午夜叫醒当时的航空部长，去陈述被响亮的飞机噪声吵醒的滋味。他对希斯罗机场搬迁到泰晤士河口的福尔内斯岛的可能性也充满热情，50 多年过去了，这一搬迁计划仍在讨论之中。

1960 年，“噪声清除法案（Noise Abatement Act）”被添加到了英国的法令汇编之中，这个法案的第一节第一次把噪声作为可依法处罚的滋扰：

> 根据本节的规定，为了达到 1936 年“公共卫生法案（Public Health Act）”第三部分的目的，造成滋扰的噪声或者震动将成为一种可依法处罚的非法妨害。②

---

① Picker，2003，p. 65.

② Noise Abatement Society，1969，p. 1.

德国的噪声消除

19 世纪最后的 1/4 时间里，在德国，一系列有关噪声的案件占据了法院。它们提出了如何测量噪声水平的问题，这是一个直到进入 20 世纪也没有得到解决的问题。噪声侵害了人们权利的观念是以普鲁士高等法院 1884 年做出的一项判决为范例的，在这个案件中，一家印刷厂的噪声可能损害了一个相邻居民的权利。可是，控制噪声的监管框架在那时并没有建立起来。①

德国逐渐完备了监测和监管噪声污染的方案。1938 年，德国柏林夏洛滕堡（Charlotrenburg）的一张社区噪声地图被制作出来，这是试图显示噪声空间分布的第一次尝试。自 1951 年以来，杜塞尔多夫市（Dusseldorf）已经开始在它管辖区内定期监测并绘制出噪声发生的位置。多特蒙德市（Dortmund）也绘制出了一幅噪声地图，这是最详细的噪声地图之一，它以 1 449 个单独地点的数据为基础。② 在 20 世纪 70 年代的早期，策勒市（Celle）推行了综合交通规划，绘制出了该市 20 世纪 80 年代中期的第一张噪声地图。③ 与此同时，德国联邦政府和下萨克森地区也为林根（Lingen）（埃姆斯河，Ems）、尼恩堡（Nienberg）（威悉河，Weser）以及策勒等城市的清除噪声污染计划提供了资金支持。在 1992 年，勃兰登堡（Brandenberg）也被加进了这个名单。1998 年，区域性噪声清除战略被首次推出。④

法国对噪声的反应

对于法国 20 世纪 70 年代应对噪声行动的第一项研究成果显示，在那一时期有接近 43%的人口都曾因噪声问题而感到恼怒。雅克·拉

① Braun，2012.

② Penn-Bressel，1999.

③ Schiller，1999.

④ Penn-Bressel，1999.

姆波特（Jacques Lambert）1986年的研究证明，低收入家庭遭受噪声侵扰的机会是高收入家庭的4倍。[①] 随后在1996年的调查中还发现，法国总人口的40％都受到了噪声的烦扰，其中有43％是城市人口，而住在巴黎市中心的人口则占其中的56％。隔音条件已成为房屋买卖中一种最重要的因素，因为有47％的人会对此提出疑问。

1979年，法国在4个城市试行了消除噪声的政策。这项成功的计划在1982年被扩展到另外的21个城市。[②] 尽管法国的城镇规划法规承认噪声是一种社会公害，它是拒绝申请规划的理由之一，但仅因噪声的烦扰而被拒绝建设许可的情况却极为罕见。[③]

美国对噪声的管理

另外有许多国家都在这一时期取得了噪声管理的进展（表7.2）。在美国，专门的噪声控制法规至少可以追溯到1852年，这一点有波士顿的"和平与安宁条例（Peace and Tranquility Ordinance）"的相关条文为证。[④] 在美国，许多城市都已通过了包含噪声条款以及测定噪声强度和频率标准的条例，个别的州还通过了法律，确定了听力损害的评估措施以及与听力损害程度相关的补偿计划。[⑤] 在20世纪90年代后期的美国和英国城市，强烈赞成以不用马拉的车辆（电力车辆）代替马匹的论点也导致了噪声的减少。[⑥]《科学美国人》（*Scientific American*）对作为新时代城市安宁前驱的有轨电车和汽车表示了热烈的欢迎。

---

① Debonnet-Lambert，1999.

② Debonnet-Lambert，1999.

③ Debonnet-Lambert，1999.

④ Harnapp and Nobel，1987，p. 222.

⑤ Beranek，1962.

⑥ Coates，2005.

> 在现今美国的许多街道上，使得交谈几乎无法进行的噪声和撞击声将被永远地清除，因为各种不用马拉的车辆始终是安静的或是近乎安静的。①

美国最有影响的反噪声组织——美国禁止不必要噪声协会②由茱莉亚·巴内特·赖斯（Julia Barnett Rice）于1906年在纽约创建，赖斯是一位医生，他把噪声称为“我们最被滥用的感觉”③。对于噪声的这种强烈的批评被斯密勒（Smilor）④看做是19世纪后期折磨新兴城市环境危机的一个有机组成部分，它涉及人口过密、空气与水的污染、垃圾的堆积以及交通的拥堵等诸多问题。在进步时代⑤，与更出名的反煤烟联盟和改善公共卫生协会一起，这种对噪声的激烈批评在改革运动的谱系中占据了显著的地位。⑥纽约市的整改措施包括对拖驳船汽笛的管理、学校和医院周围安静区的确立以及以交通信号灯代替吹哨子的警察等。这些消除噪声运动都仿效了先前的清除煤烟运动的模式，而且，在统筹考虑方面可能更见效率，因为过度的噪声已经成为一种精力的浪费。

环境噪声污染问题，这个中产阶级运动的主题所受到的关注就比对工作场所的关注要少得多。最早的努力之一是来自1924年纽约的E. E. 弗里（E. E. Free），他第一次以科学的方法揭示了城市噪声的水平。他的开创性研究促成了纽约市卫生部的建立，1929年，一个消除噪声委员会在大都市的各个地区进行了详细的噪声考察，并且推荐了可以用来降低噪声水平的措施。1947至1949年，在大芝加哥消除噪

---

① Anon，1899.

② Bijsterveld，2001.

③ Rice，1907.

④ Smilor，1977；1979.

⑤ 指美国19世纪80年代～20世纪20年代。——译者注

⑥ Smilor，1977；1979.

声委员会的主持下，芝加哥制定了一套全面评估噪声的标准。但对社区噪声的关注在一代人的时间内并没有蔓延到其他城市。这些早期的调查活动对于减少噪声所产生的影响目前尚不清楚，它们也可能是微不足道的。然而，这种关注是显而易见的，数据收集活动也因此而产生，并且为后来的研究和更精确的分析指明了方向。①

在美国，联邦政府对于噪声污染的持续关注据说可能始于1972年的“控制噪声法案（the Noise Control Act）”，但在此之前的一段时间里，点源噪声的产生一直是政府和个人重点考虑的一个问题。各州政府和联邦政府以及许多工会组织在很长一段时间里就已经意识到这样的问题，即把工人控制在工厂或其他工作场所接触机器噪声的必要性。②

表7.2　澳大利亚、巴西、中国、英国、印度和美国的噪声立法

（根据多个政府和非政府组织网站的资料编制）

国家	法　规
澳大利亚	飞行器噪声以联邦的“1920年空中航行法案”为监管依据。运行在澳大利亚的民用航空器必须遵守“航空法案”，并且达到“1984年联邦空中航行（航空器噪声）规则”中规定的噪声标准
	在澳大利亚首都直辖区（ACT），噪声监管依据“1997年环境保护法案”以及与其相关的“2005年环境保护章程”执行
	在新南威尔士州（NSW），根据1997年的“环境保护工作法案”，地方议会可以正式警告身处家中或是从事经营活动的人士，要求他们控制侵扰了他人的噪声，并向他们宣布可以接受的噪声水平
	“1993年开发法案”
	“1993年环境保护法案”
	“2007年环境保护（噪声）方针”
	澳大利亚标准1 055～1 997，声音——环境噪声的描述与检测
	澳大利亚标准1 259～1 990，声音——声音水平计量

① Harnapp and Noble，1987，p. 220.

② Harnapp and Noble，1987，p. 220.

续　表

国家	法　　规
巴西	1990 年的“国家环境政策”（根据第 9/9274/90 号联邦法令的监管要求）
	“联邦国家环境委员会管理章程”第 001/90 条界定了全国范围内的噪声排放标准
中国	1996 年的“中华人民共和国环境噪音污染防治法”
英国	“1974 年污染控制法案”
	“1990 年环境保护法案”
	“1993 年噪声与法定非法滋扰法案”
	“1996 年噪声法案”
	欧盟 2002/49 号指令中与环境噪声相关的评估与协议：“环境噪声指令”（END）
	2005 年“更清洁的社区与环境法案”
	2006 年“环境噪声（英国）管理规则”
	“环境噪声（英国）管理规则（2008 年修正案）”
	“环境噪声（英国）管理规则（2009 年修正案）”
	“环境噪声（英国）管理规则（2010 年修正案）”
印度	2000 年的“噪声污染（管理与控制）条例”
美国	1969 年的“国家环境政策法案”（NEPA）
	1972 年的“噪声污染与防治法案”，通常被称为“噪声控制法案”（NCA）
	在 20 世纪 70 年代，美国大约有半数的州和数百个城市通过了实质性噪声控制法规
	各州持续制定新的管理规则，比如，“纽约噪声管理规则”（2005 年第 113 项地方法规）
	荷兰（1979 年）、法国（1985 年）、西班牙（1993 年），以及丹麦（1994 年），都制定了与美国相似的噪声管理规则

1972 年的“噪声控制法案”（NCA）是重要的立法文献，它确立了联邦政府在噪声管理中的地位。这个法案出现于一个公众对于环境问题有新的觉悟的时期，国会在这一时期通过了一系列的环境法规。

一些工业部门也乐于见到联邦政府的规章出台，因为它们正穷于应付由不同的城市制定的极其多样的地方性规则。然而，一般来说，企业更看重联邦政府的管理规定而不是地方的规则，因为它们对前者有更大的影响力。① 企业到那时才意识到规模经济在生产和游说成本上都是只接受联邦政府监管的。因此，来自那个时代的具有普遍的前环境态度（pre-environment attitude）的企业的一种综合压力，导致了对“噪声控制法案”以及它所包含的联邦政府环境保护条款的最广泛的支持。②

“噪声控制法案”并未满足环境主义者的全部要求。企业反对环境噪声标准的游说获得了成功，众议院报告称，环境噪声标准与联邦政府关于土地使用与分区要求的规定大致相同。然而，拒绝环境噪声标准的更重要的理由是，噪声与环境空气污染物不同，它是一种非常地方化的外部环境。国会最终通过的法案并没有满足环境主义者的期许：它“基本上是一项以环境计划为表象的工业提案”③。

环境保护署（EPA）通过它的消除和控制噪声办公室（ONAC）来协调联邦政府的噪声控制活动。但在 1891 年，当时的行政机构总结称，噪声问题最好是由州一级政府或是地方政府来处理。因此，作为联邦政府噪声控制政策转变的一部分，环境保护署在 1982 年逐步终止了办公资金，而把主要的噪声管理责任转移到了州政府和地方政府。尽管如此，1972 年的“噪声控制法案”和 1978 年的“安静社区法案”却并没有被国会废除，它们直到今天还在继续生效，尽管已基本没有经费投入。这种情况似乎理所当然地满足了企业的要求，它们能够得到联邦政府的“保护”，而不接受州政府和地方政府的噪声控制管理。消除和控制噪声办公室的关闭在环境团体中并没有引起关注，它们并

① Reagan，1987；Broder，1988.

② Broder，1988.

③ Broder，1988，307.

没有真正把噪声当做如空气、水和有毒垃圾污染一样严重的问题来看待。①

到1972年为止，美国59个市的政府机构都已经制定了某种形式的噪声控制法规。可是，在之后的5年里，公民对这一问题的关注度提高了，另有1 008个社区制定了反噪声法规。即使如此，到那时为止，在所有的城市中，只有大约7%的城市通过利用定量或声学的限制确定了对于土地利用、机动车辆以及建筑噪声的管理标准。此外，噪声管理上强制手段的缺乏也常常造成“一纸空文”的现象。

在南佛罗里达州的一次社区调查中，园林与草坪设备噪声被答卷人认为是最具干扰性的。干扰性噪声打扰了睡眠、工作和学习。② 南佛罗里达州地方政府已经启动了一项减少居民区噪声污染的立法。科勒尔盖布尔斯市（Coral Gables）对社区噪声水平实施了严格的限制，迈阿密达德县（Miami Dade）的法规也对噪声水平加以限制。这些法规既限制重型机械的操作时间，也限制可能让邻居感到烦恼的家庭噪声的水平，包括宠物叫声、舞会的声音以及电视机音频的分贝水平。③

2006年，纽约市全面修订了噪声管理法规。纽约，在作为一个充满活力的世界级的“永不休眠的城市”的重要声誉和那些居住、工作或是访问这些城市的人的需求之间，其新的管理规则在极力保持平衡。噪声管理规则制定于2005年12月，2007年7月生效。这是对30年来这个城市噪声管理规则的第一次全面修订。先前的管理规则已经过时，并且没有反映出变化了的城市景观或是声学技术的发展。新的法规规定：“在市区之内发出、制造或保持过度的和不合理的并且被禁止的噪声，影响了市内人民的公共健康、舒适、便利、安全、安宁和繁荣，并且对之构成了威胁。”据此，它还确立了该市噪声管理的重要准则、指导方针和标准。

---

① Broder，1988，307.

② Simo and Clearly，2004.

③ Simo and Clearly，2004.

减少交通和机场噪声的措施

交通噪声对广大的城市居民来说是一个问题。机动车辆的噪声比飞机的噪声似乎对人的影响要少一些，但是它比铁路噪声的影响更大（图 7.4）。可以通过一系列的措施来减少车辆噪声：开发更安静的车型，特别是与欧共体 1970 年采纳并于 1977 年修订的“70/157/CEE 指令”标准相符合的车型；把交通路线迁离噪声敏感区，采取限速、减少交通量、限制重型卡车进入城市等道路交通管理手段；采用包括路边遮挡、降低公路高度、特别的路面材料等在内的道路设计；还可以在做土地利用规划时适当考虑把住宅与交通噪声隔离，并且安装隔音屏障。垃圾车构成了城市噪声的另一个重要来源。更安静的车辆和具体规定收集垃圾的时间是减少这一烦恼的主要手段。

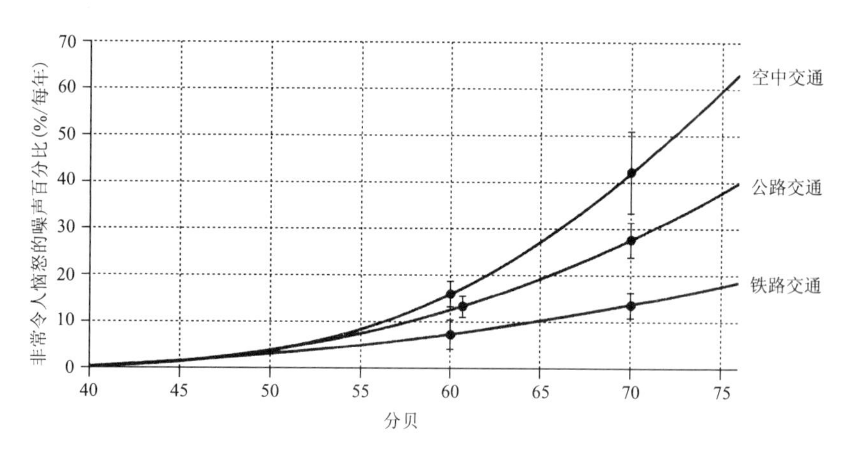

图 7.4　在空中、公路与铁路运输中，受不同噪声水平干扰的人数百分比（根据 Passchier-Vermeer and Passchier，2000）

铁路运营噪声也是可以减少的：开发更安静的车型，使轨道与车轮相互作用的最小化，设计弹性轨道支持结构以及建造隧道和隔音屏障。甚至连火车站和桥渡也应受到严格审查。伦敦对新地铁的开发建设采取了审慎的政策。在码头区轻便铁路（Docklands Light Railway）穿过有稠密住宅区的建设期间还安装了吸声屏，它成功地提供了所需的减噪水平。这些工程方案都必须考虑到铁路维修（这使得隔音屏障必须是可完全拆卸的）、安全的地面行走路线以及方便火车旅客疏散的要求。在工程建设期间，还曾就环境污染（主要是噪声）的控制以及工作时间等问题与地方管理部门展开了沟通，并通过经常性接触培养了与当地居民的良好关系。①

伦敦地铁的喧闹是人所共知的，它的平均噪声水平达到了89分贝。一项对维多利亚线4个旅程的研究还发现了118分贝的极高水平，这相当于一个凿岩锤或是一架在远处起飞的喷气式飞机发动机的分贝水平。2000年以后，减少噪声已经成为地铁的主要更新计划。②

机场周围的噪声

机场噪声仍旧是一个公众关注的重要问题。飞机噪声常规上是通过多个因素的组合来评估的：飞机运动的次数和时间安排，它们最高的声音水平，以及噪声事件的持续时间。机场噪声事件是很容易区分的形式，它极大地超出了噪声水平极限，不同于公路交通那样的持续的低水平噪声。飞机噪声滋扰的强度和范围通过基于仿真模型的噪声等值线图可以得到典型性的描述，这种仿真模型包含了大量的噪声检测数据（图7.5）。

直到1990年，从1961年对伦敦希斯罗机场的研究中发展出来的噪声和数值指数（Noise and Number Index）（NNI）仍然是英国有关飞行器噪声滋扰的官方指标。任何特定位置的噪声和数值指标都考虑到了噪声事件的次数以及它们的高点或是最大的噪声水平。因此，关于飞机运动以及飞机型号的噪声特点的数据可以被用来评估特定地点的噪声和数值指标。这些评估结果连同每年进行的实际噪声测定，都

---

① Fitzgerald，1996.

② Deepak，1999.

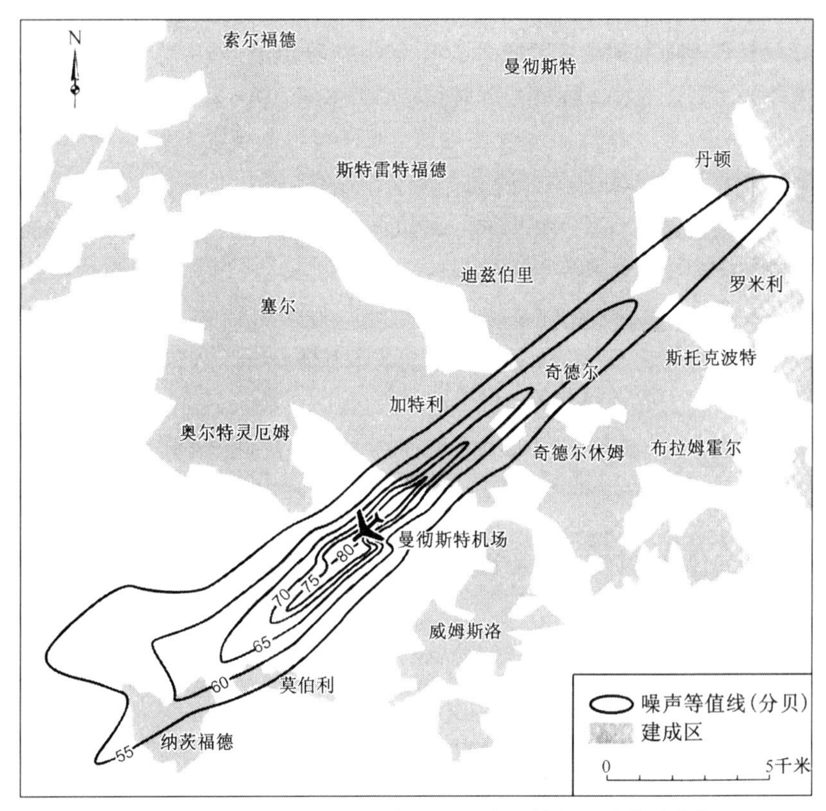

图 7.5　英国曼彻斯特国际机场周围典型的机场噪声等值线

有助于噪声和数值指标等值线图的绘制①（图 7.5）。

噪声和数值指数标度的一个重要缺陷是它不能把噪声事件的延长时间考虑在内。这里被省略掉的内容在当前飞机更为安静却又更高频运动的环境下也许显得更为重要了，在这种条件下，技术进步也已经使得持续的噪声测定更有可能。除此之外，飞机噪声滋扰的测定需要走向国际级的更大的统一标准，这一要求已经导致了等效声级（Leq）替代噪声和数值指数而成为英国飞机噪声测量标准。等效声级测量的

① Tomkins et al.，1998.

是被记录下来的飞机噪声在一个事件的持续过程中超出背景噪声的总能量，它还包括整个24小时的所有运动，尽管夜间飞机运动并不比白日的运动占有更大的权重。因此，等效声级与噪声和数值指数相比，包含相对较少的噪声事件，也不再重视偶然性的噪声事件。①

机场周围的噪声长期以来就是城市环境中的一个重要问题。大量的关注缘于它对人类的健康和福祉可能产生的影响。长时间接触飞机噪声可能会以两种方式影响到学龄儿童的学习：②（1）阅读表现更差，但与拼写、写作和书法等其他的英语表现结果没有联系；（2）在适应了学校类型的考试之后，在国家标准数学测试中表现更差。这些结果表明长期接触飞机噪声与在学校中阅读和数学的表现之间存在剂量反应关系，而且，这些关系也受到了社会经济因素的影响。这种联系的出现是因为质量较差的学校更常见于社会贫困地区，那里也可能更多地接触高水平的飞机噪声。社会贫困、学校质量以及噪声接触都是众所周知的对学校表现产生不良影响的因素。

人们通常认为机场噪声降低了房产价值，但在一份英国曼彻斯特机场飞机噪声影响的经济分析中（图7.5），其有关斯托克波特（Stockport）房屋价格的部分，显示接近和紧邻机场以及与之相关的交通设施，还有更高水平的噪声，一般都不会对房屋价格产生任何负面影响。③

在美国，对芝加哥奥黑尔机场（O'Hare Airport）的有计划的扩建和重新定位需要拆除几百套房屋。它还改变了机场的飞行路线，把一批新的住房暴露于噪声之下。④ 这种影响导致了附近居民强烈反对机场的扩建，他们试图在法庭上阻止这项计划，尽管这项计划已得到美国联邦航空管理局（FAA）的批准。类似的情况是，在加利福尼亚州

---

① Tomkins et al.，1998.

② Haines et al.，2002.

③ Tomkins et al.，1998.

④ McMillen，2004.

的奥兰治县，出于对噪声接触的担忧也阻止了在一个废弃的空军基地上建造新国际机场的计划，这项计划的流失甚至造成了这一地区航空运输能力的短缺。[1] 在附近的约翰韦恩机场（John Wayne Airport），起飞的班机必须进行一次陡峭的大功率的爬升操作，以便其在经过纽波特比奇（Newport Beach）的高收入社区以前能够快速地增加飞行高度，那个社区对噪声的担忧一直限制了机场的日间航班数量。[2] 迈阿密国际机场每日要接纳超过 1 400 个航班，它还安装了一个噪声监控系统，一个隔音屏障，并且为了减少居民区的飞机噪声，它还重新安排了飞行线路。[3]

对飞机噪声的控制可能还包括确定优先使用的跑道、飞机噪声监控、宵禁、飞行路线的指定、收取降落费以及确保只有与居住区相容的噪声才能在机场附近出现的土地区域划分。布鲁克纳和戈尔文（Brueckner and Girvin）[4] 仔细研究了机场噪声管理的经济学，是对单架飞机的噪声控制进行管理的方式更有利，还是把机场作为一个整体来管理更合理，他们对这一问题进行了追问。他们的结论是：（1）通过提高票价来进行噪声管理损害了航空旅客的利益，而且也潜在地降低了服务质量；（2）累积式的和单架次的飞机噪声管理对于航空决策具有极为不同的影响；（3）从社会福利的角度来看，累积式的管理似乎更有优势；（4）根据务实的航班选择行为，在累积式的管理之下，一个规划者能够达到的最好境界就是去利用一种对噪声的严格限制，这种毫无效率的限制产生了低于最大限度的航班频率；（5）噪声征税类似于累积式的噪声管理，它导致了完全相同的航线决定。他们还暗示，机场层面的监管实际上要比严格限制每架飞机更胜一筹。1995 年以后，管理水平快速发展，禁止夜间航班以及噪声清除程序（NAPs）

① Kranser，2002.

② Brueckner and Girvin，2006.

③ Miami International Airport，2000.

④ Brueckner and Girvin，2006，p. 25.

成了优先的控制手段（图 7.6）。

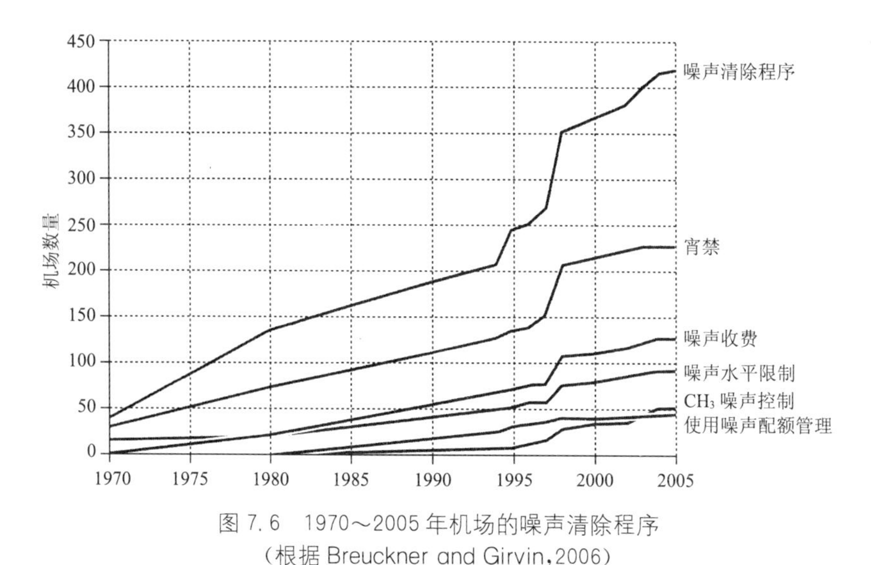

图 7.6　1970～2005 年机场的噪声清除程序
（根据 Breuckner and Girvin，2006）

建筑、工业与娱乐噪声

各种建筑噪声也相当令人烦恼，它们也受到“欧洲经济共同体第 79/113/EE7号指令”中的欧洲噪声法规的管制，这个指令还详细规定了建筑机械的测试程序。继这个指令之后还连续推出了一系列其他有待欧洲经济共同体批准的有关建筑设备声音释放的指令。①

城市噪声来源的不断增多起因于诸如摇滚音乐会、迪斯科舞厅、“轰隆隆而过的汽车”以及汽车大赛一类的休闲和娱乐活动。目前，控制公共场所噪声的许多规定都是在市一级的地方性层面上实施的。作为一种对抗城市噪声的手段，建筑物的隔音问题牵涉墙体、窗户和地面等各个方面。在降低噪声水平的众多经济刺激形式中还包括惩罚性

① Garcia and Raichel，2003.

的罚款，政府对降低噪声措施研究项目的支持，对使用更安静设备的物质奖励以及对受到噪声影响的当事人的赔偿等。①

地方政府所受理的大多数噪声投诉都涉及邻里间的噪声问题。例如，在2006年的北爱尔兰，向区管理委员会提起的绝大多数投诉（85%）都与家庭场所的噪声有关，比如犬吠和音乐的喧闹等。对商业楼宇和休闲设施的噪声投诉占到整个噪声投诉的6%，其主要来源是酒吧和俱乐部。只有2%的投诉与企业活动的噪声有关。② 对这些噪声的反应模式类似于普鲁斯特和卡莱尔，他们在当时也极力地把自己从近邻的噪声中隔离出来。

在城市土地使用规划中，避免使家庭、医院和学校等与噪声的源头相邻是一个关键性的因素。英国“1994年规划方针指南（The UK 1994 Planning Policy Guidance）”（直到2012年废除）中有关噪声的部分③是这样表述的：

> 要协调好某些土地用途之间的关系是很困难的，比如住宅、医院或学校与其他产生更高噪声水平的活动之间的关系。但规划系统应该确保，在任何可行的地方，对噪声敏感的开发项目都要与主要的噪声来源（比如公路、铁路和机场以及特定类型的工业开发项目）分离开来。同样重要的是，涉及噪声活动的新开发项目，如果可能的话，也应该被安置在远离对噪声敏感的土地使用地区。

对城市噪声问题的分析已经借助于英国标准BS4142方法得到了进一步的完善，这一方法被用来评估工业噪声对住宅区与工业区混合的地区的影响，它描述了在一座建筑物的外部测定噪声的方法：(a) 工厂，或是工业楼宇，或是固定设备的噪声水平，或者是商业楼宇中产

---

① Garcia，2001b.

② Northern Ireland Government，2008.

③ Adams et al.，2006.

业性质来源的噪声水平；（b）背景噪声水平。这个标准还描述了一种评估方法，用来评估所涉及的噪声是否可能引起居住在这幢建筑里的居民的投诉。①

工作中的噪声被纳入到卫生与安全管理之中，比如英国的一些管理规则就提出了：

> 每一位雇主应该把他的那些接触噪声的雇员受听觉伤害的风险降低到合理可行的最低水平。②

城市噪声的检测和管理水平已经有所提高。货车运行和送货的大量噪声已经通过活动限制与良好习惯的培养等综合治理手段而得以减少。火车和有轨电车的噪声水平已经随着全部车辆的改良以及更安静的动力形式的引入而有所下降。飞机噪声也已随着航空发动机的改进、起飞和降落时间的限制而有所减少，但空中飞机数量的巨大增长可能也表明它们在全球范围内制造的噪声总量并没有减少。与此同时，手机以及相关的电子设备也产生了新的噪声形式，它在城市地区可能越来越令人烦恼。也许列车上的安静车厢会在某一天遍及整个列车，正如无烟车厢已经逐渐成为惯例一样！

气　味

刘易斯·芒福德曾提醒他的读者，中世纪的欧洲城市是与农村紧密相连的，这些城市尽管都把建筑物的正面对着主街，但房屋的背后都有虽然狭窄却也不小的花园，可以在其中种植树木、蔬菜和花卉。因此，中世纪的城市就产生了一系列相互冲突的气味，从烟雾弥漫的房间到生长在市民花园中花草的香气。街道上还会有谷仓的气味，因

---

① British Standards Insitituion，1997.

② UK Government，1989.

为有多种动物都在城市之内落户，这种现象经过几个世纪的时间逐渐销声匿迹，到20世纪初期，只有马还留在城市里。①

尽管已完全习惯了中世纪城市的气味，在1306年造访伦敦的贵族们还是遭遇到了一种新的气味，这是从煤的燃烧中产生的煤烟的刺鼻气味。② 为了回应他们的抗议，爱德华一世禁止了煤的使用（表7.3）。

表7.3 自公元1300年以来有关气味的行动与管理章程

（根据多种文献和网站的信息编制）

日期	国家	行　　动
1306年	英国	国王爱德华一世为避免刺鼻的煤烟气味而禁止在伦敦烧煤
1756年	瑞典	林奈（Linnaeus）研制出气味分类的目录
1780年	英国	伦敦纽盖特街上的商人因纽盖特监狱的臭气而害怕走出家门
1810年	法国	颁布处理气味滋扰事件的法令
1827年	法国	通过巴黎卫生报告，评论进城之后闻到的气味
1845年	美国	宾夕法尼亚州公共滋扰诉讼确认了猪舍气味对于常住邻里的影响
1858年	英国	在炎夏季节，泰晤士河的污水污染造成的伦敦“大恶臭”引发了下水道的建设
1883年	法国	南特市来自化工厂的主要气味问题，市长无法把工厂迁离城市
1917年	法国	12月19日关于气味问题的立法
1970年	日本	第91号法律“侵扰性气味控制法”获得通过（后在1995年的第71号法律中得以修订）
1976年	法国	7月19日关于气味问题的立法
1980年	欧洲	嗅觉测量法标准开始在个别国家确立

① Mumford，1940.

② Freese，2003.

续 表

日期	国家	行　　动
1980 年	德国	德国工程师协会（VDI）3881，第 1～4 部分，指令，嗅觉测量法，气味阈值的测定，原理。德国杜塞尔多夫，德国工程师协会出版社（1989 年修订）
1981 年	法国	法国巴黎标准化局发布气体流出物气味检测方法 AFNOR X-43-101（1986 年修订）
1986 年	德国	“空气质量控制技术指令”详细说明了气味鉴定方法
1987 年	荷兰	NVN 2820，临时标准：空气质量。利用一种嗅觉测量器检测感官气味。荷兰标准化协会发布
1988 年	荷兰	第一个国家环境规划，又称 NMP 1（VROM，1988），确定了气味检测的专项目标
1989 年	荷兰	气味测试标准程序的跨实验室比较
1990 年	德国	“联邦排放控制法案”
1991 年	新西兰	1991 年的“资源管理法案”强制企业承担责任，尽量避免产生“令人反感的”或“令人不快的”气味，以防止它们可能带来的不良环境影响
1991 年	美国	嗅觉测量标准“ASTM 职业准则 E679-91”推行
1995 年	中国	经过修订的“天津气味污染排放标准”获得通过（DB12/059/95）。
1996 年	澳大利亚	“维多利亚州环境保护（列入计划的经营场所及特例）章程”规定，“那些冒犯人类感官的气味必须被排放在经营场所界线以外”
2002 年	奥地利与新西兰	气味检测的新标准
2003 年	欧洲	“CEN 气味测试标准”被欧盟采用
2003 年	英国	“英国气味检测标准（BSEN 13725：2003）”推出
2004 年	美国	关于气味检测的“ASTM 职业准则 E679 修订案”发布
2005 年	欧洲	“2005 年欧盟（废水处理）（预防气味与噪声）章程”（2005 年 S. I. No. 787）包含了一般性的约束规则，要求卫生管理部门确保废水处理厂不造成气味滋扰

续 表

日期	国家	行　　动
2008 年	美国	“科罗拉多空气质量控制委员会章程”第二条详细说明了对于包括居住区和商业区在内的不同土地利用形式的气味控制标准
2008 年	印度	中央污染控制委员会发布“气味污染及其防治的指导原则”
2012 年	欧洲	新的“德国工程师协会气味排放能力指导原则 3885/1”发布

然而，煤仍旧被人们使用。判罚“大笔罚金和赎金”的新禁令因此被推行，第二次违犯者将被毁掉炉具。14 世纪煤炭的气味混合着从烤肉到熬制胶水、从啤酒酿造到醋的制作以及从蔬菜的腐烂到马粪等各种其他气味。① 然而，这些禁令的执行在 1500 年以后由于木材燃料的短缺而被放松了。英国开始出现了世界最糟糕的城市空气质量，但煤炭燃烧却成为工业革命的主要因素。

到 16 世纪，在包括圣保罗教堂在内的许多伦敦教堂里，当许多人抱怨其他居住在拥挤楼房和狭窄小巷里的市民身上有难闻气味的时候，伦敦还弥漫着经久不去的来自墓地的气味。② 在 18 世纪 80 年代，伦敦纽盖特街的商人因为害怕来自纽盖特监狱的恶臭味而避免吸入他们门前的空气。③

随着时间的推移，城市的气味已经发生变化，然而这种变化在不同国家的城市地区以及城镇与城市之间也存在很大差异。对于许多社区来说，无所不在的气味是它们不得不与之共存的东西，因为社区负担不起把这些气味移到别处的费用。这些社区的环境境况可能会面临极大的压力。众所周知，人们要想方设法地去应付诸如不受人欢迎的

① Classen et al.，1994.

② Ackroyd，2000，p. 367.

③ Keneally，2007，p. 14.

气味这类紧张的情境，这明显影响了他们对幸福和健康的感受。[①] 来自不同企业的具有相同浓度的气味对于一个特定的观察者而言可能会有不同的感受。[②] 习惯于特定气味的人们也许不会像第一次接触这种气味的人那样感到恼怒。所有这些因素都会造成决策上的困难，也就是说，很难设定一个量化标准来测量一种气味的影响。

气味分类与测量技术的发展

气味有 6 个重要的维度：强度、频率、持续性、侵扰性、地点以及受其影响的人的敏感性（表 7.4）。[③]

表 7.4　气味的 6 个维度

（根据 Welchman et al.，2005）

方　面	描　　述
强度	这种气味在一个个体/社区那里引起了何等强烈的反应
频率	在一个长时段里，个人感觉到这种气味可被察觉、可被辨别或令人心烦的体验有多么频繁
持续性	这种气味在一个短时段之内持续了多长时间（例如，它有多长的间歇时间）
侵扰性/特征	这种气味对一个观察者或社区来说是多么令人愉快或令人不快（例如，气味的快乐情调）
地点	当气味被察觉到的时候，个人身在何处
受影响社区的应对能力，或者气味敏感性	有赖于许多因素

① Carr，2004.

② Welchman et al.，2005.

③ Welchman et al.，2005.

气味的分类始终是会引起争议的。① 林奈曾于1756年制定过一个分类目录（表7.5）。尽管在那时候也出现过许多其他的分类方法，却并没有与之类似的气味分类方案得到普遍的认可，也没有对据估计高达40万种有气味物质进行分组的方案。②

表7.5　林奈1756年的气味分类

（根据Engen，1982）

	分类	样本
Ⅰ	芳香	康乃馨
Ⅱ	馨香	百合
Ⅲ	辛香	麝香
Ⅳ	蒜臭	大蒜
Ⅴ	狐臭	山羊
Ⅵ	虫臭	某些昆虫
Ⅶ	恶臭	腐烂的尸体

尽管复杂多样的气味评估方案存在已久，但许多人却认为对气味的感知是通过经验形成的，气味因与其他事件的关联而具有意义。③ 因此，公民小组的形式有时被用来测定因气味而产生的恼怒。④ 当这些来自鹿特丹市不同地区的测试结果与仪器的嗅觉测定加以对比的时候，研究者就在气味的强度和社区代表所感受到的烦扰之间发现了一种重要的相互联系。⑤ 总体上说，存在4种主要的气味客观测量参数，另外还有4种主观测量参数（表7.6）。

---

① Engen，1982.

② Engen，1982，p. 8.

③ Engen，1982，p. 169.

④ Köster，1994，p. 81.

⑤ Köster，1994，p. 83.

表 7.6　被感知气味的可测状态参数

（根据 St. Croix Sensory Inc.，2005）

参数	描　　述
a）客观	
气味浓度	通过稀释度来检测，用检测阈值和识别阀值或者用稀释/阈值（D/T）来做报告，有时设定每立方米气味这样的虚拟空间值
气味强度	以一个梯度丁醇浓度作为参考值，用每百万丁醇的等量值来做报告
气味持久性	用剂量效应函数来做报告，气味浓度与气味强度的一种关系
气味特征描述	利用分类量表和实际样品描述气味闻起来的感觉（例如，水果味-柑橘味-柠檬味：借助一个真实的柠檬的感觉）
b）主观	
快乐情调	“愉快”对“不愉快”
恼怒	干扰了对于生活和财产的舒适享受
令人反感	使一个人避开这种气味或者使之产生生理反应
影响深度	类似“熏昏”的语词范围

1970 年以来，已经出现了一种趋势，它不再使用环境卫生官员的判断，而代之以对气味的定量测评结果的依赖。有 3 种可行的气味评估方法如今已经被广泛采用：

1. 物理化学方法，它探寻大气中可能产生气味的化学元素；

2. 利用嗅觉测量器和专家小组的方法，这种方法是为了确定一种气味的出现以及它的浓度和在大气中的排放点；

3. 围绕指定地点去确定当地社区所体验到的气味滋扰的探究方法。①

① Milhau et al.，1994，p. 446.

20世纪以来，医学界一直在使用嗅觉测量法。然而，因为嗅觉测量仪的设计和操作方式及其使用的气味测试方法的可靠性有所不同，测量的结果也是有差异的。在20世纪80年代，欧洲国家开始制订嗅觉测量的标准。因此，各种已被制定出来的标准包括：法国的AFNOR X-43-101（拟订于1981年，并于1986年修订）；德国的VDI 3881第1～4部分（1980年起草，1989年修订）；荷兰的NVN 2820（1987年起草，1995年发布）（表7.3）。

20世纪80年代，各种跨实验室的研究以及涉及多种气味测定实验室的合作项目显示，即使在实践中采用了这些标准，但实验室的检测结果依然有重大差异。荷兰制订的一种气味测定标准草案引出了1989年组织起来的一项跨实验室对比研究。正丁醇(N-butanol)和硫化氢被用作供这项研究使用的有气味物质的标准。从1990年到1992年，荷兰的跨实验室研究结果导致了严格的评估人员操作标准的制定。在第一年实验期间，跨实验室的可重复性在从3到20的系数范围之内。第一年的数据分析显示，在评估人员之间存在大量的可变因素，个别评估人员可重复率在3到5的系数之内。研究者们还发现，满足约定的可重复标准的唯一途径就是控制传感器和参与的评估人员，而评估人员的选择要在敏感性上相似。①

随着荷兰在研究上的进展，指向量化的气味管理运动已经开始，它以对排放的测定、界定接触的扩散模型以及来源于剂量效应研究的标准为基础，剂量效应研究所提供的标准界定了一个没有“合理烦恼理由”存在的水平。这些标准可能都是专门针对一个企业的，都是根据其气味的侵害性程度来确定的。测量气味浓度的可靠方法是这类研究所需要的一种不可或缺的工具，这一方法工具就是现今通行的“欧洲标准EN13725：2003”（表7.7）。② 这个标准界定了“欧洲气味质量参考（the European Reference Odour Mass）”，或者说当被检测的气

① McGinley and McGinley，2006.

② Shi et al.，2004.

味散发到1立方米的中性气体中刚好被监测到时，其气味质量相当于123微克的正丁醇。这种被严格测定的检测手段已经使嗅觉测试法在性能方面得到了显著改进，这一点已经获得跨实验室的盲测试验的支持。这些发展都是被立法需要所驱动的。①

表 7.7　确定气味的主要国际标准

（根据各网站信息编制）

ASTM E679－04	通过强制选择提高系列浓度极限的方法，确定气味和味道的阈值（美国）
EN 13725：2003	通过嗅觉测量法确定气味浓度的欧洲标准（欧共体）
NVN 2820	临时标准：空气质量。利用嗅觉测量法监测感官气味（荷兰）
VDI 3881	嗅觉测量法：气味阈值确定（德国）

在20世纪90年代，欧洲、北美和澳大利亚的气味实验室协同作战，制定了一个气味测定的共同标准，目前被定名为“EN 13725：2003”②。气味指数（表7.8）是一种为决策制定者展示和报告气味浓度值的标准化方法。它是一种对数标度，在应用上类似于地震的里氏震级和矩震级（Richter and Moment Magnitude）以及声音的分贝标度。气味指数值是无单位的，并且被普遍限定为：

$$气味指数=10\ \lg(气味浓度)$$

表 7.8　气味指数：气味指数标本

（根据 McGinley and McGinley，2006）

气味指数值	对数值	气味单位或 D/T	气味来源或气味环境举例
60.0	6.00	1 000 000	动物油炼制厂未受控制的废气
50.0	5.00	100 000	厌氧池气体排放

① Van Harreveld，1998.

② Committee for European Normalization，2003.

续　表

气味指数值	对数值	气味单位或 D/T	气味来源或气味环境举例
40.0	4.00	10 000	污泥离心机排气
30.0	3.00	1 000	初级沉淀池排气
27.0	2.70	500	排水建筑物排风
24.8	2.48	300	生物过滤器排气
20.0	2.00	100	多级除尘器排气
17.0	1.70	50	碳过滤器排气
14.8	1.48	30	毗邻生物固体应用土地的环境气味
11.8	1.18	15	曝气塘附近的环境气味
10.0	1.00	10	有时被用于气味模拟的设计值
8.5	0.85	7	有时被认定为滋扰的环境气味水平
7.0	0.70	5	有时被用于气味模拟的设计值
6.0	0.60	4	城市中常见的环境气味水平
3.0	0.30	2	通常被认为是“最小可察觉的”环境气味水平
0 0	0.00	1	“没有气味”社区的环境空气

19 世纪与 20 世纪的城市气味处理

欧洲的行动

所有的欧洲城市都存在着一种混合的气味，这些被混合在一起的味道散发出一种令到达这个城市的游客都感觉得到的浓烈气味。产生这些气味的大部分原因是城市不仅在当地和城际交通方面依赖动物，而且依靠动物来供应从鲜牛奶到皮革等的各种产品。许多制造过程也依赖于动物产品，或者依赖于市内这类制造厂的废料再加工。除此之外，还要加上依赖于输出人类和动物粪便的城市氮经济，它为城市边缘地带的菜园以及更远处种植农作物的农田输送了肥料，也为应城市居民之需而饲养的动物提供了饲料。其他的垃圾则被释放到如伦敦的舰队河（the Fleet）和巴黎的比埃伍尔河（the Bièvre）等当地的河流中，它们继而流入了泰晤士河和莱茵河等主要水系。

公共卫生斗士巴仑-杜夏特莱（Parent-Duchâtelet）在1824年全面勘察了巴黎的下水道，他用“淡而无味（*l'odeur fade*）”和“腐臭味（*l'odeur putride*）”等一系列特定的味道描述了这些下水道的气味。① 因此，在1827年，一份关于巴黎卫生状况的报告评论说，“在你的眼睛看见那些名胜古迹的尖顶之前，嗅觉已经告诉你，你已到达了世界第一城市”②。

在19世纪初期英国的工业城市，居民们通常发觉要避免工业垃圾以及开放下水道的恶臭是很难的。贫困的儿童在垃圾和厕所的粪堆中玩耍。③

1858年，被污染的伦敦泰晤士河已经变得臭气熏天，并且以“大恶臭”闻名于世（表7.3）。那一年的夏季气味尤其糟糕，下议院的会议只好被取消。到19世纪中叶为止，经由舰队河流入泰晤士河的下水道污水上涨，使河中鱼类毁灭殆尽，继而又杀灭了所有食鱼的鸟类。杀死它们的实际上不是疾病，而是受到污染的泰晤士河的气味。这使得英国国会决定批准建造伦敦的主要下水道——一条沿着泰晤士河直通到海的迂回管道。当时，为了去掉气味，英国国会大厦的窗帘和悬挂物都要用“漂白粉”进行处理。④

几百年来，与欧洲城市发展相关的许多气味问题都曾被各种管理法规所涉及。在法国，1810年10月14日的法令使得这些麻烦的问题

---

① Gandy，1999，p. 34.

② Gandy，1999，p. 26.

③ Thompson，1963，p. 352.

④ Van Harreveld，2003.

得到了处理。这个法令因1917年12月19日的法律而获得提升。1976年7月19日的法律做出了进一步的修改，为了保护环境，它对可能造成健康危害或是给社区造成不便的所有以人的名义运营和保管的场所进行了登记，无论其是实质上的还是名义上的，无论其是公有的还是私营的。①

正如爱德华一世的伦敦禁烟法令一样，法国1810年的法律并没有阻止城市生产和消费必不可少的一些活动。1833年7月，在法国西部卢瓦尔河（River Loire）边的南特市体验到了一种强烈的臭味，它远比人们以前抱怨的那些气味更强烈。这种气味来自卢瓦尔河公爵草原（Prairie-aux-Ducs）岛上的一个工厂群。这些化工厂加工各种畜产品和垃圾，也生产从海鸟粪到海藻类的肥料，还处理下水道污水，并且生产硫酸铵。第一座工厂建于1836年，到1883年为止，已经有28个工厂。尽管早在19世纪30年代就有关于这些气味的抱怨，管辖部门也并没有给这些企业颁发1810年的法律所要求的官方许可证，但管辖部门只是宣称如果逼不得已的话，就要关闭这些工厂。② 即使在1883年事件之后，南特市市长当时极力劝说管辖部门把这些工厂从岛上迁移出去，但工厂并没有迁移，邻近市镇的市长们也都不想接受它们（表7.3）。被委任去调查这个因气味问题而再三出现滋扰事件的卫生委员会坚持认为，它的任务只是要给这些工厂提出建议，告诉它们不应该在什么地方，而不是它们应该在哪里。③

美国应对气味问题

在1840年到1860年之间，美国法庭以非法滋扰名义审理的有关工业气味的诉讼，基本都是酿造厂和蒸馏厂、屠宰场、煮骨头和熬猪油的企业、生产肥皂和蜡烛的企业，以及制革厂等与农产品加工有关

① Milhau et al.，1994.
② Massard-Guilbaud，2005.
③ Massard-Guilbaud，2005.

的那些“传统型”企业。那些导致美国公民将之视为严重滋扰的秽臭气味来自腐烂的动物尿便、内脏、血液，来自蒸馏过的谷物、难闻的油烟以及当骨头、脂肪和动物内脏被蒸煮、融化时排放到空气里的气体，此外还有加工肥皂、牛蹄油、胶水以及其他产品时释放出来的气味，以及用于把动物皮鞣制成皮革的化学香精的气味。① 城市居民向边缘地区的外迁引发了许多法庭案件，因为这些地区已被那些产生滋扰问题的企业所占据。有的时候，在新的居民区建成以前已经运行了30年以上的企业也被法庭强行关闭。1845年，宾夕法尼亚的一个公害案件引发了一位被告人对这个地区的新来者的抗争，他30多年来一直在一个相对偏远的地方做生意。宾夕法尼亚州指控他为了用掉自己酒厂的废渣而饲养的数百头猪的臭气和污物污染了斯库尔基尔河（Schuylkill River）的空气和水源。尽管被告人申明他的企业很久以前就建成了，但宾夕法尼亚高等法庭却宣称，人们有权在这个地区居住和旅游，在这里，他们的嗅觉不应该受到难闻气味的侵扰，这些气味有可能带来疾病和死亡（表7.3）。②

19世纪中期的美国法官还没有强烈地反对由蒸汽机来提供动力的现代企业，他们只是认为来自动物加工厂的恶臭气味才是一桩公害。他们的这些抉择促进了企业与住宅区开发的分区制开发，分区制开发认识到只有在靠近铁路站场和沟渠地带才可以允许建设大批量喧闹的、烟雾腾腾的工厂。也许因为法官们对新技术有深刻的印象，法庭最初倾向于以与传统滋扰性企业不同的方式来处理煤气厂的问题。然而，一种共识很快达成，在英国和美国，由煤、沥青以及其他物质转变而成的人造煤气所造成的令人讨厌的气味、烟雾以及水污染，都需要像其他的臭味或烟气排放过程一样加以处理。③ 特别的担忧也落到了屠宰场的气味上。这类忧虑一直持续到20世纪晚期，在那一时期，有关

① Rosen，2003.

② Rosen，2003.

③ Rosen，2003.

气味限制的立法直接指向了屠宰场。

在 20 世纪 70 年代和 80 年代，在美国和整个欧洲，公众对来自企业、农村以及废水处理设施的气味的关注越来越多。到 20 世纪 90 年代，整个美国大规模动物禁闭设施（即饲养场）的激增，以及把人们带向靠近有气味的工业设施、污水处理设施以及农业设施在城市中蔓延的总体趋势，使得在与气味相关的研究领域中经费投入有再度抬升的势头。来自动物饲养场的气味对下风处 1 000 米以外的设施都有强烈的影响（图 7.7）。在这段时间里，许多欧洲国家的政府都确定了气味标准并且实施了监管。在气味监管规则中，有许多方面都需要通过嗅觉测量法来对气味进行测定，要么是证明气味是否符合标准，要么是为了对气味进行检测和监管。

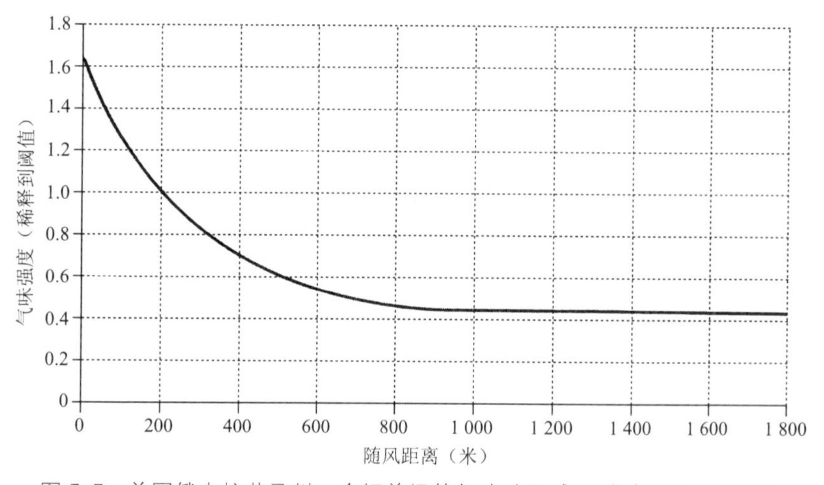

图 7.7　美国俄克拉荷马州一个饲养场的气味随风减弱(根据 Miner,1997)

比如在加利福尼亚的图莱里县（Tulare），一个有代表性的美国地方空气质量和气味控制计划就要求新的乳制品设备不能处在任何法人社区或非法人社区的通风区。这种通风区被界定为离城市边界上风口 1 英里处或下风口半英里处，或是公共公园边界的 1 000 英尺以内，又或者是一组 10 栋或 10 栋以上住宅的 2 640 英尺以内。①

来自污水处理厂的气味

长期以来，污水处理厂一直都是气味管理的一个特定目标。这些处理厂的气味问题导致了来自普通大众情绪激烈的抗议，尤其是那些在炎热的日子里居住在设备下风口的人。挥之不去的气味对房产的价值造成了影响，比如，那些因接近污水处理厂而有气味的住宅的价格就比那些离得更远一些的同等住宅低了 10%以上。②

20 多年以来，法国海耶尔镇（Hyèeres）因其废水处理厂的硫化氢而饱受气味问题的困扰。③ 最终，在 1986 年，通过水力解决方案而使这种气味得以降低，水力解决方案包括用两个直径小一些的管道代替一个单一的大直径输送管道，水会沿着这些管道更快地流动，流量会通过城镇与污水处理厂之间的一个中间泵站而得到保持。然而，20 年之后，这个废水处理厂以及为它输水的污水管网正在被扩建，为了应对业已增加的住宅和始终存在的下水道气味问题，这些管网还会被升级。

城市气味并非总是由当下的活动造成的。旧下水道的遗留问题可能会持续存在 100 年以上。在大曼彻斯特地区，通航运河（the Ship Canal）在其内陆总站有一个大型的船舶调头区，它充当了艾威尔河河水减速的区域。从 1894 年运河开掘直到 100 年以后，运河上多余的码头被重新开发为住宅区、商业区和休闲区，这条河沉淀了它在下暴雨时所裹挟的大量固体物质，包括那些混合下水道溢流到河床上的物质。随着时间的推移，河中逐步集聚了一个 2 米厚的有机物沉淀层。在温暖的夏日里，运河流域的含氧量变得极低，并产生了诸如甲烷和硫化氢等气体，有机物碎屑的结块也浮上了水面。硫化氢的气味大大降低

---

① Shultz and Collar，1993.

② Batalhone et al.，2002.

③ Paillard and Martin，1994.

了这个地区的美学价值。作为颇有名望的集公共建筑、商业区、住宅区为一体的综合建筑群（图 7.8），这些直接影响环境和美学的问题可能不允许继续存在，即使是短期的存在。城市再生项目基金提出了一个以每日高达 15 吨的量向运河中污染最严重的区域泵液态氧的计划，以便阻止气味问题的发展。① 这使运河恢复了生气，生物多样性的增加使得像斜齿鳊和鲈鱼这样的鱼类又能够开始产卵，鱼类种群的增长率，尤其是斜齿鳊的增长率，处于同一时期英国各地所见的最高水平。

图 7.8　索尔福德码头曼彻斯特通航运河原先的船舶调头区，在炎热的时期，这里必须向水中注氧，以减少产生气味的风险（摄影　伊恩·道格拉斯）

① Taylor et al.，2003.

热带城市的问题

从温带国家的植物中散发出来的气味时常糟糕透顶，而在炎热潮湿的气候中，它可能变得令人无法忍受。津巴布韦的上麦尼昂（Upper Manyane）集水区环抱着首都哈拉雷市（Harare）以及奇通圭扎镇（Chitungwiza），首都的大多数劳动力都居住在这个镇上。集水区的湖泊由于含氮量高以及城市垃圾和下水道溢流中的含磷污水而富营养化了，使得溶解氧丧失并且释放出有气味的气体。城市供水系统的问题已经更加难以处理，但污水的持续释放正在使气味的问题变得更加严重。①

在那些有资源可以利用的热带地区，这些气味问题可以得到控制。比如，在新加坡的乌鲁班丹（Ulu Pandan）污水处理厂，在任何污水离开完全封闭的工厂之前，有一系列的洗涤装置被用来中和气味。这些装置的设计旨在确保污水所需的 pH，并且也减少了气味的排放。它们必须能够处理被用于中和过程的腐蚀性化学品，并且能够使诸如次氯酸钠和氢氧化钠等中和化学品再循环。② 新加坡还对一种新的生物滴滤池技术进行了实验，经过 3 年多时间的运行，实验结果证明它是一种极具成本效益的处理污水气味的生物学方法。③

总结

立法与监管在应对恶劣的气味问题时已被证明是普遍有效的。伴随着对大气污染的立法和管控，监管的任务变得更加广泛，当城市开发活动侵占了离排污工程更近地区的时候，与日俱增的压力将迫使污

① Motsi et al.，2002.

② Lewis and Galardi，2002.

③ Koe，2002；Koe and Yang，2000.

水厂的厂主去采取降低气体以及流体污染物排放的措施。① 国际标准可以成功地反馈给地区的政府和地方行政当局。2000 年之后不久，澳大利亚和新西兰的一个新的气味测定标准在澳大利亚的大多数州里导致了对于气味监管的复查（表 7.3）。在新南威尔士州，监管者草拟了一份对于点源排放的气味的影响进行评估的政策，它以新的气味测定标准为基础，并且界定了模拟程序的监管分布。②

应对噪声和气味问题，就像在处理诸如水质和大气排放等其他问题一样，也采用立法与技术创新的结合。实际上，这方面的压力一直存在，它们来自那些受到影响、有着明确诉求的社会团体和运动，也来自公共事业公司和工厂主对于他们寻找解决方案的责任的认识。在许多情况下，随着新的物质进入废物流，以及随着新的生产程序的引入，还应该有对于新的解决方案的持续探索。立法程序有时只能在国会议员们自身利益受到了影响的时候才会启动，就像 1858 年泰晤士河上的“大恶臭”出现时所发生的情况那样。

公共空间的噪声和气味经常是由一些无法辨认身份的人员来控制的，尤其是那些选定背景音乐的人。更容易识别的人是那些对香料市场、居住区的鱼类和油炸食品商店或者是港口边的鱼市有所参与的人。然而，在拥挤、紧凑的城市里，将越来越难以避免更高的噪声水平，除非有对机动车使用、音乐播放和喂养动物自由的限制。避免自私地制造噪声，将不得不成为一个优秀公民的标志。个体责任将会越来越显示其重要性。

---

① Horner，1988.

② Kaye，2001.

第八章　城市与动态的地球：城市对地表的改变以及对地球物理灾害的回应

没有什么地方会比城市地区更明显地把人类作为一个地质和地貌变化因素的作用来记录。人们在城市地区持续地改变地形，挖掘地基，用垃圾填满露天矿场，平整活动场地，沿公路堆起分界的土丘，并且还建造了防洪堤岸、港口和船舶停靠点。运往城市的大量物资逐渐增高了路面的水平，以致于许多旧建筑物的出口如今已经比现代街道的水平要低 1 米之多。如果一个开发承包商在地面上打一个孔洞去考察地基状况的话，他通常会发现这些材料层构成了各式各样的“人造地面”，橡胶、填充材料以及人类食品和其他消费品的残存物叠加在自然的土壤和岩石之上。即便是在城市花园和公园的地下，也常常存在这种由人类活动造成的地层结构。作为一种地表形成过程，这些涉及城市活动的过程和形态是城市地形学的研究主题。

城市地形学的考察内容包括：地貌对城市发展的限制以及不同地形对特定的城市利用方式的适应性；城市的活动，尤其是其建筑活动，对地表形成过程的影响；城市化过程所造成的各类地形，包括开垦荒地和废物处理等；以及城市地区及其周边的采掘企业造成的地形学后果。城市地层的多样性（表 8.1）是其地形学历史的后果，是过去的各种环境变化的结果，其中也包括已经对土地形态和地表物质类型造成影响的气候与海平面变化在内。这些地层是一种城市环境史记录。它们现今被人们称为“人类世的沉积物”，这些“沉积物”记载了城市发展的某些动态信息。

表 8.1　由于人类活动而形成的人造地面所构成的城市地层

（根据 Rosenbaum et al.，2003）

地层	定　　义
人造地面	在先前的自然地表上已知有人造物积存其上的地区，诸如公路、轨道、水库和防护堤、洪水防御工事、废品（垃圾）堆、围海造田、近海垃圾倾倒场、建筑用地的回填（土地升高）
施工地面	地面已知被人为切割（开掘）过的地区：采石场、煤矿、铁轨和道路切面、景观美化的切割、退化的河道
填补地面	地面被切割（开掘）之后又有人造（填造）地面积存其上的地区：部分或是整个的回填作业面，如矿井、采石场、露天采矿场、垃圾填埋场（如同地面升高的情况一样；物资被堆积或散布在自然地表的那些场地除外）
造景地面	原初的地表已被全面改变的地区，但这个地区又不适于或者不可能被单独地划为施工（开掘）地面和人造地面
受损地面	有地表和近地表矿坑的地区，在这个地区，不确定挖掘、因矿坑和地面毁损而造成的人为沉降地区等相互之间有复杂的关联，比如，倒塌的小探井和浅层的矿坑等

这些基本概念还可以通过地形和地貌特征来加以细分，也可以根据它们的构成物质来进行细分。通常情况下，地表改造是一个阶段叠加在另一个阶段之上的。

城市居住区也容易受到一系列地球物理灾害的破坏，有一些灾害完全是自然的原因造成的，但另外一些则是由城市开发的本性所引起的，或者说是因它的影响而加重的。本章以对地震、火山爆发、山体滑坡以及地面沉降的思考为开端。考虑到水灾、风暴潮和河流生态修复等问题，本章在之后还会考察城市与河流之间的关系是如何随着时间的推移而发生变化的。

城市地区的地震

纵观整个人类历史，居住区一直受到地震的撼动和损害，有一些损害是局部性的，但另一些则范围广大，而且还出现了与之相关的海啸，它们跨越海洋给远处的城市地区带来了损害。像飓风和风暴一样，地震也可以影响到广大的地区。它们的主要影响是来自大地的震动、地层断裂以及地面隆起和塌陷。次生性影响则产生于它所触发的液化作用、山体滑坡和水面波动，如海啸和湖震（海面或湖面的驻波）等。破坏、损伤以及造成死亡的程度不仅会随震级的大小而有所不同，还会因其发生的地点、震区的地势以及受影响社区的社会经济条件等而出现差异。沿海城市尤其易于遭到地震的破坏，因为它们被暴露在所有的主要影响和海啸之下。像赫里克（Helike）、阿波罗尼亚（Appollonia）和塞琉西亚佩里亚①（Seleucia Pieria）（表 8.2）等许多古代港口城市如今都已处在海平面以下。

表 8.2　影响城市地区的大地震②

年代	现在所属国家或领土范围	受影响的城市地区	震级、矩震级	死亡人数
公元前 373 年	希腊	赫里克	未知	未知
公元前 148 年	土耳其	安提俄克被地震摧毁	未知	未知

① 现称萨曼达。——译者注

② 部分基于网站 http://earthquake.usgs.gov/earthquakes/world/world_deaths_sort.php (accessed 21 July 2012).

续　表

年代	现在所属国家或领土范围	受影响的城市地区	震级、矩震级	死亡人数
公元37年	土耳其	安提俄克遭地震袭击	未知	未知
公元115年	土耳其	安提俄克被地震摧毁	未知	未知
365年（7月21日）	希腊	几乎是克里特全城；附近的许多地区	8.5	未知（但在亚历山大里亚却有50 000人死亡）
	利比亚	阿波罗尼亚沉陷到海平面以下		
	埃及	亚历山大里亚		
526年（5月20日）	土耳其	安提俄克	未知	250 000人
856年（12月22日）	伊朗	达姆甘	未知	200 000人
893年（3月23）	伊朗	阿尔达比勒	未知	150 000人
1138年（8月9日）	叙利亚	阿勒颇	未知	230 000人
1531年（1月26日）	葡萄牙	里斯本	6.9	30 000人
1556年（1月23日）	中国	陕西省华县、渭南、华阴（以及其他许多城市）	7.9	830 000人
1737年（11月11日）	印度	加尔各答	未知	300 000人
1755年（11月1日）	葡萄牙	里斯本	8.5	70 000人

续　表

年代	现在所属国家或领土范围	受影响的城市地区	震级、矩震级	死亡人数
1819年（6月16日）	印度	卡奇地震，科萨里、默瑟拉、讷利亚以及维尼安等城市遭到严重破坏	8.2	1 543人
1906年（4月18日）	美国	加利福尼亚州旧金山	7.9	2 500人
1908年（12月28日）	意大利	墨西拿：整个卡拉布里亚区和西西里岛都遭到重创	7.2	72 000人
1915年（1月13日）	意大利	阿韦扎诺-佩希纳地区严重受损	7.0	32 610人
1920年（12月16日）	中国	宁夏海原县被彻底毁灭；兰州、隆德、会宁等地受重创	7.8	200 000人
1923年（9月1日）	日本	东京受到极大破坏，而且还遭遇了火灾和海啸	7.9	143 000人
1927年（5月22日）	中国	甘肃古浪：从兰州经民勤和永昌到金塔都遭到破坏	7.6	40 900人
1939年（12月27日）	土耳其	埃尔津詹：图尔肯到阿马西亚等地遭到破坏	8.0	23 000人
1948年（10月5日）	土库曼斯坦	阿什喀巴得遭到极大破坏	7.3	110 000人
1960年（5月22日）	智利	瓦尔迪维亚和奥克泰港	9.5	5 700人
1964年（3月27日）	美国	阿拉斯加州的安克雷奇、基奈、科迪亚克岛、西华德、瓦尔迪兹	9.2	131人

续 表

年代	现在所属国家或领土范围	受影响的城市地区	震级、矩震级	死亡人数
1970年（5月31日）	秘鲁	卡斯马、钦博特以及永盖（山体滑坡使许多人丧生）	7.9	66 000人
1976年（2月4日）	危地马拉	危地马拉城	7.5	23 000人
1976年（7月27日）	中国	唐山	7.7	650 000人
1985年（9月19日）	墨西哥	墨西哥市	8.1	10 000人
1988年（12月17日）	亚美尼亚	斯皮塔克	6.9	25 000人
1990年（6月10日）	伊朗	鲁德巴尔、曼吉尔和鲁鄯	7.4	40 000人
1990年（7月16日）	菲律宾	碧瑶市、甲万那端市、达古潘市	7.8	1 621人
1999年（9月21）	中国	台湾	7.6	2 400人
2001年（1月26日）	印度	布吉、帕焦、安杰尔以及古吉拉特邦的艾哈迈达巴德	7.7	12 290人
2004年（12月26日）	印度尼西亚	班达尔阿济；海啸影响了印度洋沿岸许多的城市	9.1	227 898人
2005年（11月8日）	巴基斯坦	穆扎法拉巴德以及乌里受到严重影响	7.6	86 000人

续　表

年代	现在所属国家或领土范围	受影响的城市地区	震级、矩震级	死亡人数
2008年（5月12日）	中国	成都-理县-广元地区受到严重影响，超过500万幢建筑倒塌	7.9	87 587人
2010年（1月12日）	海地	太子港	7.0	316 000人
2010年（9月4日）	新西兰	坎特伯雷	7.1	1人
2011年（1月18日）	巴基斯坦	俾路支省达尔本丁	7.2	2人
2011年（2月22日）	新西兰	坎特伯雷（余震）	6.3	185人
2011年（3月11日）	日本	八户、仙台、石卷以及小名滨、东北（兼有海啸）	9.0	15 828人

从历史上看，有大量的人死于地震所造成的影响，尤为明显的是，死亡数字占到当时总人口的一个相当大的比例，但是，也应该谨慎地使用这被估算出来的总数。因没有现代的交通和医疗设施，受重伤的人们或死于地震的余波。例如，公元526年，在安提俄克（Antioch）①及其相邻的城镇，有超过20万人死于一场大地震的袭击②，附近的港口塞琉西亚佩里亚被抬高了0.7～0.8米，此后，港口因淤塞而很不稳定。③

真正大级别的地震还可能会造成海洋和大陆范围的危害。在1755年11月1日上午，里斯本被大地震和接踵而至的余震、灾难性的大火

① 土耳其南部城市，古叙利亚首都。——译者注

② Sbeinati et al.，2005.

③ Eeol and Pirazzoli，2007.

以及海啸动摇了根基，巨大的海啸巨浪侵袭了欧洲西北部、美洲东北部、加勒比海和摩洛哥的海岸。① 地震的震动危及了奥波尔图（Oporto）以及其他的葡萄牙市镇，还影响到了西班牙的加迪斯（Cadiz）以及摩洛哥的得土安（Tetuan）、丹吉尔（Tangiers）、非斯（Fez）和马拉喀什（Marrakesh）等地。② 里斯本的建筑物遭到了彻底毁坏，大火熊熊燃烧了5天。城市中收藏的大量文学、艺术和文化遗产丧失于火灾之中。这个单一的地球物理事件对葡萄牙的精神产生了持久的影响，也给整个欧洲带来了影响，卡普兰（Kaplan）认为，这场地震冲击了启蒙运动的自然仁慈的观念（这与后来认为原子弹终结了所有科学仁善的观念非常相似）。③

地震活跃地区的城市当局和各国政府已越来越多地采取措施提高社区的防震抗震能力。预防手段包括定期演习，这是为了让人们正确了解在出现地震警报时应该做什么和到什么地方去，还要让人们了解躲避地震的安全设施。人们需要快速从灾难中恢复过来，设法使城市建筑物能够承受得住地面的震动以及其他地震现象。就从桥梁和隧道到房屋和公寓大楼等建设工程而言，适当的建筑规范的建立、贯彻和实施是防震抗震努力的一个至关重要的部分。在20世纪这一时段里，建筑规程渐趋严格，尤其是在1923年的东京地震之后，日本常常在这方面起到引领作用（表8.3）。在诸如加利福尼亚、日本和新西兰等地震高风险地区，建筑规范在1940年以前就已经确立。20世纪70年代期间，地震灾害的减少是以立法为开端的，它要求识别地震危险区、准备适当的灾害地图并且限制在有断裂迹象的地区附近或在这个地区之上进行城市开发。一系列全球相连的日益复杂的仪器如今已可以提供地震及余震的实时信息。

---

① Reclus，1877，p. 595.

② Reclus，1877，p. 595.

③ Kaplan，1991，p. 94.

表 8.3　城市地震风险管理的进程

日期	国家现代领土范围	措　　施
132 年	中国	最早监测地震发生和地震位置的仪器
1880 年	日本	开始研发摆动式地震仪
1891 年	日本	政府地震调查委员会
1919 年	日本	“城市建筑标准法案”
1924 年	日本	“强制性管理法修订案”：包括抗震设计标准
1925 年	日本	东京大学地震研究院建立
1933 年	美国	“加利福尼亚田地法案”要求学校建筑有抗震设计
1935 年	印度	S. L. 库尔玛研发出抗震建筑
1935 年	新西兰	“地震建筑设计标准”首次推出
1946 年	美国	地震海浪预警系统启动
1954 年	中国	现代地震工程学研究在哈尔滨开始
1960 年	中国	建立地震研究装置
1961 年	日本	“灾难对策基本法”要求灾难综合管理
1971 年	日本	“建筑标准法紧急修订案”把混凝土结构中钢筋的间距降低到 100 毫米
1971 年	美国	开始重大地震预报研究
1972 年	美国	加利福尼亚立法机构通过的地标法要求标识沿地壳断裂带的地震灾害区
1972 年	美国	加利福尼亚“Alquist-Priolo 特别研究分区法案”限制在显示断裂痕迹的地面附近或地面之上进行开发活动
1975 年	中国	海城居民在大地震之前撤离
1977 年	美国	“减少地震灾害法案”

续 表

日期	国家现代领土范围	措　　施
1990 年	美国	“国家减少地震灾害计划重新授权法案”
1990 年	美国	“国家经济住房法”要求对住房与城市发展部计划帮助下的所有住房进行地震风险评估
1990 年	美国	“加利福尼亚地震灾害测绘法案”
1991 年	伊朗	地震咨询立法机构建立减少自然灾害国家委员会
1994 年	厄瓜多尔	在规划部的领导下基多市建立了灾害预防与应对部门
1995 年	日本	“提高翻修建筑物的抗震水平法案”
2002 年	印度	协同联合国开发计划署减少城市地震灾害规划（至 2008 年为止）
2004 年	美国	再次修订 1977 年的“地震灾害法案”
2004 年	新西兰	“建筑法案”要求地方当局在 2006 年 3 月 30 日前制订关于地震多发地区建筑的政策
2005 年	加拿大	“国家建筑法规”含有适于抗震设计的地表运动的详细规定
2009 年	尼泊尔	核准“国家灾害风险管理战略”

有一些地震已经得到了提前预报，通常的路径是借助对动物行为的观察，正如 1975 年在中国的海城所出现的情况那样（表 8.3），提前预报可以让人们尽早从高危地区快速撤离。海啸警报也有可能提前发布，波浪在海洋中移动的时间也是可以预告的，但条件是警报能够抵达处于危险的社区，或者是这些城市的人们有地方可以躲避并且知道如何应对，否则，伤亡率也可能会如几世纪以前一样高。令人遗憾的是，在 2004 年的班达亚齐（Banda Aceh）事件、2010 年 1 月的太子港地震以及 2011 年日本本州东北部的地震之后，印度洋许多地区的情况依然如故。

火山爆发与城市地区

火山与其他的地貌不同，因为它们是由从地壳深层喷发出来的岩浆逐步集聚而成的，这些岩浆冷却之后形成了新的岩石。许多火山岩含有矿物质，这些矿物质的分解带来了一些世界上最肥沃的土壤。因此，它们所支撑的一些人口最稠密的农村、集镇和商业中心都出现在靠近火山坡的地区，这可以以印度尼西亚的爪哇岛（Java）、靠近埃特纳火山（Mt. Etna）的西西里岛以及诸如尼拉贡戈火山（Nyiragongo）等环绕非洲东非大裂谷（Rift Valley）地带的火山周边的情况为例。有许多城市拥有从连续的火山爆发灾难中恢复过来的漫长历史，西西里岛上的卡塔尼亚（Catania）尤其如此（表 8.4）。还有更多的城市不得不为可能出现的火山爆发做好严密的紧急疏散准备。

一座火山是由岩浆库、岩浆通道、火山锥和火山口组成的。它可能还有从属性的支脉，带有次要的火山口。火山有不同的形状、规模和活动方式，这取决于为它们提供岩浆的熔岩的黏稠度。类似夏威夷岛上的莫纳克亚山（Mauna Kea）和莫纳山（Mauna）那样的盾形火山，含有低硅、低黏度的炎热玄武熔岩，这些熔岩从火山的裂隙中流出，落到火山的周边。像维苏威火山（Vesuvius）、富士山（Mt. Fuji）、苏弗里耶尔山（Soufrière）和培雷山（Pelée）那样的成层火山则含有高硅岩浆并且是由熔岩和火成碎屑物（火山爆发喷出的火成岩碎片）的交替层组成的。

当岩浆冷却的时候，气态水被压缩，直到火山爆发造成了穿过岩浆的通道，让气体和火成碎屑物逃逸出去，并且形成一朵巨大的碎屑云团。在某些情况下，这些气体本身是极为有害的，如同喀麦隆（Cameroon）的尼奥斯湖（Lake Nyos）在 1986 年的爆发一样（表 8.4）。在其他的例证中，细的火山灰可以被带入大气，正如在 2010 年埃亚菲亚德拉冰盖（Eyjafjallajkull）喷发时那样（表 8.4）。诸如印度尼西亚的默拉皮（Merapi）之类的火山释放的是火成碎屑物和水，这些物质在此后随着火山泥流、炎热的泥石流进入河道，当它们沿山谷横卷直下的时候，它们前面的一切都被裹挟进去了。滨海火山或者火山岛，比如说喀拉喀托火山（Krakatoa），可能会引发海啸，产生火山灰，这极大地影响了海对面的城市地区，而且影响到远方农田的作物产量。因此，火山对于城市地区的影响是复杂的，这既表现在自然方面，也表现在它们的空间关系方面。许多城市，比如说意大利的那不勒斯和印度尼西亚的日惹（Yogyakarta）地区，也都非常靠近火山，所以，为了时刻做好准备应付严重的火山爆发，这些城市不得不制定疏散计划并且进行应急演练。

表 8.4　影响城市地区的重要火山爆发

日期	火山	国家现代领土范围	受影响的城市地区	死亡人数
公元前1450年	圣托里尼	希腊	阿克罗蒂里的米诺斯城被熔岩和火山灰掩埋	不详
公元前1226年	埃特纳	意大利	小型海岸居住区	不详
公元前477年	埃特纳	意大利	卡塔尼亚几乎全部被毁	不详
公元前396年	埃特纳	意大利	纳克索斯岛遭彻底破坏	不详
公元前122年	埃特纳	意大利	卡塔尼亚严重受损	不详
公元79年（8月24日）	维苏威	意大利	赫库兰尼姆、庞培、斯塔比伊被毁	超过50 000人
1169年	埃特纳	意大利	卡塔尼亚建筑物倒塌	15 000人
1224年	埃特纳	意大利	奥格尼纳部分被熔岩掩埋	不详
1631年	维苏威	意大利	雷西纳、托雷安农齐亚塔、托雷德-尔格雷科和波蒂奇地区被毁	18 000人

续　表

日期	火山	国家现代领土范围	受影响的城市地区	死亡人数
1669 年	埃特纳	意大利	卡塔尼亚、尼科洛西、贝尔帕索，以及另外 50 个城市毁于多喷火口的火山喷发	20 000 至 100 000 人
1766 年	马荣	菲律宾	马利瑙被毁	2 000 人
1783 年	浅间山	日本	炽热的火山云降落在 48 个村庄	5 000 人
1793～1794 年	维苏威	意大利	托雷德-尔格雷科	不详
1814 年（2 月 1 日）	马荣	菲律宾	甲苏亚加、巴迪奥和另外的两个城镇被毁	2 200 人
1815 年（4 月 5 日）	塔博罗	印度尼西亚	塔博罗、坦波和皮卡特被毁，后来的死亡者多因庄稼受损饥饿而死	70 000 至 129 000 人
1883 年（8 月 27 日）	克拉卡脱	印度尼西亚	造成了席卷印度洋的海啸，给许多港口市镇带来损害	超过 30 000 人
1897 年（6 月 23 日）	马荣	菲律宾	塔瓦科、圣罗克、米塞利科迪亚等地被毁	400 人
1902 年（5 月 6 日）	苏弗里耶尔	圣文森特岛	6 个城镇被毁	超过 3 000 人
1902 年（5 月 8 日）	培雷	马提尼克岛	圣皮埃尔被毁	30 000 人
1911 年（1 月 30 日）	塔尔	菲律宾	圭洛特、圣约瑟被毁；马尼拉出现恐慌	1 335 人
1917 年	博克龙	萨尔瓦多	圣萨尔瓦多市几乎被毁灭	450 人
1928 年	埃特纳	意大利	马斯卡迪和南西塔被毁	不详

续　表

日期	火山	国家现代领土范围	受影响的城市地区	死亡人数
1951 年	拉明顿	巴布亚新几内亚	多个居住区被毁	6 000 人
1963 年	阿贡	印度尼西亚	巴厘岛上的塞布迪、塞比以及索尔加被火山灰掩埋	1 500 人
1985 年（11 月）	内瓦多·德·鲁伊斯	哥伦比亚	火山喷发引发的泥石流致使许多人丧生	25 000 人
1986 年（8 月 21 日）	尼奥斯湖	喀麦隆	释放出冰冷的二氧化碳气体	1 700 人
1997 年（1 月 25 日）	苏弗里耶尔	蒙特塞拉特岛	普利茅斯的 80% 被毁；4 000 人被转移	19 人
2002 年（1 月）	尼拉贡戈	刚果民主共和国	戈马受损，400 000 人被转移，毒气令 17 人丧生	17 人
2010 年（4 月 14 日）	埃亚菲亚德拉冰盖	冰岛	城镇被搬迁，火山灰致使北大西洋和欧洲的航班停飞	不详

火山活动的多样性和火山爆发的无规律性使得灾难的预防只能仰赖于对每一座具体的火山的了解，并且监控其地震活动、气体的化学成分、火山湖以及火山锥和温泉的形状和温度变化，还要对重力和磁力的地方性变化进行监测。拥有活火山的大多数国家都已建立了火山观测站，它们既用于对具体的火山进行观测，而更为常见的情况是用于观测类似于加那利群岛（Canary Islands）（表 8.5）或是与美国毗邻的太平洋西北部的喀斯喀特（Cascade）火山那样的火山群。表 8.5 中列出的许多观测站都是在大灾难之后建立起来的，比如哥伦比亚观测站就是在 1985 年内瓦多·德·鲁伊斯（Nevado del Ruiz）火山爆发之后建立的。个别火山周围的一系列仪器是用来监测新的火山活动的，

以便在其活动超出临界状态时可以实施疏散计划。然而，尽管有仪器仪表的观测，火山学家常常也只是到了火山已经爆发的时候，才能够弄清楚熔岩、火山灰和火山泥流可能去什么地方。城市死于火山爆发的人数（表 8.4）总体上说要远少于死于地震的人数，因为火山爆发时通常还有疏散撤离的时间。可是，死于毒气云和巨大的火山落灰的人数却要多得多，因为它们快速地释放到高空，并且从火山爆发地迅速地顺风蔓延开去。

在某些情况下，设置让熔岩流发生偏转的屏障以及诸如此类的物理防御手段已经被采用，这些措施有时也有效果。通过在熔岩流边缘破开缺口或是通过爆破熔岩流等方式来转移熔岩也是行之有效的（表 8.5），但必须有供熔岩流流动的适当地形，否则，它将会危及相邻的居住区。预警系统和封育措施是保护人类生活最有效的方式，即使这意味着要遗弃某些居住区。然而，许多靠近火山的城市仍然还在发展。刚果民主共和国的戈马（Goma）位于基伏湖（Lake Kivu）岸边，它的人口在 1990 年之后从 5 万发展到了 100 万，这主要是由内战和冲突中的难民构成的人口。这个城市一直处于尼拉贡戈火山熔岩的威胁之下，2002 年，尼拉贡戈火山爆发摧毁了城市众多地区（表 8.4），而且还伴有来自基伏湖深处的二氧化碳和甲烷气体的释放，这些气体的释放可能是由火山活动造成的。如通常见到的情况一样，最贫困的城市也最易受到灾害的攻击。①

表 8.5　城市火山灾害风险管理的进程

日期	国家现代领土范围	措　施
1669 年	意大利	帕帕拉多试图把埃特纳火山的熔岩流导出卡塔尼亚
1912 年	日本	奥州观测站在东北大学成立

① Draper，2011.

续　表

日期	国家现代领土范围	措　　施
1912年	美国	夏威夷火山观测站成立
1924年	印度尼西亚	开始在默拉皮火山进行火山监测
1928年	日本	京都大学阿苏山火山观测站成立
1935年	美国夏威夷州	贾加尔炸开火山熔岩流，使之横向扩散
1958年	中国	黑龙江五大连池火山监测站成立
1967年	日本	前奥州观测站变为青叶山火山观测站
1977年	日本	附属于青叶山观测站的火山活动流动观测团队
1979年	日本	岩手县、秋田-驹岳、秋田-烧山、鸟海、滋贺、东山、安达太良、磐梯周边火山的区域性火山观测网络启动
1986年	哥伦比亚	马尼萨莱斯火山、地震观测站成立
1988年	美国阿拉斯加州	阿拉斯加火山观测站成立
1988年	喀麦隆	对火山进行地球物理研究的天线在艾克那区安装
1988年	科摩罗	卡萨拉火山观测站建立
1990年	加拿大	跨部门火山事件通报计划启动
1996年	美国阿拉斯加州	开始扩大火山监测网络
2000年	刚果民主共和国	戈马火山监测站建立
2001年	厄瓜多尔	地震-火山监测计划启动
2004年	西班牙加那利群岛	在特内里费岛开始对与火山系统相关的地震进行监测

山体滑坡与坡面倾斜

世界上有许多地区，尤其是那些易于受到地震和火山侵害的地区，长期忍受着山体滑坡的后果，特别明显的是在那些最近形成的火山岩还不稳定的地区，如同意大利的一些地区一样。在那不勒斯地区，自1950年以来，“非自然的”重大灾难迈着无情的步伐一个接一个地到来，自1980年以来，这些灾难似乎造成了比先前更大的痛苦和死亡。① 从1997年到1999年，大量的山体滑坡事件经常变成极其快速流动的泥石流，多次影响覆盖在意大利坎帕尼亚（Campania）地区碳酸盐斜坡上的第四纪晚期的火山碎屑沉积物。索伦托半岛（Sorrento Peninsula）是1997年地区性斜坡失稳危机的震源地。在1997年1月间，100处左右的浅层块体崩移是可以追溯至18世纪中叶的一长串滑坡事件的最新情节。1997年1月10日，在晚上8:15左右，波赞诺（Pozzano）（那不勒斯省）的一场降雨诱发了岩屑滑落和泥石流，该事件主要对公元79年火山碎屑的生成物造成了影响。

这场山体滑坡沿着一条J形的路线毁坏了一所私人住宅并且侵入了邻近的公路。有4人死亡，22人受伤，受损公路被关闭了大约两个月。在山体滑坡之前72小时的时间段里，只有不到200毫米的降雨量，尽管在此之前的4个月的时间段里曾出现过密集的降水。然而，土壤却被浸湿了，在土壤颗粒之间的细孔中形成了压力，这些压力最终造成了坡体的坍塌。这些火山屑土壤的本身特点是这次特定事件中至关重要的因素。② 当坡体材料达到了最高含水量的时候，有一些山体滑坡明显与降水的强度和持续时间相关③，而在另外一些山体滑坡中，雨水进入土壤和附近表层物质的模式，以及它所造成的内部压力，

---

① Corona, 2005.

② Calcaterra and santo, 2004.

③ Fiorillo and Wilson, 2004.

却是最重要的原因。如果城市的建筑已经改变了或者限制了雨水流入斜坡土壤的路线的话，山体滑坡的危险就有可能增加。

在岩石受到深度风化的潮湿的热带地区，山体滑坡现象在那些发展迅速的城市居民区是一种常见的问题。在1972年的山体滑坡（表8.6）之后，香港制定了一项严格的政策，以防范更大的灾难，它在1977年建立了岩土技术管理办公室（表8.7），并且开发出了一个系统，它既能保证开发项目已分配到的土地类型适于开发，又能确保有良好的工程设计和坡体维护的策略和手段，还要保证那些被改进的、被设计的斜坡将来不会出现坍塌。然而，具有类似这样易受高降雨量侵袭的地势的其他城市却一直未能实施这类成功的政策。

表8.6　影响城市地区的重要山体滑坡事件

日期	国家现代领土范围	地点	受影响城市地区	死亡人数
1618年（9月4日）	意大利	恰瓦里纳	严重的山体滑坡掩埋了2个城镇	2 427人
1806年（9月2日）	瑞士	戈尔道谷地	山体滑坡导致的岩石和碎屑崩塌摧毁了4个村庄	800人
1881年	瑞士	埃尔姆	不受监管的板岩开采导致山体滑坡事故并掩埋了村庄	150人
1903年（4月29日）	加拿大	亚伯达省弗兰克	龟山崩塌；9 000万吨的石灰岩从山边滑落	70余人
1920年（12月16日）	中国	甘肃	黄土（细黏砂土）滑坡摧毁了大部分城镇	5 000人
1920年（12月16日）	中国	宁夏海原县	黄土流与黄土滑坡覆盖了5万平方千米的地区，黄土滑坡造成了极大的裂隙、滑坡坝，掩埋了众多村庄	超过100 000人

续 表

日期	国家现代领土范围	地点	受影响城市地区	死亡人数
1933 年	中国	四川茂县叠溪	袭击叠溪镇的山体滑坡在当时阻塞了岷江。山体滑坡发生时，洪水致使 2 500 人丧生	3 100 人
1938 年（3 月 2 日）	美国	洛杉矶	山上大面积的山体滑坡	200 人
1939 年	日本	神户	降雨造成的山体滑坡使 10 万个家庭受损	461 人
1939 年	日本	吴市	降雨导致的山体滑坡使众多家庭受损	1 154 人
1943 年（12 月 13 日）	秘鲁	安卡什区瓦拉斯	山体滑坡在里约桑塔河上形成了暂时的堰塞坝，两天之后，堰塞坝垮塌，淹没了下游流域	5 000 人
1949 年（7 月 10 日）	塔吉克斯坦	盖尔姆克州凯特	由 1949 年的凯特地震引发，是数次山体滑坡中最大的一次	4 000 人
1958 年	日本	东京	台风雨造成超过 1 000 处山体滑坡	61 人
1959 年（10 月 29 日）	墨西哥	米纳蒂特兰	大雨在太平洋沿岸的 12 个市镇造成了山体滑坡	2 000 人
1961 年	比利时	朱皮尔	飞尘与矿渣堆掩埋了村庄	20 人
1961 年（12 月 11 日）	秘鲁	永盖	上千万吨的雪、岩石、泥土以及碎屑跌落到瓦斯卡兰死火山上，掩埋了城镇	4 000 人
1964 年（7 月 18 日）	日本	本州岛的岛根和冈山县	小级别地震之后的大雨造成山体滑坡，摧毁了村庄	233 人

续 表

日期	国家现代领土范围	地点	受影响城市地区	死亡人数
1966 年（1 月 11～13 日）	巴西	里约热内卢	倾盆大雨在违法的棚户区造成大面积滑坡	239 人
1966 年（10 月 21 日）	英国威尔士	艾伯凡	巨大的煤矿废物堆滑入村庄，掩埋了学校和住宅	145 人
1967 年（2 月 17～20 日）	巴西	里约热内卢	雨水再次在棚户区造成滑坡，并且使发电厂发生故障	224 人
1969（1 月 18 日）	美国	洛杉矶	在圣加百利和圣塔摩尼卡的山坡上发生大面积滑坡	95 人
1972 年（6 月 18 日）	中国	香港	建筑工程之后被毁坏的斜坡下滑，砸倒了公寓楼	67 人
1972 年（8 月 19 日）	韩国	首尔	450 毫米的降雨之后，15 处山体滑坡使得 127 000 人无家可归	180 人
1993 年（12 月 11 日）	马来西亚	乌鲁巴生	糟糕的引水管导致土壤液化以及公寓楼坍塌	48 人
2000 年（7 月 10 日）	菲律宾	马尼拉	台风雨在巴亚达的“福地”垃圾堆造成重大滑坡	200 余人
2006 年（5 月 31 日）	马来西亚	甘榜巴西	因一个断坡的挡土墙倒塌造成的滑坡	11 人
2008 年（12 月 6 日）	马来西亚	安塔拉班撒山	离 1993 年乌鲁巴生山体滑坡 1.3 千米处的另一次滑坡	
2011 年（5 月 21 日）	马来西亚	乌鲁冷吉	大雨中的山体滑坡掩埋了孤儿院	21 人

表 8.7 城市山体滑坡风险管理的进程

日期	国家	措 施
1975 年	美国	国家山体滑坡灾害计划启动
1977 年	中国香港	在 20 世纪 70 年代许多灾难性的山体滑坡事件之后，为了解决斜坡安全问题，成立了岩土工程办公室（前身为岩土技术管理办公室）
1983 年	美国	加利福尼亚州滑坡灾害测绘法案
1985 年	圣卢西亚	为全国制作滑坡灾害地图
1991 年	葡萄牙	113.91 29AGO 号法律，市民保护基本法（防护：划定风险区域）
1992 年	中国香港	岩土工程办公室启动斜坡安全的公共教育计划，鼓励私营企业主担负起他们所在地的斜坡安全责任
1992 年	圣卢西亚	修订滑坡灾害地图
1995 年	中国香港	1994 年观龙楼的事故导致了山体滑坡防治措施（LPM）五年计划的提前推出
1995 年	法国	2 月的“巴尼耶”法案：可预见的自然风险防治计划（风险测绘）
1995 年	瑞典	瑞典皇家工程科学院斜坡稳定委员会（风险测绘）
1996 年	英国	发布规划政策指导原则第 14 条：不稳定土地上的开发-附加条款 1：山体滑坡与规划
1997 年	中国香港	岩土工程办公室推行系统的山体滑坡调查计划
1997 年	瑞士	政府就地面运动造成的山体滑坡灾害如何并入土地利用规划框架的问题提出指导原则
1997 年	美国	在灾难性的山体滑坡事件出现之后，西雅图市制定了减少山体滑坡事件的政策
1998 年	意大利	1998 年 267 号法律（对第 180 号法令的陈述）：洪水与山体滑坡灾害评估
1998 年	西班牙	国家基本法 6/1998（土地使用规划；灾害测绘）
1998 年	美国	联邦应急管理局制定减灾计划“影响方案”

续 表

日期	国家	措　施
2000 年	波兰	4 月 18 日的“自然灾害法 2”（阐明非稳定地区易受灾害影响的测绘问题）
2003 年	希腊	第 ΔMEO/γ/o/285 号管理规则中有关公路工程的指令（风险测绘）
2008 年	加拿大	不列颠哥伦比亚省发布“已规划居住区开发的斜坡评估指导原则”
2008 年	斯里兰卡	重新发布“易产生滑坡地区建筑指导原则”
2008 年	圣卢西亚	“滑坡应对计划”发布

马来西亚吉隆坡边缘地带的乌鲁巴生（Ulu Klang）地区有许多陡峭的山坡，这些山坡作为理想的住宅区很受欢迎，然而，为了建造包括多层公寓大楼在内的住宅，这些斜坡被截断并且被充填，修建了许多大型的台阶，房屋就被建造在这些台阶之上，因此，这些斜坡也有一段山体滑坡的历史。第一个悲剧事件是 1993 年高地塔（Highland Tower）的山体滑坡，当时，一座 16 层的大楼倒塌，造成了 48 人死亡（表 8.6）。很短一段时间之后的 2002 年，第二次灾难又毁坏了一座两层楼的住宅，2006 年发生于甘榜巴西（Kampung Pasir）的第三次灾难损毁了 3 幢沿斜坡建造的房屋，2008 年出现在安塔拉班撒山（Bukit Antarabangsa）（表 8.6）的第四次事件损坏了 3 套房屋。这个地块上发生了这么多的山体滑坡事件，表明对于它的设计是不恰当的。对被风化了的岩石进行开凿，扰乱了水的自然运动，在使用挡土墙来加固开凿出来的台阶立面的情况下，在大雨降临时节，水就会积存在挡土墙的背后，逐步形成越来越大的压力，这种压力有可能使挡土墙出现坍塌。

除了因人类对自然坡体的扰动所造成的山体滑坡外，可能还有一些重大的山体滑坡是采石、采矿或者垃圾倾倒等原因造成的。1881 年瑞士埃尔姆（Elm）地区（表 8.6）的灾难就是缘于未受监管的石料开采。1966 年艾伯凡（Aberfan）的悲剧事件（表 8.6）是由煤矿垃圾造成的。菲律宾的一些垃圾堆是很多捡破烂家庭的家园，它们也经历过许多致人性命的滑坡事件，包括马尼拉的“福地”垃圾场和 2011 年 8 月碧瑶市（Baguio）伊里桑（Irisan）垃圾场事件。自 2000 年以来，造成 10 人以上死亡的其他垃圾场滑坡事件也出现在中国的重庆市和 Shanguio[①] 市、印度尼西亚的巴东（Padang）和巴塘（Badung）、哥伦比亚的麦德林（Medellin），还有危地马拉市。考虑到所涉及的地点和人，大多数垃圾山滑坡事件未被报道。

如同其他地质灾害一样，对于哪里在过去发生了滑坡、哪里的地势有可能受到滑坡的影响等方面的测绘可能是重要的。大量的信息有助于确定什么类型的建筑可以在一个特定的地块上获得兴建的许可（表 8.8）。加利福尼亚州圣马特奥县（San Mateo County）1972 年的滑坡敏感图[②]就直接把这个县的旧金山市中心南部地区分为 7 个滑坡敏感性类别。即使已经盖满了建筑物的大部分地区在当时是普遍稳定的，但 1968 年至 1969 年冬季的众多滑坡事件造成的损失的代价却接近 360 万美元。[③] 20 世纪 80 年代，英国政府建成了一个全国性的滑坡数据库，这个数据库包含了在公开的出版物中有记载的 8 835 次滑坡的详细数据，而且这些信息连同“大量的古代滑坡可能性区域”的说明被显示在 1∶250 000 比例的县区地图上。英国地质调查局如今已能够通过其全国性的滑坡数据库提供任何给定地点的滑坡灾害信息。随着地质信息系统的发展，更多关于滑坡风险的复杂数据以及详细标明容易产生滑坡地区的地图[④]已经可以获得。[⑤]

---

① 所指不详。——译者注

② Brabb et al.，1972.

③ Brabb et al.，1972.

④ Giraud and Shaw，2007.

⑤ Mancini etal.，2010.

表 8.8　加利福尼亚州地质勘探局绘制的山体滑坡地图的种类

（根据 Brabb et al.，1972）

地图类型	描　述
山体滑坡目录图	最基本的山体滑坡地图，描绘的是以前发生坍塌的位置。因为未来山体滑坡位置的一个线索就是过去运动的干扰，所以显示现有滑坡地区的地图有助于灾害的预测。目录图不一定要识别最新的滑坡运动，但在任何一年里，某些已被测绘出来的滑坡——或者更常见的是，它们中的一部分——可能会变得活跃。滑坡目录图揭示了过去滑坡运动的范围，因此，它也显示了未来滑坡有可能在那些滑坡运动范围之内出现的地点，但这并不表示在被测绘的各滑坡之间有更大的地区会出现斜坡坍塌的可能性。因此，还需要有灾害、风险或分区地图
山体滑坡灾害图 1）敏感图	描绘的是导致滑坡发生或未来可能发生斜坡坍塌的一种不稳定状态：未来山体滑坡的相对可能性仅仅是以一个位置或地点的固有性状为基础。（滑坡目录图中标示的）先前的故障、岩石或土壤强度以及坡面的斜度是决定灾害发生可能性的最主要的 3 个立地因子
山体滑坡灾害图 2）潜势图	描绘的是导致滑坡发生或未来可能发生斜坡坍塌的一种不稳定状态：山体滑坡的可能性（易受影响或损害的状态）以及出现触发事件（机会）的可能性。潜在的可能性通常取决于山体滑坡可能性的 3 个因子，此外还有对出现诸如地震或过量降雨这类触发事件可能性的评估或测量
山体滑坡风险图	描绘的是山体滑坡可能性以及在事故发生时可以预计到的生命和财产损失。比如说，对于山体滑坡危及公路系统可能性的评估，可以从公路接触的山体滑坡灾害的不同水平以及公路可能遭受的危害程度方面来加以考虑。同样的，河流中沉积物过多以及生态危害的风险也可以根据山体滑坡的危害程度和河流的性质及其易受影响的程度来评估

续 表

地图类型	描 述
山体滑坡分区地图	描绘出具有发生山体滑坡更高可能性的地区，加利福尼亚州法律授权，在这些地区之内任何开发活动动工之前都要采取特定的措施来防范风险。这些地图通常具有二元性（一个给定地点既处在这个区域之内，又处在这个区域之外），并作为一种规划工具，是专为非地球科学家而设计的。分区地图可能是根据山体滑坡的可能性或者是易受影响或损害的状态来绘制的，但也有一些仅仅根据坡面倾斜度或是“山体滑坡目录图”绘制

沉降

“沉降（subsidence）”这个术语描述了人类活动所引起的地面下降现象，这种现象的出现缘于地下水、石油和天然气的提取，缘于盐、煤和其他矿物质的转移，还缘于水从矿井中抽出。对地表进行覆盖和铺砌可能会导致地下水的补充越来越少，这进一步降低了地下水的水位。因沉降而给城市地区造成的损失可能是很大的，直到 2007 年，中国天津在这方面的损失据估计已达 180.3 亿美元。①

1827 年，在西里西亚（Silesia）靠近瓦格斯塔特（Wagstadt）的地区有差不多 1 公顷的土地突然沉降②，这一现象的出现可能是矿井底部深层坍塌的结果。这种类型的塌陷在许多矿区已经越来越频繁地发生，它们可能是由矿物的掘取或者是液体的移动造成的。在许多地方，沉降问题已经限制了城市的发展，它们经常在地表形成凹坑，这些积满了水的凹坑变成了湖泊。在许多地区，这些水体也可能会被转变成为城市社区提供生态服务的财富。

对于许多城市来说，自然的沉降是一个持续存在而且代价很大的

---

① Yi et al.，2010.

② Reclus，1877，p. 589.

问题。在16世纪中叶，安吉奥罗·艾里米坦诺（Angiolo Eremitano）认为，威尼斯每个世纪都要下沉大约30厘米。① 1731年，尤斯塔什·曼弗雷迪（Eustache Manfredi）声称，沉降正在对拉文纳（Ravenna）的建筑物造成影响（表8.9）。② 即使不是全部，但大多数的沉降都是地质学意义上的沉降，它们缘于波河（River Po）三角洲不断增加的沉积物。然而，在20世纪这个时间段里，从三角洲的冲积含水层抽取地下水已经成为导致沉降的一个主要因素（图8.1）。在20世纪30年代，地下水的退却已经达到了1950年到1970年之间的高峰。威尼斯工业区每年17毫米的最大沉降速度可见于1968～1969年的记录。地下水的抽取如今已经停止，到1975年为止，这个历史城市的地下水已经出现了2厘米的回升。尽管地下水位有所上升，但这也意味着威尼斯在20世纪总体上已经实际降低了23厘米。③

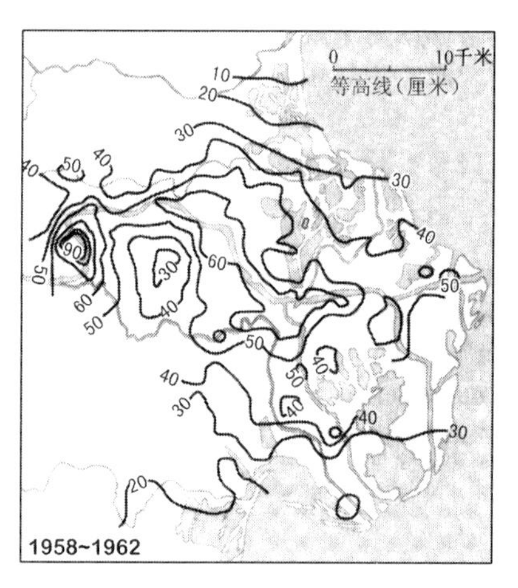

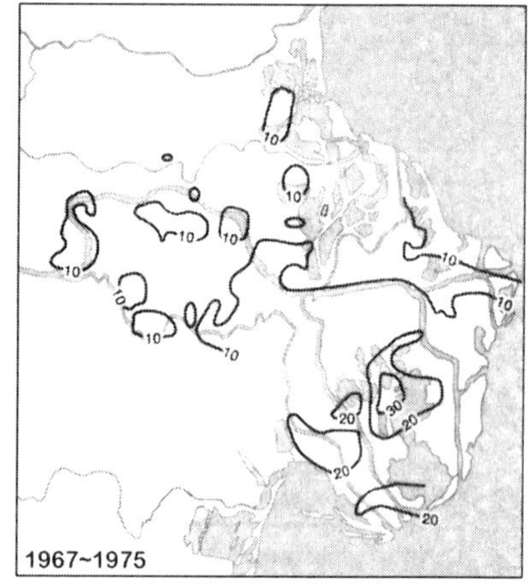

① Reclus，1877，p. 639.
② Reclus，1877，p. 639.
③ Brambati et al.，2003.

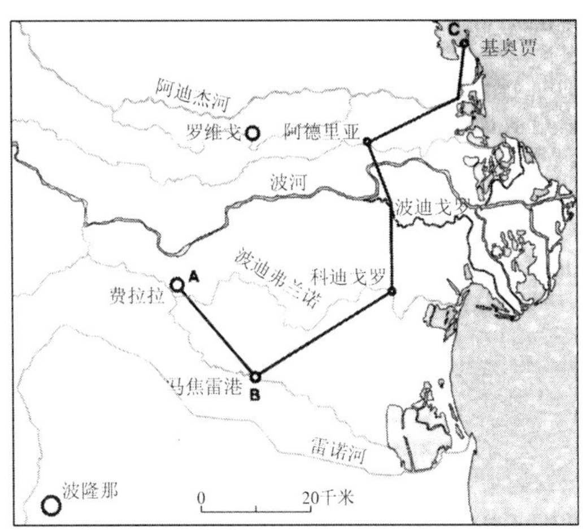

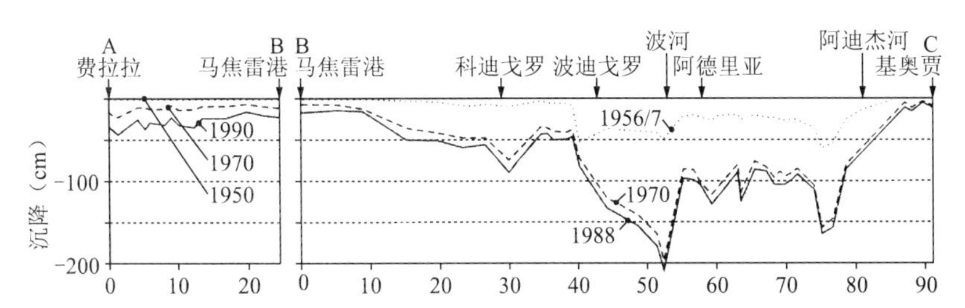

图 8.1　意大利波河河谷的沉降(根据 Douglas,2004)。最上面的两幅图显示了 1958～1962 年之间的大量抽水时期地表下降的等值线(以厘米为单位),以及 1967～1975 年之间含甲烷的水提取停止之后地表下降的等值线(根据 Caputo et al. ,1970,以及 Bondesan and Simeoni,1983)。最下面的两幅图沿着其所展现的右面波河三角洲图中心的 A－B－C 的横断面,显示了 20 世纪后半叶沉降的总量(根据 Bondesan et al. ,2000)

表 8.9　影响城市地区的重要沉降事件

日期	地点	受影响地区	死亡人数
1533 年	英国	在惠特彻奇附近的康伯米尔修道院的盐场出现沉降	不详
1659 年	英国	柴郡盐场乔蒙德利城堡附近的比尔克里出现沉降	不详

续　表

日期	地点	受影响地区	死亡人数
1731 年	意大利	沉降对拉文纳的建筑物造成了影响	不详
1879 年	美国	堪萨斯州米德县盐层上出现灾难性的天坑	不详
1920 年	中国	在上海首次发现土地沉降	不详
1937 年（9 月 22 日）	美国	堪萨斯州巴特勒县波特温突然出现天坑	不详
1962 年（12 月）	南非	克鲁舍尔厂的厂房和工人陷入德里方丹西矿井的天坑	29 人
1974 年（10 月）	美国	直径 90 米的天坑破坏了堪萨斯州哈钦森铁轨	不详
1992 年	白俄罗斯	整个机械厂都陷入了石膏溶洞之中	不详
1998 年（7 月 17 日）	奥地利	拉辛云母矿区的沉降毁坏了许多房屋	9 人
2006 年（4 月 21 日）	美国	建造在萨克拉曼多市附近旧金矿上的房屋下面出现了天坑	1 人
2007 年（2 月 23 日）	危地马拉	危地马拉市 100 米深的天坑吞噬了十余个家庭	3 人
2010 年（5 月 12 日）	加拿大	圣犹达的 165 米长的天坑吞噬了房屋和多位居民	4 人
2010 年（6 月 1 日）	危地马拉	危地马拉市 60 米深的天坑吞噬了织布厂	0 人
2010 年（12 月 28 日）	南非	比勒陀利亚市巴普斯方丹附近出现天坑；政府官员打算重新安置 3 000居民	0 人
2011 年	印度	孟加拉邦兰尼甘吉地区的加穆利亚出现沉降之后，有 50 座房屋倒塌；在当地，非法的和不科学的煤炭开采活动猖獗	5 人

1846年，墨西哥市的居民在该城的地下发现了自流含水层。在把水往外抽取的时候，沉降现象就开始出现了，1891年，这一现象首度在老城区被发现，但直到1925年都没有对此进行过调查和研究。到1939年，所有地区的总沉降都没有超过1.5米。1948年，有证据表明地下水的抽取正在造成沉降。到1970年为止，市中心的许多地区比原来的地平面低了7米多。1954年禁止在市中心抽水的禁令（表8.10）曾使得下降的速度有所减缓，但在别的地方新掘的水井却使洼地上地面沉降的总面积有所增加。到2008年，在该市的东部出现了每年300毫米的最快的沉降速度。①

在泰国的曼谷，随着城市的发展，1970年之后抽取的水量快速增加，从1974年的每天70万立方米，增长到1980年的每天120万立方米，该市地下出现了特别严重的沉降。在从1983年到1993年地下取水量停止增长之后，1999年又再次上升到每天取水240万立方米。水的移除导致了1.6米的沉降，这是1933年至1987年这段时期里的最大沉降。到1997年为止，该市的地面又进一步下降了0.3米。②

在德克萨斯、加利福尼亚和亚利桑那各州，地下水的开采也已造成大面积的沉降。德克萨斯的危害主要缘于地壳断层和下沉活动被重新激活。在亚利桑那州，损害主要是由不同程度的沉降和裂隙造成的。减少沉降的法律途径在不同的国家里是有差异的。一个关键的问题就是要在相互冲突的权利之间进行对比，以此来判断是业主从一小块土地上尽可能多地抽取可以“获得的”水的合法权利重要，还是从侧面维护一块土地，使之免遭任何因抽水造成的沉降的权利重要。在对为了销售目的而商业性地抽取地下水的活动进行的一次集体诉讼中，具有里程碑意义的弗伦兹伍德（Friendswood）1978年的裁决导致德克萨斯州最高法院做出了一个决定，原告们从侧面维护他们土地的要求是合理的，但旧有的“获得权”必须受到节制。为了避免沉降，其他减

---

① Osmanǒglu et al.，2010.

② Phienwej and Nutalaya，2005，p. 368.

少转移地下液体物质的步骤还包括加利福尼亚州水资源管理区的保护措施以及“1980 年亚利桑那州地下水管理法案（1980 Arizona Ground Water Management Act）”中的一些条款细则。①

石油开采区之上的沉降，在涉及德克萨斯州休斯敦附近的一个油田的问题时被首次提及（表 8.10），这种沉降可能会对炼油设施本身造成重大的破坏，包括引起代价巨大的油井故障。加利福尼亚州的长滩（Long Beach）地区也遭受了每年高达 0.75 米的地面沉降，这也是石油开采的结果。② 因为这些沉降引起了恐慌，洛杉矶市实行了监管，以确保油田的进一步开发不会再造成沉降。因此，以贝弗利山（Beverley Hills）（东部）油田为例，它在洛杉矶市人口最稠密地区之一的地下 1 200 米处，通过注水的方式来填补因石油开采而形成的空隙，这种方法使沉降得以避免。③ 长滩的威尔明顿（Wilmington）油田的问题也是通过注水的方式来加以稳定的，此外还有审慎地控制空洞内部压力的监控计划。

在英国的柴郡（Cheshire），此地从前罗马时代以来就一直在进行盐业开采，它在地形和结构上解决沉降问题的效果如何也一直令人关注（表 8.9）。早期的开采活动留下了许多支撑地表的台柱。地下水最终溶解了这些台柱，台柱上面的地层坍塌形成了直径在 10～200 米的火山口一样的凹陷，以及表层有 200 米宽 8 千米长的线性中空。在诺斯威奇（Northwich）城，几乎没有 1900 年以前的建筑物得以在沉降的灾害中幸存下来。天然卤水的泵取在 20 世纪 70 年代逐步被放弃，大部分现代盐业生产都采用了受控制的溶解开采方式，它几乎不会造成任何问题。完善的孔洞因灌满饱和的盐水而被维持在稳定的状态之下。④ 然而，柴郡仍然有许多地区在开发上受到了限制，铁路轨道为

---

① Carpenter and Bradley，1986.

② Mayuga and Allen，1970.

③ Erikson，1976.

④ Allen，1984.

了弥补持续轻微沉降的缺陷而不得不做出调整。

并非所有的城市沉降都是由地下液体的抽取和采矿活动造成的；有一些沉降是因在不适当的地点建造房屋，尤其是在那些带有洞穴之类的天然空洞的地面上。类似石灰岩、白垩和石膏这样的可溶性岩石都能发育成空洞并出现溶解性沉降，它们都被黏土和砂石覆盖，溶解现象在表层可能并不明显，但它们的存在只有等到沉重的建筑物坍塌陷入被掩藏的空洞时才会被人发现。在英国的里彭（Ripon）地区周围（表 8.9），石膏地层被碳酸盐岩、砂岩和冰川沉积物所覆盖，一个 6 平方千米的地区大约每隔 3 年要遭受一次大规模的坍塌。几十年来，许多建筑物都因掩藏着的石膏洞穴坍塌而受到损害。① 在白俄罗斯的德塞尔津斯克(Dserzinsk)地区，在石膏岩溶上每年都会产生大约 4 个新的天坑，包括某些由建筑活动而形成的。1992 年，一个机械厂完全落入了一个天坑（表 8.9）。在建造这个工厂的时候，邻近的 4 个天坑都被填实了，在 1992 年事件之前，工厂至少出现过 4 次坍塌。② 这是造成许多沉降问题的一个实例，这种现象在过去一直困扰着城市地区。原有的矿坑已经被填堵，原有的采石场和砂坑已经被当做垃圾场使用，原有的矿井已经被封闭。几十年以后，在这些地址上盖起了房屋，新的居民并不知道地板之下存在着什么，直到大雨、大地的震动或是洪水移动了充填进去的材料，天坑才又显现出来。

天坑在 南非的一些地区尤为常见，主要是在采矿区的地面上，在佛罗里达州石灰岩之上的城市地区也很常见。自 1954 年以来，有超过 3 100 个天坑已经进入了佛罗里达州地质调查所管理的“沉降发生率数据库（Subsidence Incidence Database）”。南非地质调查局在 2010 年也开始建立全国性的天坑数据库（表 8.10）。

---

① Cooper，1995.

② Waltham，2005，p. 670.

表 8.10　城市沉降风险管理的进程

日期	国家	措　　施
1763 年	英国	德比郡巴洛附近的煤矿租赁协议要求因开采造成的任何沉降都应该付出赔偿，并且要将之恢复原貌
1822 年	比利时	因为地表下沉危及建筑物，开始了对矿区沉降的系统研究
1860 年	英国	约克郡里彭的石膏溶解沉降首次被记录
1871 年	比利时	沉降成因的故障恢复问题由杜蒙在列日煤田进行研究
1908 年	美国	伊利诺伊州地质勘测开始记录煤矿沉降
1916 年	美国	天坑形成与地下液体抽取活动的关系在亚拉巴马州首次引起注意
1918 年	美国	在德克萨斯州的加尔维斯敦，因石油开采而出现的沉降渐趋明显
1935 年	美国	因地下水提取而造成的沉降在拉斯维加斯引起了人们的注意
1940 年	美国	沉降现象在加利福尼亚州的威尔明顿油田首次引起了人们的注意
1948 年	美国	沉降现象首次在亚利桑那州被发现，出现在埃洛伊附近圣克鲁斯海盆的底部
1952 年	英国	“柴郡盐水汲取（沉降补偿）法案”涉及盐矿开采的后果问题
1954 年	墨西哥	墨西哥市中心区禁止抽取地下水，水井也都被移到了盆地的北端和东端
1957 年	英国	“煤矿沉降法案”：维修受沉降影响的建筑物
1965 年	英国	国家煤炭委员会出版“沉降工程师手册”
1966 年	美国	“宾夕法尼亚沥青矿沉降和土地保护法案”保护家庭、公共建筑和墓地
1970 年	英国	法庭对于实质性沉降危害的判例致使斯塔福德地下的野外卤水提取暂时中断

续　表

日期	国家	措　　施
1975 年	美国	德克萨斯州立法机构通过了一项法律，开辟哈里斯-加尔维斯顿海岸沉降区，这是全美第一个这种类型的地区
1977 年	美国	联邦公法 95－87“表层采矿控制与改造法案”启动矿区沉降管理
1979 年	美国	“伊利诺伊州煤矿沉降保险法案”制定了把沉降保险作为私房房主保险的一部分的政策
1983 年	美国	伊利诺伊州颁布贯彻“表层采矿控制与改造法案”的永久性指导方针
1985 年	美国	伊利诺伊州矿区沉降研究计划制定
1991 年	英国	“煤矿沉降法案”包含有关沉降风险地区新建筑物的条款
2002 年	英国	“规划政策指导原则”第 14 条说明“不稳定土地上的开发”，附录 2：“沉降与规划”发布
2010 年	南非	国家天坑数据库建立

沉降在东南亚的一些低地地区是一个重大的问题，在这些地区，冲积平原上覆盖着多孔的石灰岩。被埋在地下的岩溶给国内的土木工程带来了严重的问题。与满足了 20 世纪 70 年代的低层建筑物需要的那种地基相比，新建的多层建筑所需要的地基更深。在马来西亚的吉隆坡，低层建筑物把地基建立在冲积层内部的硬黏土层上。更高一些的多层建筑则需要在底层的石灰岩中打桩，正如在马来西亚国家石油公司双峰塔（Petronas twin towers）中所采用的方法一样。① 在越南北部和中国的南方地区，类似的岩溶地形也存在一系列的工程问题，为了避免未来出现沉降问题，在任何城市建筑工程启动之前，都需要进行审慎的地球物理勘探。

沉降的后果也是有可能避免，避免发生这种后果的途径就是不要

① Pelli et al.，1997.

在最具风险的地区进行开发活动，并且在新的楼盘或建筑的设计或是在对现有开发项目的变更中采用适当的预防或防备措施。“英国规划指南（The UK Planning Guidance）”指出，所有这些反应方式都有它们的用途，然而，通过建筑规程与规划系统对拟开发项目以及土地利用进行管理控制才是把新的城市开发的沉降后果限制到最低程度的最有效手段。① 一个有未来眼光的开发者或是购房者可能现在会去购买一份“英国自然地面稳定性地质调查报告（British Geological Survey Natural Ground Stability Report）”，它简要地描述了可能出现的所有自然地面稳定性的灾害，包括黏土膨胀、地面溶解、流沙、可折叠或是可压缩的地面等，这些信息都有助于对可能出现的沉降做出勘察。许多国家也都有类似的灾害信息，但开发者与规划者却并不总会想到要就这方面的问题去进行咨询。

城市与河流

为了供水和水上交通的需要，并且常常也是缘于防御的需要，城市通常都依河而建。很明显的是，许多大城市都依傍着主要的河流，如巴黎之于塞纳河，伦敦之于泰晤士河，曼谷之于昭拍耶河（Chao Phraya River)，还有重庆之于长江。它们与这些主要河流的关系是一种十分紧张的关系，在河流的区位优势和与之相关的洪水与污染等问题之间存在着无法回避的矛盾。上面提到的这 4 个城市都拥有重要的防洪工事，并且还有昔日遭受严重洪涝的历史。这些城市还必须应对重大的污染事件，在某些情况下，它们仍然还在承受着来自下水道溢流和废物排放的痛苦。

城市地区的水灾可以被归为 4 种类型：(1) 由包括热带气旋（台风或飓风）以及特大热带低气压的大规模缓慢移动在内的主要天气系统造成的主要河流的区域性水灾；(2) 因快速的融雪造成的主要水灾，

---

① Department of Transport Local Government and the Regions，2002.

它们通常是春季暖雨降落在高山积雪上而造成的结果；（3）地方性的下水道溢流和地面泛流，它们被称为洪水泛滥，但不涉及确定的河流；（4）完全城市化的小型河流上的水灾。沿海、三角洲和河口城市还面临着来自暴风大潮和海啸的水灾。

除了与主要河流的关系之外，城市还要面对与其市域之内的小河、小溪相关的复杂问题，这些小河、小溪如今常常被深深地掩埋在城市的街道之下。作为早期城市居民最初的淡水来源，这些小河在不久之后就变成了城市排水沟和垃圾存放处，这种情况在全球仍然很盛行，即使在富庶的欧洲社会也是如此（图 8.2）。随着城市的发展，这些被掩埋的河流经常被连接到下水道或是暴雨水排水管网，时至今日，它们已对暴雨水和混合下水道溢流的问题构成了影响。在极端的情况下，它们已经塌陷并且造成了局部性的沉降。为了考察城市与河流的环境史，城市发展对于主要河流的影响以及河流对于城市历史的影响将被首先加以讨论，在此之后，是对被掩埋河流以及小型城市溪流的更细致的考察。

图 8.2　2007 年 12 月，在大曼彻斯特的罗奇代尔，超市手推车和其他物品几乎阻塞了罗奇河一条支流经过的涵洞(摄影　伊恩・道格拉斯)

城市与主要河流：区域性水患

底格里斯-幼发拉底河流域

文明的最初基础与河流的治理相关，在美索不达米亚平原，早在公元前6000年就已经利用河水来灌溉农田了。这个地区还开掘了渠道，从河流中引水浇灌农作物，但河流有时也会发生决堤，河水溢出洪泛平原，局部地改变了河道。这个过程被称为决口，它是自然发生的，但它对底格里斯河与幼发拉底河的沿岸却造成了重要影响。

在美索不达米亚平原的较低地区，河流决口在文明演进中的作用已被广泛承认。古代定居区与幼发拉底河与底格里斯河的废弃河道密切相关。城市聚居地出现了，并且在这些河流的决口地带上被维持了下来。多重渠道网络和决口地带形成了一个大型的自然灌溉区，培育了维持稠密农村和城市聚居区所需的高效农业。在三角洲的演变过程中，在水道网络被废弃之后，就需要有大规模的运河建设来维持这些聚居点，但这也仍然无法阻止它们的衰落。①

在古代美索不达米亚平原，幼发拉底河从启什（Kish）这个城市流过。只要这条河流仍然还是水源充足的农业中心，启什就拥有了一个格外受人青睐的位置。然而，在公元前第三个千年期间，幼发拉底河的河道偏离了启什和巴比伦，仅向西偏移了数千米，新河道旁边的地区就代替了老的城市。幼发拉底河还流过乌尔（Ur）的西部，直达埃利都（Eridu）附近的开放水域。在公元前1730年前后，这条河被改变了河道，并因此而流经乌尔。这些城市都有赖于河流腹地的灌溉农业的支持。它们能够生存下来靠的就是它们有办法对付底格里斯河与幼发拉底河的水患。

底格里斯河因北部和东部山岭的融雪而涨满，3月末或4月初的

① Morozova，2004.

河水泛滥及其河岸的溢流可能对巴格达附近的周边农村以及更南部地区造成巨大损害。幼发拉底河通常在底格里斯河的水位将要开始下降的时候泛滥。在这种情况下，危害并不完全是因为水流的速度，而是由于退去的洪水在地表上造成了盐的沉积。在灌溉可以开始之前，必不可少的是要有良好的排水把那些盐从田地中冲洗出去。

通过预防手段，这个问题得到了一定程度的解决。人们设计出了足够大的运河系统，它可以输送预计的最大洪水溢流，并且有时还通过在巴比伦正北部的幼发拉底河河道来把水分流出去。城镇的兴衰是与运河的开通和淤塞密切相关的。运河淤塞最终会把运河河床抬高到周边的平原之上，这只能通过每年进行清淤来加以避免，而土地所有者和镇政府必须对此负责。像汉谟拉比（Hammurabi）那样的强势政府能够确保运河得到良好的维护，可是，诸如来自邻国的入侵之类的干扰也有可能阻止对于运河的定期维护，由此而引起的运河的淤塞和阻断也就意味着有大量的农田要变回沼泽。像乌尔这样的城市接近大海，河流带来的泥沙阻塞三角洲上的河道并且辅助海岸线逐渐向海洋的方向推进。因此，在乌尔的第三王朝时期之后，海上的船只已经无法抵达这个城市了。

大约在公元前3200年至公元前3000年间，重大的水灾发生了。这场大灾难是否是人为原因造成的，在这个问题上还存在着争议，因为洪泛平原上的河流一直面临着河堤决口和河道迁移的问题。海平面的变化已经影响了上游的河道，但人类的活动可能已经打破了平衡。幼发拉底河的主河道已经或多或少地出现了意外的变化。那些曾经控制了充足水源供给的人们发现，已经不再有足够水源来满足其人民的需求了，这种情况导致了美索不达米亚南方文化的瓦解，一种新的城市聚居模式出现了。

在若干世纪里缓慢出现的这幅图景正是为获得水源和可灌溉的土地而竞争的区域中心之一。许多人都认为，水资源利用的最有效途径就是小规模的、地方组织运营的管理方式。在更加宏伟的灌溉计划葬送于盐和泥沙淤积之后的若干世纪的时间里，这样的系统在美索不达米亚平原反复出现。①

随着亚述（Assyrian）政权在公元前1000年的复兴，巴格达以北大约640千米的尼尼微（Nineveh）② 成了一座皇家城市。尼尼微跨越底格里斯河东岸的卡斯河（River Khasr），城内有公共广场、公园，宽阔的林荫大道，还有一个植物园和一个动物园。已知的最古老的引水渠从接近50千米以外的山岭引水灌溉公园和花园里的异国植物和树木。在其鼎盛时期，这个城市及其郊区沿着卡斯河两岸扩展了大约50千米。③

从公元前605年到公元前563年，执政的尼布甲尼撒二世（Nebuchadnezzar Ⅱ）恢复了许多运河以及巴比伦王国（Babylonia）各个市镇的城市基础设施。他还建造了连接幼发拉底河与底格里斯河的运河，尽管如此，他最被人怀念的是重建了巴比伦本身，包括新的庙宇和宫殿。他的建筑设计师还负责建造了世界最伟大的建筑杰作之一：巴比伦空中花园。这个花园是由一系列100多米高的灌溉梯田组成的，上面种植了各种各样的树木。水必须从幼发拉底河被抬到最高台阶的水池或水库，然后再浇进下面的花园。④

在后来的历史中，幼发拉底河与底格里斯河有时也会给伊拉克的城市造成重大问题。底格里斯河与幼发拉底河的河水对于这个国家的生活是必不可少的，但也构成了威胁。9月和10月的河水水位最低，而3月、4月和5月则是泛滥期，在这一时期，两条河流携带了比低水位时期多出40倍的水流量。而且，一次季节性水灾的水量可能比另一年份的要大出10倍左右。例如，在1954年，巴格达受到了严重的威胁，它的防护大堤几乎被泛滥的底格里斯河河水漫过。

---

① Reade，1991，p. 41.

② 古代亚述国的首都。——译者注

③ Hunt，2004，p. 109.

④ Hunt，2004，p. 121.

印度河流域

在全新世（迄今10 000～7 000年前）早期的南亚西北部地区，更温暖和潮湿的环境使得印度河得以充沛地流动①，这有利于主要由季风雨灌溉的农业的发展，它以小麦和大麦生产为基础，并且得到了驯化的牛、绵羊和山羊等畜牧业的支持。到公元前3000年为止，印度河流域文明（Harappan civilization）已经发展起来（参见第一章），从大约公元前2600年到公元前1900年，它已达到它的主要"成熟"阶段。这一文明的核心区域是以印度河谷沿岸为根基的，从那时起，印度河已经改变了河道，而另一条河道是古伽噶-哈克拉河（Paleo-Ghaggar Hakra），它的流域至少在全新世初期到中期是与印度河平行的（图8.3）。在城市文明的这一阶段，它可能不只是地方上的一条季节性河道，也是聚居区和农业生产的一个重要中心。河流环境与河道形态的变化在很大程度上影响了这一时期印度河流域的文化与城市发展。②

表8.11　印度河谷的气候、河道变化、农业生产与城市居住区之间的关系总结

（部分根据Gupta et al.，2006）

印度次大陆的气候（距今年数）	农　　业	人口反应
距今4 000～3 500年，干旱加剧阶段，西南季风减弱，出现大面积干旱	混合农业，既种植冬季作物，也种植雨季作物；雨季作物包括玉米、小米、水稻以及各种小扁豆等。这种更多样化的和更全面的农业为更小的地方性社群提供了战略性的风险保障	印度河地区的人迁移到了恒河平原的东部，印度河文明衰落。去城市化过程开始于迄今4 200～4 000年之间（Madella and Fuller，2006）

① Gupta，2004.

② Belcher and Belcher，2000.

续 表

印度次大陆的气候（距今年数）	农　业	人口反应
距今 7 000～4 000 年过渡到雨量适中的阶段，西南季风呈阶梯式减弱	小麦和大麦是雨季作物转换之后的主要作物	大约在距今 5 500～5 000 年之间兴起的印度河流域文明，面对降雨量减少的长期趋势（Madella and Fuller，2006），人们开始向新的地区迁移；在塔尔沙漠上，人类聚居区的踪迹可以追溯到距今4 800年以前
距今 10 000～7 000 年，潮湿阶段，强劲的西南季风，印度河等主要河流正处在最辉煌时期	小麦和大麦等冬季作物是印度河地区种植的主要作物。更高的降雨量增加了这个河流系统的洪涝水平，并且也在洪水退去之后提供了更大的耕作空间（Madella and Fuller，2006）	在梅赫尔格尔（现今的巴基斯坦）附近，印度河地区的最早聚落可以追溯到距今 9 000 年以前（Madella and Fuller，2006）

最初的城市和许多城镇似乎正是被建在了这条河的河岸之上。然而，印度河的泛滥是破坏性的，也是不可预测的，这些城市常常被自然的力量夷平。仅就我们所知，南方的摩亨佐-达罗已被重建了 6 次，那里的洪水相当凶猛；北方的哈拉帕也被重建了 5 次。

印度河谷城市巨大的城堡是用于哈拉帕人防卫洪水和入侵者的，它们都比美索不达米亚平原上的庙塔（ziggurats）高大，可能都是为了分洪而被周密地建造起来的。平底船利用河流来运送物资，并且与一种广泛的海运贸易连接起来。与运河的修建不同，在印度河文明中，人们可能建造了调水工程，这些工程——如同梯田耕作（terrace agriculture）一样——可能由数代人小规模的劳动投入来加以完善。应该注意的是，只有在印度河文明的最东部地区，人们才能够围绕季风来开创他们的生活，在这种气候模式中，一年中雨水最充沛的时期出现在 4 个月的时间段里；其他时间只好依靠高海拔地区的冰雪融水所造成的季节性河水泛滥。

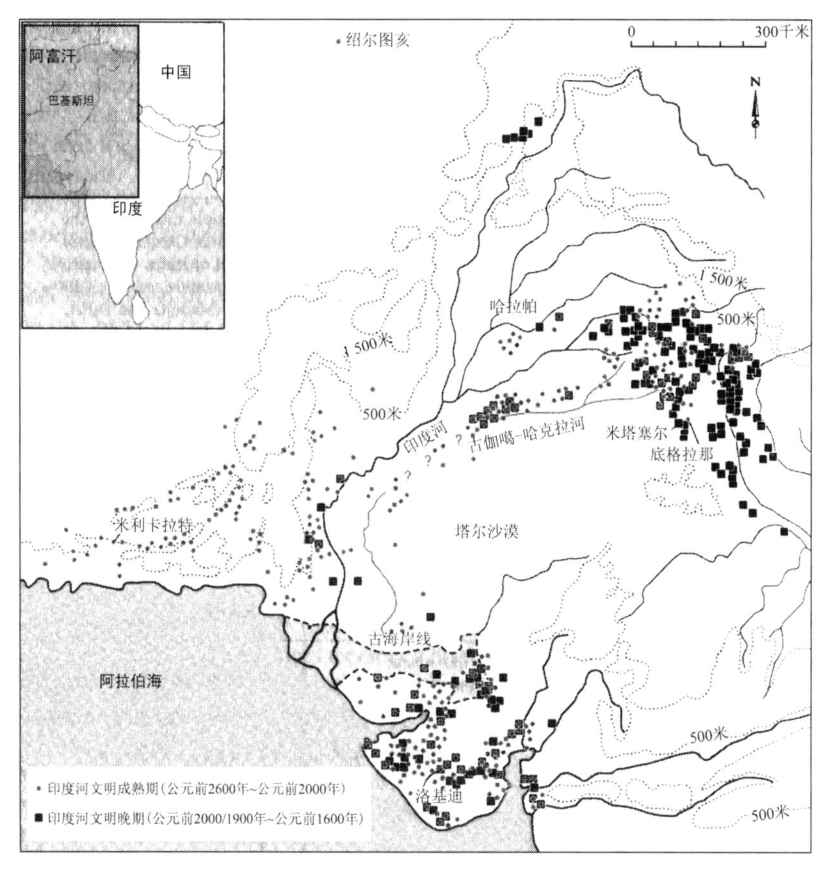

图 8.3　印度河谷图，显示了印度河文明时期的城市、其他聚落和先前的河道以及古伽噶-哈克拉河的位置，它的流域至迟在全新世初期到中期是与印度河平行的(根据 Madella and Fuller，2006)

大约在公元前 1800 年，衰落的迹象逐渐开始出现。这一衰落的自然方面的原因可能是气候变化以及河流环境与河道的变化：过去 500 万年地质构造的变动已经使旁遮普地区的那些曾经流入恒河的河流改道流入了印度河，从地质上来说，这是南亚最古老的河流系统。① 如

① Clift and Blusztajn，2005.

同2002年古吉拉特邦（Gujarat）的地震仍旧还在影响着这个地区一样，在人类占据的数千年时间里，这些地质构造上的变化已经对河道与河流环境的变化造成了影响。比如，地质构造的上升可能对亚穆纳河（Yamuna）流域夺取伽噶-哈克拉河的上游源头起到了作用，并且导致伽噶-哈克拉河在全新世时期的逐渐干涸，直到印度河文明时期，这种状况仍在持续（图8.3）。这些河道最终失水干枯可能对印度河文明产生了重大的不利影响，并且被认为是哈拉帕晚期的去中心化和去城市化过程中的一个关键因素。①

在南亚季风系统中，重要的气候变化发生于整个全新世时期。最大的变化发生于公元前2200年左右，这大约是印度河流域的哈拉帕城市文明结束的时期。地质学证据表明，印度河的流量就在这一时期开始减少。因此，持续的干旱可能开启了考古学所记录的哈拉帕聚居区和文化活动向东南方向撤退的时段。② 对这些证据的支持还来自阿拉伯东南部的湖泊沉积物，它们反映了公元前2000前后的干旱状况。③

从1947年独立以来，巴基斯坦印度河流域的水灾已经夺走了7 000多人的生命，水灾还造成了巨大的基础设施和农作物的损失。尽管如此，对减少水灾危害问题的关注却少于对发展灌溉与水力发电的关注。就水灾政策来说，为了解决潜在问题以及实现未来目标，将有必要对减少印度河流域水灾带来的社会危害这个问题给予更大的关注。④ 在2010年印度河的重大洪灾中，有多个堤坝被冲垮，减少了戈德里坝（Kotri Barrage）上的洪水压力，这是印度河上最后一道拦河坝，它拯救了海得拉巴（Hyderabad）和戈德里（Kotri）这两座城市。这也导致了撒加瓦尔（Sajawal）和萨塔（Thatta）这样的地势较低的小城市

---

① Staubwasser et al.，2003.

② Staubwasser et al.，2003.

③ Parker et al.，2006.

④ Mustafa and Wescoat，1997.

遭受水灾，并且使得受灾区的大量人口流入卡拉奇。[1] 在这种情况下，乡村与城市生活在面对 21 世纪的环境灾害时正如在四五千年前一样被紧密地联系在一起了。

长江

在历史上，长江流域之内的城市发展一直受到了洪水灾害的威胁。大型城市重庆、武汉、南京和上海以及主要的城市中心宜昌、沙市、长沙、黄石、九江、安庆、苏州、无锡和常州都位于长江沿岸。在明、清两代（公元 1368～1911 年），有 54 次严重的洪灾发生在长江流域的中部。[2] 在 20 世纪，有 18 次严重的洪灾，尤其是 1905 年、1931 年、1954 年和 1998 年的水灾，使许多人丧生，并且给城市带来了极大的破坏。若干年以来，洪水防御与灾害治理的条件已经有了极大的改善，所以，1998 年洪水造成的死亡人数（1 320 人）要比 1954 年（33 169 人）和 1931 年（145 000 人）少得多。这些城市普遍建造了能够抵御百年一遇洪灾的防洪工事。在洪水中长时间的浸泡减弱了许多地面防御系统的能力，但合理建造的混凝土护岸却普遍具有良好的防御作用。1998 年，被冲垮的堤岸很快被修复，因为有了高效的应急行动以及中国军队的介入。

面对一个给定的降水深度，流入长江的所有河流都可能携带比以前更多的洪水径流，因为长江流域上游和中游的森林砍伐和土地开发已经增加。包括三峡大坝在内的水库蓄存了一些洪水，但来自支流的巨大水量却进入了大坝之下的河流。因此，这些城市不但必须应对在它们大幅扩大了的建成区之内业已增加的地表水，而且，由于土地的开垦以及农村人口的增加，还要去应对沿江湖泊中大量传统洪水库容丧失的问题。在 1998 年，可以从河流中释放出来的水比 1954 年要少

---

① Akhtar，2011.

② Zong and Chen，2000.

得多。[1] 正如其他一些主要河流上的情况一样，长江沿岸的城市要应对很多水灾，但在其洪水应急反应以及战略防御工程方面只是偶尔有所改进。

欧洲易北河（Elbe）和莱茵河水灾对城市的影响

尽管有若干世纪以来的经验和历史悠久的防洪工事，但极端事件却总是有超出河道自然能力、设计能力的风险。类似的一个事件就是2002年8月，一种极端的天气系统使得大雨降落在欧洲的易北河流域，以在德国锡林-乔根菲尔德（Zinnwald-Georgenfeld）观察到的24小时312毫米、72小时406毫米的降雨量为典型，这场降雨在德累斯顿范围内的易北河上造成了一起极端的水灾事件，这类事件的重现周期为150～200年，根据德累斯顿易北河河段的情况测算，这里的河水水位升高已达到了一个新的记录高度，超过了1845年的峰值。[2] 在德国，这一事件的损失据估计至少为92亿欧元，并且有19人丧生。人们没有预料到有这么一场大水灾。只有11%的人使他们的房屋适于应付水灾，9%的人把他们的取暖设备和其他设施安装在了高一点的楼层，7%的人有防水屏障，只有6%的人拥有适应水灾的建筑结构，比如说，有一个特别稳固的建筑基础，或是有防水密封的地下室墙体。只有50%的家庭投了洪灾损失保险。这次水灾激发了许多人去采取降低风险的措施，有42%的家庭在事件之后采取了预防手段。[3] 在易北河流域范围内，新的计划得以实施，这些计划都详细考察了土地使用方式的改变对于暴雨径流的影响，它们都在构成了“欧洲水框架指令（European Water Framework Directive）”基础的概念之内运行。

莱茵河也遭受过一些重大的历史性洪灾，840年、1152年、1172年、1260年的水灾以及1421年灾难性的“圣伊利莎白洪水”，还有

---

① Zong and Chen，2000.

② Ulbrich et al.，2003.

③ Kreibich et al.，2005.

1993年和1995年的现代大水灾。洪水防御和水上交通的要求严重影响了莱茵河的特性。在19世纪之前，莱茵河上游的沃尔姆斯（Worms）是一个由多条河道交织的河流系统，河流蜿蜒流淌在这座城市的下方。[1] 然而，为了减少洪灾，在1817年至1890年之间，莱茵河的上游被开凿成了运河。[2] 后来，直到1955年，为了改善水上交通状况，工程技术人员拉直了河道并在主要支流上筑起了堤坝。这些工程使得洪水可以更快地流过下游地区。[3] 在1993年的水灾中，这次工程改造对几乎同时到来的莱茵河和摩泽尔河（Moselle）的洪峰的行洪可能起了作用。因此在下游的科隆（Cologne）形成的洪峰非常高，且延续时间非常久，以致于为保护这座老城而建造的移动墙都被洪水漫过了大约70个小时。[4] 面对1993年和1995年洪灾所造成的严重危害，法国、德国、比利时、卢森堡和荷兰的环境部长（征得瑞士的同意）于1995年2月4日在阿尔勒（Arles）发表声明，他们认为必须尽快减少与水灾相关的风险。为了莱茵河流域的利益，“保护莱茵河国际委员会”（IKSR）的水灾行动计划有一个减少洪灾的整体目标。这个整体的欧洲大河流域的治理行动显示，城市已不能再只考虑它们自己居民的安全，还必须确保它们与其他城市地区以及乡村政府的共同协作，以使整个河流流域有效地运行。

密西西比河：城市与堤岸

许多古代城市通过建造土丘的方式来应对来自河流的潜在危害，土丘使建筑物能够保持在每年一度的洪水水位之上。古代的埃及人在尼罗河三角洲就是这么做的。[5] 然而，路易斯安那州的法国殖民者却

---

① Linde et al.，2011.

② Blackbourn，2006.

③ Lammersen et al.，2002.

④ Disse and Engel，2001.

⑤ Reclus，1987，p. 386.

没有把他们的居住区建立在土丘上，他们只在城镇周围建起加高了的墙体或者是堤坝，以此来抵御洪水，如同18世纪初新奥尔良周围的情形一样。当美国人在加利福尼亚州建造萨克拉曼多（Sacramento）、在俄亥俄河与密西西比河交汇处建设凯罗（Cairo）的时候，众多的堤坝也被看做是解决问题的方法。① 密西西比河发生过许多次水灾，最严重的当属1874年、1882年、1890年、1912年、1927年、1993年和2008年这几次水灾。在19世纪，密西西比河的防护堤频繁出现垮塌②，1890年，孟菲斯（Memphis）、什里夫波特（Shreveport）、维克斯堡（Vicksburg）和新奥尔良都受到了堤坝垮塌的严重影响。凯罗与更下游的一些城市在1912年和1927年也受到了影响，但2005年的卡特里娜飓风给新奥尔良造成了最大的垮塌危害。③ 沿河的许多城镇和城市多次遭受经济损失，随着时间的推移损失越来越大，因为建造了堤坝，开发项目已经延伸到堤坝所保护的地区。可是，堤坝是用来抵御那些平均100年出现一次的特大量级的洪水的。当类似1993年的洪水那样罕见的事件发生时，堤坝被洪水漫过并造成了严重的破坏。2008年以后，与欧洲的情况类似，强调的重点开始放在了河流整个流域的运行上，并且侧重于指定地点，通过打开堤坝来泄洪。几乎所有受到影响的城镇和城市都依赖于增加保护措施和洪水保险，尽管在20世纪90年代的水灾中，只有10%的洪泛区居民拥有保险。④ 把城镇迁往其他地方的办法也偶尔尝试过。最著名的迁徙之一就是伊利诺伊州的瓦尔迈尔（Valmeyer）小社区的迁徙（大约有900居民）。密西西比河1993年的洪水是当地人民自1910年以来遭受的一系列洪水泛滥中最严重的一次，在遭遇这次破坏之后的10年间，这个社区被重新安置在3.5千米以外的一个悬崖上。22个政府机构为建造这个新的居住区

① Reclus，1987，p. 386.

② Reclus，1987，p. 392.

③ Kates et al.，2006.

④ Changnon，1998.

花掉了 2 800 万美元。在这个过程中，政府机构一直在鼓励瓦尔迈尔人民在他们的新城采用一些可持续性的设计元素，包括节能建筑和被动式太阳能技术。①

融雪洪水与城市

降落在雪上的暖雨造成了影响欧洲城市的几次大洪水。1995 年 1 月，从更高的高地上融化的积雪和冻土促成了德国莱茵河上的严重洪灾，当时，莱茵河与摩泽尔河交汇处的科布伦次（Koblenz）受到了重创，古代的城市中心科隆和一些地势低洼的郊区也遭受了洪灾。②1999 年，阿尔卑斯山脉面积广大的高山积雪的融化以及大量的降雨在莱茵河上造成了洪峰，巴塞尔（Basel）和马克索（Maxau）的水准仪达到了极高的水平，因此激活了莱茵河上游沿岸的防洪设施，避免了城市地区的洪水进一步冲击下游的地区。③

与洪水相关的更为严重的融雪也在阿尔卑斯山谷发生过，那里的大量暖雨可以造成极快的融雪，制造出像 1957 年那种影响了法国阿尔卑斯山基尔河谷（Guil valley）的大灾难，当时，位于老的冲积扇上的村庄全部被摧毁。

在美国东北部，大的雪包可以快速地累积。这些快速融化的大量积雪在阿巴拉契亚山脉（Appalachians）的许多地区造成了山洪暴发的灾害，比如在弗吉尼亚州的西南部，这是一个小城镇和小城市星罗棋布的乡村地区，它还有两个大都市，东面是罗阿诺克（Roanoke），西面是布里斯托尔（Bristol）。1996 年 1 月 19 日至 22 日发生在这里的水灾就是由 1 米到 1.4 米的快速融雪造成的，那些雪是两周之前降落下来的，这次洪灾被人称为“大融化”④。1996 年 1 月 18 日，在巴尔的

---

① Black，2008.

② Fink et al.，1996.

③ Disse and Engel，2001.

④ Knocke and kolivras，2007.

摩-华盛顿地区，也曾经出现过一次因15～18℃的温度以及高露点温度和大雨造成的快速融雪。突然出现的融雪使得波拖马可河（Potomac River）水位升高，接近了1972年由热带风暴艾格尼丝造成的洪水的最高水位。许多河流和小溪在降雨之后都被淹没了，极快的融雪给许多更小的居住区造成了影响。

在加拿大和美国的位于大西洋西北部的地区，大河流域造成了持续数日甚至数周的融雪洪灾，但它们是可预报的。可是，降雨事件则会形成更为突发性的、更不可预测的洪灾，这类洪灾既可能来自集中的暴雨，也可能来自雪上降雨事件。① 例如，1948年因春季融雪造成的弗雷泽（Fraser）和哥伦比亚盆地的大洪灾。由于天气变冷，雪直到5月中旬还持续在这个盆地积聚。英属哥伦比亚省大片地区的天气突然变暖，也造成了极高的融雪率，这导致了许多河流沿岸的水灾。另一方面，在2008年12月末和2009年1月初，温哥华和周围地区的地方性洪灾也是由暖雨降落在城市街道的积雪上造成的。

风暴潮与海啸

风暴潮是由气压变化以及相关的风应力造成的。它们在浅海地带尤其严重，那里与低气压系统相关的强劲海风可能使海水袭击海岸，形成汹涌大浪。② 当大浪高潮混合在一起的时候，有可能使很高的水位再增加2～3米，就有可能淹没诸如海岸沙丘等天然屏障，或者是漫过防波堤和挡潮堤等防护工事。对于日本大阪地区大浪的分析③显示，这个地区风暴潮灾难的平均时间间隔为150年，与1934年造成了差不多3米高大潮的莫罗托台风（Moroto typhoon）的重复周期接近。那场台风和风暴潮毁坏了学校、住宅和工厂，严重毁灭了大阪地区的大型棉花产业。在此之前的几十年间，大量的土地已经从海边开垦出来，

---

① Slaymaker，1999.

② Tooley，2000.

③ Tsuchiya and Kanata，1986.

建成区的面积极大地扩展了。1934 年之后，一个台风预警系统被开发出来，并在地势低洼的地区建造了 1 323 公顷的大坝。这种综合措施被证明在降低风暴潮的危害上是有效的。1945 年以后，因二战期间的轰炸以及地面沉降而受损的旧堤坝也被重建了。进一步的工程开始于 1950 年的另一次风暴潮之后，沿着流经城市的河流沿岸修建了 250 千米的堤坝，并且建造了大型的挡潮闸。当 1961 年室户市（Daini Muroto）受到风暴潮和台风袭击的时候，有超过 10 万人已经可以在公共建筑中避难了，而且并未造成人员伤亡，只有房屋因为大水漫过堤坝而受损。①

沿北美洲东海岸向北的飓风也造成过类似的风暴潮问题。1954 年 8 月末，卡罗尔（Carol）飓风制造了一次风暴潮，它影响了从长岛到缅因州的众多城镇和城市，给新贝德福德（New Bedford）、马布尔黑德（Marblehead）、纳拉甘西特湾（Narragansett Bay）、马撒葡萄园岛（Martha's Vineyard）和楠塔基特岛（Nantucket）等一些小型的休闲港湾造成了巨大的破坏。在罗德岛南部，先前在 1635 年、1638 年、1815 年和 1938 年出现的 4 次飓风也曾造成浪潮超过 3 米高的风暴潮。②

热带风暴潮不是低气压天气系统造成风暴潮的唯一形式，中纬度地区的深层低气压也造成了一系列影响西欧海岸城市的事件。1952 年 2 月 1 日，大风与低气压在北海南部形成了一次大浪潮。在荷兰，有 50 座大坝被毁，大水淹没了 133 个城镇和乡村。比利时和英国也都受到了影响。数年以后，泰晤士河大坝被建造在伦敦市下游的几千米之外，但到 2011 年为止，又有了另外一个计划，在离河口更近的地方建造一个更大的屏障。③ 1953 年之后，英国对许多洪水防御线路进行的加固和扩展将会在 2020 年前抵达它们设计寿命的终点。④

---

① Tsuchiya and Kanata，1986.

② Donnelly et al.，2001.

③ Foster & Partners，2011.

④ McRobie et al.，2005.

荷兰的海岸保护有一段漫长的历史。一种关键的哲理是由安德列斯·威尔林（Andries Vierlingh，1507～1579 年）阐释的，他参与过一系列的水利工程活动：河流工程、围海造田、海防工程以及封堵风暴潮造成的堤防缺口等。威尔林主张与自然协作，把天然的海岸沙丘作为保护地势低洼地区的主要元素来利用，利用工程技术人员来增加海滩上沙的供应量并强化自然过程。① 这种哲理在 1953 年的大灾难出现之前基本上得到了坚持，在这场灾难过后，三角洲规划这个更艰巨的工程解决方案使得莱茵河与马斯河（Mass）分流河道的河口被用巨墙拦筑起了堤坝。在荷兰，预防海岸洪水，使其处于安全水平内的要求目前在法律上已得到界定：防洪工程的设计应满足南北荷兰两省（provinces of Holland）万年一遇的风暴潮事件概率的要求，并要满足泽兰省（Zeeland）、弗里斯兰省（Friesland）和格罗宁根省（Groningen）4 000 年一遇的风暴潮事件概率的要求。荷兰拥有如此众多的位于海平面之下的人口稠密的城市地区，就在它强调要将洪水拒之门外的时候，美国采用的方针则更多地指向防洪减灾。预警系统和撤离计划的目标都旨在让人们脱离险境。一些州的政府机构以及联邦政府都建立了包括全国防洪保险计划等在内的海岸治理规章。不同的侧重点反映出了看待国家作用的不同文化态度，荷兰人愿意政府把更多的投入放在拒绝洪水入内的防护措施上，这也许是因为他们中的许多人都知道居住在海平面之下的危险。

海啸是由海底或海岸的地震造成的长周期、长波段、低幅度的表层波浪。在一场 200 千米长、0.25 米高的海啸中，每米海岸线输送的海水量是 5 万吨。虽然任何海岸线都可能受到海啸的影响，但太平洋和印度洋的海岸线尤其容易出现海啸之灾，日本就是经常遭受海啸的太平洋国家之一（表 8.12）。实际上，日本海岸线的每一部分都曾屡次遭受过海啸的影响，表 8.12 中的许多城镇似乎都经历了不止一次海啸。对于日本的海岸工程来说，建造海防堤并且用混凝土墙围住险峻、

---

① Bijker，2007.

填满砂石的河流一直是至关重要的任务。正如2011年本州岛东北部海域的地震所显示的情况那样①，极端事件会把成千上万的人投入到最大的海啸带来的风险之中。

表8.12　影响日本城镇与城市的海啸

日期	受影响的城市地区	死亡人数（已知情况）
684年	白凤	
869年	**仙台**	1 000人
887年	仁和南海	
1293年	**镰仓**	
1361年	濑津、**阿波**、行元（Yukimoto）	1 000余人
1498年	名樱南海、**和歌山港**	
1500年	Totono②	
1605年	庆长南海、木沢村、**阿波**、安芸郡	5 000人
1614年	高田、越后	
1677年	宫古、陆中、津轻、难波	
1698年	西海道-南海道	
1703年	相模、**阿波**、加津佐、大岛、武藏	5 223人
1707年	土佐、**大阪**	
1737年	**釜石**	1 000余人
1741年	札幌	1 474人
1792年	岛原	
1854年	南海、东海、九州、**和歌山**、东海道、四国、**大阪**	1 443人
1855年	东京	4 500人以上

① Matsumoto and Inoue，2011.

② 未详。——译者注

续 表

日期	受影响的城市地区	死亡人数（已知情况）
1896 年	明治三陆、**釜石**	28 000 人
1923 年	横滨、江之岛、**镰仓**、茅崎	2 144 人
1933 年	室根村、吉浜、大船渡、赤崎	3 064 人
1944 年	从千叶县到土佐清水的市镇	1 223 人
1946 年	串本町和海南	2 000 人
1964 年	**新潟**市	
1983 年	秋田、酒田、能代	104 人
1993 年	北海道钏路市	
2007 年	**新潟**	
2011 年	相马、仙台、石卷	25 000 人

注：不止一次被提及的地名用黑体字标出。

充分城市化的小型河流

英国的大曼彻斯特以及周围的城镇占据了默西河流域上游的大部分地区。陡峭的源头溪流上涨到了覆盖着奔宁山脉荒地的泥煤之上，但在 18 世纪，当地的水力资源都被用来为棉纺织厂的动力机械发电，城市居住区都散布在深深的山谷之中。奔宁山脉西部平原上稍短一些的河流流域如今都已经充分城市化了。19 世纪，不断发展的城市化使得许多作坊、工场和制造厂把包括灰尘和煤渣在内的污物直接排放到默西河的支流中去。著名的案例发生在艾威尔河的上游河段，在 1870 年以前，这里的河道有一半的容量因家庭壁炉煤渣、炉渣和灰烬的倾倒而丧失了。索尔福德下方河流的淤泥逐渐增多，因此，在 1840 年，吃水 1.5 米的船舶还可以抵达这个港口，而到 1860 年，吃水 1 米的船舶进入港口已有困难，在流量最低的时候，船舶已无法通行了。① 大

① Gray，1993.

约在1870年，索尔福德镇因上游镇区在这条河里倾倒灰烬和碎物并且造成了上述问题而把上游镇区告上了法院。河道容量的降低导致了频发的水灾，也引发了许多有关减轻水灾的建议，其中包括从曼彻斯特市中心上方的一座桥下修建一条通向1.5千米外的下游城市的引水隧道。① 尽管这条隧道并没有建造，但在1926年的一场大洪水之后的几十年间，河道已经被整修了。在1980年的另一场大洪水之后，最终在索尔福德上游河道蜿蜒的地带建造了蓄洪区。

索尔福德艾威尔河中的煤渣和垃圾构成了城市河流沉积物问题的一个实例。采矿业也常常会造成类似的问题。1853年，水力采矿在美国加利福尼亚州尤巴河（Yuba River）流域的山中被发明，到19世纪70年代，这种采矿方式已经生成了大量的沉积物，这些沉积物快速地淤积并使先前受洪灾影响的萨克拉曼多市和许多更小的城镇形势恶化。防洪堤坝的建造有一段漫长而复杂的历史，它涉及法庭案件、州政府和联邦政府的干预，以至于加利福尼亚州为此而成立了“碎渣委员会”②（表8.13）。即使没有发生沉积，在河道内也没有洪水，洪水也会在一定程度上通过低地流域系统（a system of lowland basins）表现出来。在19世纪初期，一个创新性的河道迂回系统（channel bypass system）得到采用，它仿效自然系统，通过一系列拦河坝来设定过量洪水的行进路线，并且将之导入穿过这个流域的那些宽阔的、形成了沟渠的支流之中。

表8.13　城市土壤侵蚀与沉积风险管理的进程

日期	国家	措　　施
1870年	英国	河流污染皇家委员会
1893年	美国	为便于河道航行及洪涝管理，通过国会建立了加利福尼亚“碎渣委员会”

① Douglas et al.，2002.

② James and singer，2008.

续 表

日期	国家	措　施
1899年	美国	“河流与港口法案”第十部分：对位于美国通航水道或者影响了通航水道的所有“工程和建设”以及释放到这些水道中的沉积物进行规范管理
1968年	美国	土壤保护公共服务系统发布了“城市化地区土壤侵蚀与沉积管理的标准以及具体要求”
1977年	美国	“洁净水法案”：减少流入湖泊、河流、溪水和湿地的污染物
1980年	澳大利亚	新南威尔士州有关城市及其相关土地利用的“城市土壤能力计划”
1987年	澳大利亚	“新南威尔士州全部集水区管理政策”确保土地应在其能力范围之内来加以利用
1995年	马来西亚	环境部发布的“土壤侵蚀指导原则”中含有控制城市侵蚀的内容
1996年	澳大利亚	“昆士兰省建设工地土壤侵蚀与沉积控制·工程技术指导原则”由澳大利亚工程师学会出版
2000年	欧洲	“水框架指令”正式批准对包括进入河流的沉积物在内的污染物进行规范管理
2003年	澳大利亚	《侵蚀与沉积控制的最优方法》出版
2005年	美国	新“侵蚀与沉积控制的纽约标准及说明”发布
2010年	马来西亚	“马来西亚侵蚀与沉积管理新指导原则”发布

马来西亚的液压锡矿也出现过类似的问题，那里的雪兰莪河（Selangor River）受到了矿渣的很大影响，以致古毛（Kuala Kubu）镇不得不在远离河流的峡谷边的一个新地址上重建。在20世纪后期，吉隆坡和帕劳槟榔（Pulau Pinang）地区城市发展的环境后果还包括严重的城市土壤侵蚀，正在建设中的地区常常承受了大于天然林2～3个数量级的沉积物量。受到侵蚀的泥沙在一些流经城市的河道上逐渐增加，降低了河道的容量，并且因此而增加了发生水灾的频率。联邦政府的立法为地方政府在施工现场的规划与管理提供了更大的管理权，城市

排水设计标准以及马来西亚内地条件下的程序手册似乎在激励吉隆坡联邦领土上的开发商在建筑工地的规划和管理方面采取更负责任的方法。①

20世纪70年代，澳大利亚的新南威尔士州在土壤受到了上游城镇建筑工地的侵蚀时，巴瑟斯特（Bathurst）的城镇发展也就开始遭受更多的水灾了。沉积物降低了流经城市的河道的容量，在光秃秃的待开发地块上，受到侵蚀的沟渠把暴雨水迅速带入河流。② 巴瑟斯特市政委员会向新南威尔士土壤保护服务机构请求援助。土壤保护服务机构采用了一份街道布局和草地泄水道的修订计划，并开发出了一个城市土壤保护项目（表8.13）。土壤保护服务机构还制定了与美国相类似的降低城市侵蚀和沉积物水平的指导原则。③ 这些指导原则在25年以后又被可持续性的城市排水系统设计重新发展了。所有这一切都遵循了减缓地表径流的原则：利用植被来降低水流速度，使沉积物从中分离出来，并让水渗入地面，以此来减少水流高峰和沉积物的流量。

被掩埋的城市河流

汉普斯德特希思（Hampstead Heath）位于伦敦的正西北方向，它是霍尔伯恩（Holebourne）河的源头，霍尔伯恩河就在它与泰晤士河交汇处的上方，以舰队河闻名于世。④ 在这片荒野上，为了改善城市的供水状况并维持河流的水流量，它被分流到了16世纪以来为了“把汉普斯德特希思周围的泉水并入一个源头”而形成的一系列水塘之中。⑤ 然而，到那时为止，伦敦城舰队河下游地区已经开始接纳从制革厂和当地企业的垃圾中释放出来的废水。在1598年，约翰·斯托

---

① Douglas，1996.

② Hannam，1979.

③ Soil Conservation Service，1968.

④ Maynard and Findon，1913，p. 22.

⑤ Maynard and Findon，1913，p. 23.

（John Stow）写道，舰队河是“船舶无法通行的，因为那里有许多地盘被侵占，那里有屠户、莽撞汉以及其他人扔掉的残渣和其他垃圾，还因为那里有许多办公的房间矗立于河面上”。① 舰队河渐渐地被覆盖了，一开始是在它与泰晤士河交汇处附近，后来被覆盖处向上游蔓延，直到汉普斯德特希思。1733 年，从弗利特桥到霍尔伯恩桥的河段已被覆盖。1739 年，为了建造府邸而被拆除的干草市场又在舰队河上重建。1812 年修建摄政王运河（Regent's Canal）的时候，舰队河的更北部直到卡姆登镇（Camden Town）的河段也被覆盖了，在 19 世纪这个时段里，从上游到希思（the Heath）的剩余河段全都被覆盖了。② 19 世纪中叶，内陆铁路公司迫于政府当局的压力，把舰队河的“黑色和恶臭的洪流”变成了圣潘克拉斯车站（St. Pancras Station）地下一条巨大的铸铁管道，而且封闭了肯蒂什镇（Kentish Town）更上游的河道。③

有时，河流的掩埋被看做是一种改善城市卫生状况的方式。在中世纪，布鲁塞尔赛尼河（River Senne）上的航行是货物进入城市的主要途径。④ 然而，大雨常常在城市最低洼的地区造成水涝。几个世纪以来，这条河流受到了越来越严重的污染，人们认为，当河流泛滥的时候，被污染的河水造成了疾病的暴发。1867 年，布鲁塞尔的市长朱尔斯·安斯波（Jules Anspach）将霍乱疫情的暴发作为一个城市发展的机遇。安斯波使市政委员会相信，覆盖赛尼河将会使这座城市更加健康宜人。而且，覆盖河流还将会腾出土地，直线型的、巴黎风格的林荫大道正可以被建造在那片土地上面。安斯波通过没收沿河两岸的财产实现了这个雄心勃勃的计划。⑤ 在 20 世纪 50 年代和 20 世纪 70 年

---

① Smith，2005，p. 31.

② Smith，2005，p. 32.

③ Bradley，2007，p. 68.

④ Deligne，2003.

⑤ Laconte，2007，p. 24.

代，地面下的赛尼河为了地铁建设又被进一步改道，此前的地铁（地下有轨电车线）沿着赛尼河先前的河床建造。

让被掩埋的河流重见天日

20世纪初，覆盖被污染河流的观念被英国大曼彻斯特郡罗奇代尔（Rochdale）的市议员们采纳。在1904年到1926年之间，市中心的罗奇河（River Roch）河段被相继用拱形的钢筋混凝土结构覆盖。到1994年为止，大部分混凝土严重毁坏，使得对这座“最宽的桥”——这条河的被掩埋的部分——进行了多次维修。1995年至1997年，大量的维修工作已着手进行。可是，在这个城镇2010年的复兴战略中，市政委员会突出了水域空间在城市中的作用，并且同意让罗奇河重见天日，在市中心创建一个迷人的水景。

打开被封闭的河流，或者说是让河流重见天日的一个最有名的例子是韩国首尔市中心的清溪川河（Cheonggyecheon）修复工程。[①] 一条高架公路被拆毁，河流被打开了，河的两岸还有行人通道以及栽种的树木。这个计划最重要的目的就是要恢复以前开放的河流沿岸曾经具有的生态特点。这个计划也改善了首尔市的景观、经济状况，增加了它对游客的吸引力。许多让河流重见天日的计划也正在美国的一些城市进行着，比如在科罗拉多州的丹佛，但这些计划都主要是在郊区，这些地方有空间去开辟一个河岸植被区。另一些例证是西班牙浅滩溪（Spanish Banks Creek）和加拿大温哥华的塞恩河（Thain Creek）的采光工程，此外还有英国默西塞德郡（Merseyside）阿尔特河（River Alt）的河道恢复工程。[②]

在美国，一个水生生态系统的恢复和保护计划必须是能够改善环境质量的，并且是既有公共利益又有成本效益的。[③] 打开封闭的河流

---

① Kang and Cervero，2009.

② Wild et al.，2011.

③ Love，2005.

可能会改变当地河流和湿地的动植物栖息环境，改变地层，改变流向，减少藻类和植物的生长，并且把河流从周围陆地环境中分离出来。因此，除去河流上的覆盖物有可能导致水生和边缘栖息地的改善。伦敦格林尼治（Greenwich）桂基河（River Quaggy）的大型采光计划已经取得了不错的效果，并获得了数项“最优方法”奖。①

打开河流覆盖物的采光计划可能带来多重好处，包括积极的经济、环境与社会影响。但并非所有的采光计划都会如桂基河工程那样给当地的自然保护带来充分的水上环境效益，也不是所有的工程都如清溪川河那样为城市的游客提供正面的迷人形象。然而，2011 年，相对稀少的证据表明，对每一项提议都有进行详细评估的需要，而且有必要把治河工程与城市绿化和城市复兴规划结合起来进行。②

总结

城市生活需要处于环境条件的限制之内，并且还要去适应这些限制之内的变化，无论这些变化是由于人类的行为还是由于极端的自然事件所致。纵览整个城市居住区的历史，人们通过建造防御工事或是为接下来的紧急事件制订规划来应对下一月和下一年的灾情。尽管如此，随着灾难记忆的暗淡，居住区又发展起来了，它们常常发展到了比较危险的地点，如不稳定的山坡上，在地震中将会遭到剧烈撼动的土地上，也发展到了熔岩可能经过的路径，或是发展到了洪泛区。渐渐的，水流、雪流或是熔岩流动的空间可能被减少，河道可能变得狭窄而且承受着沉积物和残骸的淤积。总体上说，在某城市某一地区的某一部分上的活动都可能是另一地区的不断增加的风险。

许多政府当局已经在鼓励对潜在风险的考察，诸如界定洪水风险区，限制洪泛区的发展，测绘山体滑坡区以及根据与城市土地用途特

---

① Chin and Gregory，2009.

② Wild et al.，2011.

定类型相适应的原则来为山坡分类等等。然而，政府的更迭有时也可能导致一个赞成“小”政府的政党执政的格局，它会废除或是放松规划的调控与引导，并且因此而允许在潜在的危险区建造房屋。其他的行政管理部门已经建立了灾难应对程序、预警系统以及各种类型的灾害保险。这些行动的大部分都是被特定的悲剧事件促发的。但是本章中所叙述的各种灾难造成的生命损失在富裕的城市中已经大量减少。那些居住在非正式居住区的贫民，他们遭遇灾害的风险依然很高。他们的灾后重建也经常被长期拖延，正如尚处于缓慢的重建与复兴之中的海地太子港所显示的情况那样。

来自地球科学的确定信息对于每一个公民来说都是“对你立足于其上的地面的了解”。买房或租房的人们应该弄清楚什么风险会影响这个地点：它在洪泛区吗？有没有塌陷或边坡失稳的风险？这个地点以前是什么地方：我购买的房子是否建在被充填了的采石场或是古时的矿井之上？其他的重要因素还有：要去了解任何建筑活动或是排水系统的重新定位可能会对地面的稳定性产生什么作用，以及过量的雨水或洪水流的活动方式。城市环境史中充满了已经发生在许多城市的案例。然而，那些历史的真实面貌尚不容易清楚了解，有时是因为当时已经采取了微妙的措施去减少对于风险的报道。渐渐的，通过产品制作与电子传播，洪水和地震的风险图等通过机构的网站越来越容易获得。然而，气候变化和新的城市发展可能会改变暴雨径流模式，并且还会改变对边坡和土地的压力，这些变化使得以过去事件为基础的对于洪水频率和地震影响的预测有可能不再可靠。

第九章　城市绿色空间：城市中驯化的和野生的自然

城市规划中的开放空间

一个现代城市有着各种各样的开放空间（空地），从铺砌平展的广场到古代林地的残遗或者是若干世纪以来基本植被依然如故的荒野的遗迹。城市植被在许多地方的地表上繁殖，甚至也会在墙体上、在铺砌地面的缝隙中、在屋顶上以及在失修的下水道中大批繁殖。所有的城市植被为其他类型的生物体提供了栖息环境。植被也在城市能源、水和材料的循环中发挥着重要的作用。它利用雨水，降低城市温度，提供绿茵和防风林，减慢地表水流入河流的速度，并且还吸收污染物。这些生态系统服务在降低地方和全球环境变化的影响方面正变得越来越重要，而且，它们还可以帮助城市适应气候变化。城市植被可以引发很多情绪。某些景观引起人们的极大兴趣，使他们感到平静和安逸，帮助他们减轻压力并产生一种幸福感。可是，荫蔽的树木侵占了上下班往返的人们夜晚行走的狭窄昏暗的小路，也可能引起恐怖和不安全的感觉。人们对城市自然的反应是各不相同的，而且，这一切还影响到他们对私家花园的处理以及他们使用公共开放空间的方式。

绿色开放空间的范围包括从公墓和教堂墓地到运河河岸、水库和小块废弃地等。其中也包括各种形态和规模的私家花园、城市广场、郊区高尔夫球场、运动场、公用楼宇周围的草坪、办公楼和市政厅、铁路隧道和堤岸、公路预留地以及废弃地等。尤为重要的是被郊区包围起来的乡村遗址，它们尚未成为类似大城市里的城市公共用地那样可以造访的珍贵的开放空间。然而，对许多人来说，有重要意义的城市绿色空间是他们自己的花园，如果他们有幸拥有它们的话。此外还有公共休闲娱乐区，无论它们是公园、河谷保护区、公共用地、荒野还是林地。

保护区、绿色通道、公园、露天场地、广场以及步行区组成了一个满足多种用途的区域性开放空间的分层结构：自然保护；教育与社区活动；主动性娱乐；年轻人使用的球场，老年人使用的漫步场地；所有包含着一组社区兴趣与活动的场所。仅仅是通过提供这一分层结构中的各种成分，规划管理部门就能保证人们享受到有品质的生活，管理与立法的目的就在于提升生活的品质。对满足具体需求的开放空间的设计必须审慎，而且要避免它们成为那种在开发商已经完成了房屋布局之后遗留下来的古怪的绿色补丁。①

这些绿色空间能够形成一个网络或者是一个野生动物走廊，它们会给城市人带来多功能的生态系统服务（图 9.1）。直到 21 世纪初期，地方政府得到鼓励去详细规划城市绿色基础设施并制定提升整体绿色网络的开放政策（图 9.2）。从适应气候变化的角度来说，当绿色区域的益处逐步在人类的身心健康、可持续的城市排污系统、生物多样性、娱乐与视觉舒适性等方面得到证实之后，各国政府都在努力与专业机构和公民社会组织密切合作，以争取达到类似于英国绿色基础设施合

---

① Duany et al.，2000，p. 33.

作关系那样的目标：①

1. 规划并在地方、全市和景观层面成功实现建造更多绿色基础设施的目标；

2. 让英国的城镇和城市拥有更多的绿色空间（包括行道树、花园、屋顶绿化、社区森林、公园、河流、运河、湿地）；

3. 生态人居和生物多样性网络的完美结合；

4. 拥有满足不同社群（社会、经济和环境）需求的更便利的和相互连接的绿色空间；

5. 对于气候变化/水灾的良好恢复能力和适应性；

6. 对于绿色生态设施长期的良好管理。

图 9.1　苏格兰爱丁堡利斯河的河水，这是一个城市绿色空间：野生动物走廊（摄影　伊恩·道格拉斯）

① Landscape Institute，2011.

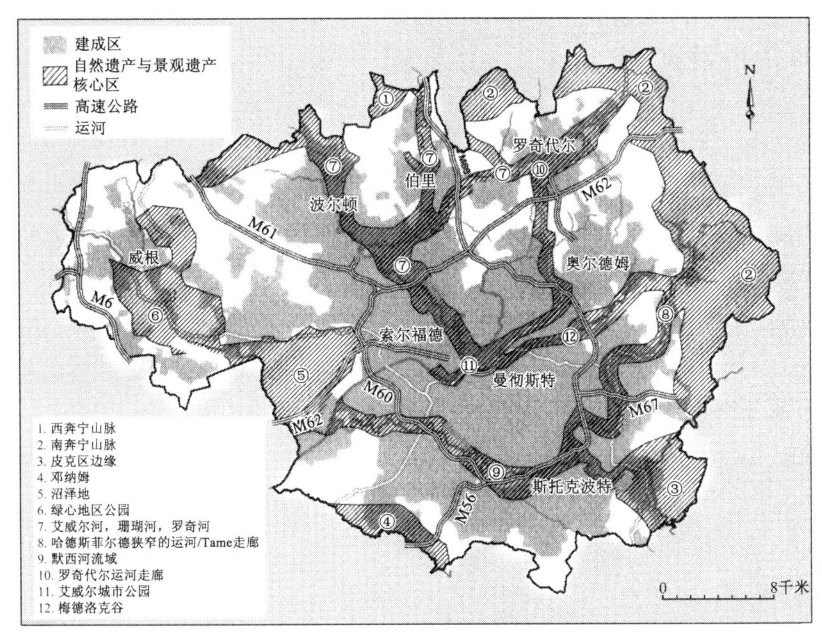

图 9.2 大曼彻斯特区的绿色基础设施(作为自然遗产和景观遗产核心区而绘制)

在不同时期和不同文化背景下，在城市创建公园和其他城市空间的动因是有差异的。最初的公园主要是皇室、统治精英和富有者的奢侈品。尽管如此，人们常常也有进入城市边缘的相对自由。这些空地也是大众娱乐的场所，以古罗马的环形广场为代表。古代的城市在城内和紧靠城墙之外的地区都有农业和商品蔬菜种植业，它们创造了成效显著的绿色空间，它们养育了昆虫、鸟类和哺乳动物种群。许多古代的园林在鱼塘里还有它们自己的水生生态系统。然而，在城市精英的私家公园及花园与大众的娱乐场地的整个历史中始终存在着一个主题。这个主题也许在现代世界中设有大型商场、体育场旅游项目以及足球俱乐部博物馆的大型足球场观光地与精英的、而且有时还是排外的私人高尔夫和乡村俱乐部之间的反差对比上得到了反映。

古代文明与公园和花园

来自古埃及的记录表明，园艺和被设计成与外界隔绝的园林都曾在第四王朝的尼罗河谷盛极一时。早期的埃及人认为树木是 4 000 多年以前带着一坨土一起被移植过来的。① 古代的波斯和亚述都拥有巨大的猎场，猎场上发展出了对自然的艺术处理，这在后来演进为公园的概念。封闭的园林也曾兴盛一时，以巴比伦的空中花园为最佳范例。在迈锡尼文明（Mycenaean）时代，希腊人有宫殿花园，荷马就曾描写过阿尔喀诺俄斯（Alcinous）的花园。哲学家们则常常光顾诸如雅典学园（lyceum）一类的幽静的浓荫遮蔽的公共园林。

罗马花园主要是私人空间，因卢库勒斯（Lucullus）② 的灵感而盛行起来，他在苹丘（Pincian）的花园被认为是帝国资产中最精美的部分。在强行夺取的土地上，尼禄在 100 公顷的公园里建造了他的金殿，这块土地从帕拉蒂诺山（Palatine Hill）穿过峡谷一直延伸到埃斯奎林山（Esquiline）。山谷中是一个被亭阁、岩穴、喷泉、石柱和观景台等包围起来的人造湖。尼禄死后，这座宫殿变成了一座公共建筑。尚不清楚的是，那时的公众是否可以进入这个园林，但假如他们能够进入的话，这可能就是一个早期皇家园林变为公共开放空间的例证。然而，金殿却在公元 104 年被大火严重损毁了。③

随后，图拉真浴场（Baths of Trajan）被建造在这片废墟一部分的地面之上。图拉真还建造了一个新的广场，这是一个正式的铺砌平展的开放空间，它与金殿的园林绝然不同。城市中的许多私家别墅都有相当大的花园④，但公共开放空间却在规模上受到了很大的限制。

---

① Miller，1997，p. 46.

② 古罗马将军兼执政官。——译者注

③ Hibbert，1985，p. 41.

④ Platner，1929，p. 268.

伊斯兰教保护树木的教规是在公元600年左右确立的。先知穆罕默德宣布在圣城麦加和麦地那之内和周围的野生树木应该受到保护。关爱树木被看做是早期伊斯兰教徒所期许的一种义务。① 伊斯兰教的兴起还给城市景观设计带来了另外的影响，它见证了作为乐园的园林概念的发展，这是沙漠中一个有水和松柏的绿洲。这种设计基本上是抽象的，但它包括具有很高水平的植物浇灌技术，花园中配备了冷却喷水嘴和供乘凉用的果园，并且还对墙体及其装饰进行维护。17世纪的泰姬陵（Taj Mahal），一个远远晚于14世纪格拉纳达市的阿尔罕布拉宫（Alhambra，Granada）的创举，是根据沙贾汗(Shah Jahan)的意愿而对公众开放的，这是皇家园林对外开放的又一例证。

与伊斯兰教园林的抽象形式形成对照的是植被茂密和装饰繁复的中国古代宫殿的园林。这些公园都是人工雕琢并要精心护理的，它们带来了自然和人工的奇妙结合。假山、岩穴和湖泊布满了中国的公园。浪漫主义和传统在很大程度上驱动了北京公园的设计。例如，北海公园的琼华岛就是根据传说中的海外仙山的仙境设计的。北海公园可追溯到10世纪的辽代，在当时，一座名为"瑶屿"的行宫就建在这一地点。更多的建筑物都是在那之后建立起来的，但它们的设计围绕着琼华岛上的白塔山这个中心，假山南侧是庙宇，假山北侧是游廊和亭阁。② 在13世纪，忽必烈还诏令在中国北京沿所有公共路段栽种树木，以便提供阴凉，而且在下雪的时候还可作为路边的标志。③

日本的园林和公园有着独特的美景，这缘于它精心追求自然要素与创作因素的和谐。在平安时代（公元795～1185年），朝臣们通过在他们的私家花园使用瀑布似的水帘以及小溪和水塘来把自己从夏季的溽热中解脱出来。花园建在房屋的南侧，通常是对佛教天堂花园的仿

---

① Masri，1992.

② Cong and Huang，1986，p. 64.

③ Miller，1997，p. 46.

造。[1] 在接下来的若干世纪里，对日本设计原则的改造是作为一种王朝鼎革的理想而出现的，但平衡和谐的设计主题以及平和宁静的观念依然如故。利用园林来改善家庭微观气候的传统也一直在持续。园林中栽种了乔木和灌木，它们的自然蒸腾过程冷却了这里的空气。在提供绿荫的同时，植物又让微风加强了这个冷却过程。一种舀子（*hishaku*）经常被用来给树叶、石头和地面洒水，通过蒸发的方式来降温。园林的池塘也增加了蒸发作用，因此在日本夏季的闷热天气里也有助于起到家庭降温效果。[2]

公园设计的4种传统

自18世纪末工业革命引发了城市的扩张以来，来自不同渊源的4种公园设计传统已经对城市开放空间的发展产生了明显的影响：正式的公园（有时称为巴洛克风格）[3]；娱乐场地和主动消遣的公园（有时按照花草树木在自然状态下的分布这种浪漫的理想设计）[4]；伊斯兰教传统的抽象设计；以及中国和日本的传统样式。正式布局的"公园"这一概念是与皇宫联系在一起的，它在后来也对公众开放，主要是供被动消遣之用。这种公园常常等同于附属于大型欧洲城堡和乡村别墅的景观化公园。更新派的娱乐场和供主动消遣之用的公园，据说常常是为了帮助城市工人及其孩子们参与健康的团队游戏和其他活动而精心建造的。这类公园对供游客使用的设备的关注远甚于对创造和谐的给人以视觉愉悦的景观的关注。然而，也有某些这一类型的公园设法在这两方面都获得了成功，比如说布鲁塞尔的约瑟法特公园（Parc Josephat）等。第三种，伊斯兰教传统的公园，包括围墙、设计

---

① Schnefftan，1992，p. 126.

② Kimura，1998.

③ Miller，1997，p. 46.

④ Miller，1997，p. 48.

抽象的花园，这类公园突出的是水源和树荫。第四种传统的公园作为一种连续传统的象征在中国和日本一直存在，这类公园精雕细琢、经心营造。即使在深圳那样迅速成长起来的中国新兴城市，公园的营造也带有传统的景观元素，通常内含假山和人造洞穴（图 9.3）。

图 9.3　中国深圳的"史前"公园(摄影　伊恩·道格拉斯)

这 4 种传统的影响，必须放在对生物多样性和荒野价值的日益觉悟以及在城市或靠近城市的地区渴望体验"野生自然"的背景下加以观察。有一种方向性的转变逐渐显现出来，这就是从供消极消遣或积极消遣之用的更正式的公园转向了拥有城市自然保护区和较为松弛的管理制度的准自然地区。这种趋势已经在城市地区导致了各种各样的开放空间形式的产生。即使是那些已经对公众开放的空间在形式和功能上也有很大差异，但在任何城市都常常存在着一种各类公园不规则分布的情况，这与城市不同地区的社会性格相关。流行于整个 19 世纪的一个问题仍然有其重要性：这些公园实际上是为什么人而设的？或者说，谁从这些公园的公共投入中受益最大？

时至今日，在主要城市地区的一些区域，公园地区和许多更小的开放空间已经变成了“没劲（no go）”的地方，因为无事可做、或无家可归、或是吸毒的年轻人可能会在其中聚集。公园的功能和公园的使用者一如既往地反映了他们所在地区的文化和社会状况。然而，特别是在19世纪，公园创造者的某些意图也涉及社会和环境的管理，涉及对更美好社会和更美好景观的创造。到20世纪，规划者已着手制订开放空间标准，到21世纪，他们正在争取对城市的绿色空间进行多重途径的利用，尤其是在保护生物多样性和适应气候变化的背景之下。

理解城市公园与绿色空间创建和设计背后的动机的另一条路径就是要根据文化和民族理念来对它们进行考察。某种程度上说，中国、日本和伊斯兰教传统都可以在这个背景之下去看待，但是对波罗的海沿岸的3个城市更详细的考察却呈现了更微妙的对比关系。① 赫尔辛基的开放空间规划在尽量模仿巴黎等其他城市，而斯德哥尔摩的开放空间却受到了初期环境运动以及这个城市散布在多个岛屿之上的空间格局的影响。圣彼得堡在20世纪初期的发展是更为超常的急遽攀登，接着，在失去了首都地位之后，并且也因为第二次世界大战的爆发，它开始出现下滑。

圣彼得堡提供的开放空间受到了意识形态的强烈影响，尤其是受到了埃比尼泽·霍华德（Ebenezer Howard）“花园城市”观念的影响，直到20世纪20年代后期，这一观念才被作为一种乌托邦和小资产阶级的观念而受到驳斥。② 另一方面，美国的城市长期以来保存了乡村风格的印记，那是最初创建它们的早期欧洲定居者留下来的。1662年，威廉·潘恩（William Penn）为费城设计了5个各有5～10公顷面积的开放空间。③ 在革命之后，美国城市找到了新的定位，它们开始

---

① Clark，2006.

② Clark，2006.

③ Miller，1997，p.49.

强调在城市设计中包含自然，并且把自然视为伦理美德的源头。1821年，负责推选密西西比州首府的委员会建议新首府每隔一个街区都要覆盖满原生植被，或者是建造小树林。这个委员会认为，这样一来就会提供一个更健康的环境，而且对一个主要由木材建造起来的城市来说，这样更容易控制火灾。①

伦敦绿色空间的演化

古罗马帝国时代的伦敦在其城墙内部可能拥有许多大规模的空地，这些城墙在公元4世纪还没有完全建成。城墙内部的区域在中世纪也尚未完全盖满建筑物，果园和花园位于城市的正中心。只要在城区的外部，普通群众就有权在被保护的皇家林地之外的任何未封闭的地面上猎取野生动物。在南华克森林（Southwark Woods）用猎犬和弓箭追逐动物曾经是一种典型的午后的消遣。② 离城市稍微远一点，东南方的布莱克希思（Blackheath）是史前时期的一块公共牧场，这是一个临时军营的驻扎地，也是1000年至1660年各种正式聚会的场地。这块荒地被格林尼治和刘易舍姆（Lewisham）两个庄园瓜分，属于格林尼治的部分成了附属于格林尼治宫的皇家公园（后来又再度向公众开放），而在刘易舍姆庄园的部分则仍旧是一块公共用地，尽管有部分地区已被特殊的开发项目侵占。③ 1871年，布莱克希思的管理权被转移到了大都市工作委员会，然后又移交给了伦敦郡议会，并最终移交给伦敦的刘易舍姆自治市。旺兹沃思（Wandsworth）和温布尔登（Wimbledon）公地与汉普斯德特希思有类似的被用于多种用途的历史，它们也都面临着被道路和古代围封权侵占和瓜分的威胁。④ 伦敦

---

① Miller，1997，p. 50.

② Fitter，1945，p. 56.

③ Hoskins and Stamp，1963，p. 67.

④ Hoskins and Stamp，1963，p. 72.

东北部的埃平森林区（Epping Forest）曾经是巨大无边的沃尔瑟姆福雷斯特市（Waltham Forest）的一部分，在 11 世纪征服者威廉把它变成皇家森林之前，它一直是一块公共牧场。最后一位来这里打猎的国王是 17 世纪后期的查尔斯二世。到 1793 年为止，土地税收专员报告称，有 4 000 公顷公共用地已完全被来自伦敦东部的伦敦人用来进行娱乐和消遣了，而且，还有大量的沙石被非法采挖，草皮也从许多地区移除，鹿也被人偷猎，侵占与圈地的情况已经出现。伦敦市的法人组织对所有的森林拥有共同权利，并且开始应对已经发生的所有的圈地问题。最终，法人组织买下了这片森林中庄园领主的全部地权，并且使埃平森林区成为伦敦人自由消遣的地区。①

人们长期以来一直在为保留城市开放空间而奋斗。1630 年，住在伦敦市西部的人们提出抗议，称不应该为了建造新房屋的需要而把莱斯特牧场（Leicester Fields）从他们手中夺走。他们成功捍卫的一小片空地至今犹在，即现今铺砌平展的莱斯特广场。数年以后，林肯律师学院的居民对在林肯律师学院的场地建造房屋的议案提出了抗议。1638 年，林肯律师学院的律师学会坚持要把这块空地作为公共公园和散步的场地保留下来。尽管他们作为律师很有影响力，但律师学会却未能打赢这场争夺战，虽然这块空地的一部分得以幸存。② 伦敦的海德公园也曾是一个皇家公园，它在 1635 年对公众开放。③ 在伦敦的更西方向，针对查尔斯一世关闭里奇蒙公园（Richmond Park）的计划也曾有过抗议行动。这一行动极大地惠及了未来的世世代代，里奇蒙公园如今已成为现代大伦敦地区最引人注目的开放空间。④

除了那些被保护下来的先前农业景观的片段之外，与被替代的乡村完全不同目的的新式城市公园也建造起来了。亨利八世把圣詹姆斯

① Hoskins and Stamp，1963，p. 78.

② Goode，1986，p. 172.

③ Laurie，M. 1979，p. 26.

④ Goode，1986，p. 172.

公园从一块烂泥地建成为一个鹿苑、草地保龄球场和网球场。查尔斯二世又通过勒·诺特尔（Le Notre）① 把它变为一个带有运河的游乐场，而在约翰·纳什（John Nash）1827～1829 年重建这个公园的时候，这条运河又被变成了一个湖。作为私人住宅广场的其他公园都是在 17 世纪晚期开始建造的，这是 1713～1735 年的伦敦建筑热潮的开端。在那个时期，海德公园西部和牛津街北部的梅菲尔（Mayfair）地区都布置了宽阔的广场和整齐的台阶。伯克莱广场和格罗夫纳广场等地方的花园都是按照古典（后来被称为巴洛克风格）传统用正式的花坛布置出来的。1763 年到 1795 年的第二次建筑热潮见证了梅菲尔和布鲁姆伯利（Bloomsbury）进一步的发展。② 许多花园是禁止进入的（在有些情况下，现在也是如此）。尽管如此，这种正式的布局已经被转移到了另外一些地方的更大的公园。

与此同时，还有一系列用于公众娱乐的公园或是游乐场也得到了开发，这些纯粹的娱乐中心带有小旅馆和用餐、喝茶、跳舞和听音乐的阁楼。这种游乐场以开放于 1742 年的切尔西拉尼拉格花园（Ranelagh Garden）为开端，这个花园带有湖泊、中国式的阁楼以及洛可可式的圆形建筑，这些游乐场在功能上与 19 世纪更为正式的公园非常不同。③ 然而，拥有壮观的步行道以及音乐、宾馆和各种娱乐设施的沃克斯豪尔花园（Vauxhall Garden）却一直开放到 1859 年。④ 它的成功靠的就是 20 世纪巴特西（Battersea）游乐园的经营方式。

1810 年，摄政公园是由约翰·纳什作为一个大众公园而量身定制的，它地处皇家地面，上层社会居住区环绕四周。在公园的中间部分，在规模和样式上都被设计为一个大型的景观花园，这是一个由皇家植物学会建造的植物学花园（1830 年），在它的北部边缘地带，有一个

① Fitter，1945，p. 95.

② Clout，1991，p. 74.

③ Laurie，M. 1979，p. 47.

④ Clout，1991，p. 142.

伦敦动物学会建造的动物园（1826年）。[1] 这又是一个与建造在公园3个侧面的富人住宅的精致阳台紧密联系在一起的公园。

1833年的英国选举委员会就公共人行道的问题指出，“在过去的半个世纪，大城市的人口出现了十分巨大的增长……而公共人行道或是开放空间却几乎没有配置，这与中产阶级或是地位更低的阶层的运动和娱乐支出是不匹配的”[2]。1840年，居住在伦敦东区的3万人为了在他们的居住区建造一个新公园而向政府请愿。4年以后，工程在新维多利亚公园启动，这个工程受到了人们的赞赏。接下来又在巴特西（1858年）、南华克和芬斯伯里（Finsbury）等地建造了一些更大的公园（后两者都于1867年开放），所有的公园布局都是按照维多利亚时期正式公园的风格来展开的，其中带有四面延伸的车道、装饰性的湖泊、露天音乐台和许多阁楼。[3]

纵观整个19世纪，对于城市开放空间的关注一直在增长。在1852年伦敦关闭了所有墓地之后，曾经有过一个要把所有墓地都变为公园和广场的运动。[4] 奥克塔维亚·希尔（Octavia Hill）是后来创立英格兰和威尔士国家信托基金的一位重要的活动家，她想让小型的墓地变成“穷人的露天客厅”。这种热情导致了1882年“大都会公共花园协会”的建立，这个协会保护了大约500处教堂墓地，其中的某些墓地至今仍在伦敦的中心区为人们带来片刻的宁静。1883年，奥克塔维亚·希尔写了一份要求资助的申请，打算用赞助的资金来购买伦敦马里波恩（Marylebone）和汉普斯特德之间的田地并把它作为开放空间来加以保护，在这个地区，里森格罗夫（Lisson Grove）和波特兰镇（Portlan Town）的工人已经养成了漫步的习惯。19世纪60年代，“伦敦周围公用地保护协会”已经在帮助人们尽力保护诸如温布尔登公用

---

① Laurie, M. 1979, p. 47.

② Ashworth, 1954, p. 110.

③ Goode, 1986, p. 173.

④ Goode, 1986, p. 172.

地和埃平森林区这些远离市中心达数千米的地区。同时，1877 年的“大都市开放空间法案（the Metropolitan Open Act）”也为伦敦开放空间的收购和管理提供了立法基础。① 到 1904 年，开放空间的配置已经被英国的地方政府认为是一种应尽的责任。有关外部装饰的跨部门委员会也在建筑细则中建议，应该注意保护开放空间，而且还提出，应该强制地方政府承担根据人口密度以某种确定的比例提供并维护开放空间的责任。② 这预示着开放空间标准的发展，这类标准在 20 世纪已被逐渐采纳。公园的配置对于群众和规划管理部门来说都是有益的，而且，开发商也期望努力争取提供足够的城市开放空间，把它们作为社会工程的一部分，这一社会工程使那些为居住在破旧棚户区中的贫困者设计的新的社会住宅区出现了，同时出现的还有那些为买得起住房的人们设计的花园城市和郊区。

许多大众公园都是通过购买私家公园的方式建立起来的。例如，20 世纪 20 年代，罗思柴尔德（Rothschild）家族把伦敦西部的君纳士贝莉公园（Gunnersbury Park）卖给了市政委员会，条件是把它们作为公共场地。这份地产在 1926 年作为大众公园开放。伦敦在 20 世纪 20 年代和 30 年代的迅速扩张导致了对新住宅区开放空间配置问题的更大关注。厄温（Unwin）曾在 1929 年向大伦敦区规划委员会建议，应该为每 1 000 人提供 2.83 公顷的开放空间，私人和公共开放空间的比例是 3∶4。③ 具体地说，活动场地被看做是打击少年犯罪的一种手段。在今天看来，艾伯克隆比在 1943～1945 年为伦敦郡拟订的提案奠定了伦敦公园和开放空间的基础。开放空间的价值被提升为娱乐性用途并且促进了健康的生活方式。整个伦敦地区公共空间配置的分布不当和效率低下问题使艾伯克隆比制定了为每1 000人配置 1.6 公顷开放空间的标准以及开发“公园系统”的方案。这是一组构成绿色边缘区的有

---

① Ashworth，1954，p. 111.

② Ashworth，1954，p. 112.

③ Unwin，1929.

联系的空间，它使伦敦周围的一条“绿化带”产生了。这条绿化带是由伦敦周边的乡村构成的，它们使周末的消遣和短期的小憩得到了保障。①

为了提供必要的开放空间，伦敦走过了很长的路，尤其是在重建地区和新住宅区以及新兴城镇。然而，到 20 世纪 80 年代，人们已开始抱怨对于大众公园的忽视。之后的 20 年见证了整个英国在公园质量上的下降，其中包括伦敦的大多数市级公园在内。1995 年的一份报告表明，尽管全国每天有 800 万人造访公园，政府和地方当局却大多忽略了它们在社会和文化生活中的作用，而且，随着裁员和降薪，公园正处在一种“极度衰落”的状态之中。② 为了改善这种状态，全国性的努力已经展开，其中包括制订新的规划指导原则以及创建“英国建筑与建成环境委员会（CABE）”网络空间等计划，这项计划是与地方政府以及其他国家、地区和被卷入到向公众提供公园和公共空间问题中的地方机构协作展开的，私有部门以及志愿者团体也帮助它们全盘思考规划合理、设计得当、有着良好的管理与维护的公园和公共空间所具有的价值和益处（表 9.1）。在伦敦，大伦敦区政府鼓励伦敦自治市通过广泛的公众参与来发展开放空间战略。作为这些城市战略的一部分，陶尔哈姆莱茨（Tower Hamlets）③ 和哈林盖（Haringey）④ 等自治市已经绘出了它们开放空间的详细图纸。对于开放空间的多样性需求已经得到了人们的确认，也许还会有一个议题，这就是公园有益于人民，而政府机构也知道要提供什么。“英国建筑与建成环境委员会”的网络空间中说，“其目标是为了英国所有的孩子和年轻人可以有定期的并且是免费的使用高档的地方游乐设施和娱乐空间的机会”。但

---

① Mayor of London，2006，p. 13.

② Worpole and Greenhalgh，1995.

③ Borough of Tower Hamlets，2006.

④ Borough of Haringey，2008.

它还没有邀请人们通过它的网站来表达他们的所思所想。①

表 9.1 英国规划系统中所确认的开放空间概念

1. 绿色空间
2. 公园与花园，包括城市公园和正规的庭园
3. 自然的和半自然的城市绿色空间，包括城市林地、灌木丛、草地和开放并且流动的水体
4. 绿色走廊，包括河流和运河沿岸、自行车道以及公共通道
5. 户外运动设施，包括公共和私人拥有的体育场地、学校或者其他机构的体育场地、高尔夫球场等
6. 舒适便利的绿色空间，包括非正式的娱乐区
7. 儿童和年轻人的设施，包括运动区、溜冰公园、"一起玩耍区"以及其他非正式区
8. 小块园地，包括社区花园
9. 墓地与教堂区
10. 市民空间
11. 市民广场，以及其他为行人设计的路面硬实的地区

其他城市开放空间的发展

伦敦开放空间的数量变化显示了开放空间的类型是如何反映几个世纪以来的社会状态和流行文化影响的。类似的进步也发生在其他的城市。在如巴斯（1730～1767 年由伍德兄弟开发）和切尔滕纳姆（Cheltenham）等英国的温泉小城中都设计了广场和新月形街区。欧洲的大城市在 18 世纪和 19 世纪也经历了重要的变化。对于许多城市来说，城墙已经被拆除，新的公园围绕着城市的核心被建立起来，如同阿姆斯特丹那样。法国革命之后，巴黎大型的皇家公园、香榭丽舍大

① CABE Space，2008.

街、杜伊勒里宫、皇家植物园，以及蒙梭公园（Parc de Monceau）等，到19世纪最初的10年为止，都作为公共用途开放了。①

这些欧洲的观念也被输出到了它们的殖民地。新加坡为此提供了一个例证，它显示了一部分殖民地精英的价值观是如何在独立之后逐渐适应并发展的。马来半岛和新加坡岛森林大面积的采伐曾引起人们的忧虑，1883年，新加坡植物园的主管受委托去执行一项调查任务，对当时还是英属海峡殖民地（槟榔屿、马六甲和新加坡）的森林进行考察。这次考察发现，93%的新加坡森林已被砍伐殆尽。这位主管提出了一个建议，应该制订一个覆盖新加坡11%土地面积的森林保护计划。1884年，“野生鸟类保护法令（Wild Birds Protection Ordinance）”获得通过，之后又于1904年通过了“野生动物保护法令（Wild Animal Protection Ordinance）”，这个法令在1914年又被进一步修订，为的是保护所有的脊椎动物。然而，在第二次世界大战之后，殖民地政府却取消了被保护地区森林的被保护地位。1951年，“自然保护区法令（Nature Reserves Ordinance）”通过，它把5个森林保护区定名为自然保护区：武吉知马（Bukit Timah）、班丹河（Pandan）、克兰芝（Kranji）、拉柏多（Labrador）和中央集水区（the Central Catchment Area）。到1955年为止，规划部已经把这些自然保护区纳入了它的土地配额的总体规划。“自然保护区法令”被提升为1970年的“自然保护区法案（Nature Reserves Act）”，而且还成立了一个自然保护委员会。后来对于这个总体规划的复查发现一些自然保护区出现了降级和缩小，而拉柏多则被改变成了一个自然公园。作为一个经济成功发展的新兴国家，新加坡必须在满足工业、供水、基础设施以及住房需求与保护其最美好的自然生态区的努力之间保持平衡。1987年的概要性规划审查导致了对自然保护区的重新评估，这次评估把珊瑚礁和近海岛屿也考虑在内了，1990年，“国家公园法案（National Park Act）”代替了“自然保护区法案”。被公布的自然保护区土地范围现在已经把

① Laurie，M. 1979，p. 47.

中央集水区和武吉知马自然保护区包括在内。①

在北美洲，新兴城市被创建的时候，老的殖民地城市也正开始快速发展。华盛顿特区就是最早被规划的新兴城市之一，它突出了与伟大的共和国首都相匹配的正式的开放空间。在欧洲和美国 19 世纪发展起来的城市中，大众公园的发展是从浪漫主义运动中衍生出来的。公园的创建把自然带进了城市，它通过提供运动和消遣的空间增进了人们的健康。城市绿色空间对于人类福祉所具有的价值在城市公园和自然保护区的发展过程中始终是一个引起热议的主题。② 1851 年，戴维·梭罗（David Thoreau）把自然与城市在本质上看做是对立的，他说，“置身荒野就是对地球的保护”。这句名言曾经被解释为把美国城市的大公园当做是建成环境的对立物看待了，尤其是弗里德里克·劳·奥姆斯特德（Frederick Law Olmsted）设计的那些公园：纽约的中央公园（1858）、布鲁克林的前景公园、波士顿的公园系统以及费城的费尔蒙特公园。③

然而，在美国，游乐场的建设一直延续到 19 世纪。游乐场的目的是为社会各阶层服务。但它们实际上是有闲阶级的领地。1890 年，有一份报纸批评旧金山的公园管理者为了交通的便利而花费太多，但在步行道的舒适性上却没有足够的投入。公园选址经常是在边缘地区，游客花在公共交通上的费用限制了一些特别时刻对公园的利用。公园的规章制度常常禁止诸如赌博、动物厮杀、歌舞杂耍表演、吟游歌手和滑旱冰等特别流行的活动。④

19 世纪期间，新兴城市规划明智地推进了景观的升级，连同更优良的住宅和公共卫生环境，这一切都成了广泛蔓延的城市卫生危机的一种解决方案。到 20 世纪中期为止，这种开放空间的规划分配已经造

---

① Tan et al.，1995.

② Hough，1984，p. 15.

③ Paterson，1976，p. 96.

④ Cranz，1989，p. 226.

成了这样一种观点，它认为理想的现代城市是完全与自然环境融为一体的，是由广阔的自然保护区、连续不断的水道、农业绿化带、休闲步道、时常光顾的公园以及每座建筑物周边的花园等组成的。当今的城市规划都要求有开放空间的配置。但实际上，开发商和一些地方政府对此的解释远不是按照理想的路径进行的。在美国一些城市周围蔓延出来的传统的城郊地区，这种与自然的关系表现为被链状栅栏围绕的工程坑道、临街道路上建筑物的夸张缩进、在兼容的土地利用之间无效的绿色缓冲区以及停车场上的植树要求。① 这样的绿色空间毫无价值，也许是因为它们被如此配置，以致于它们处在了后院之间和后院的背后，似乎成了私有财产。

在20世纪60年代的美国，一些土木工程师和自然保护官员开始主张开放空间应具有一种抵御洪涝的实用价值，他们认识到，社区可以通过对洪泛平原和湿地的保护来节俭公共建设工程的支出，把它们作为洪水的自然储存地，洪水可以渗入地下而不会进一步增加下游河谷的水流量，由此产生了一个可持续的排水系统。自然保护的讨论还进一步认为，开放空间对于维持“生态平衡”必不可少，也就是说，它维持了人类生活所依赖的复杂的生物社区。② 这些理念也得到了一种美学观点的支持，这种观点认为，开放空间从“城市的丑陋”及其单调乏味的蔓延中给人带来了欣慰，尤其因为人们向往和需要一个欣赏自然美景的机会。尽管后者也并不新鲜，但这种观点却越来越普及，尤其是在人们通过电视和电影等媒体了解到荒野地区需要保护的时候。③

娱乐业的专业人士坚持主张从建造的游乐场到自然保护区的郊区开放空间应该有一个等级层次；他们还指出，现代的郊区并没有满足这一需求。一些人进而提出，更多的开放空间将意味着更少的犯罪，

---

① Duany et al.，2000，p. 31.

② McHarg，1964；Rome，2001，p. 125.

③ Rome，2001，p. 126.

因为接近自然将会有助于确保儿童的健康发展。

在这场关于开放空间的论争中，一个重要人物就是威廉·怀特（William Whyte），他于1956年出版的《组织人》（*The Organization Man*）[①] 是一本关于郊区及其居民分析的畅销书。1957年，他帮助组织了对于城市带给开放土地和渐趋爆炸的大都市的威胁的讨论，这场讨论发展成为挽救正在消失的美国乡村的诉求。在1961年的一次美国参议院的听证会上，他第一个见证了鼓励开放空间保护法案的诞生。他影响巨大的著作《最后的风景》（*The Last Landscape*）中有为密集的住宅区设计做辩护的一章："正如人们常说的，人必须有地方可住，如果说在未来还存在任何拥有开放空间的希望的话，那就必须有一种更有效率的建筑模式。"[②] 怀特还为保护地役权（conservation easement）进行了辩护。如果公民想要保护一个草场或沼泽，他们可以购买这块地产的开发权，但又不使用这个权利；这块土地将一直是私人的财产；土地拥有者将会因潜在开发利益的损失而得到补偿。作为回报，社区将受益于开放空间没有全额购买这块土地的财务负担。[③]

尽管怀特的观点获得了大量的支持，但对开放空间的破坏却仍在继续。这场赢得了舆论的战役的一条主线就是要获得更多的城市开发法规的支持。从这场舆论战中出现了一种独特的环境主义修辞和想象。1965年，约翰逊总统已经指责许多城市把手"伸到了农村，在它们这样做的时候，毁坏了溪流、树木和草场"[④]。在他看来，对开放空间的威胁就是反污染立法的主要理由。他相信，人们应该有权进入美丽而安静的地方，有一种保持这些地方清洁和不被毁坏的公共责任。这些观念在奥杜邦协会（Audubon Society）的一本自然保护指南——《城市美国的开放土地》（*Open Land for urban America*）中得到了进一步

---

① Whyte，1956.

② Whyte，1968，p. 199.

③ Rome，2001，p. 130.

④ Rome，2001，p. 140.

的发展，指南以一种有机类比的方式阐明了一个城市的运行机制（参见第二章），这一论述还强调了城市绿色空间在那个运行体系中的作用。[1] 与此同时，各个城市都经历了许多保护城市绿色空间的地方性运动和活动，比如纽约的“开放空间行动学会”以及圣路易斯的“开放空间委员会”等。《星期六晚邮报》（*Saturday Evening Post*）曾报道：“为了保护一个小山丘、一条小溪、一棵独立的枫树，在每一个城市以及成千上万的城镇和众多不起眼的社区，都有家庭主妇和业主联合起来，一个街区接一个街区地，有时是一棵树接一棵树地展开斗争”[2]。如果能把海岸线和入海口考虑在内的话，保护城市绿色空间的机遇甚至会更大。大纽约区有颇具生态重要性的大片区域湿地，这对那些迁徙的鸟类来说尤为重要（图 9.4）。

到 20 世纪 60 年代后期，保护开放空间的努力和环境运动已经以一种复杂的方式密切联系在一起了。大众生态意识的兴起强化了保护开放空间的论点。1970 年的一次调查报告称，95%的美国人把“我们周围的绿草和树木”列入他们外在环境的重要组成部分。[3] 与此同时，保护开放空间运动也增加了环境主义事业的支持范围。[4] 最早的成果之一是一场非常激烈的辩论，论题是使用推土机来平整土地的智慧使得房屋可以建筑在湿地上、山坡上和洪泛平原上。

尽管有这些争议和辩论，但在 1970 年以前的 25 年中，美国的大规模的公共土地的范围却并没有增长。一部分问题是由于政策并没有强调购买更多供大众娱乐之用的土地需求，而且，可能更重要的还是缺少这么做的资金。日益增加的城市地区的蔓延到 1974 年已把 1 英亩[5]土地的价格提高到 2.2 万美元以上。户外游憩局（Bureau of Outdoor Rec-

① Rome，2001，p. 146.

② Rome，2001，p. 147.

③ Miller，1997，p. 51.

④ Rome，2001，p. 151.

⑤ 1 英亩约等于 4 046.86 平方米。

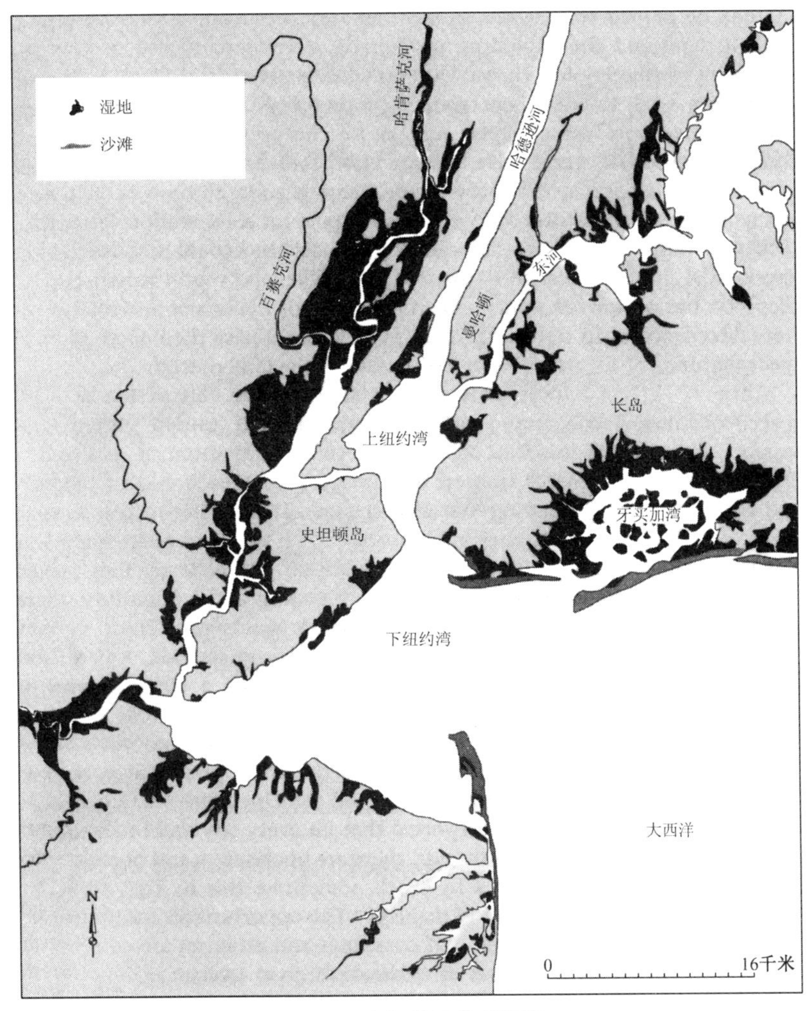

图 9.4　大纽约区海岸湿地

reation）1969 年的报告称，根据那一年的支出水平，在 1975 年还额外需要 250 亿美元才能为城市居民提供与 1965 年可获得的数量相当的在居住区附近娱乐消遣的机会。① 1962 年的户外游憩资源审核委员会

① O'Riordan and Davis，1976，p. 265.

（ORRRC）提议建立一个用于保护开放空间的基金，尤其是要保护大城市中心附近的开放空间。这个提议在1964年得到了国会的授权，土地水利保护基金每年支付5亿美元，以配合1965年和1969年的拨款，但尼克松总统却把1973～1974财政年度的配额削减到了3亿美元。随着郊区土地价格每年以10%～20%增长，国家和地方政府对于提供必要的匹配资金来购买更多的供消遣之用的土地都变得越来越谨慎。尽管如此，自1965年以来，到2007年，已有4万个项目得到了资助，这些项目分散在全国3 141个县的98%的地区。即使如此，2007年的年度报告揭示了一个全国性的一致画面，这就是消遣设施的发展和收购公园土地的赞助需求在日益增长，84%的州政府报告称有超过80%的资助需求不能得到满足。①

在美国，有一些州通过确定开放空间标准的方式来要求分包商把每一个开发项目中的一部分地面用于公共消遣，以此来尽力保护开放空间。土地拥有者质疑这个标准是对财产的剥夺。② 20世纪70年代初期，加利福尼亚州最高法院的一次判决驳回了这一质疑。开发商们坚持认为，要求每100个新住宅区的地块保留1公顷土地为公园所用，这一城市法令就是一种财产剥夺。这项法令要求每个分包的开发商要么献出它的一小块土地，要么付费。法庭坚持认为，因为新的土地分割开发导致了城市人口的增加，而可利用的公共空间则越来越少，该市的措施是一种维护人口与公园区平衡的合法手段。法庭判决暗示着即使新公园不在新分割土地的附近，这一法令也是有效的。许多地方政府都编制了城市绿色空间的详细目录，例如，圣莫尼卡（Santa Monica）就详细绘制了行道树以及各种不同类型的花园图（图9.5）③。

另外，新的学科或是分支学科也引起了人们对城市绿色空间的关注，并且推动了绿色空间的创建。为了回应1967年的一份娱乐与自然

---

① National Parks Service，2007.

② Brubaker，1995.

③ Berry and Horton，1974，p. 368.

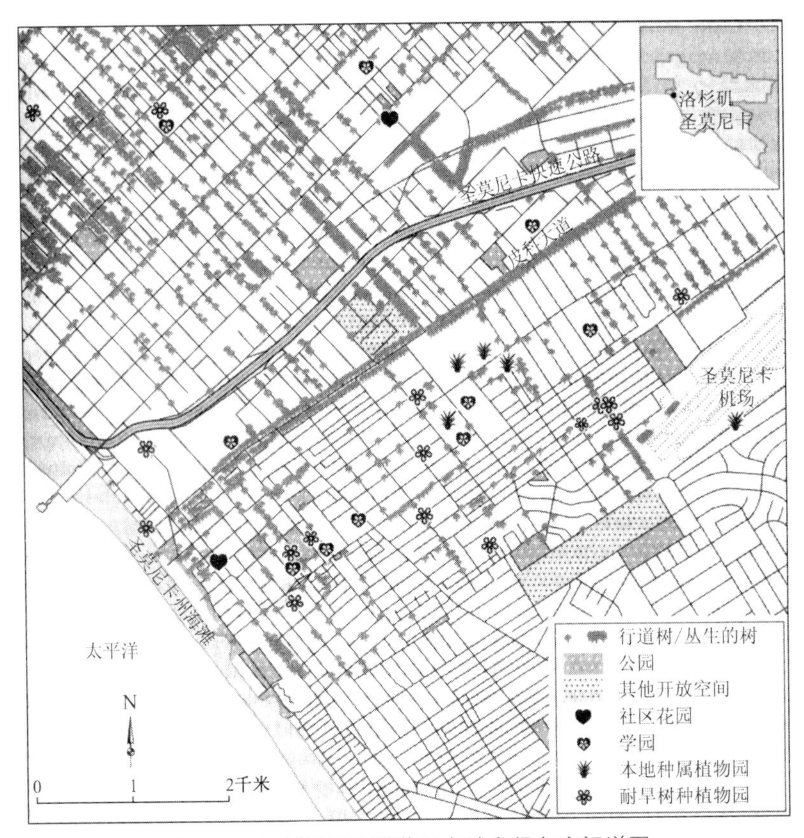

图 9.5 加利福尼亚圣莫尼卡城市绿色空间详图

美景市民委员会的建议，美国林务局在 1970 年成立了平肖（Pinchot）环境林业研究所。① 1972 年，“城市林业法案（The Urban Forestry Act）”也被美国国会通过，这尤其激励了“乔木和灌木在城市地区、社区与开放空间的栽种”。1978 年，“美国合作林业援助法案（US Co-operative Forestry Assistance Act）”通过资助供城市和社区森林活动之用的项目而扩大了对城市林业的责任，每年实际的拨款仍保持在 150 万～300 万美元的额度，直至 1990 年的“农业法案（Farm Bill）”

① Miller，1997，p. 33.

对上述法案做出了修订。1993 年“农业法案”把对城市和社区林业的资助提高到了 2 500 万美元。[1] 1978 年的法案对城市和社区林业的界定确认了单片树林的重要作用：

> 城市林业意指对单独的、小片的或是在城内及其郊区和城镇森林环境中的树木以及相关植物的规划、栽培、保护和管理。[2]

因此，城市林业已经被确立为一个专业，尽管还存在着一些批评，认为专业化的管理可能会对城市树木和林地的生物多样性与自然保护的利益更感兴趣，而不是社会利益。在英国，人们与城市树木之间有高度的个人互动，即使是只有 25 年历史的种植园也被认为是提供了重要的自然环境。在这一背景之下，城市森林被用于一系列的生命活动和生命功能，人与森林的关系在这个过程中受到了社会因素和社会需求的限定，这些需求来自于它们所服务的城市人口。一个高效的城市森林战略必须把这些维度都考虑在内。一些调查发现，专业人员对这一问题的认识尚不清晰。[3]

为公共福利管理土地的一种特殊方式出现于加拿大的萨斯卡通（Saskatoon），这个城市在 1945 年通过税务罚款掌管了 8 500 个建筑工地，在城市界限之内已没有私人可开发的土地。[4] 通过有组织的方式出售土地持有权，该市利用它所持有的土地提供了各种各样的社会福利，有助于避免不相容的土地利用以及与之相关的环境衰退问题。弥足珍贵的开放空间可以因美学的目的和娱乐的目的而得到保护。[5] 该市还制定了一个严格的土地使用规划，并且掌管着一个大型城市公园

---

① Miller，1997，p. 34.

② Miller，1997，p. 35.

③ Coles and Bussey，2001.

④ Spurr，1976，p. 317.

⑤ Higbee，1976，p. 159.

和城市林业区。其结果便是有条不紊的、可以预期的并且是引人注目的发展。

两难困境仍然存在：当人们为城市开放空间的有益之处进行辩护的时候，一些公园和其他的开放空间却仍然没有得到充分的利用，在说到真正的需求以及使市中心的娱乐需求得到最好满足的恰当机制时，还存在着相互矛盾的观点。城市与地方政府官员都在极力发现能够分配给公园和自然保护区的资源，尤其是供新的开发项目使用的资源，然而，他们现有的许多公园可能却还未被充分利用，或者正在被不当地利用。①

图 9.6　中国深圳高层公寓中间的社区绿色空间(摄影　伊恩·道格拉斯)

没有了公共空间，没有了人们相聚交谈的地方，社区也就不可能形成（图 9.6）。公园、公共广场等开放空间正是其中必不可少的部分。没有了可以漫步的公共场所——街道、广场和公园、公共领域，不同年龄、种族和信仰的人就不可能相遇并交流。② 在杜安尼(Duany)等

① O'Riordan and Davis，1976，p. 274.

② Duany et al.，2000，p. 62.

人看来[①]，保护城市周边乡村的关键技术就是设定“城市发展边界”：一条大城市边缘的限制线，这种方法曾在俄勒冈州的波特兰得到了最为显著的应用。然而，在这些边界有时已被证明有效的时候，它们却也难以成为长期的解决方案——甚至波特兰的发展边界也面临着持续的法律挑战。一个更好的技术就是指定应受保护的自然保护区，它们可以是多种类型的，比如像西班牙巴塞罗那城外山上的国家公园[②]，或者是吉隆坡西北部和北部的石英岭[③]主脉（Main Range）的森林和邓普勒公园（Templer Park）[④]，或者是像巴西圣保罗周围受保护的麻

图 9.7　圣保罗绿化带生物圈保护区被通往圣托斯的铁路切断的一部分（摄影　伊恩·道格拉斯）

① Duany et al.，2000，p. 143.

② Douglas and Box，2000.

③ Reid，1961.

④ Hilton，1961.

塔阿特兰提卡（Mata Atlantica）森林（图 9.7）那样连续不断的保护区①，或者是澳大利亚国家公园的弧形区，它从北部的库灵盖狩猎地（Kuring-Gai Chase），穿过蓝山（Blue Mountains），延伸到环绕悉尼南部的皇家国家公园。

城市绿化带与城市边缘地区的生物圈保护区

到 19 世纪 80 年代后期，由埃比尼泽·霍华德领导的“花园城市运动”倡导把有 3 万居民的城市用农业绿化带包围起来，让它们与其他城市地区分割开来。在见证了 20 世纪 20 年代和 30 年代即将到来的机动车主干道沿线绿化带的发展之后，英国的规划者们强烈地倡导规划控制的观念。他们还表明了对城市地区周边绿化带的看法，其原则就是大都市周围的特定地区对当地的开发具有特定的控制权。这种绿化带变成了英国规划的基石，它也被世界各地广泛采用。② 到 2012 年为止，英国的 14 个绿化带覆盖了超过 13%的国土面积，它们为 4 500 万人提供了新鲜的空气。总体而言，已经有 88%的人口生活在绿化带界限之内的城市地区。

类似的政策也被欧洲许多国家采纳。比利时在 20 世纪 60 年代就有了它的绿色规划。荷兰在规划中把绿色和蓝色（水）联系起来，发展出一种生态主干结构——绿化中心（图 9.8）和缓冲地带。③ 这些地区还包括通过楔形的绿色地带把城市连接起来的地区，特别是在阿姆斯特丹，在那里，1 000 公顷的阿姆斯特丹森林公园（Amsterdamse Bos Park）成了高度发展的城市边缘之间的绿色楔子。④ 德国的弗莱堡也营造了一种把市中心与周边农村连接起来的“绿色楔子”规划战略。

---

① Victor et al.，2004.

② Ravetz，2011，p. 603.

③ Ravetz，2011，p. 609.

④ Houck，2011，p. 49.

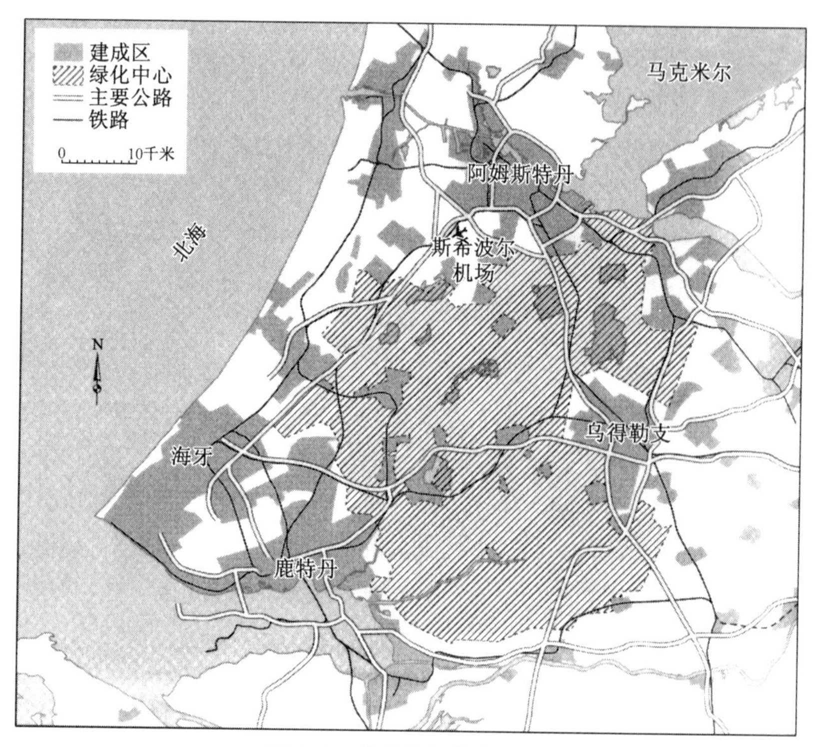

图 9.8　荷兰的绿化中心区

芬兰的赫尔辛基拥有 10 千米长的中央公园，从市中心的北部延伸至一片老龄林。丹麦的哥本哈根则制定了一种指状的规划战略，在这里，绿色楔子与建成区交替出现，创造了一种绿色空间网络，当地 90%的居民步行 15 分钟即可到达。① 像许多其他地方的城市一样，这些北欧城市也已经面临着诸多挑战，涉及让公民参与开放空间规划以及为后现代的公民提供多季节空间等问题。② 从根本上说，像其他地区的市政当局一样，北欧的城市管理也必须迎合和满足各种对于城市绿色空

① Houck，2011，p. 49.

② Clark，2006.

间的态度和需要。

瑞士的苏黎世是一个有50万人口的城市，它有大约1/4的城市地区是森林和公共用地，经营这些地区，能提供木制的娱乐和健身设施、野生动物、农业、视觉观赏、教育以及绿化带等福利。森林则出产原木和造纸材料，它们为城市提供的收入满足了城市公园运营总成本的55%。①

把农村的一些行业带入城市，这为城市提供了传统公园所没有的优点。这些行业就像生态公园一样，有一种重要的教育功能存在。它还把城市对于乡村的依赖与城市人的日常生活更紧密地联系起来。

美国俄勒冈州的波特兰开始从区域规模上进行绿色空间规划稍晚于欧洲的那些城市，但它所具有的景观特征却被认为是适合整体性的公园系统、自然保护区以及老奥姆斯特德（Olmsted Sr）早在1903年开发的风景优美的林荫大道的发展要求的。1971年，哥伦比亚地区政府协会（CRAG）制定了一个两州城市范围（bi-state Urban-Wide）的公园和开放空间系统规划。为了获得实施这个规划足够的政治动力，该协会花了17年的时间让公众来关注地方绿色风景丧失的问题。它还通过波特兰大都市政府的公债发行筹集到了资金，这使得该地区到2002年6月为止可以购得3 321公顷的土地，以便提供一个既有绿化带元素又有系列的绿色楔形元素的绿色基础设施。

在巴西东部的大西洋热带雨林之内，圣卡塔林纳岛（Santa Catarina）上的弗洛里亚诺波利斯（Florianopolis）市周围以及大陆上的大城市圣保罗周围的城市绿化带的发展更加令人瞩目。在环绕着绿化带的弗洛里亚诺波利斯市区之内及周边地区，生物圈保护区已完全纳入了城市规划项目，它以共同参与的方式来实施这个地方性的21世纪议程——“生物圈行动计划（Biosphere Action Plan）”和“市政总体规划（Municipal Master Plan）”。在麻塔阿特兰提卡热带雨林生物圈保护区的总范围之内，包围着大城市2 300万人口的森林构成了圣

① Hough, 1984, p. 151.

保罗城市绿化带生物圈保护区。这个绿化带得到了官方的保护以避免它被城市侵占，但有 30%的城市人口却居住在非正式的或是不合法的住宅里，与建成区相邻的土地一直受到持续的威胁。① 保护区的指定和划界是有争议的，但管理者与居住在森林边缘的社区积极协作，形成了相互理解和个人参与的局面，他们通常雇用当地的年轻人，或是鼓励他们自愿参与利用森林资源的同时也保护森林的计划。

然而，规划系统可能会出现变化，优先考虑的事项也会被改变。2011 年，英国政府宣布了一个新的英国规划框架，它的前提是支持可持续发展的设想，而许多人则认为这个设想把现有的绿化带投入了危险的境地。这个框架较多地关注规划方案与现有绿化带、各种环境组织的关系，包括再度发起了强烈保护绿化带运动的"英国乡村保护委员会"。

工业污染对城市植物和动物的影响

正如 19 世纪初期的工业城市中人们的健康状况受到空气污染的影响一样，处于充满煤烟的城市地区之内以及周边的生态系统的健康状况也同样受到了影响。1842 年，《曼彻斯特卫报》(*Manchester Guardian*)颇为不满地把曼彻斯特与伦敦进行了对比，其中提到了伦敦的广场和公园里茂盛的树木，以及曼彻斯特长势不良的树木的枯萎：

> 在曼彻斯特城内最大的开放空间之一，也就是在医院的花园里，开花的灌木已根本不再生长；若干年以前还成活的长长的一排树木，只剩下一两棵还立在那里，经历着最后的衰败和枯朽阶段；这明显地表明，在这座城市里，空气已经糟糕到了比大都市更坏的程度。②

① Frost and Hyman, 2011, p. 554.

② *Manchester Guardian* 28 May 1842, cited in Mosley, 2001, p. 37.

到19世纪40年代后期，为了给曼彻斯特提供公园和活动场地已经付出了众多努力。1846年，第一批大众公园在曼彻斯特和索尔福德等地对外开放：布拉福德的菲利普斯公园（Philips Park）、哈伯（Harpurhey）的女王公园（Queens Park）以及索尔福德的皮尔公园（Peel Park）等。① 然而，空气污染的影响依然如故。一个曼彻斯特社团下设的特别机构在1870年的报告中称，空气污染已经严重危及了菲利普斯公园中的树木。公园管理者为寻找能够抵御污染的树种付出了特殊的努力。许多公园中的花卉展示都要归功于园丁在选择合适的植物方面的高超技艺。为了努力地把绿色植物带给市民，曼彻斯特公园管理部在城南15千米处的柴郡建立了一个20公顷的苗圃，它可以为城市公园和曼彻斯特城市广场展示的盆栽花卉供应植物。②

煤烟的后果还波及了城市以外很远的地区。在曼彻斯特南部23千米之外的阿尔德利埃奇（Alderley Edge），树叶"渐渐地被从曼彻斯特陆续移动过来的污垢弄脏"③。许多种鸟因污染以及由此造成的栖息地的丧失而被迫离开城市地区。在1882年的皮尔公园只发现了5种鸟，而且其中只有家雀和八哥还在筑巢居住。1848年之后，各种昆虫也在适应着环境的变化，黑化型的桦尺蛾（peppered moth）渐渐替代了其他的类型。到1895年，黑色的桦尺蛾占到了整个桦尺蛾数量的98%。④

然而，英国大城市的绿色空间仍然得到了大量利用。1978年，曾有人提到，"绿草青青的城市公园、城市公共用地和河岸对人们产生了很大的吸引力，在这些地方，有河，有湖，有供人钓鱼和划船的运河，因此，除了少数仍然存在严重污染的地方之外，它们都还被人密集地

① Mosley，2001，p. 38.
② Mosley，2001，p. 39.
③ Mosley，2001，p. 43.
④ Mosley，2001，p. 44.

使用"①。

人们可以共同来改变城市的绿色空间问题。在曼彻斯特内城区的休姆（Hulme）地区，曾发生过一场著名的保护"伯利树（Birley Tree）"的战斗，当时，不受欢迎的战后新月形的多层公寓被人拆掉了。当地居民发起了斗争。

> 1999 年，休姆的居民为了保护位于伯利场上一棵被称为"伯利树"的非常受人喜爱的杨树，与当地政府展开了一场持续的斗争。在这场运动中，当地人们冲到了市政厅，他们挥舞着在前一次进攻中被市政机构的帮凶打断了的树枝。这棵杨树是休姆最古老的树，却在 1999 年的一个冬夜被市政当局残酷地杀害了，这一行为让参与这一运动的许多当地人感到伤心。在这场运动之后，那些打算在这个地区进行开发的开发商们都从这儿撤出去了，在此后的 6 年中，这个地方一直空着，尽管在这段时间里伯利场上已建起了许多办公楼。空地上所留下的只是脚手架一片狼藉的灰暗景象，犹如一座纪念碑，但伯利树的精神却在"伯利场之友"这个组织中继续留存。我们在对政府当局窃取绿色开放空间的威胁表达抗议，这些绿色开放空间是社区的灵魂。②

在伯利树被杀害之后，当地的一个居民建造了一个巨大的木刻雕像，用以表达当地人们对于恣意毁坏珍贵的伯利场的那些人有着何等的感受，这些人不尊重当地人们的意愿。这尊雕塑代表了一个天平，天平的一边是开发的势力；它称出了社区福祉的分量。这尊雕塑的精华部分是一个巨大的手指，指向位于路边的莫斯边区（Moss Side）和休姆复兴合作伙伴的办公楼。

---

① Hookway，1978，p. 173.

② Friends of Birley Fields，2008.

城镇规划与城市食品生产

在巴塞罗那可以找到一个现代城市规划的先驱者与大众之间意外互动的经典案例。厄尔方松·西尔达（Ilfonson Cerdà's）把“铁栅格”戏剧化地延伸到城市的规划花去了半个多世纪的时间才得以全面完成。该工程是在19世纪70年代得到了马德里的一道敕令之后才最终开工的，工程在内战爆发之际勉强得以完成。与此同时，一代又一代的家庭都曾利用过未开发的地块来种菜和消遣。在第一次世界大战之前出现在巴塞罗那市郊的那些棚户区里，特别贫困的人口都靠自己种植粮食来谋生。①

这种局面在现代非洲和拉美的城市扩张中也能找到对应的实例，在那些地方，棚户区占据了大部分未使用的土地和城市边缘地区，它们支撑着成千上万家庭的非正式农业活动。城市人口的发展以及建成区的增加提高了这些地区的农业总产值。从1980年到1996年，这一食品来源增长了30%～40%。② 参加城市农业生产的城市家庭的比例难以确定，据估计其范围在15%～70%③，但城市食品生产的重要性，尤其是在那些最贫穷国家中的重要地位，可以从斯密特与他的同事在20世纪90年代所搜集的数据中明显地看出来（表9.2）。

城市边缘地区农业活动的某些影响可能会对环境造成破坏。在津巴布韦的哈拉雷（Harare），农耕方式、农作物以及土壤类型的特殊组合已经造成了严重的土壤流失，但改变土地管理的常规并且防止地表径流的加速也有可能减少这些水土流失。现在已经有了许多不致造成大量的土壤流失的通行惯例。在一项调查中，只有40%的地块存在严重的土壤流失现象；只需为红薯筑垄、犁沟和为玉米粗耕等简单的水

---

① Meller，2005.

② Smit et al.，2001，p. 2.

③ Smit et al.，2001，p. 1.

土保持技术，就能够减少这些流失中的73%。① 在非洲许多城市，对于大多数城市和城市边缘地区的耕作者来说，一个主要的问题是缺乏土地占有人的安全保障。② 对于城市边缘地区的土地使用权管理以及把城市边缘区的农业与食品安全联系起来的政策都是必要的。城市边缘地区是被激烈争夺的地盘，这里正在出现越来越多的失地现象。没有土地改革做基础的使用权改革是无法奏效的。城市边缘地区土地使用权的问题当前涉及传统习惯与官方法律体系之间的冲突。这场论争集中在食品生产与城市土地使用规划之间的关系这个问题上。这既是一个技术问题，也是一个政治问题，城市边缘地区土地使用权的规划与规范管理需要中央和地方政府的参与。

表 9.2 城市农业范围数据节选

[根据城市农业网络并参照多种来源的信息编制的数据，比如斯密特著作（Smit，2001）中所披露的数据，以及其他网络资源中的数据等]

国家	涉及的城市和地区	城市农业的范围
非洲		
马里	巴马科	园艺产品自给自足，某些产品也被用船舶运到外地，供大都会地区消费
乌干达	坎帕拉	70%的家禽需要（肉和蛋）都由市内生产来满足
赞比亚	卢萨卡	维持生计的食品生产占土地占有人总消费的33%
亚洲		
中国	18个大型城市	在20世纪80年代，中国18个大型城市有超过90%的蔬菜需求以及超过半数的肉类和家禽需求是通过种植和饲养在城市范围的产品来满足的

① Bowyer-Bower et al.，2004.

② Drakaskis Smith et al.，1994.

续　表

国家	涉及的城市和地区	城市农业的范围
印度尼西亚	雅加达	土地占有者消费的大约20%的食品都是自己生产的
尼泊尔	加德满都	被调查的30%的食品生产者满足了他们家庭的植物性食品的需求，11%的人满足了他们的动物性食品的需求
新加坡	整个城市国家	所消费的80%的家禽和25%的蔬菜在城市之内生产
欧洲		
德国	全国	140万个小菜园占地总面积为470平方米①
荷兰	全国	24万个小块园地
罗马尼亚	全国	伴随着政府新的政策和计划，从1992年到1998年，城市农业产量占整个农业产量的百分比从14%增长到26%
俄罗斯	莫斯科	从事食品生产的家庭比例从1970年的20%增加到1990年的65%。到2011年为止，城市食品生产对于莫斯科许多家庭来说仍然很重要
英国	全国	1997年，英国大约有30万块小菜地被种植；从那时起，人们对食物种植的兴趣业已增加
英国	伦敦	2002年，14%的居民已经在他们的花园中种植了一些食物。据估计，伦敦人可能生产了高达23.2万吨的水果和蔬菜，或者说满足了大都市圈18%的日常营养需要

① 原文如此，但这个数字是有问题的。——译者注

续 表

国家	涉及的城市和地区	城市农业的范围
美洲		
阿根廷	布宜诺斯艾利斯	城市20%的营养需求是由兼职的农业生产者生产的
古巴	城市地区	从1992年到2000年，城市的食物产出增加了300%，儿童食用的蔬菜量是1982年的4倍
美国	大都会地区	这个国家30%的农产品是在大都市区之内生产的

城市农业问题远不限于非洲。在拉美，像阿根廷的罗萨里奥(Rosario)这样的城市也经历过人口从农村地区向城市高速迁徙的过程，罗萨里奥110万居民中有25万人居住在擅自搭建的违章居留地。数千人的生活靠的是在城市边缘区的大约180个垃圾堆中回收垃圾。城市农业被看做是一种帮助棚户区贫困家庭的有力工具，尤其是通过帮助妇女建立自信自立的精神、通过为社区授权、通过创造就业等组织手段。大约有4 000人参与了食品、药用植物和城市动物生产等活动。这个计划强调城市农业是有机食品生产，它把堆肥、蠕虫养殖和食品、装饰性植物、花卉、蔬菜、药用植物与芳香植物的生产联通起来。

印度的情况也同样如此，城市与城市边缘地区居民的生计都依赖易于获得的廉价而且安全的高营养价值食品，其中的大部分（尤其是易腐烂蔬菜的生产）都可能来自城市边缘区的农业。小部分的农民在城市边缘区的农作中起到了主要作用，他们的家庭食物和收入来源都要依靠农业种植。然而，尽管有来自世界其他地区的证据证明，城市与城市边缘区农业对于改善贫困人口的食品安全状况和谋生手段也是至关重要的，但印度的农业政策却曾一直坚定地以农村地区为中心，这一政策的愿景是获得粮食生产的自足并减少农村贫困现象。尽管城市与城市边缘区的农业缩小了农作物的运输距离，既给城市带来了多种好处，又对全球的可持续性做出了贡献，但它却并没有受到大多数中央和地方政府的足够重视。

在中欧和东欧1989年的政治变化之后，一个经济危机的时期开始了，在这期间，城市农业对低收入的人口和日益增加的失业人口、领取退休金的人口以及残疾人口来说起到了安全保障的作用，他们的月收入在贬值，并且面对食品价格高涨的困难。许多人为了求生的需要开始利用市中心和郊区（铁路和公路沿线、高压线下面以及临时闲置的土地）市政所有的或者是私人的空地。① 在20世纪90年代短暂动荡的后共产主义时期过后，许多市政当局发现城市农业除了食品生产之外还有诸多的好处。园艺拨款有助于维护城市绿色地区、城市边缘地区的景观和生物多样性的管理，为城市游客提供娱乐和消遣服务，也有助于减少温室气体的排放，还能够发挥城市垃圾堆肥的作用。

有几个实业家是城市规划观念的改革者。卡德伯里（Cadbury）和克鲁普（Krupp）都曾建造过带有花园的“工人之家”②。法国的一个例子是勒·法兰斯蒂埃（Le Phalanstère）在牟罗兹（Mulhouse）进行的实验，他的目的是要让人们能够享受到供人消遣娱乐和运动玩耍的花园对健康的益处。在法国，社会主义的代表者推动了圣埃蒂安(St. Etienne)、瓦朗谢讷（Valenciennes）、勒皮（Le Puy）和米约（Millau）等地工人花园的建造。弗雷德里克·勒·普莱（Frédérick le Play)对工人住宅和花园的支持受到了人们的热烈欢迎。当公园被人看做是一种自上而下（top-down）的活动时，花园和菜地则更可能是一种自下而上（bottom-up）的实现。③ 花园的配置在20世纪初的欧洲城市已经成了一种定制。

---

① Yoyeva et al.，2002.

② Meller，2005.

③ Meller，2005，p. 84.

在第二次世界大战期间，花园的数量有了巨大的增长：140 万个花园为英国提供了食品总产量的 10%以及全国水果和蔬菜需求的 50%。这是全国在战争时期做出的努力的一部分，在那一时期，公共的和私有的休闲娱乐区、公园和运动场的大量土地都被捐献出来了，成为种植粮食的地块。为了增加家庭蔬菜的种植面积，郊区园林的部分草坪和花坛也被挖掉了，许多人家还养了鸡，并且把他们的剩饭放进街边收集猪食的桶里，分送给当地郊区那些直接为本地提供肉食来源的养猪场。

这些战时的私用花园有一些幸存下来了，但它们的面积已经极大地减少。在 1980 年以来的这些年里，曾经出现过复兴这类花园的需求，地方政府却常常没有能力来供应足够的地块。而在这一时期，德国 1994 年的一部法律提出了“保障园丁对他们土地的权利比在历史上任何一个时期都更加牢固”。丹麦 2001 年也通过了一个类似的严厉的法律条款。① 英国园丁的土地配额则没有这种对他们所使用土地的长期担保。而每一个英国公民都有权利向地方议会申请一块土地，申请到的土地配额通过可续订的一年期租约形式被正式地交付给该地块的持有人。协议通常会说明如何终结租赁合同，但地块提供者必须在终止协议的 12 个月前通知对方。

除了提供食品和能让人们在乔木、灌木和花卉之中放松心情的迷人景点之外，城市家庭花园对生物多样性也是重要的。英国中世纪小型城市的家庭花园通常是房屋背后长度为 50～100 米的长条地块，直接对着街道。这些花园基本上就是菜园，种植的是供家庭食用的水果和蔬菜。16 世纪和 17 世纪期间，随着与其他国家交往的增多，更多茂盛的异国作物也在这些花园里种植，这使得花园这类栖息地更加多样化，吸引来的软体动物、倍足类动物、昆虫和啮齿类动物的数量大增。② 英国城镇规划——比如 1801 年对切斯特和贝德福德的规划——

① Meller，2005.

② Buczacki，2007，p. 15.

清楚地显示，这些长条花园和其他种植区已占据了城市地区的一大部分。①

城市住宅的私家花园作为城市绿地的一部分不应该被忽视。它们占据的城市绿色空间比任何其他的土地使用类型都更多。比如说，居住区几乎覆盖了“城市化”的英国大曼彻斯特区的一半地区，这些区域的一大部分是用来做花园的。在高密度的居住区，建成地面（即建筑物与其他不可渗透的表面）覆盖了这个地区的 2/3，在中等密度地区，它们只占去了一半，而在低密度地区，它们只占到 1/3。树木覆盖了 26%的低密度地区、13%的中密度地区和 7%的高密度地区。② 在整个大曼彻斯特区，带有树木的花园所占土地要多于任何其他土地使用类型。

在英国大约 2 450 万套住宅中，有花园的住宅大约在 1 500 万套到 2 000 万套之间。英国园林业一年的零售营业额超过了 50 亿英镑，这是一个繁荣的、日益增长的市场。这些花园总共占地大约在 4 000 平方千米。③ 它们贡献了多种多样的栖息地。对谢菲尔德的一次详细的调查显示，该市有 17.5 万个家庭花园，占地大约 30 平方千米，其中包括 2.5 万个池塘、5 万个肥堆，以及两米以上的树木 36 万棵。它们对城市绿色空间提供的所有生态系统服务做出了重要的贡献。④

老工业用地上的开放空间

随着城市的扩展超出了它们中世纪的围墙，利用先前工业和矿业用地来创造城市绿色空间的模式已经开始确立。因而，巴黎杜伊勒里宫的花园坐落在了先前用于提取制作屋面瓦原料的黏土矿的旧址上。

---

① Baynton-Williams，1992.

② Gill et al.，2007.

③ Buczacki，2007，p. 25.

④ Buczacki，2007，p. 27.

在20世纪70年代，人们越来越关注英国北部工业城市的衰落以及这些城市内部及周边日益增长的废弃地的数量。一个名为“基础（Groundwork）”的社团于20世纪70年代末成立，它旨在把中央与地方政府、企业和社区联合起来。农村工作委员会曾提议展开一项大型实验活动，来改善城市边缘地区通常废旧而破败的外部环境。1979年大选之后，这项实验被命名为“工作基础”，其第一个信托基金机构1981年12月在圣海伦斯（St. Helens）和诺斯利（Knowsley）成立。到1983年7月份，更多的工作基础信托机构已经在英国的西北部成立。从那时起，这场运动席卷了全国，信托机构迅速地在赫特福德郡（Hertfordshire）、东达勒姆（East Durham）、利兹和梅瑟蒂德菲尔（Merthyr Tydfil）等地成立。为了协调机构的发展并支持建立全国合作伙伴网络以及增加新的来源，这个机构还成立了工作基础基金会（现为英国工作基础基金会）。1990年，根据政府的要求，工作基础基金会扩大了它的工作范围，涵盖了市中心和城镇中心，并且开始集中支持贫困地区的民众和企业。[①] 对开放空间的改善已经不再是其工作的重心。

在20世纪70年代后期和80年代初期，野生动物保护区在数量上获得了增长，这反映了英国公众对于环境问题日益增长的兴趣。城市地区的教育和活动开始迅速发展。1992年，为了协调英国的城市野生动物运动，成立了城市野生动物伙伴组织。与工作基础组织相比，作为市民社会组织的野生动物基金会的工作重心在于保护野生动物并维持和发展生物多样性。

到2007年为止，工作基础基金会已经帮助改变了许多旧工业区的形象和外观，并且还积极地参与帮助失业、弱势和残疾人口在工作环境中获得新的技能和信心。它的目标是高度参与式的，要为人们带来平等的利益，创造学习和就业机会，帮助他们成为更积极的公民；实现创造更清洁、更安全和更绿色居住区的环境改善目标；并且要增进

① Groundwork UK，2008.

繁荣，帮助企业和个人发掘其潜在能力。

更多的现代转型涉及对现在许多城市边缘地区砂石坑的再利用问题。因此，大曼彻斯特地区默尔西河沿岸的水上公园利用砂石开采所形成的坑道建造了 M60 高速公路的路堤。离此处不远，在威根市，因矿井塌陷而形成的湖泊已经被改造成自然保护区和娱乐休闲区，它们为“威根绿色中心计划”做出了贡献（图 9.9）。类似的规划也在中国的淮北市展开，这里大面积的塌陷地区也曾形成一系列湖泊（图 9.10）。威根还有“七姐妹娱乐区”，这些都是对先前的煤矿垃圾场的改造。

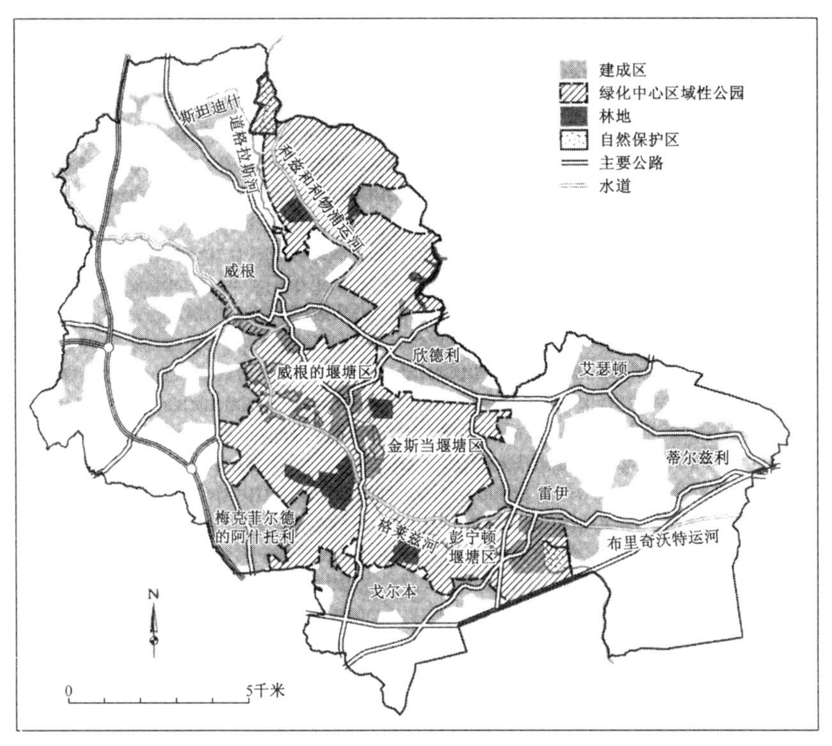

图 9.9　大曼彻斯特地区的威根绿化中心包围了矿穴沉降所形成的众多水塘(堰塘)

图 9.10 中国淮北矿井塌陷形成的湖泊,前景为新的公用地,
背景为工业区厂房(摄影 伊恩·道格拉斯)

在澳大利亚悉尼西区的外部，卡斯尔雷（Castlereagh）的彭里斯湖（Penrith Lakes）采石坑复原是一个更有雄心的计划。这个计划构思于20世纪60年代后期，是一种典型的“混合景观”，其目的是要通过人工湖和人造地形的形成使2 000公顷露天采石场复原。但它的开发破坏了早期农业丰富的淀积层和土著景观，这两者都已经使环境发生了改变。人类丰富多样的连续利用和占据表明了这一环境不断变化的意义，表明了这个地区土著居民、乡村定居者、工业的和城市的利用者理解和塑造这个地区的不同方式，也表明了不同类型的环境知识的政治与战略运用。①

① Karskens，2007.

城市开放空间的管理

市民的感知有极大的差异，但大多数城市的正常做法就是定期为人工草地割草，并且向公众展现规整有序的环境。然而，定期割草的做法可能会减少开放的公共空间的多重益处，尤其是生物多样性。

割草的工作还可能有很大的代价。1978 年，加拿大城市温尼伯（Winnipeg）花了近 200 万美元来割除沿街和沿路的杂草：对于一个有 50 万人口的环境来说，这些青草的生长期只有 5 个月。①

在英国，传统的管理政策在两种主要的方式上受到了挑战：在开放空间和交通环岛栽种野花以及改变割草区。以与利物浦毗邻的诺斯利自治市的国家野生花卉中心为基础的“关爱大地生命组织”已经与自治市政府合作，在多种不同环境里引种野生花卉，尤其是在公共住宅区的非正式开放空间，比如在旧高尔夫球场、教堂区、默尔西河滨以及路边的堤岸和交通环岛等。② 公路管理机构一直坚持英国政府交通部所推行的减少在高速公路（快车道）边缘割草的方针。管理得当就自然会获得成功，无论是在城市还是在农村，这些边缘地带都显露了野生物种走廊的特征。政府部门也成了英国最大的种植园主。其结果便是更为多样的开放空间网络的出现，动物和植物的多样性在增长，路边的视觉景观也更加令人赏心悦目。③

生态公园与城市自然保护区

20 世纪的后半叶经历了对城市地区非正式娱乐性开放空间观念上

---

① Hough，1984，p. 21.

② Landlife，2007.

③ Hough，1984，p. 21.

的变化；大自然在其中获得了更重要性的地位。[①] 创建于1977年的威廉·柯蒂斯（William Curtis）生态公园是一个新型的城市公园，它就处在伦敦市中心的不到1公顷的地面上。它旨在表明空置土地和废弃地如何能够被伦敦的学校当做一个探索和研究城市生态的中心来使用。[②] 经过数年时间的努力，过去倾倒在这块仅有1公顷面积的原址上的350卡车建筑垃圾与拆除垃圾的混合填充物，已经被布上了一个由多种驯化植物和本土植物组成的植物覆盖层。

从水塘到林地，从灌木丛到玉米田，已经形成了一组形态各异的环境。然而，这一极其成功的公园一直被认为是暂时性的，1985年，它被归还给了它的所有人。这个公园的创建者是城市生态信托机构，它如今正在经营达维奇（Dulwich）的高山林地、自然保护区、教育机构、研究场所和消遣娱乐场地、格林尼治半岛生态公园、淡水生境，内部还有一个启动于1997年的巨大的码头区复兴项目；1981年由伦敦的南沃克自治县建造的薰衣草池塘自然公园为野生动物创造了一个乐园，也为当地居民和教育资源提供了一种便利设施；此外还有斯泰福山（Stave Hill）生态公园、自然保护区、教育设施、研究场所和休闲区等。

走进城市绿色空间

每一个英国地方政府都必须制定出适用于本地新开发项目的开放空间配置标准，就如廷布里奇区（Teignbridge）各地居民目前可利用的开放空间（包括运动场地和可利用的乡村）的一般水平是有差异的。牛顿阿伯特（Newton Abbot）地区每千人有2.95公顷，而道利什（Dawlish）地区每千人仅有1.37公顷。开发商对开放空间的贡献将以反映了当地需求的每千人2.2公顷（根据现有配置审计）的平均要求

---

① Goode，1986，p. 173.

② Hough，1984，p. 21.

为基础。这个数字可与全国运动场联合会（NPFA）建议的每千人 2.4 公顷相对照。

这一配置方案还进一步区分了开放空间的类型：

1. 游戏区：人均 1.5 平方米（另外还有供大龄儿童玩耍的每千人 0.1 公顷）；

2. 积极运动设施：人均 12 平方米；

3. 公园与花园、非正式开放空间、自然绿色空间：人均 8.25 平方米（这可与全国运动场联合会建议的人均 10 平方米相对照）；

4. 配额：每千人 10 块大约 250 平方米的场地；

5. 网球（不分季节—新增）：每人 0.25 平方米；

6. 保龄球（新增）：人均 1 平方米；

7. 不分季节的场地（升级）：人均 2 平方米。

在美国，国家休闲娱乐委员会也制定了许多标准，委员会建议每千人在其居住区 400 米以内应有 0.5 公顷的活动场地。娱乐性的活动场地应该在每个居住区的 800～1 600 米以内，比率为每千人 0.5 公顷。到 20 世纪中叶为止，洛杉矶每千人拥有 0.81 公顷的总公园空间，费城每千人有 2.02 公顷，而西雅图每千人则有 2.63 公顷。

如今新的标准已经出现：美国平均的城市开放空间总配置是每千人 3～7.5 公顷。可以对比的是，英国是每千人 6.5 公顷，南非纳塔尔省每千人是 2.8 公顷①，还有日本东京是每千人 0.6 公顷②。

城市的自然开放空间已经受到特别的关注。在 20 世纪 70 年代，人们怎样解释、理解和使用城市开放空间这个问题已变得越来越重要。在 20 世纪 80 年代，对于休闲和旅游的研究有了很大发展。这两者都在研究人们如何利用城镇和城市的绿色开放地区。人们发现，很有价

① Hall and Page，2006.

② Masai，1998，p. 69.

值的“剩余的”小地块对于儿童的游戏玩耍具有很重要的意义，而且，自然区域有助于年轻人和成年人的社会化进程。① 这样的小地块经常被自发聚集在一起的植物所侵占②，它们很少被包含在官方的开放空间详细目录中。对伦敦自治县开放空间数量最大的地区之一格林尼治的一项调查发现，这些尚未见于记录的小块开放空间常常与著名的公共开放空间一样被频繁地使用。③ 它们离家很近，有荒野的特点，是一种未被人注意却又被人充分利用的开放空间资源的一部分。④

承认城市荒野既有娱乐休闲的价值，也有自然保护的价值，这些与人们邻近的自然的绿色空间已经被人们宣称是我们孩子们将要继承的遗产中极为珍贵的一部分。城市地区可利用的绿色空间的新目标也已经被提出：

1. 城市居民应该能够进入离他们住宅 0.5 千米之内的至少有 2 公顷面积的自然绿色空间；

2. 每一个城市地区应该配置的地方性自然保护区的最低水平为每千人 1 公顷（相当于每个居民 10 平方米）。

英格兰和威尔士的“第 17 号规划方针（Planning Policy Guidance 17）”引起了人们对自然和半自然城市地区重要性的关注；但人们认为，标准应该是地方性的，与地方的调节和需要相匹配。因此，威尔士的天鹅海显示，人们不应该住在离他们最近的自然开放空间超过 6 分钟漫步路程（300 米）之外的地方。也许这个理想就是要让绿色空间尽可能地靠近那些可能利用它们的人。在沙特阿拉伯的利雅得，对横贯该市的瓦迪哈尼发（Wadi Hanifa）洪泛平原的开发创造了许多新

① Millward and Mostyn，1988.

② Gilbert，1989.

③ Burgess et al.，1988.

④ Box and Harrison，1993.

的娱乐休闲区（图 9.11），这与大曼彻斯特地区河谷走廊的效果颇为相似。

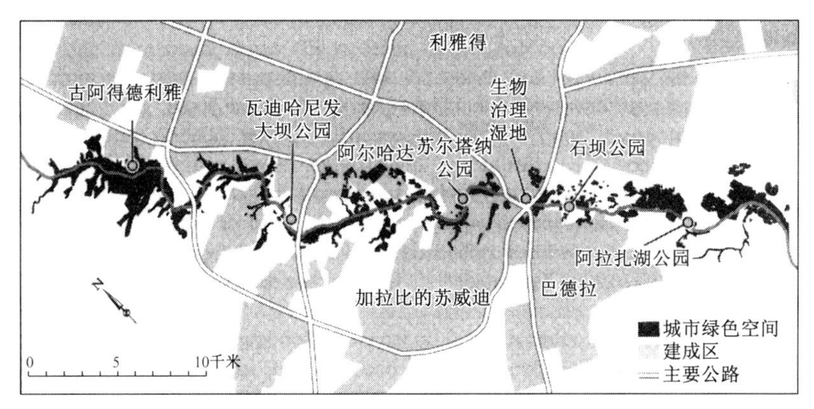

图 9.11　沙特阿拉伯利雅得市瓦迪哈尼发沿线的城市绿色空间

总结

城市绿色空间是城市生活不可或缺的因素。它们是多功能的，并且有助于改善人类的健康状况和幸福感。在地方政府和当地社区的完善管理和细心呵护之下，它们能为儿童提供各种探险和初次遭遇小动物的机会，也可使年长市民的心情获得平静和舒缓。越来越多的人正在认识到绿色空间对于野生动物和生物多样性的意义，以及它们在人类身心健康方面的社会价值。绿色空间范围广阔的生态系统服务可以有助于社会适应气候变化，增加食品产量，生长燃用木料，降低城市热岛效应，但也能捕获一部分（尽管很少）污染物，为运动和游戏，甚至也为打高尔夫球提供场地，并且还养育着多种多样的动植物。它们可以为了一个目的而进行规划，比如可持续的城市排污系统，也可以根据其他目的来规划。城市的食物生产即使在屋顶上和窗台的花盆里也有可能增长。但对非洲、拉丁美洲和亚洲许多城市的平民来说，城市农业耕种将依然是确保可以买得起的食物供应的主要方式。

潜在的绿色空间使用者之间的竞争始终在导致矛盾和冲突，一个人的垃圾堆，有可能是另一个人有用材料的来源，也有可能是第三者不常见植物的生境。若干世纪以来，园林从宗教领袖和帝王曾经的私人空间转变为每个人都可接近的地方，它们也受到了地方平民的珍爱。对于我们的城市儿童和城市的后代而言，这些空间是他们最初与自然相遇的地方。历史已经证明，这种相遇可能是多么的令人鼓舞。

第十章　城市的可持续性：未来世代的城市

若干世纪以来，大多数的世界城市居住区在多方面都具有可持续性，它们用从直接相邻的地区获取的食物和水源来满足它们人口的生存需求，用当地的材料来建造房屋和街道。只有像古罗马那样的最大型的城市才依赖许多遥远的地区为其提供食物和原材料（参见第三章）。罗马世界，从总体上说，城市与农村之间存在着一种紧密的联系。除罗马之外，意大利的罗马帝国城市所用的基本商品在大多数时代主要是自主生产的①，尽管罗马城市的日常食物出自英国，比如锡尔切斯特（Silchester）就容纳了运往罗马帝国的许多地中海地区的食品。②

还有佛罗伦萨等中世纪城市也保持了与周边农村的这种密切联系，它们都拥有被围护在防风林中的梯田式的葡萄园、整齐的田畴，并且在山坡上放牧着牛、羊等各种动物，每日为城市提供了源源不断的果品和蔬菜，并把一车一车的粪便、垃圾和毛纺废料从城里拉出来，运

---

① Dilke and Dilke，1976，p. 46.

② Veen et al.，2008.

送到田间。[1]

在 20 世纪，没有城市能够只靠利用自己界域之内的资源来自我维持。有许多城市还在相当大的程度上依赖其毗邻的内陆地区，如北京、上海和重庆等中国大型城市占有的行政区面积是实际市区规模的许多倍，因此，在市政委员会所控制的范围内，有相当多的食品生产和原材料供应地。这种情况是不常见的。即便如此，在 20 世纪 80 年代，这些城市市域之内的一些独立市区，如重庆市的北碚区（图 10.1）等，也要从中国许多地区的销售市场上采购货物。

尽管如此，在整个 20 世纪，对于城市地区目前增长方式的不满催生了许多旨在更好地实现城市发展的言论和行动。在荷兰，1935 年的阿姆斯特丹发展规划就提出了建立一个绿化带网络的建议，它将提供与各居住区、行政区和郊区的公园相连接的休闲娱乐的路线。[2] 居民区里有大量的绿色植物，但大多数都是供视觉观赏的，而不是用于游戏和娱乐活动的。尽管如此，这个规划对于整个欧洲的城市规划产生了重大影响，它的一些原则在 1945 年之后得到了广泛的实施。

在美国，在城市边缘地区建造公园的行动开始于 20 世纪 30 年代。在加利福尼亚州旧金山湾地区，创建于 1934 年的东湾区公园区长期以来一直是城市自然保护的引领者。[3] 截至 2011 年，东湾区公园区为包括 1 200 多英里的徒步旅行、自行车运动、骑马和自然研究等项目在内的 65 个公园提供了 4 万公顷土地（图 10.2）。公园区还配有湖泊、海岸线、野营地、游客中心、讲解、教育和娱乐项目、野餐区、户内/户外设备出租，以及高尔夫球场等。它还提供了集中活动区和自然保护区、海滩、城市公园以及树木丛生的山顶公园。这些功能多样的公园是多功能城市绿色空间网络的一个良好范本。

---

① Mumford，1961，p. 260.

② Deelstra，1986，p. 25.

③ Houck，2011，p. 55.

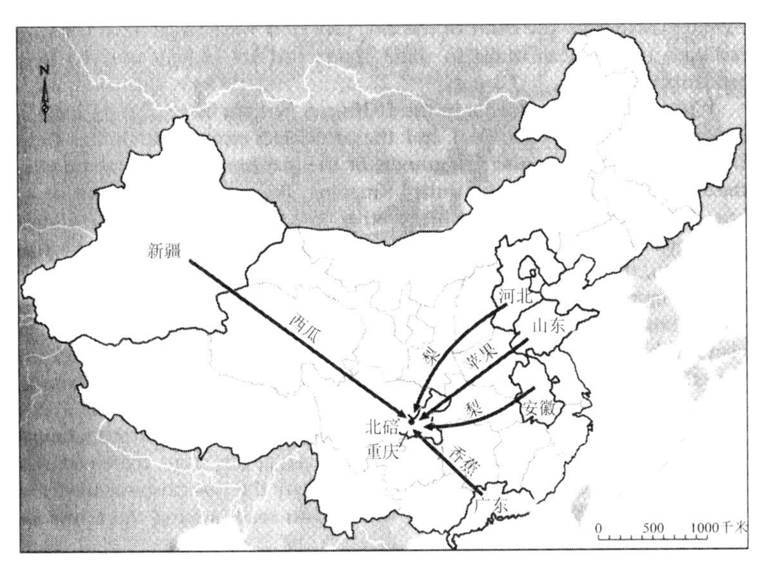

图 10.1　1988 年中国重庆市北碚区市场食品供应的来源

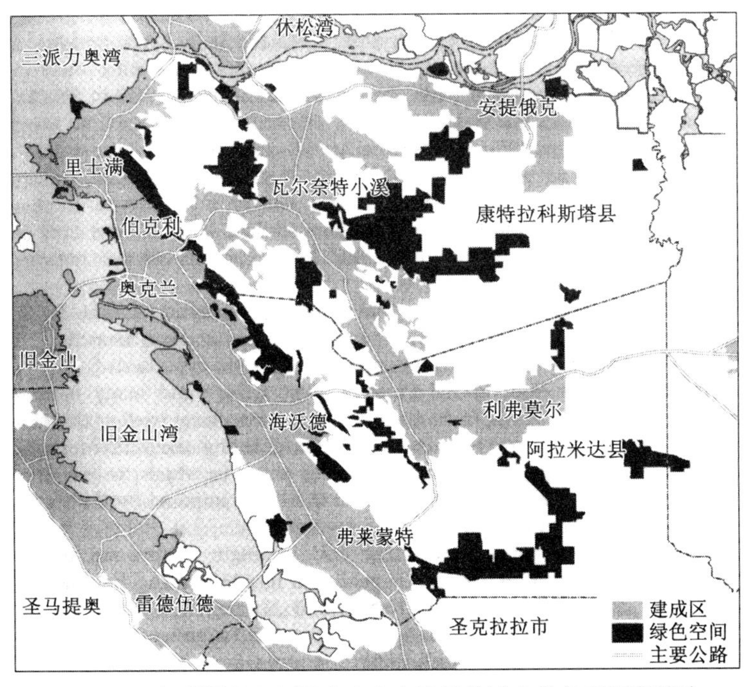

图 10.2　加利福尼亚州旧金山市东湾区的城市绿色空间和绿地

1939年，休伦湖-克林顿（Huron-Clinton）大都会管理局成立，它准许底特律市区周围的奥克兰（Oakland）、韦恩（Wayne）、沃什特诺（Washtenaw）以及马科姆（Macomb）各县加入大都会区，目的在于规划、促进、开发、拥有、维护和运营那些连接行车道和/或限制进入高速公路的公园。这些距市中心不足45分钟车程的公园提供了各种各样的休闲设施，从设计周到的林间小道到水上运动项目，这些设施也被当地居民大量使用。①

20世纪30年代的这些开发项目也许可以视为罗斯福新政（New Deal）以及与之相关的大萧条之后的重建活动的间接后果，它们也是规划的先行者，这种规划首先出现在二次世界大战期间的英国。有两种画刊显示了20世纪中期以来观念的发展，一种是发行于1941年的《图片邮报》（*Picture Post*），另一种是发行于1970年的《生活》（*Life*）。《图片邮报》内含一个伦敦规划方案，编辑说明称，“我们尽力勾画出一个比现在更公平、更可爱、更快乐、更美丽的英国——而且是不偏不倚地以我们现在的伦敦为基础的”②。画刊使用了一张考文垂市的设计师为遭闪电战攻击之后的考文垂重建而设计的图纸（参见第二章），马克斯韦尔·弗莱（Maxwell Fry）坚持认为，英国的城市在25年之内都可能被重新规划，随着煤烟的消失，遭到严重破坏的绿地“已不再与人们的家园比邻而居”，河流也已经沙化，被种上了树木并且成为人行道。可是，在这个阶段，要抛弃效率低下的旧式家用汽车，购买行驶在平直宽阔道路上的战后新型轿车，只剩下唯一的托辞，那就是把城市周边的偏僻小路留给重型车辆。③

在现代绿色基础设施和便利的城市绿色空间进入了弗莱的想象的时候，还没有关于机动车辆排放的警示。那时全国机动车辆的保有量还远远少于21世纪初期。1937年，英国共生产49.2万辆客车和商用

---

① Patmore，1972，p. 284.

② Hopkinson，1941，p. 4.

③ Fry，Maxwell，1941，p. 19.

车，2008 年，生产数量为 165 万辆。1941 年最大的关注重心是确保充分就业，是通过清除煤烟和油烟来使城市更清洁和更卫生，是让住宅楼现代化，以及避免城市的郊区蔓延。当时的人们就已开始提出了限制像伦敦北部的莱奇沃思（Letchworth）或韦林（Welwyn）那样通过建造卫星城来蔓延扩张的问题。① 卫星城可以在中心城市周围选址，但在各卫星城与区域性城市之间应该有至少 8 千米的“真正的农业村落”：“其间不能有公园或是单纯的绿地”②。这种农业用地将会向城市提供如牛奶等“保健食品”，因此，真正新鲜的食品才可能被送到各个家庭。③ 对于处在城市之间的农村地区的地方性联系以及相互依赖性的强调可以追溯到 19 世纪的城市代谢（参见第二章），并且也可以预期城市生物区观念的出现。④

1970 年 8 月 3 日的那期《生活》杂志是专门讨论环境问题的，它刊载了一篇讽刺性作品⑤，文中不仅提到了美国的道路工程到那时为止已经铺设了公路的地区有西弗吉尼亚州那样大，还提到了国会议员 W. H. 纳彻（W. H. Natcher）通过他作为众议院联邦资金预算委员会主席的身份继续建造新公路，而不是去建造地铁来运送上下班往返穿过波拖马可河的工人。机动车已经被看做是影响城市环境和城市生活质量的一个关键因素。马克哈格（McHarg）致力于与自然和谐的整体开发规划⑥，他的研究获得了极高的声望，而且，他还提到了“增长极限”这一概念，这个概念预示了后来被采用的“可持续发展”的概念。⑦ 大约是在同一时间，诸如甘斯（Gans）等规划者也开始对 1945 年以来大量的公路建设提出了批评，这些公路鼓励人们从郊区大量迁

---

① Sharp，1940，p. 50.
② Sharp，1940，p. 51.
③ Sharp，1940，p. 55.
④ Atkinson，1992.
⑤ O'Neil，1970，p. 21.
⑥ McHarg，1969.
⑦ Ways，1970，p. 43.

出，没有能够减少拥堵，并从当时正在衰落的公共客运系统中带走了更多的顾客，把他们带到了中心商业区。①

也是在这一时期，针对有效地规划城市边缘地带的绿色空间而发生了激烈的论争，南恩·费尔布拉泽（Nan Fairbrother）认为，我们可以“把我们一些混乱的地区改造成绿色的城市景观：剔除掉一切破旧的以及无用的和废弃的东西，通过重新规划来满足我们新的需要，安装土地利用的新设备，然后再全部加以装饰”。② 费尔布拉泽写道，这种转变在英国已经在进行之中，因为，在1971年，英国就开始了收回威尔士朗达谷（Rhondda Valley）废弃煤矿土地的工作，此地的戴尔谷郊野公园（Dare Valley Country Park）开放于1973年。“1968年乡村法案（The 1968 Countryside Act）”使得这一类公园的出现成为可能，因为能够让人们欣赏到乡村风光的地点通常比极度拥挤的国家公园离家更近，尤其是在英格兰的皮克山区和威尔士的布雷肯比肯斯地区。开放于1969年3月的第一个郊野公园是从利物浦穿过默西河口的威勒尔大道。③ 它利用了起于伯肯黑德（Birkenhead）的一段废弃铁路的沿线土地，并且向西南方向延长到切斯特附近的迪河河口（Dee Estuary）。我们如今已经可以从这些旧工业区和交通走廊土地的再利用运动中看到现代城市内部和城市之间的绿色空间网络结合在一起的元素了。

1973年，梅比（Mabey）创造了“非官方农村（The unofficial countryside）”这个字眼来指涉城市地区侵入性植物大量繁殖的废弃空地。④ 与此同时，洛夫洛克（Lovelock）和他的同事们也发展了“盖娅假说（Gaia hypothesis）”⑤。再加上来自卡尔松《寂静的春天》

---

① Gans，1972，p. 81.

② Fairbrother，1972，p. 225.

③ Patmore，1972，p. 237.

④ Mabey，1973.

⑤ Lovelock and Margulis，1974.

(*Silent spring*)[1] 中的信息，以及诸如《作为人类背景的澳大利亚》(*Australia As Human Setting*) 等许多澳大利亚国内的研究成果[2]，在科学领域和通俗知识领域都有一种思想的浪潮走向了同一个主题：减少人类对环境的影响并让城市成为我们生活于其中的更美好的地方。从这些思想潮流中发展出了一种观念，那就是：生活在世界资源给予我们的限制之内。这一观念后来以“可持续性”这个术语而广为人知。

“可持续发展”这个术语来源于两份重要的报告：1980 年由国际自然与自然资源保护联盟（IUCN）发布的[3]《世界自然资源保护大纲》(*The World Conservation Strategy*)[4] 和发表于 7 年以后的“我们共同的未来（Our Common Future）”[5]［由于委员会主席是布伦特兰(Brundtland)，因此以“布伦特兰报告”而闻名］。这两份报告提供了同样的“可持续发展”的答案——“可持续发展”这一概念也由此诞生。1980 年以后，人们在“可持续发展”这个字眼中寻找的已不再是“维持我们生存的城市”，而是要在不向地方或全球自然资源和生态系统强加的不可持续要求的前提下，使居民的发展需求得到满足的城市(或乡村地区)。[6]

围绕可持续城市的问题在“地球之友（Friends of the Earth）”1991 年的一份报告中得到了充分的讨论，这份报告把可持续性城市发

---

① Carson，1962.

② Rapoport，1972.

③ International Union for Conservation of Nature，1980.

④ 《世界自然资源保护大纲》是由国际自然与自然资源保护联盟编制的，这个组织现称世界自然保护联盟（IUCN），它与世界野生动物基金会(WWF)、联合国环境规划署以及食品与农业组织和联合国教科文组织(UNESCO) 等其他的联合国机构合作。

⑤ World Commission on Environment and Development，1987.

⑥ Satterthwaite，1992，p. 3.

展视为一个新的目标①，它要求人们认识到环境对人类的城市活动以及与城市相关的活动的限制，它还要求人们采用各种方法来确保我们活动的后果不超出这一限制。这份报告强调城市应该被看做一个整体，突出了城市活动对于经济、生态的影响远远超出了城市的建成形态。这份报告还认为，城市可以被变得更具有可持续性。可持续性需要来自社会各个部门的担当和参与。当然，首先，政府机构必须认识到现存的城市系统极有可能造成环境危害，政府应该立即采取强制性措施去建立一个框架，让这个框架之内的所有部门都可以为争取可持续发展做出贡献。②

在一个越来越以城市为主导的世界里，国际社会在 1992 年里约（Rio）地球高峰会上通过“21 世纪议程（Agenda 21）”来着手处理城市可持续性的问题，“21 世纪议程”建立了一个由多部门参与的走向可持续性的框架。许多城市和市政当局也都建立了它们自己当地的“21 世纪议程”委员会。1996 年伊斯坦布尔的联合国城市峰会取得了更大程度的进展，180 个国家在伊斯坦布尔签署了 100 页的“人类居住议程（Habitat Agenda）”：

> 人类居住区应该以这样一种方式来规划、发展和改善：它要充分考虑到可持续发展的原则以及它们的全部要素，正如“21 世纪议程”所阐明的那样，我们必须顾及生态系统的承载能力并为未来的世代保留机会……科学与技术在塑造可持续的人类居住区以及维持它们所依赖的生态系统方面具有至关重要的作用。③

有关可持续人类居住区的问题，“21 世纪议程”明确提出，为了让城市生活更具有可持续性，政府机构应该保证贫困的无家可归者和

① Elkin and McLaren，1991.

② Elkin and McLaren，1991，p. 9.

③ Deelstra and Girardet，2000，p. 45.

失业者能够获得土地、贷款和低成本的建筑材料。这样的人也应该能够获得工作的稳定性和反抗被驱逐的法律保障。非正式的居住区以及城市贫民区应该被改造升级，以便缓解城市住房不足的问题。所有的城市地区都要有洁净水、公共卫生和废物收集等基本的服务。高收入的地区应该支付这些服务的全部费用。建设项目应该使用当地材料、节能设计、不会对健康和环境造成危害的材料，以及能够雇用更多工人的劳动密集型技术。“21 世纪议程”还支持公共交通、骑自行车和步行，而不赞同机动车出行；支持降低空气污染；鼓励非正规经济部门和小型企业；支持发展农村，以减少向城市的迁移，防止城市蔓延，并要求对居住区做出规划以减少疾病的感染率。①

“21 世纪议程”对城市的规模没有特别的强调。也许它的写作者意识到了一些大的城市地区是受大型的统一权力机构管理的，例如中国的大城市，或是澳大利亚的布里斯班等。另外的许多大城市地区是由多重的地方权力机构管理的，这些权力机构在应对像“21 世纪议程”这样的环境挑战的时候会做出不同的反应。在有些情况下，在回应促进可持续性和发展环境行动计划方面，小城市和中等规模的城市（通常包括那些人口不足 100 万的城市，但在有些地区只是指那些人口不足 50 万的城市）比大的权力机构的行动更为迅速。很显然，英国的纽卡斯尔、莱斯特和布莱顿证明了这一点。在有胆识的共产党总书记和众多携手合作的市长的领导下，中国的许多更小型的城市已经制定了创新性的生态城市计划。可是，在另外一些国家，小型城市居住区却缺乏能够应对“21 世纪议程”中所提出的挑战的专家和专业人员。毫不奇怪的是，在理解并努力贯彻“21 世纪议程”方面，承诺和效果都是极不相同的。

随着“21 世纪议程”的推进，一个世界范围的行动开始了。在欧洲，城市议程在“城市环境绿皮书（Green Paper on the Urban Envi-

---

① Keating，1993，p. 12.

ronment）”中得以启动。① 在那之后，通过奥尔堡宪章（Aalborg Charter）、里斯本宣言（Lisbon Declaration）、欧盟气候联盟（EU Climate Alliance）、欧盟可持续城市计划（EU Sustainable Cities Project）②、欧洲网络数据库（EURONET）的创建以及其他许多活动，城市议程取得了进一步的发展。③ 发起于1993年的欧盟可持续城市计划（ESC）是以连接来自15个成员国的40位城市环境专家的欧洲网络这一具有挑战性的实验为基础的。这一网络得到了欧洲网络数据库的支持，这个数据库是以西英格兰大学为基地的一个研究网络。欧盟可持续城市计划1996年的年终报告曾对从城市地区到小城镇的不同规模的城市居民区的可持续性前景进行了考察，但这个调查主要是面向城市的。④ 可持续性发展被看做是一个比环境保护更宽泛的概念，它拥有经济、社会、卫生和环境的维度，它还涉及现在和未来世代之间公

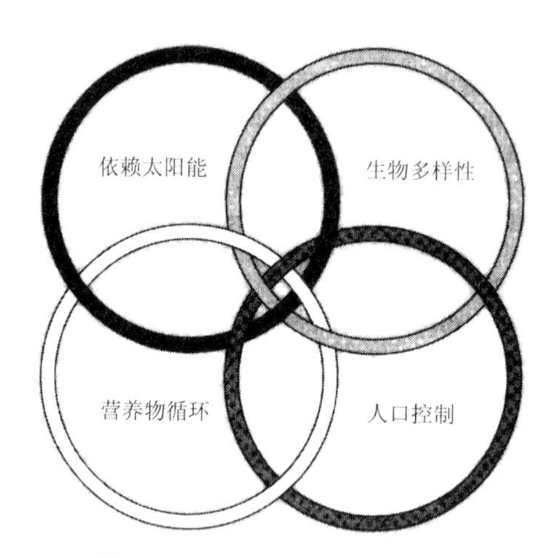

图10.3 可持续性的相关维度

① CEC，1990.

② EU Expert Group on the Urban Environment，1994.

③ Ravetz，2000.

④ Fudge，1997，p.18.

平的观念以及依赖太阳能、生物多样性、人口控制和营养物循环等问题之间的互动（图 10.3）。

一个结果就是欧洲网络数据库和地方环境倡议国际委员会（ICLEI）的地方可持续性-欧洲最佳方法信息系统的出现，这个系统既以网络为基础，又涉及单个城市和城镇行动的硬拷贝个案研究，这个数据库被包含在 SURBAN 数据库中，这是一个关于欧洲可持续城市发展的数据库，登录网址为 http：//www. eaue. de/。

这类倡议也可以在国家级的层面上见到。中国在城市可持续发展方面已付出了特别巨大的努力。中国的“21 世纪议程”是管理导向的。它以四个核心为基础：这是一套包括可持续社会发展、可持续经济发展以及合理的资源利用和环境保护在内的全面可持续发展战略和方针。[①] 各个不同的部委和机构都制定了示范工程，其中包括由国家环保局发起的生态示范区系统（生态省、生态市和生态村）。环保局还颁布了一套评估生态可持续性的生态城市评价指标，用以评定包括经济生产率、科技创造力、生态完整性、管理协调能力、社会结构的完善程度和对外开放程度等方面的生态可持续性。[②] 把这些指标应用到长江三角洲地区有 450 万人口的城市扬州（图 10.4），2000 年的数据以及 2005 年的数据都表明，这个城市在生态城市发展的道路上已经取得了进步，就可持续发展指标而言，它已从江苏省的第七位上升到第一位。[③]

联合国人居署与联合国环境规划署（UNEP）还开展了可持续城市计划（SCP）活动。可持续城市计划的环境规划与治理（EPM）方法支持城市在环境发展方面做出的努力，支持它们改善环境信息状况和专家系统，支持它们的策略和决断，以及它们对这些政策的实施。得到改善的环境规划与治理能力以及政策应用程序使得市政管理者能

---

① Wang and Paulussen，2007，p. 329.

② Wang and Paulussen，2007，p. 330.

③ Wang and Paulussen，2007，p. 336.

图 10.4　中国扬州市古城门与两岸绿树林立的古运河对岸的新公寓楼相对而立(摄影　Bao Long Han)

够更加全面地优先处理地方的环境问题。在更广大的范围内，可持续城市计划有助于通过更有效和平等的环境资源管理来减少贫困，并且也有助于通过提供改进了的环境服务来提高就业率。通过加强地方的环境规划与治理能力，可持续城市计划还帮助地方政府以及它们的合作伙伴获得了管理有方的城市环境，这是可持续城市发展过程的一个组成部分，这个过程使全体居民都获得了力量。因此，可持续城市计划旨在从各个层面上提高良好的环境治理水平：地方的、全国的、区域性的和全球性的。

联合国人居署还制定了以二线城市为目标的“21 世纪议程”地方化的计划。这类城市和城镇常常缺少必要的能力去应对它们自身发展中出现的环境问题，而且也不可能受益于国际援助。通过利用环境规划与治理参与程序，每一个小城市都有可能创造出一种可以分享的未来发展的愿景。以这一愿景为基础，地方政府可以展开可持续行动计划，去应对现有的环境问题。

表 10.1　计算城市发展指数的公式

指数	公　　式
基础设施	25×自来水水龙头＋25×排水系统＋25×电力＋25×电话
废物	被处理的废水×50＋正规的固体废物处理×50
健康	(平均寿命－25)×50/60＋(32－儿童死亡率)×50/31.92
教育	识字率×25＋联合招生×25
产品	(城市产品记录－4.61) ×100/5.99
城市发展	(基础设施指数＋废物指数＋教育指数＋健康指数＋城市产品指数) /5

为评估城市迈向更大的可持续性的进展情况，联合国人居署还制定了城市发展指数（CDI，表 10.1），这是一种测定平均幸福感和个人获得城市服务水平的指标。[①] 城市发展指数已经被作为一种衡量城市贫困与城市治理水平的有效指数而屡见征引。卫生、教育与基础设施等组成部分是测定城市贫困化后果的特别合适的变量。同样，基础设施、废弃物与城市产品构成部分则是衡量城市治理有效性的主要变量。城市发展指数与城市产品高度相关，其他方面也是如此，一个高收入的城市也会有更高的城市发展指数。城市发展指数与国家的人类发展指数（HDI）具有很高的关联度（图 10.5），但因为在任何具体国家的不同城市之间存在着相当大的差异，与国家层面的人类发展指数相比，城市发展指数提供了一种对城市真实状况更准确的评估。[②] 遗憾的是，在 1998 年联合国人居署提供的数据之后，尚没有近期的数据出现。

---

① UNCHS（Habitat），2001，p. 116.

② UNCHS（Habitat），2001，p. 117.

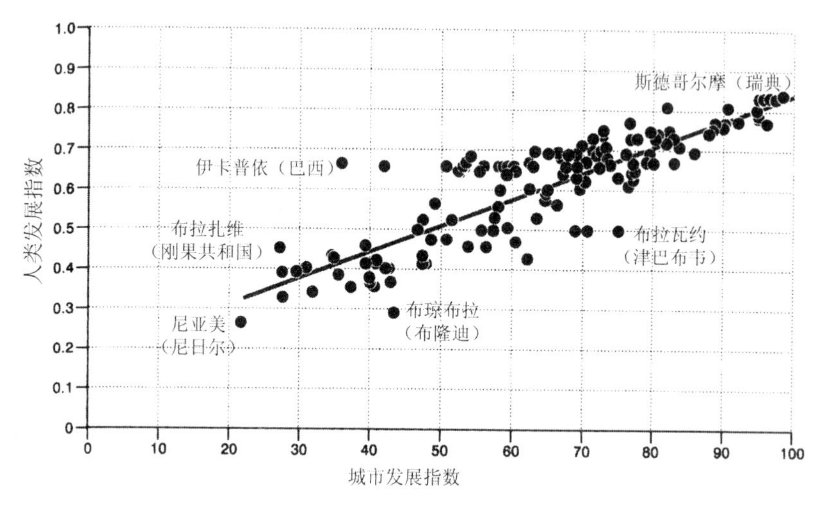

图 10.5　与城市发展指数相对的人类发展指数图（根据 World Bank，2009）

2009 年，世界银行提出了它的“城市发展战略（Urban Development Strategy）”①。这个城市与地方政府战略将帮助政府在各个层面上实现更平等、更高效、更可持续和环境更加友好的城市发展目标。这个战略凭借的是两个原则：第一，稠密、聚集和比邻而居是人类进步、经济生产力和社会平等的基础；第二，城市必须有良好的管理和可持续性。②

城市可持续性是一笔将会获得复合红利的巨大投资。在一个快节奏的不稳定的全球经济体中，采纳了一种综合发展方案的城市更有可能在震荡中幸存，更有可能吸引企业并管理成本。为了在发展中国家推进这些城市倡议，世界银行还提出了一个新倡议——“Eco2 城市倡议”，它旨在通过提供一个综合的和可持续的城市发展基础来帮助各城

① World Bank，2009.

② World Bank，2009，p. 1.

市获得其生态和经济更大的可持续性。[①]这是一个统一的、综合的方法，它有助于城市规划、设计和管理集成化的城市系统。这是一个更具整体性的决策制定和投资规划框架，它把经济周期成本效益分析、所有固定资产（生产、自然、人与社会）的价值，以及对决策制定的更全面的风险评估等结合在一起，并对之做出解释。Eco2 的分析和操作框架还可以适应城市的特殊需要并为之量身定制。

所有这些计划和项目都回避了一个问题，这就是在 1992 年里约地球高峰会以及“21 世纪议程”问世的 20 年之后，真正的收获是什么。人们可以从世界的不同位置，通过不同的方式来考虑可持续城市的问题。自 1992 年以来，当可持续性已经成为一个恒定的主题的时候，地方性的“21 世纪议程”在 20 世纪 90 年代的剩余时间里也曾经成为一句口头禅，但到 2005 年为止，这个流行的口号已经被“生态城市”所替代。当工程技术人员们意识到自己在使城市更可持续并更有能力适应气候变化的过程中所具有的关键作用时，他们就开始采用了如可持续城市排污系统[②]等实用性的解决方案。如果有政治意愿的话，可能达到的目标已经在彼得·海德（Peter Heads）2008 年的“布鲁内尔讲座（Brunel Lecture）”中得到了陈述[③]，这个讲座准确地揭示了如何把每个家庭的能源消费减少 80%，即使是在澳大利亚和美国城市蔓延的郊区也是如此。彼得·海德对工程技术人员们说，如果我们想要获得一个可持续的未来，必须对维持地球生命的基础设施进行根本性的变革。公共的和私营的非政府组织以及社区团体之间的密切合作关系也有必要得到发展。尽管如此，具有全球化经验并且习惯于多学科团队工作的工程技术人员将是这场必要变革中必不可少的力量，他们承担着推动可持续计划向前发展的使命。[④]即使在技术已不再是唯一的解

---

① Suzuki et al.，2010.

② Worral and Little，2011.

③ Head，2008.

④ Head，2008，p. 73.

决方案的时候，它也始终是改变城市环境史的一个关键要素。促进采用新型的和更可持续的技术也是这一过程的一个组成部分。建筑规范在类似隔热层和双层玻璃之类的基本事项方面的变革，已经在许多城镇和城市的住宅中产生了更加节能的效果，这种情况正如根据二氧化碳的排放量对机动车辆征税促进了人们购买更加高效节能的车辆一样；类似的现象还有，垃圾填埋税使人们开始回收用过的材料，上网电价补贴推动了人们安装太阳能电池板来发电等。

尽管如此，对于许多贫困的城市居民来说，最基本的住所和安全洁净的水源以及卫生设备等仍然是主要问题所在。在拉丁美洲，解决城市内部问题的重点在于贫困。“21 世纪议程”中的城市治理议题促使城市问题专家和社区积极分子意识到要治理城市环境就必须有一种整体性的眼光，其中既包括城市边缘农村的富庶地区，也包括其贫困地区。① 良好的管理方法也是一个主要的关注焦点。在秘鲁，人们强调，为了达到可持续目标而对城市进行变革，这个变革过程必须基于各个管理系统之上，它们要把由不同社会行动者所造成的城市环境问题视为当务之急。这也将相应地动员人们参与到一个基层的新兴制度的设置中来，这一活动使人们相互融合而非彼此排斥。② 透明的、有协商精神的领导层以及充分的参与过程对于可持续性城市发展来说都是必不可少的。

在哥伦比亚的小型城市（人口为 5.7 万）马尼萨莱斯（Manizales），1992 年里约地球峰会后的一系列活动导致了一个地方环境行动规划（LEAP）的产生。这个城市的生物规划（Bioplan）是与上述行动规划有机结合的，它把生物旅游、生物交通、普及性环境教育、综合的废物处理系统以及该市一个最贫困的地区奥利瓦雷斯（Olivares）制定的地方环境行动规划都作为优先考虑的事项。③ 要全面评估这个计划的

① Miranda and Hordijk，1998，p. 98.

② Miranda and Hordijk，1998，p. 101.

③ Velásquez，1998，p. 27.

进展情况将会涉及当地社区使用的定点观测站以及经技术委员会、市政机构和辖区规划委员会审核的一组指标。正是通过这样的方式，该市取得了真正的进步，也纠正了许多错误。①

在中国，生态城市指标被用来代表环境绩效，这一指标参照的是绿色空间、空气污染、水质、固体废物以及能源和效率等。② 在非洲，生态村庄和生态城市的标签已经被贴在了一系列计划之上。约翰内斯堡的生态城市计划包括了米德兰（Midrand）的一个村庄，这是约翰内斯堡最贫困的郊区之一，它深受住房短缺的困扰。住宅的设计旨在使能源消费最小化，尤其是通过太阳能的利用。这个计划带来了燃煤量的下降，燃煤一直是污染最主要的来源，而且是造成呼吸系统疾病的原因，这种疾病对高达 30%的当地儿童造成了影响。③

由中国投资开发的一个抱负远大的新生态城市和自由贸易区正在乌干达戈马（Goma）附近的维多利亚湖（Lake Victoria）西岸开发。开发者声称“这个城市的所有开发活动都将严格遵守可持续发展的原则，它可以提高这个贸易区及其周边地区人口的健康和富裕水平”④。西萨米莱姆（Sseesamirembe）的生态城市被规划部门称为乌干达以及整个撒哈拉沙漠以南地区的一个可持续的后工业发展的旗舰。人们相信这个生态城市会成为一个可复制的低碳城市模型，它将帮助贫困人口获得经济上的富足，并且会充当区域经济发展的一块磁石。

2009 年，肯尼亚开始规划第一个生态城市：蒙巴萨（Mombasa）郊区的一个在环境、社会、经济和文化上自主自立的居住区。这个计划包括用于捕猎的湿地、生物治疗以及家用的循环水、一个太阳能/风能发电站以及 1 万棵树木的种植等项目的开发。⑤ 建筑物的设计力求

---

① Velásquez，1998，p. 35.

② Li,S. et al.，2010.

③ Lafarge，2011.

④ Sseesamirembe Eco-City，2008.

⑤ Desert burner，2009.

最有效地利用阳光、风和雨水来满足居民对能源和水的需求。

这些生态城市正是在2000年之后出现的生态城市发展的例证。根据全球调查，乔斯（Joss）编制了一张关于生态城市倡议行动的表格（表10.2），其中有一些城市完全是新开发的，而另外一些则涉及对原有市镇的改造。① 这个调查揭示了新兴生态城市现象的4个明显特征：（1）在2000年以后的10年间，出现了一个务实的生态城市倡议高潮；（2）这个高潮是全球性的，在各大洲都有重要的倡议，并且还有与日俱增的国际从业者和研究网络的活动；（3）它拥有多种多样的概念、方法、形态、规模和实施模式；（4）它越来越融入政策的制定，地方性的、国家级的以及国际性的政府倡议和计划越来越多，比如被韦克舍（Vaxjo）市议会所采纳的"生态预算程序"，被弗莱堡市议会采纳的气候变化宣言，英国的生态城倡议，印度和日本的生态城市实验计划，欧洲委员会的生态城市计划，以及C40城市集团和克林顿基金会（Clinton Foundation）发起的国际可持续城市倡议等。②

表10.2 不同类型的生态城市倡议

［部分数据基于2009年全球调查（2009 global survey，by Joss，2010）］

国家	地点	描述	国家	地点	描述
阿联酋	马斯达尔	碳零排放型可持续城市	荷兰	新特布里格	可再生能源，鹿特丹之邻
澳大利亚	悉尼	整体可持续发展	新西兰	怀塔克雷	以社区为基础的可持续规划
巴西	库里提巴	一体化的公共交通，废物回收利用	挪威	奥斯陆	公交与减少废物政策
保加利亚	黑海花园	5个相互连接的无车度假胜地	挪威	特隆赫姆	可再生能源区

① Joss，2010.

② Joss，2010，p. 247.

续 表

国家	地点	描述	国家	地点	描述
加拿大	多伦多	减少二氧化碳排放并使用再生性能源	菲律宾	公主港	森林再造计划，电力三轮车
加拿大	温哥华	生态密度，城市绿化，可持续政策	斯洛伐克	西利纳	欧盟赞助的可再生能源区
中国	北京长兴	私有部门的生态公园	南非	约翰内斯堡生态城	社会与环境可持续计划
中国	上海东滩	低碳、低废物型城市	韩国	光州	带有垂直绿化带的高密度城市
中国	北京门头沟	追求可持续的复兴工业城市	韩国	仁川生态城	有35万居民的可持续技术中心
中国	日照	宜居与可再生能源政策	韩国	松岛	容纳7.5万居民的绿色建筑开发
中国	唐山曹妃甸	与瑞典专家共建的150平方千米城市	西班牙	萨拉戈萨	生态城市可持续住宅
中国	天津	在新加坡帮助下能容纳35万人的生态城市	西班牙	洛格罗尼奥蒙特科沃	政府的600个单元住宅和技术中心
中国	廊坊万庄	政府整合城乡城市计划	西班牙	图德拉	欧盟赞助的可持续能源区
丹麦	赫尔辛堡	欧盟赞助的改建和新建城市，能源效率	瑞典	格鲁姆斯洛夫	有专利的可持续住宅，循环利用系统
丹麦	凯隆堡	实践中的工业生态学：可持续资源利用	瑞典	哥特堡	力争成为超级可持续城市

续　表

国家	地点	描述	国家	地点	描述
厄瓜多尔	卡拉克斯湾	自然灾难之后重建的度假城	瑞典	哈马尔比斯约斯德	带有循环利用模式的新斯德哥尔摩区
厄瓜多尔	洛哈	先进的有机废物循环利用系统	瑞典	马尔默	600 个单元住宅和技术中心
法国	索恩河畔沙隆	邻里型/游客中心	瑞典	韦克舍	削减 75%的二氧化碳排放，生物能源计划
德国	埃朗根	支持自行车政策，太阳能技术	乌干达	坎帕拉	城市中的国家公园区：公共交通
德国	弗莱堡	日光之城：可再生能源技术	乌干达	西萨米莱姆	坦桑尼亚边界的生态城市自由贸易区
德国	汉堡-哈尔堡	创意型产业港再开发	英国	伦敦	贝丁顿低碳社区
德国	哈姆	政府支持的生态型城市	英国	比斯特	4 个“生态城镇”之一
德国	海德堡	能源节约措施，二氧化碳减排 35%	英国	伦敦格林尼治	千年村庄，1 800套可持续单元房
冰岛	雷克雅未克	地热能源，氢燃料汽车	英国	布里斯托尔哈纳姆大厅	150 套单元房的碳零排放区
印度	奥罗维尔	以社区为基础的可持续“未来城市”	英国	威尔士圣戴维斯	自称是英国第一个碳零排放城
印度	科蒂亚姆	6 国政府的生态城市倡议试点城市	英国	泰晤士门户	具有可持续目标的主要开发计划

续　表

国家	地点	描述	国家	地点	描述
爱尔兰	都柏林克恩巴里斯	1.5 万个单元住宅的郊区开发	美国	航宝岛	先前空军基地上的有 6 600 个家庭的新城
意大利	费拉拉	先进的全城范围循环利用	美国	雅高山地	P. 索勒里的高密度、低资源城市
意大利	米兰塞格拉特	新建 2 000 个单元的可持续郊区	美国	自行车城	无车概念
日本	多治见	可再生能源计划，屋顶绿化	美国	佛罗里达州德斯蒂尼	私人开发的 165 平方千米的城市中心
日本	横滨	部分 6 城市政府二氧化碳减排计划	美国	伊萨卡	生态村可持续住宅倡议
约旦	阿曼	以马斯达尔为范本的大型新城	美国	索诺马山村	废弃工业厂址上的有 1 900 个单元住宅的小城
肯尼亚	庄园生态城	门控开发，聚焦可再生能源	美国	波特兰	公交网络以及绿色空间战略

城市不只是一个建成实体，它也反映了多种多样的人群与文化的抱负和希望。一个城市的形态、功能、时尚和魅力都表现了一整套的心境、习惯、风俗以及生活方式。要让城市更可持续，既牵涉对于这些因素之间相互关系的理解，也要确保它们的多样性得以在讨论、规划和改善城市生态与提高可持续性的行动中表现出来。人际关系以及个体的优先考虑事项差异巨大，因此，人们不可能乐于接受由狭隘的精英团体制定出来的规划，还有可能导致一切已经取得的改进迅速恶化。英国高耸的社会住房工程的失败至少部分地反映出由设计师和理论家自上而下的规划以及远离个人需求的糟糕管理所存在的问题。为

未来世代创建城市的挑战在于，我们的思维方法是建立在过去的经验和旧有的技术之上的。利益驱动的私人开发尤其如此，它们极度关心的往往是在既定规模的土地上得到最大数量的住宅，而且通常并不情愿去考虑生态效率、节能、水的收集以及可持续的城市排污系统。住宅系统的所有组成部分，包括融资者和交通系统的设计者，都必须为未来思考，必须更多地考虑到城市生活可持续的途径。

对于驱动城市可持续性变革与改进的个人因素和要素的确认与区分，可能会把真实城市的复杂性过分简单化，而且有可能在哪些方法有效、哪些方法无效之类的问题上产生大量截然不同的解释和说明。这就是“21 世纪议程”背后的理想主义者试图把城市社会的所有不同部门都放到一起协同行动的原因，这些部门包括从企业、地方政府到居民群体和环境运动参与者等等。然而，在实践中，这种和谐的集体决策是完全不可能的，而且包含了妥协的可能，因而忽略了可能存在的问题，比如说，一个扩建的机场，在防止环境破坏和噪声、卫生隐患以及化石燃料使用等可能引发的后果时，也要保持就业、企业和社会利益的平衡。要构建一种可持续城市和可持续发展的文化路径与持久方法，也包括参与其中的各方要广泛地学习各种知识，听取各种意见，并且要诚心诚意地去思考许多不同的意见。

宗教团体也开始迈出了实施更可持续议程的步伐。绝大多数的宗教都欣然接受明智地利用资源与和谐共生的概念。在北美，犹太人社区已经开始就食物伦理、社区花园和土地治理等问题展开方法探索，这些探索把社会正义、生态责任与犹太传统相结合。① 在被无数评论者称为“社会问题”或者是“现代社会问题”的那些方面，基督教对可持续社区与可持续发展的关注具有历史渊源。基督教观点支持把平等、社会正义作为可持续性的组成部分。关爱他人并关心对资源的明智利用，也将通过对一些佛教原则的接受而表现出来，比如我们在生活中和制度上戒除贪、嗔、痴等。诸如此类的活动都将为走向可持续

---

① Silverstein，2011.

性的漫漫长途提供一个良好的开端，其中包括对更大的公平的追求。《古兰经》与《穆罕默德言行录》也为人类的精神与身体康宁提供了思想支持。《古兰经》中有不止500句对穆斯林教徒的规训，都事关环境问题以及应对这些问题的方法，而且，伊斯兰教的历史上还有许多事件为正义与平等提供了范例。①

伊斯兰教有许多指导人们走向可持续性的原则。在利用自然资源的同时也要保护自然环境，从这个角度来说，伊斯兰教把这种平衡明确地解释为人与自然关系中的关键因素。人们对于自然负有责任，这种责任是从人是自然资源的使用者也是自然平衡的维系者这一双重角色的立场出发的。按照伊斯兰教教法②，对建成环境的规划与管理应当维护道德并改进社会。2009年，一个伊斯兰教团体把“城市先知”麦地那看做是一个可能在相邻的地区发动一场绿色战役的地方。埃及的大穆夫提（Grand Mufti）③ 阿里·戈马（Ali Goma'a）酋长发表了一个“七年规划（a Seven Year Plan）”，这个规划已经在他自己所在的城市（Dar Al Iftaa）里推行。

伴随着如马斯达尔（Masdar）那样倾力打造出来的生态城市以及中东海湾国家更多可持续城市居住区的出现，这些伊斯兰教的原则能在多大程度上在建筑设计师、工程技术人员和规划者那里扎根，目前尚不清楚。像迪拜这样的城市似乎已经赶上甚至超过了北美的一些高能源利用而且依赖低能效汽车的城市。纽约的批评家欧罗索夫（Ouroussoff）在2010年写道：

> 尽管诺曼·福斯特（Norman Foster）有美好的愿望，从如叙利亚的阿勒颇（Aleppo）以及也门的希巴姆（Shibam）等地的古代居住区——两地都把一个极闷热地方的生活搞得舒适安逸——

① Hassan and Cajee，2002.

② Mortada，2002.

③ 伊斯兰教的宗教领袖。——译者注

吸收了阿拉伯的传统设计，并且试图创造出一种迥异于那类丑陋和低效的开发方式，但郊区别墅的外墙面上大量涂抹了伊斯兰教风格的装饰物，购物中心安装了巨大的空调装置，这一切在数十年的时间里已经侵蚀了中东城市的基本组织结构，诺曼·福斯特反倒是为未来派的封闭式住宅小区创造了这样的一个准则，它是高档的，却不是和谐的。①

旧城改造

大多数的城市居民都会受到旧城改造的影响，这些改造工程是为了使它们更可持续，是为了使用可再生的能源，是为了各种材料更有效地利用和再利用，是为了更有效地管理水资源并从城市绿色空间获得多种福利。这个议程某些方面的大幅进展已经获得了欧洲的立法与财政上的支持。“欧盟废物框架指令”为废物管理举措确立了下列优先考虑的次序：a）预防；b）做好再利用的准备；c）循环利用；d）其他形式的回收，比如，能源回收；以及 e）废物处置。指令还要求：到 2020 年，诸如来自家庭以及其他来源的纸、金属、塑料和玻璃之类的废旧材料的再利用和循环使用，应该至少占到全部被处理旧材料的 50%；而在全部的建筑和拆除垃圾中，至少应该有 70%被循环利用。在英国，各市政管理部门的这类立法与垃圾填埋税一起，已经大幅增进了废弃材料的循环利用水平，垃圾填埋税已从 1996 年的每吨 7 英镑提高到 2012 年的每吨 64 英镑（表 6.2）。同样，家庭和企业的电价补贴政策也鼓励了人们安装太阳能面板、热泵和风能发电机。尽管如此，当这些行动都作为单个的迈向生态城市理想的步伐的时候，它们还有必要团结在一起，共同把能源效率低下的城市转变为更加可持续的、环境更加友好的地方。许多城市已经在这方面取得了很大的进展。

① Laylin，2010.

德国的弗莱堡

生态住宅、无车街道以及具有社会意识的社区已经使德国城市弗莱堡成为一个可持续发展的光辉榜样。弗莱堡推进可持续性发展的努力，首先集中在阻止私家车进入城市中心区以及维持一种切实可行的交通系统方面。在20世纪70年代中期，弗莱堡开始通过关闭南北方向的交通要道来改进市中心的生活质量。这一禁令很快就被扩展到可以完全通过步行到达市中心的大部分地区，把市中心留给了电车和公共汽车。新型的多层停车场也被禁止了，而大型的自行车停车区则被设置在步行区的入口处。这些自行车停车场与一个四通八达的自行车道网络连在一起。这些变化都促成了1984～1995年间弗莱堡乘坐公共交通的旅客数量成倍增长，但这种增长主要是由于一种便宜的旅游通行证，这种通行证可以在零边际财务成本情况下无限使用，可以在个人之间相互转让并且在较大的区域内有效。公交旅游需求的扩张并未给市交通公司带来任何长期恶化的经营赤字。

除整体性的交通政策之外，弗莱堡还努力使自身的城市发展具有可持续性。在里瑟菲尔德（Rieselfeld）先前的一个废物处理场地，一个新的住宅开发项目为低收入家庭保留了30%的房源，大约提供了800套廉租房，它们分散在首批住宅区的各个位置，此外还有大约600套业主自用单元房。这个开发项目的能源利用据估计要比通常的住宅少52%，它利用了一系列的节能手段：共享的建筑墙体，建造零能源消耗的建筑，改进电力供应（里瑟菲尔德与附近地区的加热装置相连），敦促居民购买更高效的设备，以及鼓励使用更可持续的交通工具等。①

加拿大，英属哥伦比亚，温哥华

2008年，长期以来作为城市可持续性引领者的温哥华市批准了它

---

① Wang，R. S. et al.，2011.

的“生态密度宪章（EcoDensity Charter）”，其目的是要在所有的决策核心中强化环境可持续性的观念。[①] 建筑密度被居民区的空置土地规划以及（城中旧房被拆除后可盖新房的）棕色地带上的新开发项目增大了。温哥华的奥运村开发在世界上首先获得了节能与环境设计引导（Leadership in Energy and Environmental Design，LEED）社区开发白金证书。该市的目标是到2020年要成为世界上最绿色的城市，它要把这座城市变为绿色事业的引领核心，与2007年的水平相比，它还要把温室气体排放总量降低35%。[②] 该市还开始实现零垃圾政策的目标，并且要使乘坐公共交通工具的城市旅游增加50%以上。对于一个北美城市来说，这些都是很高的目标。

总结：新兴城市对抗成熟城市

在那些正在适应经济、社会和环境变化的老城与从头开始规划设计的新城之间，存在无数的反差和对比。新兴城市与成熟城市在实现可持续的基础设施以及塑造地方形象等方面面临着非常不同的挑战，这与可供使用的土地数量以及现有的土地利用方式有关。在那些围绕着历史上的商业区发展起来的城市中，公园和美化市容地带、商业机构以及被保护的历史性建筑的现存土地产权形式多种多样，这些城市要获得更高的可持续水平所面临的挑战，集中在对现存的系统及其关联的适应与调整方面。这种旧建筑物翻新的问题与那些更年轻的新兴城市的情况形成了鲜明的对比，新兴城市能够采用最佳的操作程序来布局整个新的商业、住宅和企业区域。

从国际上看，我们在许多地方的生态城市中已经有了各种具有单一构成要素的范例，但是，几乎还没有把所有这些要素集于一体的案例。有的城市或许有出色的生态住宅开发，但它却又完全依赖机动车

---

① Quastel，2009.

② Vancouver，2011.

交通，而且没有可持续的排污系统；另一类城市也许会有完美的绿色空间规划以及绿荫参天的树木和良好的公共开放空间；第三种也许拥有出色的公共交通，却又不关注建筑的能源效率；其他的或许有大量的绿色产业，而在水源利用上却存在浪费现象。因此，准备好用以评估生态城市和城市生态系统健康状况的清单和工具箱是有价值的，但这些清单和工具箱必须很全面，又要便于使用。还有许多工作要做，这些工作将包括要像探索新的工作路径那样，尽可能多地吸收和借鉴城市环境史上的经验与教训。在这个拥挤的地球上，城市发展很少能够在从未被利用过的土地上开始。它涉及对过去的调整和对未来的适应，要冷静面对环境遗产和根深蒂固的人类态度，还要有巨大的耐心、宽容和说服力。

最后的思考

如今大约有 30 亿人居住在城市，有的人过得相当舒适，而许多人却备尝艰辛。也许情况一向如此。希腊文明的创造靠的是奴隶制。许多现代城市靠的是新移民，他们来到城市，承担了几乎没有人愿意去做的报酬很低却又必不可少的工作。也存在一种巨大的专业技术人员的跨国流动现象，他们从一个国家来到另一个国家，把他们的专业知识和技能出售给提供了良好回报与挑战的企业和政府。这种运动正是城市特征的一部分。因此，最大的城市也往往具有最大的多样性。这也导致了部分城市特质的改变。在某些情况下，旧的楼房被带来了不同文化的新移民所占据。在另一些情况下，更富裕的群体使靠近市中心的地区中产阶级化了，改变了这个地区的社会动态结构。就社区介入城市空间管理的目标、参与提高可持续性的行动、开发危机时期的支持系统等方面而言，这种社会变革的动力也提出了相当多的问题。新来的人甚至不太可能像长期居民那样了解潜在的洪水风险、边坡的不稳定性问题、噪声的来源，以及各种气味和邻近地区开放空间的使用等问题。城市环境史表明，人们将会为解决这些问题而携起手来，就像 19 世纪煤烟等环境问题变得非常严重的时候女性群体所做的那样。本书的每一章就像下面列出的内容那样，都显示了从环境史中得到的主要教训，这些教训都是与当下的城市生活息息相关。

1. 早期的城市定居点已经开始了与邻近地区和有专业技术的工匠的贸易活动：他们的城市代谢开始触及其他社区。在印度河流域，在4 000年以前的克里特岛上，建立用水安全体系与合格卫生系统的早期能力表明，已不能用技术的原因来解释在21世纪让所有人都获得合格的供水与公共卫生体系的这个千年目标为何还没有达到。从本质上讲，这只是一个政治意愿和政府把什么放在优先地位的问题。

2. 城市是易于受到健康危害侵袭的，也易于受到战争的破坏和地球物理事件的损害。这些事件的影响不均等地降落在不同的社会群体头上，穷人遭受的苦难最多，而且在恢复时期得到的帮助也常常最少。

3. 城市代谢揭示了城市与国家之间不断增长的依赖关系，它还表明，为了帮助穷人，有必要减少富人的生态足迹。

4. 空气污染的情况表明，问题可以通过立法与技术的联合来加以克服。可是，在某些情况下，问题只是被转移了，正如当工厂高大的烟囱带着污染的浓烟离开城市来到邻近的农村地区，或是来到相邻的国家时发生的情况那样。减轻了某一种形式的空气污染的技术也常常会带来其自身的问题。时至今日，来自柴油机的超微颗粒物已经替代了来自用火和蒸汽机车产生的煤烟和二氧化硫。问题的替换与问题的转移并未最终使环境问题得到解决，它们只是重新设置了问题。更好的解决方案就是消除或是降低排放。

5. 水对城市至关重要，但是，太多的水或是太少的水，出现在错误的地点、错误的时间，都制造了巨大的问题。确保在城市发展的过程中不给现有的居民制造更严重的洪涝灾害也是一个关键问题。现代城市可能已经受到了洪涝灾害的惊扰，这类灾害随着气候变化在许多地区已越来越频繁。在各大洲，许多城市的供水系统都已经达到了极限。越来越多的关注不得不放在雨水收集这个古老的技艺上，放在储水和灰水再利用等方面。

6. 在欧洲城市，一些源于经验的才智和方法曾经得到了很好的运用；许多方法现在依然被亚洲、非洲和拉丁美洲的城市所利用。20 世纪的垃圾大填埋以及土地征集的运作必须停止，资源恢复的力度必须加大。为了让贫困人口能够获得更多的资源，为了有限的材料储存能得到更大程度的共享，也为了确保把包括肥沃的土壤与新鲜的水源在内的充足的资源留给未来的世世代代，富人们的过度消费应该减少。

7. 城市噪声的喧扰，特别是在充满了人们通过手机的谈话声和向团体游客介绍景点的高音扬声器声音的城市街道，使得寻找安静变得更加困难。许多人都获得了一种集中精力排除噪声干扰的能力，但贫困人口还是常常不能逃避邻居、交通车辆和企业发出的噪声的干扰。

8. 随着城市的发展，对于城市开发基础的大地的了解，已经变得越来越重要。过去挖掘的坑道以及沙坑已经被填满。河滩也已铺满建筑物。溪流已被抽干并掩埋。被污染的企业厂址仍在被开垦。海岸湿地已经干涸，它们的地表也已抬高。有风景的山腰房舍被高价销售。所有这些情况都可能引发问题，除非土地生产能力和地貌发展的历史能被人们了解，除非所有的建设和基础工程的实施都能达到适当的标准。

9. 城市的绿色空间对于一系列的生态系统服务具有很高的价值。为了帮助城市开发出未来世代能够享受得到的开放空间，对于公园、林地和城市自然保护区的多重利益有必要做出整体的思考。开放空间与绿色基础设施的配套必须成为城市发展的社会与经济规划中的一个有机部分。对于 19 世纪大型城市公园的体验为未来提供了许多教训。在当下的 21 世纪初期，令人担忧的是，在一些地区，解除对于城市规划的风险控制，有可能丧失抵达具有城市生态系统服务的宜居城市的路径。

10. 理想的生态城市是一个持续性的目标，对于这一目标，所有的城市规划者、开发者、管理者和政府机构都应该向往并追求，但现实情况却是，在最终有可能建成容纳数万或数十万人的新居民区的同时，现有大都市居民区的具有更大可持续性的翻新工程也是一个紧迫的任务。这项任务不是零打碎敲就能够完成的，不能只倾力打造某一个可持续性元素的数据。历史显示，整体性的思考与行动很有必要。

本书各章所呈现的这些各自独立的教训有必要构成对于未来城市及其环境整体思考的一部分。这些未来城市中的大部分都会是现在已经存在的那些城市。随着全球以及这些城市所在地气候的变化，它们需要不断地进行调适和改造。开发可以先行，环境问题可以在以后进行处理，这种普遍的看法是危险的，也是误入歧途的。设计与自然融为一体，并且追求一种健康环境，避免加大既有的污染和环境损害，这一切正在为中长期计划节省资金并为后代人提供更健康的生存机会。历史已经证明，通过严厉、独断的设计和法令，这一使命是可以完成的。它还表明，如果人们在各个层面积极参与，并且对他们居住地的工程拥有一种主人翁意识，这个目标也可以通过一种审慎的、参与式的、平和的方式来达到。创造力和领导才能必须在从单个家庭或企业直到国家政府机构和国际机构的各个层面都被展示出来。每个人都可以行动起来，减少他们日常生活中的排放行为；而地方政府则可以运用法律规范和具体细则来对规划进行调控；国家政府机构可以就排放问题立法，制约从机动车尾气到工厂烟囱的排放；还有关于臭氧层之类的国际性协议可以促使各国政府采取行动。

尽管今日的大型城市很有可能还会继续扩张，但大多数的城市人也还将继续生活在不足百万人口的小型的和中等规模的城镇与城市。他们也需要解决他们的环境问题。已经有许多城市展现了比它们更大的城市更具前瞻性的态度。在中国，这样的城市正在加紧推行生态城市规划；在欧洲，有创新精神的市长与他的市政委员会正在带头进行积极的环境行动；在美国，许多这样的城市正在贯彻它们自己的缓和气候变化与创造更具持续性城市的方针。在非洲、亚洲和拉丁美洲，有许多中等规模的城市正在展露类似的领导才能，这些城市有可能继续开创一些使生活更具可持续性的最具创新意义的道路。

尽管如此，政治家与商人也将会利用“可持续性”这个字眼来维护他们自己的利益。开发商与地方政府也常常试图让人们相信，一个地方是“可持续的”，因为它们已经种植了一些树木，并且建造了一些有植被的雨水滞洪池。可持续性一直是通过城市居住区的路径来展开运作的，涉及它的水源和能源、它的设计和建造、它的管理“经验与才智”、它对所在地地方特性的适应、它对城市农业以及绿色基础设施的鼓励、它的公共交通系统、它的家庭供暖与制冷系统以及它的企业生态。

如今，也许需要有比以往的历史更多的新思维去思考在环境管理与城市服务配置方面政府与私营企业的相应角色，包括在如供水与公交系统等公用事业方面。城市环境史显露了私营供水计划的许多不足，包括现代跨国公用事业公司所运作的一些项目。当良好的治理在一些城市尚处于缺位状态的时候，水电公用事业全盘私有化的教条已经使非洲和亚洲的许多城市的贫困人口仍处在被遗弃的状态，他们几乎完全依赖私营售水商来满足他们的日常需求。讽刺的是，那些最有需求的人也最有可能成为市场力量的牺牲品。

然而，人权在许多国家都得到有力保护，并且进一步对之加以保护的需求也被联合国与非政府组织在国际上反复重申，在这样一个人类历史时期，城市人必须认识到权利是伴随着责任的。在城市街道上行驶机动车的权利也伴随着必须履行的责任，不仅要遵守交通法规和避免事故发生，还要保证不产生不必要的污染和噪声，保证车辆停放不妨碍他人，保证大型机动车的过度使用不会造成城市空气质量的恶化，致使儿童和老年人患病。许多城市活动都易于造成资源的过度使用。一个简单的例子就是在工业城市外围的小山上休闲散步，每个人都有在人行道上漫步的权利，但那些最受人喜爱的地方被非常密集地占用，致使它们遭到毁坏，并开始造成周围地区的环境恶化。最终，要么是资源的利用不得不受到限制，要么就是必须使用相当大的投资来修复人行道，以便它更经得住众人的践踏。这里的教训在于，即使我们对特定的资源都拥有权利，我们也有必要在明智地利用它们的时候展示出个人的责任，而不是所有的人都极力驱车涌向同一条道路，或是都挤在同一条人行道上散步。

无论如何，人类的天性就是如此，许多有钱的人，包括大公司在内，都认为他们可以买到污染的权利，也可以买到污染全球共有的空气和海洋资源的权利。碳排放许可交易可能被指控干的正是这样的事情：为污染付费。尽管作为这种交易的一种结果，植树造林或是生物燃料发电可能在别的地方出现，但具有污染性的发电厂或工厂所在地的当前环境仍将会受到地方持续增加的排放的影响。怀疑论者可能会认为，在全球性的金融赌场中，碳交易有点类似于 2008 年之后扭曲了的银行系统的金融衍生品。那次扭曲使数十亿的公共资金转移了用途；这些资金原本的用途是要把城市建设成为一个有着更美好生活的地方，同时为实现供水和公共卫生的千年目标提供援助。

作为一个全球化的社会，我们不可能把城市环境从我们的社会、文化和经济活动中分离出来。我们依赖它，它也依赖我们。类似地震和洪涝灾害等大灾难可能会给城市带来影响，但它们的影响将部分地取决于我们如何建造城市以及如何管理这些城市，包括我们如何为这些灾难的来临做好准备。更为巨大的生命损失是因我们在城市中的所作所为而导致的，从那些我们疏于适当地关照自己的方式，到我们驾驶机动车，或者是污染空气、溪流和土壤的方式。纵观整个城市历史，正如本书满怀希望地所表明的那样，通过城市居民及其地方政府艰苦卓绝的努力，许多类似的问题已经有所缓解，但常见的情况是，新的问题又出现了。改善城市环境的需求仍然刻不容缓。当今时代和未来世代的人们还必须迎接这一挑战。

参考文献

ACEA 2010 *Overview of CO_2 based motor vehicle taxes in the EU.* http://www.acea.be/images/uploads/files/20100420_CO2_tax_overview.pdf [accessed 03 May 2012].

Achtman, A. 2008 Evolution, Population Structure, and Phylogeography of Genetically Monomorphic Bacterial Pathogens. *Annual Review of Microbiology*, 62, 53–70.

Achtman, M., Morelli, G., Zhu, P.X., Wirth, T., Diehl, I., Kusecek, B., Vogler, A.J., Wagner, D.N., Allender, C.J., Easterday, W.R., Chenal-Francisque, V., Worsham, P., Thomson, N.R., Parkhill, J., Lindler, L.E., Carniel, E., and Keim, P. 2004 Microevolution and history of the plague bacillus, *Yersinia pestis. Proceedings National Academy of Sciences (PNAS)*, 101 (51), 17837–42.

Ackroyd, P. 2000 *London: The Biography.* London: Chatto & Windus.

Adam, W. 1851 *The Gem of the Peak; or Matlock Bath and its vicinity.* John and Charles Mozley, Derby, 5th edition (reprinted Moorland Publishing, Hartington, 1973).

Adams, M., Cox, T., Moore, G., Croxford, B., Refaee, M. and Sharples, S. 2006 Sustainable soundscapes: noise policy and the urban experience. *Urban Studies*, 43, 2385–98.

Aharoni, A. 2006 Tel Aviv's urban water system: from source to reuse. Paper presented at the SWITCH Workshop on Learning Alliance, December 10–11, 2006, Tel Aviv, Israel.

Akhtar, S. 2011 The South Asiatic Monsoon and flood hazards in the Indus River basin, Pakistan. *Journal of Basic and Applied Sciences*, 7 (20), 101–15.

Alcazar, L., Abdala, M. and Shirley, M. 2000 *The Buenos Aires water concession.* World Bank Policy Research Working Paper 2311. Washington DC: World Bank.

Alkolibi, F.M. 2002 Possible effects of Global Warming on Agriculture and Water Resources in Saudi Arabia: Impacts and Responses. *Climate Change*, 54, 225–45.

Allan, C., Curtis, C., Stankey, G. and Shindler, B. 2008 Adaptive Management and Watersheds: A Social Science Perspective. *Journal of the American Water Resources Association*, 44 (1), 166–74.

Allen, A.S. 1984 Types of land subsidence. In Poland, J.F. (ed.) *Guidebook to studies of land subsidence due to ground-water withdrawal.* Paris: UNESCO, 133–42.

Allen, B.L. 2007 Environmental justice, local knowledge, and after-disaster planning in New Orleans. *Technology in Society*, 29 (2), 153–9.

Andrén, S. 2009 The Challenge of Urban Sustainability in a Globalising Economy: Malmö as a case for an integrated sustainability policy. http://www.cityfutures2009.com/pdf/95_Andrn_Sabina.pdf [accessed 21 February 2011].

Angelakis, A.N., Koutsoyiannis, D. and Tchobanoglous, G. 2005 Urban wastewater and stormwater technologies in ancient Greece. *Water Research*, 39, 210–20.

Anon. 1899 The Horseless Carriage and Public Health. *Scientific American*, 80 (18 February 1899), 98.

Anon. 2007 Solar-powered desalination plant leads the way. *EcosMagazine*, 134 (Dec–Jan), 4. http://www.ecosmagazine.com/?act=view_file&file_id=EC134p4.pdf [accessed 22 November 2011].

Anon. 2008 Now, DJB nod must for drilling borewells in city. *The Times of India*, 3 December 2008.

Anon. 2010 Nigerian water sector embraces PSP. *Global Water Intelligence*, 11, (6). http://www.globalwaterintel.com/archive/11/6/general/nigerian-water-sector-embraces-psp.html [accessed 23 November 2011].

Ashworth, W. 1954 *The genesis of modern British town planning*. London: Routledge and Kegan Paul.

Asian Development Bank 2004 History of Waste Disposal Crisis. http://www.adb.org/documents/books/garbage-book/chap2.pdf [accessed 21 November 2011].

Atkinson, A. 1992 The Urban Bioregion as 'Sustainable Development' Paradigm. *Third World Planning Review*, 14 (4), 327–41.

Aub, J.C., Fairhall, L.T., Minot, A.S. and Resinkoff, P. 1926 Lead Poisoning. *Medicine*, 4, 1–250.

Babisch W. 2000 Traffic Noise and Cardiovascular Disease: Epidemiological Review and Synthesis. *Noise and Health*, 2, 9–32.

Baillie, C. and Catalano, G. 2009 *Engineering and Society: working towards social justice*. San Francisco: Morgan & Claypool.

Barles S. 2003 Entre artisanat et industrie: l'engrais humain XIXe siècle. Hilaire-Perez L. et Verna C. (eds) *Artisanat, industrie, nouvelles révolutions du Moyen Âge à nos jours*. Paris: ENS Éditions, 187–201.

——. 2005 A metabolic approach to the city: Nineteenth and twentieth century Paris. In: Luckin, B., Massard-Guilbaud, G. and Schott, D. (eds) *Resources of the City: Contributions to an Environmental History of Modern Europe*. Aldershot: Ashgate, 28–47.

——. 2007 Urban metabolism and river systems: an historical perspective – Paris and the Seine, 1790–1970. *Hydrol. Earth Syst. Sci. Discuss.*, 4, 1845–78.

Barrett, A.D.T. and Higgs, S. 2007 Yellow Fever: A Disease that Has Yet to be Conquered. *Annual Review of Entomology*, 52, 209–29.

Barrett J. and Scott A. 2001 *An Ecological Footprint of Liverpool: Developing Sustainable Scenarios*. York: Stockholm Environment Institute.

Bartlett, S. 2003 Water, sanitation and urban children: the need to go beyond 'improved' provision. *Environment and Urbanization*, 15 (2), 57–70.

Batalhone, S., Nogueira, J. and Mueller, B. 2002 Economics of Air Pollution: Hedonistic Price Model and Smell Consequences of Sewage Treatment Plants in Urban Areas. *Working Paper, Texto Para Discussao* 234, 1–20, Brasilia: Department of Economics, University of Brasilia, Brazil.

Bauer, W.S. 1980 A Case Analysis of Oregon's Willamette River Greenway Program. Unpublished PhD thesis. Oregon State University.

Baynton-Williams, A. 1992 *Town and City Maps of the British Isles*. London: Studio Editions.

Beattie. C.I., Longhurst, J.W.S. and Woodfield, N.K. 2002 A Comparative Analysis of the Air Quality Management Challenges and Capabilities in Urban and Rural English Local Authorities. *Urban Studies*, 39, 2469–83.

Behrens, B., Giljum, S., Kovanda, J. and Niza, S. 2005 The Material Basis of the Global Economy: Implications for Sustainable Resource Use Policies in North and South. Paper presented at the conference 'Environmental Accounting and Sustainable Development Indicators' Charles University Environmental Centre, Prague, 26–27

September, 2005. http://old.seri.at/documentuploce/pdf/seri_globalresourceuse.pdf [accessed 21 February 2011].

Belcher, W.R. and Belcher, W.R. 2000 Geologic constraints on the Harappa archaeological site, Punjab Province, Pakistan. *Geoarchaeology*, 15, 679–713.

Beranek, L.L. 1962 Noise and its control. *Encyclopaedia Britannica*, Vol. 16, Chicago: Encyclopaedia Britannica Inc., 480–480B.

Berry, B.J.L. and Horton, F.E. 1974 *Urban environmental management: planning for pollution control*. Englewood Cliffs, New Jersey: Prentice-Hall.

Best Foot Forward 2002 *City Limits: A Resource Flow and Ecological Footprint Analysis of Greater London*. Oxford: Best Foot Forward Ltd.

Bhatia, R., and M. Falkenmark. 1993. Water resource policies and the urban poor: Innovative approaches and policy imperatives. In *Water and Sanitation Currents*. Washington, DC: World Bank.

Bijker, W.E. 2007 American and Dutch Coastal Engineering: Differences in Risk Conception and Differences in Technological Culture. *Social Studies of Science*, 37 (1), 143–51.

Bijsterveld, K. 2001 The Diabolical Symphony of the Mechanical Age: Technology and Symbolism of Sound in European and North American Noise Abatement Campaigns, 1900–40. *Social Studies of Science*, 31 (1), 137–70.

Binnie, G.M. 1983 Postscript to 'The collapse of the Dale Dyke dam in retrospect'. *Quarterly Journal of Engineering Geology and Hydrogeology*, 16, 357–8.

Black, H. 2008 Unnatural Disaster: Human Factors in the Mississippi Floods. *Environmental Health Perspectives*, 116 (9), A390–3.

Blackbourn, D. 2006 *The conquest of nature: water, landscape, and the making of modern Germany*. London: Norton.

Bliese, J.R.E. 2001 *The greening of conservative America*. Boulder CO: Westview.

Bloom, M. 2001 Editorial—Primary Prevention and Public Health: An Historical Note on Dr. John Hoskins Griscom. *The Journal of Primary Prevention*, 21 (3), 305–8.

Blumin, S.M. 1989 *The emergence of the middle class: social experience in the American city, 1760-1900*. Cambridge: Cambridge University Press.

Bondesan, M., Gatti, M. and Russo, P. 2000 Subsidence in the Eastern Po Plain. In Carbognin, L., Gambolati, G. and Johnson, A.L. (eds) *Land subsidence (Proceeding of the 6th international symposium on land subsidence), Vol II*. La Garangola, Padova Italy, 193–204.

Bondesan, M. and Simeoni, U. 1983 Dinamica e analisi morfologica statistica dei litorali del delta del Po e alle foci dell'Adige e del Brenta. *Memoria società geologica d'Italia*, 36, 1–48.

Bonné, R.A.C., Hiemstra, E., Hoek, J.R. van der and Hofman, J.A.M.H. 2002 Is direct nanofiltration with air flush an alternative for household water production for Amsterdam? *Desalination*, 152, 263–9.

Borja-Aburto, V.H., Loomis, D.P., Bangdiwala, S.I., Shy, C.M. and Rascon, R.A 1997 Ozone, Suspended Particulates, and Daily Mortality in Mexico City. *American Journal of Epidemiology*, 145, 258–68.

Borough of Haringey 2008 London Borough of Haringey Open Space Strategy 'A space for everyone'. http://www.haringey.gov.uk/open_space_strategy.pdf [accessed 23 July 2012].

Borough of Tower Hamlets, 2006 An Open Spaces Strategy for the London Borough of Tower Hamlets 2006 – 2016. www.towerhamlets.gov.uk/idoc.ashx?docid=1d58706f-82c2 [accessed 23 July 2012].

Boutouyrie, P. 2008 La pollution altère la paroi des vaisseaux. *La Recherche*, 415, 24.
Bowyer-Bower, T.A.S., Mapaure, I. and Drummond, R.B. 2004 Ecological degradation in cities: Impact of urban agriculture in Harare, Zimbabwe. *Journal of Applied Science in Southern Africa*, 2 (2), 53–67.
Box, J. and Harrison, C. 1993 Natural space in urban places. *Town & Country Planning*, 62, 231–4.
Brabb, E.E., Pampeyan, E.H. and Bonilla, M.G. 1972 Landslide susceptibility in San Mateo County, California. *US Geological Survey Miscellaneous Field Studies Map* MF360.
Bradley, R.M. and Dhanagunan, G.R. 2004 Sewage sludge management in Malaysia. *International Journal of Water*, 2 (4), 267–83.
Bradley, S. 2007 *St. Pancras Station*. London: Profile Books.
Brady, E.J. 1913 *Australia Unlimited*. Melbourne: George Robertson and Company.
Brakman, S., Garretsen, H. and Schramm, M. 2003 The Strategic Bombing of German Cities during World War II and its Impact on City Growth. *Utrecht School of Economics, Tjalling C. Koopmans Research Institute*, Discussion Paper Series 03–08.
Brambati, A., Carbognin, L., Quaia, T., Teatini, P. and Tosi, L. 2003 The Lagoon of Venice: geological setting, evolution and land subsidence. *Episodes*, 26 (3), 264–8.
Braudel, F. 1981 *Civilization & Capitalism 15th-18th Century Vol.I, The Structures of Everyday Life*. London: Collins.
———. 1988 *The Identity of France, Volume One History and Environment*. London: Collins.
Braun, H-J. 2012 Turning a deaf ear? Industrial noise and noise control in Germany since the 1920s. In Pinch, T. and Bijsterveld, K. (eds) *The Oxford Handbook of Sound Studies*. Oxford: Oxford University Press, 58–77.
Briet, M., Collin, C., Laurent, S., Tan, A., Azizi, M., Agharazii, M., Jeunemaitre, X., Alhenc-Gelas, F. and Boutouyrie, P. 2007 Endothelial Function and Chronic Exposure to Air Pollution in Normal Male Subjects. *Hypertension*, 50, 970–6.
British Standards Institution 1997 *British Standard BS 4142:1997: Rating industrial noise affecting mixed residential and industrial areas*. London: British Standards Institution.
Broder, I.E. 1988 A study of the birth and death of a regulatory agenda: the case of the EPA noise program. *Evaluation Review*, 12, 291–309.
Browne, G., O'Regan, B. and Moles, R. 2009 Assessment of total urban metabolism and metabolic inefficiency in an Irish city-region. *Waste Management*, 29, 2765–71.
Brubaker, E. 1995 *Property Rights in the Defence of Nature*. London: Earthscan Publications Limited and Earthscan Canada.
Brueckner, J.K. and Girvin, R. 2006 Airport noise regulation, airline service quality, and social welfare. *CESIFO Working Paper* No. 1820.
Brüel & Kjær n.d. *Environmental Noise Measurement*. Nærum, Denmark: Brüel & Kjær. http://cafefoundation.org/v2/pdf_tech/Noise.Technologies/PAV.Environ.Noise.B&K.pdf [accessed 25 October 2011].
Brunner, P.H., Daxbeck, H. and Baccini, P. (1994) Industrial metabolism at the regional and local level: A case study on a Swiss region. In R.B. Ayres and U.E. Simonis (eds) *Industrial Metabolism – Restructuring for Sustainable Development*. Tokyo: United Nations University Press, 163–93.
Brunner, P.H. and Rechberger, H. 2002 Anthropogenic metabolism and environmental legacies. In Douglas, I. (ed.) *Causes and consequence of environmental change; Encyclopedia of Global Environmental Change* (ed. Munn, T.) Vol. 3. Chichester: Wiley, 54–72.
Buczacki, S. 2007 *Garden Natural History*. London: Collins New Naturalist.

Burgess, J., Harrison, C.M. and Limb, M. 1988 People, parks and the urban green: a study of popular meanings and values for open spaces in the city. *Urban Studies*, 25, 455–73.

Burton L.R. 2003 The Mersey Basin: an historical assessment of water quality from an anecdotal perspective. *The Science of the Total Environment*, 314–6, 53–66.

CABE Space 2008 *Public Spaces*. www.cabe.org.uk/default.aspx?contentitemid=41 [accessed 14 February 2008].

Cain, J.M. and Beatty, M.T. 1965 Disposal of septic tank effluent in soils. *Journal of Soil and Water Conservation*, 20, 101–5.

Calame, J. 2005 Post-war Reconstruction: Concerns, Models and Approaches. *Center For Macro Projects and Diplomacy, Macro Center Working Papers*. http://digitalcommons.rwu.edu/cmpd working papers/20 [accessed 21 January 2008].

Calcaterra, D. and Santo, A. 2004 The January 10, 1997 Pozzano landslide, Sorrento Peninsula, Italy. *Engineering Geology*, 75, 181–200.

Calcott, A. and Bull, J. 2007 *Ecological footprint of British City residents*. Godalming: WWF-UK.

Caputo, M., Pieri, L. and Unguendoli, M. 1970 Geometric investigation of the subsidence in the Po Delta. *Bolletino di Geofisica Teorica e Applicata*, 47, 187–207.

Caran S.C. and Neely, J.A. 2006 Hydraulic engineering in prehistoric Mexico. *Scientific American*, 295 (4), 56–63.

Carpenter, M.C. and Bradley, M.D. 1986 Legal perspectives on subsidence caused by groundwater withdrawal in Texas, California and Arizona. *Publications International Association of Hydrological Sciences*, 151, 817–28.

Carr, A. 2004 *Positive psychology: the Science of happiness and human strengths*. New York: Brunner-Routledge.

Carrera-Hernandez, J.J. and Gaskin, S.J. 2007 The Basin of Mexico aquifer system: regional groundwater level dynamics and database development. *Hydrogeology Journal*, 15 (8), 1577–90.

Carson, P.A. and Mumford, C.J. 1979 An analysis of incidents involving major hazards in the chemical industry. *Journal of Hazardous Materials*, 3, 149–65.

Carson, R. 1962 *Silent Spring*. New York: Houghton-Mifflin.

Cartuffo, D. 1993 Reconstructing the climate and the air pollution of Rome during the life of the Trajan Column. *Science of the Total Environment*, 128, 205–26.

Cassedy, J.H. (1975). The roots of American sanitary reform 1843–47: Seven letters from John H. Griscom to Lemuel Shattuck. *Journal of the History of Medicine and Allied Sciences*, 30, 136–47.

Castellsague, J., Sunyer, J., Saez, M. and J.M. Anto 1985 Short-term association of urban air pollution with emergency room visits for asthma. *Thorax*, 50, 1051–6.

CEC (Commission of the European Communities) 1990 *Green Paper on the Urban Environment*. Brussels: CEC.

Chadwick, E. 1842 Report on the Sanitary Condition of the Labouring Population. *Great Britain Parliamentary Papers, 1842*, vol. xxvi, 369–72 (reprinted as Conclusions from the Sanitary Report, 1842. In Harvie, C., Martin, G. and Scharf, A. (eds) *Industrialisation & Culture 1830-1914*. London: Macmillan and Open University Press).

Chaloner, W.H. 1962 The Birth of Manchester. In Carter C.F. (ed.) *Manchester: A survey*. Manchester: Manchester University Press.

Chan, H.S., Wong, K-K., Cheung, K.C. and Lo, J.M-K. 1995 The Implementation Gap in Environmental Management in China: The Case of Guangzhou, Zhengzhou, and Nanjing. *Public Administration Review*, 55 (4), 333–40.

Chan, J.W.K. and Burns, N.D. 2002 Benchmarking manufacturing planning and control (MPC) systems: An empirical study of Hong Kong supply chains. *Benchmarking: An International Journal*, 9 (3), 256–77.

Chandler, P.J. 2007 Environmental factors influencing the siting of temporary housing in Orleans Parish. MSc Thesis, Louisiana State University etd-04122007-133815.

Changnon, S.A. 1998 The historical struggle with floods on the Mississippi River basin: Impacts of recent floods and lessons for future flood management and policy. *Water International*, 23 (4), 263–71.

Chau, K.W. 1993 Management of limited water resources in Hong Kong. *Water Resources Development*, 9 (1), 65–73.

Cheng, S. and McBride, J.R. 2006 Restoration of the urban forests of Tokyo and Hiroshima following the Second World War. *Urban Forestry & Urban Greening*, 5, 155–68.

Chew, S.C. 2001 *World Ecological Degradation: Accumulation, urbanization, and deforestation 3000 B.C. – A.D. 2000.* Walnut Creek, CA: Altamira Press.

Childe, G. 1958 *The Prehistory of European Society.* Harmondsworth: Penguin Books.

Chin, A. and Gregory, K.J. 2009 From Research to Application: Management Implications from Studies of Urban River Channel Adjustment. *Geography Compass*, 3 (1), 297–328.

China Environment Yearbook Committee 1998 *China Environment Yearbook 1998.* Beijing: China Environment Yearbook Press.

Chovin, P. 1979 *La pollution atmosphérique.* Paris: Presses Universitaire de la France.

City of Tucson 2008. *Ordinance No. 10597.* Tucson, AZ.

Clark, J.F.M. 2007 'The incineration of refuse is beautiful': Torquay and the introduction of municipal refuse destructors. *Urban History*, 34, 255–77.

Clark, P. (ed.) 2006 *The European city and green space: London, Stockholm, Helsinki and St Petersburg, 1850–2000.* Aldershot: Ashgate.

Classen, C., Howes, D. and Synott, A. 1994 *Aroma: the cultural history of smell.* London: Routledge.

Clement, M.T. 2010 Urbanization and the Natural Environment: An Environmental Sociological Review and Synthesis. *Organization & Environment*, 23 (3), 291–314.

Clift, P.D. and Blusztajn, J. 2005 Reorganization of the western Himalayan river system after five million years ago. *Nature*, 438, 1001–3.

Clout, H. (ed.) 1991 *The Times London History Atlas.* London: Times Books.

Coates, P.A. 2005 The strange stillness of the past: towards an environmental history of sound and noise. *Environmental History*, 10, 636–65.

Coles, R.W. and Bussey, S.C. 2001 Urban forest landscapes in the UK – progressing the social agenda. *Landscape and Urban Planning*, 52, 181–8.

Colten, C.E. 2005 *An Unnatural Metropolis: Wrestling New Orleans from Nature.* Baton Rouge, LA: Louisiana State University Press.

Comerio, M. 1998 *Disaster hits home: New policy for urban housing recovery.* Berkeley, CA: University of California Press.

Committee for European Normalization 2003 *EN 13725:2003, Air Quality – Determination of Odour Concentration by Dynamic Olfactometry.* Brussels: European Committee for Standardization (CEN), Technical Committee 267.

Cong, S. and Huang, Z. (eds) 1986 *Beautiful Beijing.* Beijing: China Photographic Publishing House.

Connell, J. and Thom, B. 2000 Beyond 2000: The post-Olympic city. In Connell, J. (ed.) *Sydney: The Emergence of a World City.* South Melbourne: Oxford University Press, 319–43.

Cooper, A.H. 1995 Subsidence hazards due to the dissolution of Permian gypsum in England: Investigation and remediation. In Beck B.F., Pearson, F.M. and LaMoreaux, P.E. (eds) *Karst geohazards: engineering and environmental problems in karst terrane*. Rotterdam: Balkema, 23–9.

Cooper, L. 2006 *Early Urbanism on the Syrian Euphrates*. London: Routledge.

Cooper, T. 2010 Burying the 'refuse revolution': the rise of controlled tipping in Britain, 1920–1960. *Environment and Planning A*, 42 (5), 1033–48.

Corbella, H.M. 2010 *Urban water management and market environmentalism: A historical perspective for Barcelona and Madrid*, Tesi Doctoral, Universitat Autònoma de Barcelona.

Corona G. 2005 Sustainable Naples: the disappearance of nature as a resource in D. Schott, D., Luckin, B. and Massard-Guilbaud, G. (eds) *Resources of the City. Contributions to an Environmental History of Modern Europe*. Aldershot: Ashgate.

Cousins, W.J. 2004 Towards a first-order earthquake loss model for New Zealand. *Proceedings of the 2004 Conference of the New Zealand National Society for Earthquake Engineering*. http://db.nzsee.org.nz/2004/Paper29.pdf [accessed 22 July 2012].

Cousins, W.J., Thomas, G.C., Heron, D.W., Mazzoni, S. and Lloydd, D. 2003. Modelling the spread of postearthquake fire. *Proceedings, 2003 Pacific Conference on Earthquake Engineering*, 13–15 February 2003, Christchurch. New Zealand Society for Earthquake Engineering. Paper No. 001.

Cox, P. 1973 Air pollution, in Dawson, J.A. and Doornkamp, J.C. (eds) *Evaluating the Human Environment*. London: Edward Arnold, 184–204.

Crabb, P. 1986 *Australia's Water Resources: Their Use and Management*. Melbourne: Longman-Cheshire.

Cranz, G. 1989 *The Politics of Park Design: A History of Park Design in Urban America*. Cambridge, MA: MIT Press.

Cumbler, J.T. 1995 Whatever happened to industrial waste? Reform, compromise, and science in nineteenth century southern New England. *Journal of Social History*, 29, 149–71.

Curtin, P.D. 1985 Medical Knowledge and Urban Planning in Tropical Africa. *The American Historical Review*, 90 (3), 594–613.

Daniel K., Sedlis M.H., Polk L., Dowuona-Hammond S., McCants B., Matte T.D. 1990 Childhood lead poisoning, New York City, 1988. *Morbidity and Mortality Weekly Report CDC Surveillance Summary*, 39 (4), 1–7.

Danino, M. 2008 New insights into Harappan town-planning, proportions and units, with special reference to Dholavira. *Man and Environment*, 23 (1), 66–79.

Davis, D.R. and Weinstein, D.W. 2002 Bones, Bombs, And Break Points: The Geography Of Economic Activity. *American Economic Review*, 92 (5), 1269–89.

Day, J.P., Fergusson, J.E. and Tay Ming Chee 1979 Solubility and Potential Toxicity of Lead in Urban Street Dust. *Bulletin of Environmental Contamination and Toxicology*, 23, 497–502.

Day, J.P., Hart, M. and Robinson, M.S. 1975 Lead in Urban Street Dust. *Nature*, 253, 343–5.

de Roo G. 2000 Environmental planning and the compact city—a Dutch perspective. In de Roo G., Miller D., (eds) *Compact cities and sustainable urban development. A critical assessment of policies and plans from an international perspective*. Aldershot, UK: Ashgate, 31–41.

Debonnet-Lambert, A. 1999 Experience of demonstration projects in France. In Schwelder, H-U. (ed.) *Noise abatement in European Towns and Cities: strategies, concepts and approaches for local noise policy*. Berlin: European Academy of the Urban Environment, 23–30.

Deelstra, T. 1986 National, regional and local planning strategies for urban green areas in the Netherlands: an ecological approach. In Comité MAB Español (eds) *International Seminar on Use, Handling and Management of Urban Green Areas*. Paris: UNESCO, 23-33.

Deelstra, T. and Girardet, H. 2000 Urban agriculture and sustainable cities. In Bakker, N., Dubbeling, M., Gündel, S., Sabel-Koschella, U. and Zeeuw, H. de (eds) *Growing cities, growing food: urban agriculture on the policy agenda. A reader on urban agriculture*. Wallingford: CABI, 43–65.

Deepak, B. 1999 Issue of environmental noise and annoyance. *Noise and Health*, 1 (3), 1–2.

Delfino, J.A., Casarin, A.A. and Delfino, M.E. 2007 *How Far Does It Go? The Buenos Aires Water Concession a Decade after the Reform*. Social Policy and Development Programme Paper Number 32, Geneva: United Nations Research Institute for Social Development.

Deligne, C. 2003 *Bruxelles et sa rivière. Genese d'un territoire urbain (12ᵉ-18ᵉ siecle)*. Studies in European Urban History (SEUH), Turnhout, Belgium: Brepols Publishers.

Department of Transport Local Government and the Regions, 2002 *Planning Policy Guidance Note 14 Development on Unstable Land Annex 2: Subsidence and Planning* London: The Stationery Office.

Desert burner, 2009 *MOMBASA Hacienda Eco City Under Construction*. http://www.skyscrapercity.com/showthread.php?t=915968 [accessed 31 March 2011].

Desrochers, P. 2007 How did the Invisible Hand Handle Industrial Waste? By-product Development before the Modern Environmental Era. *Enterprise and Society*, 8, 348–74.

Diefendorf, J.M. 1993 *In the wake of war: the reconstruction of German cities after World War II*. Oxford: Oxford University Press.

Dilke, O.A.W. and Dilke, M.S. 1976 Perception of the Roman World. *Progress in Geography*, 9, 39–72.

Disse, M. and Engel, H. 2001 Flood Events in the Rhine Basin: Genesis, Influences and Mitigation. *Natural Hazards*, 23, 271–90.

Dogan, M. and Kasarda, J.D. 1988, *The Metropolis Era, Volume 1, A World of Giant Cities*. Newbury Park: Sage. doi:10.1186/1476-069X-9-65 [accessed 27 January 2012].

Donnelly, J.P., Smith Bryant, S., Butler, J., Dowling, J., Fan, L., Hausmann, N., Newby, P., Shuman, D., Stern, J. Westover, K. and Webb III, T. 2001 700 yr sedimentary record of intense hurricane landfalls in southern New England. *Bulletin Geological Society of America*, 113 (6) 714–27.

Douglas, I. 1996 The impact of land use changes, especially logging, shifting cultivation and urbanization on sediment yields in humid tropical South-East Asia: a review with special reference to Borneo. *International Association of Hydrological Sciences Publication*, 236, 463–71.

——. 2004 People-induced geophysical risks and urban sustainability. In Sparks, R.S.J. and Hawkesworth, C.J. (eds) *The State of the Planet: Frontiers and Challenges in Geophysics (American Geophysical Union Geophysical Monograph 150, IUGG Volume 19)*, Washington DC: American Geophysical Union, 387–97.

Douglas, I., Ali J.A. and Clarke, M. 1993 Lead Contamination in Manchester. *Land Contamination and Reclamation*, 1 (3), 17–22.

Douglas, I. and Box, J. 2000 *The changing relationship between cities and biosphere reserves*, Newark: UK MAB Urban Forum.

Douglas, I., Hodgson, R. and Lawson, N. 2002 Industry, environment and health through 200 years in Manchester, *Ecological Economics*, 41, 235–55.

Downes, G.L., Dowrick, D.J., Van Dissen, R.J., Taber, J.J., Hancox, G.T. and Smith E.G.C. 2001 The 1942 Wairarapa, New Zealand, earthquakes: analysis of observational and instrumental data. *Bulletin of the New Zealand Society for Earthquake Engineering*, 34 (2), 125–57.

Drakakis-Smith, D., Bowyer-Bower, T. and Tevera, D. 1994 Urban poverty and urban agriculture: An overview of the linkages in Harare. *Habitat International*, 19 (2), 183–93.

Draper, R. 2011 Rift in Paradise. *National Geographic*, 220 (5), 82–117.

Drury, R.T., Belliveau, M.E., Kuhn, J.S. and Bansal, S., 1999 Pollution trading and environmental justice: Los Angeles' failed experiment in air quality policy. *Duke Environmental Law and Policy Forum*, 9, 231–89.

Duany, A., Plater-Zyberk, E. and Speck, J. 2000 *Suburban Nation: The rise of sprawl and the decline of the American Dream*. New York: North Point Press.

Dyos, H.J. 1982 *Exploring the past: essays in urban history*. Cambridge: Cambridge University Press.

Edmonds, R. L. 1998 Studies on China's Environment. *The China Quarterly*, 156, 725–73.

Edwards, K.C. 1962 *The Peak District*. London: Collins New Naturalist.

EEC 1975 Council directive of 16 June 1975 concerning the quality required of surface water intended for the abstraction of drinking water in the member states 75/440/ EEC. *Official Journal of the European Communities*, 18 (L.194), 26–31.

——. 1976 Council directive of 8 December 1975 concerning the quality of bathing water 76/160/EEC. *Official Journal of the European Communities*, 19 (L.31), 1–7.

——. 1978 Council directive on the quality of freshwater needing protection or improvement in order to support fish life 78/659/EEC. *Official Journal of the European Communities*, 21 (L.222), 1–10.

——. 1994 European Parliament and Council Directive 94/62/EC of 20 December 1994 on packaging and packaging waste. *Official Journal of the European Communities*, (L.365), 10–23.

Eliassen, R. 1969 *Solid waste management: a comprehensive assessment of solid waste problems, Practices and needs*. Washington DC: Office of Science and Technology, Executive Office of the President.

Elkin, T. and McLaren, D. (with Hillman, M.) 1991 *Reviving the City: towards Sustainable Urban Development*. London: Friends of the Earth with the Policy Studies Unit.

Elvin, M. 2004 *The Retreat of the Elephants: an environmental history of China*. New Haven: Yale University Press.

Emerton, L., Iyango, L., Luwum, P. and Malinga, A. 1998. *The present economic value of Nakivubo urban wetland, Uganda*. Nairobi, Kenya: IUCN – The World Conservation Union, Eastern Africa Regional Office.

Engels, F. 1892 *The Condition of the Working Classes in England 1844*. London: Sonnenschein & Co.

Engen, T. 1982 *The perception of odors*. New York: Academic Press.

Erickson , R.C. 1976 Subsidence control and urban oil production – a case history: Beverley Hills (East) oil field, California, *Publications International Association of Hydrological Sciences*, 121, 285–97.

Erol, O. and Pirazzoli, P.A. 2007. Seleucia Pieria: an ancient harbour submitted to two successive uplifts. *International Journal of Nautical Archaeology*, 21, 317–27.

EU Expert Group on the Urban Environment 1994 *European Sustainable Cities*, 1st Annual Report to the European Conference on Sustainable Cities and Towns, Lisbon.

European Commission 2006 *EU Action against Climate Change: Reducing emissions from the energy and transport sectors*. Brussels: Directorate-General Environment.

———. 2008 *Air Quality: Existing legislation*. http://ec.europa.eu/environment/air/quality/legislation/existing_leg.htm [accessed 22 July 2012].

———. 2011 *Energy Roadmap 2050*, COM(2011) 885/2, Brussels: European Commission.

European Union 2011 *Chemical Accidents (Seveso II) – Prevention, Preparedness and Response*. ec.europa.eu/environment/seveso/legislation.htm [accessed 6 February 2011].

Evans, E., Pottier, C., Fletcher, R., Hensley, S., Tapley, I., Milne, A. and Barbetti, M. 2007 A comprehensive archaeological map of the world's largest preindustrial settlement complex at Angkor, Cambodia. *Proceedings National Academy of Sciences*, 104, 14277–82.

Fairbrother, N. 1972 *New Lives, New Landscapes*. Harmondsworth: Penguin Books.

Farrell, A. 2001 *Tensions and Linkages Between International, National and Local Pollution Control Institutions: Air Pollution in Spain*. Paper presented at the 'Smoke and Mirrors' workshop, Center for Global, International, and Regional Studies, UC Santa Cruz, Santa Cruz CA, 11–12 January 2001.

———. 2005 Learning to see the invisible: discovery and measurement of ozone. *Environmental Monitoring and Assessment*, 106, 59–80.

Farrell, A. and Keating, T.J. 2000 The globalization of smoke: Co-evolution in science and government of a commons problem. Paper presented at the Eighth Biennial Conference International Association for the Study of Common Property June, 2000, Bloomington, IN.

Fernandes, T.M.A., Schout, C., De Roda Husman, A.M., Eilander, A., Vennema, H. and van Duynhoven, Y.T.H.P. 2006 Gastroenteritis associated with accidental contamination of drinking water with partially treated water. *Epidemiology and Infection*, 135 (5), 818–26.

Fernández, R. and Galarraga, F. 2001 Lead Concentration and Composition of Organic Compounds in Settled Particles in Road Tunnels from the Caracas Valley-Venezuela. *Environmental Geochemistry and Health*, 23 (1), 17–25.

Fernández, R., Morales, F. and Benzo, Z. 2003 Lead exposure in day care centres in the Caracas Valley – Venezuela. *International Journal of Environmental Health Research*, 13, 3–9.

Fink, A., Ulbrich, U. and Engel, H. 1996 Aspects of the January 1995 flood in Germany. *Weather*, 51 (2), 34–9.

Finley, M.I. 1999 *Ancient Economy*. Berkeley CA: University of California Press.

Fiorillo, F. and Wilson, R.C. 2004 Rainfall induced debris flows in pyroclastic deposits, Campania (southern Italy). *Engineering Geology*, 75, 263–89.

Fischer, C., Hedal, N., Carlsen, R., Doujak, K., Legg, D., Oliva, J., Lüdeking Sparvath, S., Viisimaa, M., Weissenbach, T. and Werge, M. 2008 *Transboundary shipments of waste in the EU Developments 1995-2005 and possible drivers*, European Topic Centre on Resource and Waste Management, ETC/RWM Technical Report 2008/1. http://scp.eionet.europa.eu/publications/Transboundary%20shipments%20of%20waste%20in%20the%20EU/wp/tech_1_2008 [accessed 12 July 2012].

Fitter, R.S.R. 1945 *London's Natural History*. London: Collins.

Fitzgerald, B.M. 1996 The development and implementation of noise control measures on an urban railway. *Journal of Sound and Vibration*, 193, 377–85.

Fletcher, R. and Pottier, C. 2002 The Gossamer City: a new inquiry, *Museum*, 54 (1&2), 24–6.

Foster & Partners, Halcrow, Volterra 2011 *The Thames Hub: an integrated vision for Britain.* http://www.halcrow.com/Thames-Hub/ [accessed 05 November 2011].

Foster, S. n. d. *Urban water-supply security in sub-Sahjaran Africa: making the best use of groundwater.* www.worldbank.org/gwmate [accessed 12 July 2012].

Fothergill, A., Maestas, E. and Darlington, J. 1999 Race, ethnicity and disasters in the United States: A review of the literature. *Disasters*, 23 (2), 156–73.

Foxell, S. 2007 *Mapping London: Making sense of the city.* London: Black Dog Publishing.

Freese, B. 2003 *Coal: A Human History.* New York: Penguin Books.

Freestone, R. 2000 Planning Sydney: historical trajectories and contemporary debates. In Connell, J. (ed.) *Sydney: The Emergence of a World City.* South Melbourne: Oxford University Press, 319–43.

Friends of Birley Fields 2008 *Birley Fields – The Heart and Soul of Manchester.* www.fobf.org.uk/index.php/Section14.html [accessed 24 January 2008].

Frost, P. and Hyman, G. 2011 Urban areas and the biosphere reserve concept. In Douglas, I., Goode, D., Houck, M. and Wang, R.S. (eds) *Routledge Handbook of Urban Ecology*, London: Routledge, 549–60.

Fry, Maxwell 1941 The new Britain must be planned. *Picture Post*, 10 (1), 16–20.

Fry, Michael 2009 *Edinburgh: a history of the city.* London: Macmillan.

Fudge, C. 1997 Planning ahead for our multiplying megacities. *Human Ecology, Journal of the Commonwealth Human Ecology Council*, 14, 17–8.

Galloway, J.A. and Murphy, M. 1991 Feeding the city: medieval London and its agrarian hinterland. *London Journal*, 16, 3–14.

Gandy, M. 1999 The Paris sewers and the rationalization of urban space. *Transactions Institute of British Geographers*, NS 24, 23–44.

———. 2006a J.G. Ballard and the Politics of Catastrophe, *Space and Culture*, 9 (1), 86–8.

———. 2006b Planning, anti-planning and the infrastructure crisis facing Metropolitan Lagos. *Urban Studies*, 43, 371–96.

Gans, H.J. 1972 *People and Plans.* Harmondsworth: Penguin Books.

Garcia, A. 2001a Introduction. In Garcia, A. (ed.) *Environmental Urban Noise.* Southampton: WIT Press.

———. 2001b Urban Noise Control. In Garcia, A. (ed.) *Environmental Urban Noise.* Southampton: WIT Press.

Garcia, A. and Raichel, D.R. 2003 Environmental Urban Noise. *Acoustical Society of America Journal*, 114, 1199–201.

Garrote, L., Martin-Carrasco, F., Flores-Montoya, F. and Iglesias, A. 2007 Linking Drought Indicators to Policy Actions in the Tagus Basin Drought Management Plan, *Water Resources Management*, 1, 2873–82.

Geiselbrecht, A.D., Herwig, R.P., Deming, J.D. and Staley, J.T. 1996 Enumeration and Phylogenetic Analysis of Polycyclic Aromatic Hydrocarbon-Degrading Marine Bacteria from Puget Sound, *Applied and Environmental Microbiology*, 62, 3344–9

Ghosh, A. 2008 Reverse gear. *The Guardian Society*, 16 January 2008, 9.

Gibbs, J.P. and Martin, W.T. 1958 Urbanization and natural resources: A study in organizational ecology. *American Sociological Review*, 23, 266–77.

Gibson, J.L. 1904 A plea for painted railings and painted walls of rooms as the source of lead poisoning among Queensland children. *Australian Medical Gazette*, 23, 149–53.

Gidlow, D.A. 2004 Lead toxicity. *Occupational Medicine*, 54, 76–81.

Gilbert, O.L. 1989 *The Ecology of Urban Habitats.* London: Chapman & Hall.

Gill, S.E., Handley, J.F., Ennos, A.R and Pauleit, S. 2007 Adapting Cities for Climate Change: The Role of the Green Infrastructure, *Built Environment*, 33, 115–33.

Girard, P.S. 1812 *Description générale des différens ouvrages à exécuter pour la distribution des eaux du Canal de l'Ourcq dans l'intérieur de Paris, et devis détaillé des ces ouvrages*, Paris: l'Imprimerie Impériale.

Girardet, H. 1992 *Cities: new directions for sustainable living*. London and Stroud: Gaia Books.

Giraud, R.E. and Shaw, L.M. 2007 *Landslide Susceptibility Map of Utah*, Salt Lake City: Utah Geological Survey.

Glasbergen, P. 2005 Decentralized reflexive environmental regulation: Opportunities and risks based on an evaluation of Dutch experiments. *Environmental Sciences*, 2, 427–42.

González, G. A. 2002 Local Growth Coalitions and Air Pollution Controls: The Ecological Modernization of the US in Historical Perspective. *Environmental Politics*, 11 (3), 121–44.

———. 2005 *The Politics of Air Pollution: Urban Growth; Ecological Modernization; and Symbolic Inclusion*, Albany NY: State University of New York Press.

Goode, D. 1986 *Wild in London*. Michael Joseph, London.

Goyal, S.K., Ghatge, S.V., Nema, P. and Tamhane, S.M. 2006 Understanding urban vehicular pollution problem vis-à-vis ambient air quality – case study of a megacity (Delhi, India). *Environmental Monitoring and Assessment*, 119, 557–69.

Graedel, T.E. and Klee, R.J. 2002 Industrial and anthroposystem metabolism. In Douglas, I. (ed.) *Causes and consequences of environmental change; Encyclopedia of Global Environmental Change* (ed. Munn, T.) Vol. 3, Chichester: Wiley, 73–83.

Gray, E. 1993 *A hundred years of the Manchester Ship Canal*. Bolton: Aurora.

Gray, H.F. 1940 Sewerage in Ancient and Mediaeval Times. *Sewage Works Journal*, 12 (5), 939–46.

Green, R. and Bates, L. 2007 Impediments to recovery in New Orleans' Upper and Lower Ninth Ward: one year after Hurricane Katrina. *Disasters*, 31 (4), 311–35.

Grinder, R.D. 1980 The Battle for Clean Air: The Smoke Problem in Post-Civil War America. In Melosi, M.V. (ed.) *Pollution and Reform in American Cities, 1870-1930*. University of Texas Press, Austin, TX, 83–103.

Groslier, B.P. and Arthaud, J. 1957 *Angkor, Art and Civilization*. London: Praeger.

Groundwork UK 2008 *Where did Groundwork come from?* www.groundwork.org.uk [accessed 06 February 2008].

Gugliotta, A. 2004 'Hell with the lid taken off': A cultural history of air pollution – Pittsburgh. Unpublished PhD dissertation, Notre Dame University.

Gunten L. von, Eggenberger, U., Grob, P., Morales, A., Sturm, M., Urrutia, R. and Grosjean, M. 2007 Deposition of atmospheric copper and pollution history since ca. 1850 in Central Chile. Paper presented at the 5th Swiss Geoscience Meeting, Geneva, Index of /sgm2007/SGM07_abstracts/09_Geohazards_in_Lakes [accessed 03 May 2012].

Guo, X.R., Mao, X.Q., Yang, J.R. and Cheng, S.Y. 2005 An Urban Ecological Footprint Approach for Assessing the Urban Sustainability of Guangzhou City, China. *Environmental Informatics Archives*, 3, 449–55.

Gupta, A.K. 2004 Origin of agriculture and domestication of plants and animals linked to early Holocene climate amelioration. *Current Science*, 87 (1), 54–9.

Gupta, A.K., Anderson, D.M., Pandey, D.N. and Singhvi, A.K. 2006 Adaptation and human migration, and evidence of agriculture coincident with changes in the Indian summer monsoon during the Holocene. *Current Science*, 90 (8), 1082–90.

Haagen-Smit, A.J. 1970 A Lesson from the Smog Capital of the World. *Proceedings of the National Academy of Sciences*, 67, 887–97.
Haas, J., Creamer, W. and Ruiz, A. 2004 Dating the Late Archaic occupation of the Norte Chico region in Peru. *Nature*, 432, 1020–3.
Hackett, J.E. 1965 Groundwater contamination in an urban environment. *Groundwater*, 3 (3), 27–30.
Haines, M.M., Stansfeld, S.A., Head, J. and Job, R.F.S. 2002 Multilevel modelling of aircraft noise on performance tests in schools around Heathrow Airport London. *Journal of Epidemiology and Community Health*, 56, 139–44.
Hakanen, M. 1999 *Some Finnish ecological footprints at the local level*. Helsinki: The Association of Finnish Local and Regional Authorities.
Hall, C.M. and Page, S. 2006 *The geography of tourism and recreation: environment, place and space*. London: Routledge.
Hall, D.G.E. 1968 *A History of South-East Asia*, 3rd edition. London: McMillan.
Hall, P. 2002 *Cities of Tomorrow: An Intellectual History of Urban Planning and Design in the Twentieth Century*. Oxford: Blackwell.
Halliday S. 2001 Death and miasma in Victorian London: an obstinate belief. *British Medical Journal*, 323, 1469–71.
Hammad, Z. H., Ali, A. O. and Ahmed, H. H. 2008 The quality of drinking water in storage in Khartoum State. *Khartoum Medical Journal*, 1 (2), 78–80.
Hannam, I.D. 1979 Urban soil erosion: an extreme phase in the Stewart subdivision, west Bathurst. *Journal of the Soil Conservation Service of NSW*, 3, 19–25.
Harnapp, V.R. and Noble, A.G. 1987 Noise pollution. *GeoJournal*, 14, 217–26.
Harrigan, P. and Doughty, D. 2007 New pieces of Mada'in Salih's puzzle. *Saudi Aramco World*, 58 (4), 14–23.
Harrison, R.M. and Laxen, D.P.H. 1981 *Lead Pollution: Causes and Control*. London: Chapman and Hall.
Hassan, A. and Cajee, Z. 2002 Islam, Muslims and Sustainable Development. http://www.imase.org/reading/reading-list-mainmenu-34/27-islam-muslims-and-sustainable-development-the-message-from-johannesburg-2002 [accessed 17 March 2011].
Hays, S.P. 1996 The trouble with Bill Cronon's Wilderness. *Environmental History*, 1 (1), 29–32.
Head, L. and Muir, P. 2006 Edges of Connection: reconceptualising the human role in urban biogeography. *Australian Geographer*, 37 (1), 87–101.
Head, P. 2008 *Entering the Ecological Age: The Engineer's Role*. London: Institution of Civil Engineers Brunel Lecture Series. http://www.arup.com/_assets/_download/72B9BD7D-19BB-316E-40000ADE36037C13.pdf [accessed 31 March 2011].
Healy, J.F. 1988 *Mining and Metallurgy in the Greek and Roman World*. London: Thames and Hudson.
Henry, R.K., Zhao, Y. and Dong, J. 2006 Municipal solid waste management challenges in developing countries – Kenyan case study. *Waste Management*, 26, 92–100.
Heynen, N., Kaika, M. and Swyngedouw, E. 2006 Urban political ecology: politicizing the production of urban natures. In Heynen, N., Kaika, M. and Swyngedouw, E. (eds) *In the Nature of Cities: Urban political ecology and the politics of urban metabolism*. London: Routledge, 1–20.
Hibbert, C. 1985 *Rome: The Biography of a City*. London: Penguin Books.
Higbee, E. 1976 Centre Cities in Canada and the United States. In Wreford-Watson, J. and O'Riordan, T. (eds) *The American Environment: Perceptions and Policies*. London: Wiley, 145–60.

Hilton, R.N. 1961 Templer Park, Malaya. In Wyatt-Smith, J. and Wycherley, P.A. (eds) *Nature Conservation in Western Malaysia*. Kuala Lumpur: Malayan Nature Society, 100–2.

Hirsch, A.R. and Levert, A.L. 2009 The Katrina Conspiracies: The Problem of Trust in Rebuilding an American City. *Journal of Urban History*, 35 (2), 207–19.

Hodder, I. 2007 Çatalhöyük in the Context of the Middle Eastern Neolithic. *Annual Reviews of Anthropology*, 36, 105–20.

Hong, S., Candelone, J.P., Soutif, M. and Boutron, C.F. 1996 A reconstruction of changes in copper production and copper emissions to the atmosphere during the past 7000 years. *The Science of the Total Environment*, 188, 183–93.

Hookway, R. 1978 Issues in Recreation. In Davies, R. and Hall. P. (eds) *Issues in Urban Society*. Harmondsworth: Penguin Books, 161–82.

Hopkinson, T. 1941 Foreword to a Plan for Brtiain. *Picture Post*, 10 (1), 4.

Horner, G.V. 1988 Sewage treatment and odour control. *Water Services*, 92, 1113–27.

Hoskins, W.G. and Stamp, L.D. 1963 *The Common Lands of England & Wales*. London: Collins.

Houck, M. 2011 In livable cities is preservation of the wild. In Douglas, I., Goode, D., Houck, M. and Wang, R.S. (eds) *The Routledge Handbook of Urban Ecology*. London: Routledge, 48–62.

Hough, M. 1984 *City Form and Natural Process*. London: Croom Helm.

Huang, X-F., He L.Y., Hu, M. Canagratna, M.R., Sun, Y., Zhang, Q., Zhu, T., Xue, L., Zeng, L-W. Liu, X.G., Jayne, J.T., Ng, N.L. and Worsnop, D.R. 2010 Highly time-resolved chemical characterization of atmospheric submicron particles during 2008 Beijing Olympic Games using an Aerodyne High-Resolution Aerosol Mass Spectrometer. *Atmospheric Chemistry and Physics*, 10, 8933–45.

Hundley, N. Jr. 1992 *The Great Thirst: Californians and their Water 1770s-1990s*. Berkeley: University of California Press.

Hunt, N.B. 2004 *Historical Atlas of Ancient Mesopotamia*. New York: Checkmark Books.

Hutin, Y., Luby, S. and Paquet, C. 2003 A large cholera outbreak in Kano City, Nigeria: the importance of hand washing with soap and the danger of street-vended water. *Journal of Water and Health*, 01 (1), 45–52.

IDA 2010 *Sanitation and water supply: Improving services for the poor*. Washington, DC: International Development Association, World Bank.

International Union for the Conservation of Nature (IUCN) 1980 *World Conservation Strategy: Living Resource Conservation for Sustainable Development*, Gland: IUCN. http://data.iucn.org/dbtw-wpd/edocs/WCS-004.pdf [accessed 22 July 2012].

Jackson, R.E. 2004 Recognizing Emerging Environmental Problems: The Case of Chlorinated Solvents in Groundwater. *Technology and Culture*, 45, 55–79.

Jain, S.K., Agarwal, P.K. and Singh, V.P. 2007 *Hydrology and Water Resources of India*. Dordrecht: Springer Netherlands.

James, L. 2006 *The Middle Class: a history*. London: Little, Brown.

James, L.A. and Singer, M.B. 2008 Development of the Lower Sacramento Valley Flood-Control System: Historical Perspective. *Natural Hazards Review*, 125–35.

Jardine, L. 2002 *On a grander scale: the outstanding career of Sir Christopher Wren*. London: Harper Collins.

Jeffrey, S. 2012 Lengthy debate on landfill. *Armidale Express*, 25 May 2012. http://www.armidaleexpress.com.au/news/local/news/general/lengthy-debate-on-landfill/2568131.aspx [accessed 18 July 2012].

Johnson, L.L., Landahl, J.T., Kubin, L.A., Horness, B.H., Myers, M.S., Collier, T.K. and Stein, J.E. 1998 Assessing the effects of anthropogenic stressors on Puget Sound flatfish populations. *Journal of Sea Research*, 39, 125–37.

Joss, S. 2010 Eco-cities – a global survey 2009. *WIT Transactions on Ecology and The Environment*, 129, 239–50.

Kalin, R.M. and Roberts, C. 1997 Groundwater Resources in the Lagan Valley Sandstone Aquifer, Northern Ireland. *Journal of the Chartered Institution of Water and Environmental Management*, 11, 133–9.

Kang, C.D. and Cervero, R. 2009 From Elevated Freeway to Urban Greenway: Land Value Impacts of the CGC Project in Seoul, Korea. *Urban Studies*, 46, 2771–94.

Kaplan, M. 1991 *The Portuguese: the Land and its People*. London: Penguin Books.

Karnataka Act 2009 The Bangalore Water Supply and Sewerage (Amendment) Act 2009 (Karnataka Act No.19 Of 2009) KA/BG-GPO/2515/WPP-47/2009-2011. www.bwssb.org/pdf/RWH_Compulsory.pdf [accessed 23 November 2011].

Karskens, G. 2007 Water Dreams, Earthen Histories: Exploring Urban Environmental History at the Penrith Lakes Scheme and Castlereagh, Sydney. *Environment and History*, 13 (2), 115–54.

Kates, R.W., Colten, C.E., Laska, S. and S. P. Leatherman, S.R. 2006 Reconstruction of New Orleans after Hurricane Katrina: A research perspective. *Proceedings of the National Academy of Sciences of the United States of America*, 103, 14653–60.

Kaye, R. 2001 Development of odour assessment criteria in New South Wales and application of the criteria for the assessment of a major public works project. *Water Science and Technology*, 44 (9), 111–8.

Keating, M. 1993 *The Earth Summit's Agenda for Change: A plain language version of Agenda 21 and other Rio agreements*. Geneva: Centre for Our Common Future.

Keil, R. and Boudreau, J-A. 2006 Metropolitics and Metabolics: rolling out environmentalism in Toronto. In Heynen, N., Kaika, M. and Swyngedouw, E. (eds) *In the Nature of Cities: Urban political ecology and the politics of urban metabolism*. London: Routledge, 41–62.

Kelly, T. 2006 Using sustainability in urban water planning. Paper presented at the SWITCH Workshop on Learning Alliance, 10–11 December 2006, Tel Aviv, Israel.

Keneally, T. 2007 *Commonwealth of Thieves: The story of the founding of Australia*. London: Vantage Books.

Kennedy, M. 1970 *Portrait of Manchester*. London: Robert Hale.

Kenney, D.S., Goemans, G., Klein, R., Lowrey, J. and Reidy, K. 2008 Residential Water Demand Management: Lessons from Aurora, Colorado. *Journal of the American Water Resources Association*, 44 (1), 192–207.

Khalat, S. and Khoudry, P.S. (eds) 1993 *Recovering Beirut: Urban design and Post-War Reconstruction*. Leiden: Brill.

Kimball, A. 2005. Selling water instead of watermelons: Colorado's changing rural economy. *Next American City*, 3 (8) (Reprinted as: Aurora, CO, preserves and protects its water supply. In Kemp, R.L. (ed.) *Cities and water: a handbook for planning*. Jefferson NC: McFarlane, 33–5).

Kimura, K-I. 1998 Thermal comfort in Japanese urban spaces. In Golany, G.S., Hamaki, K. and Koide, O. (eds) *Japanese Urban Environment*. Oxford: Pergamon, 134–46.

Kitson, T. 1982 The allocation of water for public supply within Severn-Trent Water Authority. *International Association of Hydrological Sciences Publication*, 135, 193–202.

Klingle, M. 2007 *Emerald City: an environmental history of Seattle.* New Haven: Yale University Press.

Knights, D. and Wong, T. 2004 Strategies for achieving optimal potable water conservation outcomes – a Sydney Case Study. *Proceedings International Conference on Water Sensitive Urban Design: Cities as Catchments (WSUD 2004).* Adelaide: Stormwater Industry Association, 181–94.

Knocke E.T. and Kolivras K.N. 2007 Flash Flood Awareness in Southwest Virginia. *Risk Analysis*, 27 (1), 155–69.

Koe, L.C.C. 2002 Sewage Odour Control – The Singapore Experience. http://www.orea.or.jp/en/PDF/2004-10.pdf [accessed 12 July 2012].

Koe, L.C.C. and Yang, F., 2000. A bioscrubber for hydrogen sulfide removal. *Water Science and Technology*, 14 (6), 141–5.

Kolbe, T. and Gilchrist, K. 2011 *Particulate matter air pollution in a NSW regional centre: A review of the literature and opportunities for action.* Wagga Wagga: Centre for Inland Health, Charles Sturt University.

Köster, P. 1994 Hedonic aspects of odors and odor pollution control. In Martin, G. and Laffort, P. (eds) *Odors and deodorization in the environment.* New York: VCH Publishers, 67–84.

Kranser, L. 2002 *Chronology of the War over El Toro Airport.* San Jose: Internet for Activists, Writers Club Press.

Krausmann, F., Gingrich, S., Eisenberger, N., Erb, K-H., Haberl, H. and Fischer-Kowalski, M. 2009 Growth in global materials use, GDP and population during the 20th century. *Ecological Economics*, 68, 2696–705.

Kreibich, H., Petrow, T., Thieken, A.H., Müller, M. and Merz, B. 2005 Consequences of the extreme flood event of August 2002 in the city of Dresden, Germany. *International Association of Scientific Hydrology Publications*, 293, 164–73.

Krier, J.E. and Ursin, E. 1977 *Pollution and Policy: A Case Essay on California and Federal Experience with Motor Vehicle Air Pollution.* Los Angeles, CA: University of California Press.

Krishnakumar, P.K., Casillas, E., Snider, R.G., Kagley, A.N. and Varanasi, U. 1999 Environmental Contaminants and the Prevalence of Hemic Neoplasia (Leukemia) in the Common Mussel (Mytilus edulis Complex) from Puget Sound, Washington, U.S.A. *Journal of Invertebrate Pathology*, 73, 135–46.

Kum, V., Sharp, V. and Harnpornchai, N. 2005 Improving the solid waste management in Phnom Penh city: a strategic approach. *Waste Management*, 25, 101–9.

Kunzig, R. 2008 Drying of the West. *National Geographic*, 213 (2), 90–113.

Kuwairi, A. 2006 Water mining: the Great Man-made River, Libya. *Proceedings of the ICE – Civil Engineering*, 15 (5), 39–43.

La Berge, A.F. 1992 *Mission and Method: the early nineteenth century French public health movement.* Cambridge: Cambridge University Press.

Laconte, P. 2007 History and Perspectives on a Capital City. In Laconte P. and Hein C. (eds) Brussels: Perspectives on a European Capital. Brussels: Foundation for the Urban Environment and Éditions Aliter, 10–43.

Laermans, R. 1993 Learning to consume: early department stores and the shaping of the modern consumer culture (1860–1914). *Theory, Culture & Society*, 10, 79–102.

Lafarge 2011 *South Africa – Eco-City, an ecologically sustainable village in Johannesburg.* http://www.lafarge.com/wps/portal/2_4_4_2-SoDet?WCM_GLOBAL_CONTEXT=/wps/wcm/connect/Lafarge.com/AllCS/Cie/IH/CP1610621438/CSEN [accessed 31 March 2011].

LaFontaine, J.S. 1970 *City Politics. A Study of Leopoldville, 1962-63.* Cambridge: Cambridge University Press.

Lallana, C. 2003 *Water use efficiency (in cities): Leakage, Indicator Fact Sheet WQ06.* Copenhagen: European Environment Agency.

Lambert, T. 2007 *A Brief History of Derby.* www.localhistories.org/derby.html [accessed 22 November 2011].

Lammersen, R., Engel, H., Van den Langenheem, W., and Buiteveld, H. 2002 Impact of river training and retention measures on flood peaks along the Rhine. *Journal of Hydrology,* 267, 115–24.

Lamont, J.R., McManus, E.W. and Sutton, G.K. 1995 The sanitary administration of Belfast in the mid-1990s. *Journal of the Chartered Institution of Water and Environmental Management,* 9, 43–52.

Landlife 2007 *Annual Report 2006–7.* Court Hey Park, Liverpool: Landlife.

Landscape Institute 2011 *Local Green Infrastructure: Helping communities make the most of their landscape.* London: Landscape Institute.

Lane Fox, R. 2006 *The Classical World: an epic history of Greece and Rome.* London: Penguin Books.

Larkey, S.V. 1934 Public Health in Tudor England. *American Journal of Public Health,* 24 (11), 1099–102.

Larkham, P.J. 2005 Planning for reconstruction after the disaster of war: lessons from England in the 1940s. *Perspectivas Urbanas / Urban Perspectives,* 6, 3–14.

Laurie, M. 1979 Nature and city planning in the ninteenth century. In Laurie, I.C. (ed.) *Nature in cities.* Chichester: Wiley, 37–63.

Laylin, T. 2010 Masdar City's Just A Futuristic Playground For The Rich. *New York Times* September 29, 2010. http://www.greenprophet.com/2010/09/masdar-city-playground/ [accessed 17 March 2011].

Leishman, N.N., Killip, C., Best, P.R., Brooke, A., Jackson, L. and Quintarelli, F. 2004 *Air quality at the rural/urban interface of an expanding metropolis.* Presented at the 13th World Clean Air and Environmental Protection Congress and Exhibition, London, UK, August 2004.

Lenzen, M. and Murray, S.A. 2003 *The Ecological Footprint-Issues and Trends.* ISA Research Paper 01–03, University of Sydney: www.isa.org.usyd.edu.au [accessed 5 October 2012].

Levy, J.I., Buonocore, J.J. and von Stackelberg, K. 2010 Evaluation of the public health impacts of traffic congestion: a health risk assessment. *Environmental Health,* 9, 65, 1–12. doi:10.1186/1476-069X-9-65 [accessed 12 July 2012].

Lewis, L. and Galardi, K. 2002 Neutralizing noxious odors at Singapore's Ulu Pandan Sewage Treatment Works. *Water and Engineering Management,* January 2002, 15–17.

Li, H., Bao, W., Xiu, C., Zhang, Y. and Xu, H. 2010 Energy conservation and circular economy in China's process industries. *Energy,* 35 (11), 4273–81.

Li, S.R., Ding, T. and Wang, S. 1995 Reed-bed treatment for municipal and industrial waste waters in Beijing, China. *Journal of the Chartered Institution of Water and Environmental Management,* 9, 581–88.

Li, S., Zhang, Y., Li, Y. and Yang, N. 2010 Research on the Eco-city Index System Based on the City Classification. *4th International Conference on Bioinformatics and Biomedical Engineering, Chengdu, China.* http://ieeexplore.ieee.org/xpl/login.jsp?tp=&arnumber=5516343&url=http%3A%2F%2Fieeexplore.ieee.org%2Fxpls%2Fabs_all.jsp%3Farnumber%3D5516343 [accessed 12 July 2012].

Liechty, M. 2002 *Suitably Modern: Making Middle-Class Culture in a New Consumer Society.* Princeton NJ: Princeton University Press.

Linde, A.H. te, Bubeck, P., Dekkers, J.E.C., Moel, H. de and Aerts, J.C.J.H. 2011 Future flood risk estimates along the river Rhine. *Natural Hazards Earth System Science*, 11, 459–73.

Lin-Fu, J.S. 1980 Lead poisoning and undue lead exposure in children: history and current status. In Needleman, H.L. (ed.) *Low level lead exposure: The clinical implications of current research*. New York: Raven Press, 5–16.

Liu C. 1998. Environmental Issues and the South-North Water Transfer Scheme. *The China Quarterly*, 156, 899–910.

Llamas, M.R. 1983 The influence of the failure of groundwater supply to Madrid in the national water policy of Spain. *International Symposium on Groundwater in Water Resources Planning, Koblenz, IAHS-AISH Publication*, 142, 421–7.

Lockwood, F.W. 1995 The sanitary administration of Belfast (1898). *Journal of the Chartered Institution of Water and Environmental Management*, 9, 29–40.

Loftus, A. and McDonald, D.A. 2001 Lessons from Argentina: The Buenos Aires water concession. www.labournet.net/world/0105/arwater2.html [accessed 19 November 2011].

Love, R. 2005 Daylighting Salt Lake's City Creek: An Urban River Unentombed, 35. *Golden Gate University Law Review*. http://digitalcommons.law.ggu.edu/ggulrev/vol35/iss3/4 [accessed 02 May 2012].

Lovelock, J.E. and Margulis, L. 1974. Atmospheric homeostasis by and for the biosphere-The Gaia hypothesis. *Tellus*, 26 (1), 2–10.

Lowe, G. 2004 The Golden Pipeline [online]. *Australian Journal of Multi-disciplinary Engineering*, 2 (1), 45–53. http://search.informit.com.au/documentSummary;dn=479500289571684;res=IELENG [accessed 5 October 2012].

Luckin, B. 2004 At the margin: continuing crisis in British environmental history? *Endeavour*, 28 (3), 97–100.

Mabey, R. 1973 *Unofficial Countryside*. London: Collins.

Madella, M. and Fuller, D.Q. 2006 Palaeoecology and the Harappan Civilisation of South Asia: a reconsideration. *Quaternary Science Reviews*, 25, 1283–301.

Makra, L. and Brimblecombe, P. 2004 Selections from the history of environmental pollution, with special attention to air pollution. Part 1. *International Journal of Environment and Pollution*, 22, 641–56.

Malins, D.C., Andersoom, K.M., Stegeman, J.J., Jaruga,P., Green, V.M., Gilamn, N.K., Dizaroglu, M. 2006 Biomarkers Signal Contaminant Effects on the Organs of English Sole (Parophrys vetulus) from Puget Sound. *Environmental Health Perspectives*, 114 (6), 823–9.

Mancini, F., Ceppi, C. and Ritrovato G. 2010 GIS and statistical analysis for landslide susceptibility mapping in the Daunia area, Italy. *Natural Hazards and Earth System Sciences*, 10, 1851–64.

Marean, C.W. 2010 When the sea saved humanity. *Scientific American*, 303 (2), 40–7.

Marsh, A. 1947 *Smoke: the problem of coal and the atmosphere*. London: Faber and Faber.

Masai, Y. 1998 The human environments of Tokyo: past, present and future – a spatial approach. In Golany, G.S., Hamaki, K. and Koide, O. (eds) *Japanese Urban Environment*. Oxford: Pergamon, 57–74.

Mason, T, and Triatsoo, N. 1990 People, politics and planning: the reconstruction of Coventry's city centre. In Diefendorf, J.M., (ed.) *Rebuilding Europe's Bombed Cities*. London: MacMillan, 94–113.

Masri, A.B.A. 1992 Islam and Ecology. In Khalid, F. and O'Brien, J. (eds) *Islam and Ecology*. New York: Cassell, 1–23.

Massard-Guilbaud, G. 2002 Introduction: the Urban Catastrophe challenge to the social, economic and cultural order of the city. In Massard-Guilbaud, G., Platt, H.L. and Schott, D. (eds) *Cities and Catastrophes*. Frankfurt-am-Main: Peter Lang, 9–42.

———. 2005 The struggle for urban space: Nantes and Clermont-Ferrand, 1830–1930. In Schott, D., Luckin, B. and Massard-Guilbaud, G. (eds) *Resources of the City: Contribution to an environmental history of modern Europe*. Aldershot: Ashgate, 113–31.

Matsumoto, M., and Inoue, K. 2011 Earthquake, tsunami, radiation leak, and crisis in rural health in Japan. *Rural and Remote Health* 11, 1759. (Online) http://www.rrh.org.au/articles/printviewnew.asp?ArticleID=1759 [accessed 05 November 2011].

Maynard, H.R. and Findon, C.J.B. 1913 Topography. In Hampstead Scientific Society, *Hampstead Heath: Its Geology and Natural History*. Unwin, London, 13–37.

Mayor of London 2006 *London Strategic Parks Project Report*. Greater London Authority, London.

Mayor of London and CABE Space 2008 *Open Space Strategies Best Practice Guidance: A Joint Consultation Draft by the Mayor of London and CABE Space*. London: Greater London Authority.

Mayuga, M.N. and Allen, D.R. 1970 Subsidence in the Wilmington Oil Field, Long Beach, California, U.S.A. In *Land Subsidence*, edited by L.J. Tison, Paris: International Association for Scientific Hydrology and UNESCO, 66–79.

McCracken, K. and Curson, P. 2000 In sickness and in health: Sydney past and present. In Connell, J. (ed.) *Sydney: The Emergence of a World City*. South Melbourne: Oxford University Press, 319–43.

McCreanor, J., Cullinan, P., Nieuwenhuijsen, M.J., Stewart-Evans, J., Malliarou, E., Jarup, L., Harrington, R., 2007 Respiratory Effects of Exposure to Diesel Traffic in Persons with Asthma. *New England Journal of Medicine*, 357, 2348–58.

McDonald R.I., Douglas, I., Revenga, C., Hale, R., Grimm, N., Grönwall, J., and Balzas, F. 2011 Global Urban Growth and the Geography of Water Availability, Quality, and Delivery. *Ambio*, 40, 437–46.

McEvoy, A.F. 1995 Working Environments: An Ecological Approach to Industrial Health and Safety. *Technology and Culture*, 36 (2), Supplement: Snapshots of a Discipline: Selected Proceedings from the Conference on Critical Problems and Research Frontiers in the History of Technology, Madison, Wisconsin, October 30–November 3, 1991, S145–S173.

McGinley, C.M. and McGinley, G.A. 2006 *An Odor Index Scale for Policy and Decision Making Using Ambient and Source Odor Concentrations*. Paper presented at the Water Environment Federation / Air & Waste Management Association Specialty Conference: Odors and Air Emissions 2006 Hartford, CT: 9–12 April 2006. www.fivesenses.com/Documents/Library/47%20Odor%20Index%20Scale%20WEF-AWMA%20Odors2006.pdf [accessed 12 July 2012].

McHarg, I. 1964 The place of nature in the city of man. *Annals of the American Academy of Social and Political Science*, 352, 1–12.

———. 1969 *Design with nature*. Garden City, NY: The Natural History Press.

McLeman, A. 2011 Settlement abandonment in the context of global environmental change. *Global Environmental Change*, 21, Suppl. 1, S108–S120.

McLoughlin, J. 1972 *The Law Relating to Pollution*. Manchester: Manchester University Press.

McMillen, D. 2004 Airport expansions and property values: The case of Chicago O'Hare airport. *Journal of Urban Economics*, 55, 627–40.

McRobie, A., Spencer, T. and Gerritsen, H. 2005 The Big Flood: North Sea storm surge. *Philosophical Transactions Royal Society* A, 363, 1263–70.

Meade, T. de C. 1898 Presidential Address to the Conference of Municipal and County Engineers, Birmingham. *Journal of the Royal Society for the Promotion of Health*, 19, 420–5.

Meller, H. 2005 Citizens in pursuit of nature: gardens, allotments and private space in European cities, 1880–2000. In Luckin, B., Massard-Guilbaud, G. and Schott, D. (eds) *Resources of the City: Contributions to an Environmental History of Modern Europe.* Aldershot: Ashgate, 80–96.

Melosi, M.V. 1990 Cities, Technical Systems and the Environment. *Environmental History Review*, 14, 45–64.

———. 1993 The Place of the City in Environmental History. *Environmental History Review*, 17 (1), 1–23.

———. 2000 *The Sanitary City: Urban Infrastructure in America from Colonial Times to the Present.* Baltimore: Johns Hopkins University Press, Baltimore.

———. 2001 *Effluent America: Cities, Industry, Energy, and the Environment.* Pittsburgh: University of Pittsburgh Press.

———. 2005 *Garbage in the Cities: Refuse, Reform and the Environment*, Pittsburgh: University of Pittsburgh Press.

Merlin, P. and Traisnel, J-P. 1996 *Énergie, environnement et urbanisme.* Paris: Presses Universitaires de France.

Meyer, A.D. 2002 Class, Consumption, and the Environment. *International Labor and Working-Class History*, 61, 173–6.

Miami International Airport 2000 *Plane facts about aircraft noise.* http://www.miami-airport.com/pdfdoc/noisepub.pdf [accessed 17 August 2007].

Midwinter, E. 1971 *Old Liverpool.* Newton Abbot: David and Charles.

Mielke, H.W., Anderson, J.C., Berry, K.J., Mielke, P.W., Chaney, R.L., and Leech, M. 1983 Lead Concentrations in Inner-City Soils As a Factor in the Child Lead Problem. *American Journal of Public Health*, 73, 1366–69.

Miguel, E. de, Llamas, J.F., Chacon, E., Berg, T., Larssen, S., Royset, O. and Vadset M., 1997 Origin and patterns of distribution of trace elements in street dust: unleaded petrol and urban lead. *Atmospheric Environment* 31, 2733–40.

Milhau, A., Hamelin, M. and Tary, V. 1994 Regulations concerning odors. In Martin, G. and Laffort, P. (eds) *Odors and deodorization in the environment.* New York: VCH Publishers, 445–63.

Millán, M.A, Alonso, L.A., Legarreta, J.A., de Torrontegui, L.L.J., Albizu, M.V., Ureta, I. and Egusquiaguirre, C. 1984 A fumigation episode in an industrialized estuary: Bilbao, November 1981. *Atmospheric Environment*, 18, 563–72.

Miller, R.W. 1997 *Urban forestry: planning and managing urban greenspaces.* Second edition, Upper Saddle River, NJ: Prentice-Hall.

Millward, A. and Mostyn, B. 1988 People and nature in cities: the social aspects of managing and planning natural parks in urban areas. *Urban Wildlife Now*, 2, Nature Conservancy Council.

Miner, J.R. 1997 Nuisance Concerns and Odor Control. *Journal of Dairy Science*, 80, 2667–72.

Miranda, L. and Hordijk, M. 1998 Let us build cities for life: the national campaign of Local Agenda 21s in Peru. *Environment and Urbanization*, 10 (2), 69–102.

Molina, L.T., De Foy, B., Martinez, O.V. and Figueroa, V.H.P. 2009 Temps, climat et qualité de l'air à Mexico. *Bulletin de l'OMM*, 58 (1), 8–53.

Morkot, R. 1996 *The Penguin Historical Atlas of Ancient Greece.* London: Penguin Books.

Morley, N. 1996 *Metropolis and Hinterland: The City of Rome and the Italian Economy 200 B.C - 200 A.D.* Cambridge, Cambridge University Press.

——. 2005 Feeding ancient Rome. *Proceedings of the Bath Royal Literary and Scientific Institution*, 9. www.brlsi.org/proCEed05/antiquity0105.htm [accessed 11 February 2008].

Morozova, G.S. 2004 A review of Holocene avulsions of the Tigris and Euphrates rivers and possible effects on the evolution of civilizations in lower Mesopotamia. *Geoarchaeology*, 20, 401–23.

Mortada, H. 2002 Urban sustainability in the tradition of Islam. In Brebbia, C.A., Martin-Duque, F. and Wadhwa, L.C. (eds) *The Sustainable City II: Urban Regeneration and Sustainability*. Southampton: WIT Press, 720–47.

Mosley, S. 2001 *The Chimney of the World: A history of Smoke Pollution in Victorian and Edwardian Manchester.* Cambridge: The White Horse Press.

——. 2003 Fresh Air and Foul: The Role of the Open Fireplace in Ventilating the British Home, 1837–1910. *Planning Perspectives*, 18, 1–21.

——. 2006 Common ground: integrating social and environmental history. *Journal of Social History*, 40, 915–33.

Motsi, K.E., Mangwayana, E. and Giller, K.E. 2002 Conflicts and problems with water quality in the upper catchment of the Manyame River, Zimbabwe. In Haygarth, P. and Jarvis, S. (eds) *Agriculture, Hydrology and Water Quality.* Wallingford: CABI, 481–90.

Mumford, L. 1940 *The Culture of Cities.* London: Secker & Warburg.

——. 1956 The Natural History of Urbanization. In Thomas, W.L. Jr (ed.) *Man's Role in the Changing the Face of the Earth.* Chicago and London: University of Chicago Press, 391–402.

——. 1961 *The City in History.* London: Secker & Warburg.

Murakami, M. 1995. *Managing water for peace in the Middle East: Alternative strategies.* Tokyo: United Nations University Press.

Mustafa, D. and Wescoat, J.L. 1997 Development of flood hazards policy in the Indus River Basin of Pakistan, 1947–1996. *Water International*, 22 (4), 238–44.

Myers, M.S., Landahl, J.T., Krahn, M.M., Johnson, L.L. and McCain, B.B. 1990 Overview of studies on liver carcinogenesis in English Sole from Puget Sound: Evidence for a xenobiotic chemical etiology I: Pathology and epizoology. *The Science of the Total Environment*, 94, 33–50.

Nakagoshi N., Watanabe, S. and Kim, J-E., 2006 Recovery of greenery resources in Hiroshima City after World War II. *Landscape and Ecological Engineering*, 2, 111–8.

National Parks Service 2007 *Land and Water Conservation Fund State Assistance Program 2007 Annual Report.* www.nps.gov/lwcf/lwcf_annual_rpt2007_wils.pdf [accessed 04 February 2008].

New South Wales Department of Planning 1995 *Cities for the 21st Century.* Sydney: The Department.

New York Times 1900 London and New York Water Supply. 15 April, 22. query.nytimes.com/gst/abstract.html?res=F50812F8385D12738DDDAC0994DC405B808CF1D3 [accessed 28 December 2007].

New York Times 1904 London's Water Experience. 25 July, 6. query.nytimes.com/gst/abstract.html?res=F70D12FD3A5913738DDDAC0A94DF405B848CF1D3 [accessed 28 December 2007].

Ngalamulume, K. 2004 Keeping the City Totally Clean: Yellow Fever and the Politics of Prevention in Colonial Saint-Louis-du-Sénégal, 1850–1914. *The Journal of African History*, 45 (2), 183–202.

——. 2006 Plague and Violence in Saint-Louis-du-Sénégal, 1917–1920. *Cahiers d'études africaines*, 2006/3 (183), 196.

——. 2007 Smallpox and social control in colonial Saint-Louis-du-Sénégal, 1850–1915. In Falola, T, and Heaton, M.M. (eds) *HIV/AIDS, illness and African Well-being*. Rochester, NY: Rochester University Press, 62–78.

Nichols, F.H., Cloern, J.E., Luoma, S.N. and Peterson, D.H. 1986 The Modification of an Estuary. *Science*, 231, 567–73.

Noise Abatement Society, 1969 *The Law on Noise*.

Northern Ireland Government 2008 Noise Complaints on the Decrease. http://www.northernireland.gov.uk/news/news-doe/news-doe-december-2008/news-doe-171208-noise-complaints-on.htm [accessed 4 October 2012].

Nossiter, A. 2007 Largely Alone, Pioneers Reclaim New Orleans. *New York Times*, 2 July 2007. www.nytimes.com/2007/07/02/us/nationalspecial/02orleans.html [accessed 23 January 2008].

O'Meara, M. 1999 *Reinventing Cities for People and the Planet*. Worldwatch Paper 147, Washington, DC: Worldwatch Institute.

O'Neil, P. 1970 Kill that Hill! Pave that Grass! *Life*, 49 (3), 20–3.

O'Riordan, T. and Davis, J. 1976 Outdoor Recreation and the American Environment. In Wreford-Watson, J. and O'Riordan, T. (eds) *The American Environment: Perceptions and Policies*. London: Wiley, 259–76.

OECD. 2008 *Measuring material flows and resource productivity: Synthesis report*. Paris: OECD.

Oesterholt, F., Martijnse, G., Medema, G. and Van Der Kooij, D. 2007 Health risk assessment of non-potable domestic water supplies in the Netherlands. *Journal of water supply: research and technology, AQUA*, 56, 171–9.

Olsen, G.N., Danbury, M.F. and Leatherbarrow, B. 1999 The Mersey Estuary Pollution Alleviation Scheme: Liverpool interceptor sewers. *Proceedings Institution of Civil Engineers Water, Martime & Energy*, 136, 171–83.

Osmanŏglu, B, Dixon T.H., Wdowinski, S., Cabral-Cano, E. and Jiang, Y. 2010 Mexico City Subsidence Observed with Persistent Scatterer InSAR. www.geodesy.miami.edu/articles/2010/MexicoCitySubsidence.pdf [accessed 28 October 2011].

Oyelola, O.T. and Babatunde, A.I. 2008 Effect of Municipal Solid Waste on the Levels of Heavy Metals In Olusosun Dumpsite Soil, Lagos State, Nigeria. *International Journal of Pure and Applied Sciences*, 2 (1), 17–21.

Oyelola, O.T., Babatunde, A.I. and Odunlade, A. K. 2009 Health Implications Of Solid Waste Disposal: Case Study Of Olusosun Dumpsite, Lagos, Nigeria. *International Journal of Pure and Applied Sciences*, 3 (2), 1–8.

Pacholsky, J. 2003 *The ecological footprint of Berlin (Germany) for the year 2000: Technical Report*. Nairobi: UNEP and IETC.

Paillard, H. and Martin, G. 1994 Odor elimination in wastewater treatments plants and sewage networks. In Martin, G. and Laffort, P. (eds) *Odors and deodorization in the environment*. New York: VCH Publishers, 415–44.

Pandey, P., Khan, A.H., Verma, A.K., Singh, K.A., Mathur, N., Kisku, G.C. and Barman, S.C. 2012 Seasonal Trends of PM (2.5) and PM (10) in Ambient Air and Their Correlation in Ambient Air of Lucknow City, India. *Bulletin of Environmental Contamination and Toxicology*, 88 (2), 265–70.

Pandey, P., Kumar, D., Prakash, A., Masih, J., Singh, M., Kumar, S. Jain, V.K.and Kumar. K. 2012 A study of urban heat island and its association with particulate matter during winter months over Delhi. *Science of the Total Environment*, 414, 494–507.

Parker, A.G., Goudie, A.S., Stokes, S., White, K., Hodson, M.J., Manning, M. and Kennet, D. 2006 A record of Holocene climate change from lake geochemical analyses in southeastern Arabia. *Quaternary Research*, 66, 465–76.

Passchier-Vermeer, W. and Passchier, W.F. 2000 Noise Exposure and Public Health. *Environmental Health Perspectives*, 108 (suppl. 1), 123–31.

Patel, P. 2010 Solar-Powered Desalination: Saudi Arabia's newest purification plant will use state-of-the-art solar technology. *MIT Technology Review*. http://www.technologyreview.com/energy/25010/?a=f [accessed 5 October 20112].

Paterson, J. 1976 The Poet and the Metropolis. In Wreford-Watson, J. and O'Riordan, T. (eds) *The American Environment: Perceptions and Policies*. London: Wiley, 93–108.

Patmore, J.A. 1972 *Land and Leisure*. Harmondsworth: Penguin Books.

Paul, J. 1990 Reconstruction of Dresden: Planning and Building during the 1950s. In Diefendorf, J.M. (ed.) *Rebuilding Europe's Bombed Cities*. London: MacMillan, 170–89.

Pauly, J.J. 1984 The Great Chicago Fire as a National Event. *American Quarterly*, 36, (5), 668–83.

Peacock, W., Morrow, B.H. and Gladwin, H. 1997 *Hurricane Andrew: ethnicity, gender and the sociology of disasters*. New York & London: Routledge.

Pelli, C., Thornton, C. and Joseph, L. 1997 The world's tallest buildings. *Scientific American*, 277 (6), 65–73.

Penn-Bressel, G. 1999 Noise abatement plans and environmentally compatible urban traffic and transport in Germany. In Schwelder, H-U. (ed.) *Noise abatement in European Towns and Cities: strategies, concepts and approaches for local noise policy*. European Academy of the Urban Environment, Berlin, 39–42.

Peterson, J.A. 2003 *The Birth of Sanitary reform in the United States 1840-1917*. Baltimore: Johns Hopkins University Press.

Petryna, A. 1995 Chernobyl in Historical Light. *Cultural Anthropology*, 10 (2), 196–220.

Petts, J. 1994 Incineration as a Waste Management Option. In Hester, R.E. and Harrison, R.M. (eds) *Waste Incineration and the Environment*. London: Royal Society of Chemistry, 1–25.

Pfister, C. 2004 Switzerland. In Krech, S. III, McNeill, J.R. and Merchant, C. (eds) *Encyclopaedia of World Environmental History Volume 3*. New York: Routledge, 1175–7.

Phienwej, N, and P. Nutalaya. 2005 Subsidence and flooding in Bangkok. In Gupta, A. (ed.) *The Physical Geography of Southeast Asia*. Oxford: Oxford University Press, 358–78.

Piccolo, A., Plutino, D., and Cannistraro, G. 2005 Evaluation and analysis of the environmental noise of Messina, Italy. *Applied Acoustics* 66, 447–65.

Picker, J.M. 2003 *Victorian Soundscapes*. New York: Oxford University Press.

Pinch, T. and Bijsterveld, K. 2012 New Keys to the World of Sound. In Pinch, T. and Bijsterveld, K. (eds) *The Oxford Handbook of Sound Studies*. Oxford: Oxford University Press, 3–35.

Platner, S.B. 1929 (as completed and revised by Thomas Ashby) *A Topographical Dictionary of Ancient Rome*. London: Oxford University Press.

Platt, H.L. 1995 Invisible gases: smoke, gender, and the redefinition of environmental policy in Chicago, 1900–1920. *Planning Perspectives*, 10, (1995) 67–97.

Plester, H.R.F. and Binnie, C.J.A. 1995 The evolution of water resource development in Northern Ireland. *Journal Chartered Institution of Water and Environmental Management*, 9, 272–80.

Poiger, U.G. 2000 *Jazz, Rock, and Rebels: Cold War Politics and American Culture in a Divided Germany*. Berkeley: University of California Press.

Pomázi, I. and Szabó, E. 2008 Urban metabolism: The case of Budapest. In Havránek, M. (ed.) *ConAccount 2008: Urban metabolism: measuring the ecological city.* Prague: Charles University Environment Center, 351–74.

Porter, R. 1997 *The Greatest Benefit to Mankind: A medical history of humanity from antiquity to the present.* London: Harper Collins.

Quastel, N. 2009 Political Ecologies of Gentrification. *Urban geography*, 30, 694–725.

Rapoport, A. (ed.) 1972 *Australia as human setting: Approaches to the designed environment.* Sydney: Angus & Robertson.

Ravetz, J. 2000 *City Region 2020: Integrated planning for a sustainable environment.* London: Earthscan.

—. 2011 Peri-urban ecology: Green infrastructure in the twenty-first century metroscape. In Douglas, I., Goode, D., Houck, M. and Wang, R.S. (eds) *Routledge Handbook of Urban Ecology.* London: Routledge, 599–620.

Read, A.D., Phillips, P. and Robinson, G. 1998 Landfill as a Future Waste Management Option in England: The View of Landfill Operators, *Geographical Journal*, 164, 55–66.

Reade, J. 1991 *Mesopotamia.* London: The British Museum.

Reagan, M. 1987 *Regulation: The Politics of Policy.* Boston: Little Brown.

Reclus, E. 1877 *The Earth: A descriptive history of the phenomena of the life of the globe, Section II.* London: Bickers and Son.

Rees, W.E. 1992 Ecological footprints and appropriated carrying capacity: what urban economics leaves out. *Environment and Urbanisation*, 4 (2), 121–30.

Reid, J.A. 1961 Conservation and the quartz ridges. In Wyatt-Smith, J. and Wycherley, P.A. (eds) *Nature Conservation in Western Malaysia.* Malayan Nature Society, Kuala Lumpur, 66–7.

Resosudarmo, B.P. 2002 Indonesia's Clean Air Program. *Bulletin of Indonesian Economic Studies*, 38, 343–65.

Rice, L. 1907 Our Most Abused Sense—The Sense of Hearing. *Forum*, 38 (April), 560–3.

Risler, J.J. 1995 Groundwater Management in France. *Journal Chartered Institution of Water and Environmental Management*, 9, 264–71.

Roberts, N. and Rosen, A. 2009 Diversity and Complexity in Early Farming Communities of Southwest Asia: New Insights into the Economic and Environmental Basis of Neolithic Catalhöyük. *Current Anthropology*, 50 (3), 393–402.

Rodamilans, M., Torra, M. To-Figueras, J., Corbella J., López, B., Sánchez, C. and Mazzara, R. 1996 Effect of the Reduction of Petrol Lead on Blood Lead Levels of the Population of Barcelona (Spain). *Bulletin of Environmental Contamination and Toxicology*, 56, 717–21.

Rolt, L.T.C. 1974 *Victorian Engineering.* Harmondsworth: Penguin Books.

Rome, A. 2001 *The Bulldozer in the Countryside: suburban sprawl and the rise of American Environmentalism.* Cambridge: Cambridge University Press.

Romo-Kroger, C.M., Morales, J.R., Dinator, M.I. and Llona, F. 1994 Heavy metals in the atmosphere coming from a copper smelter in Chile. *Atmospheric Environment*, 28 (4), 705–11.

Rose, M.H. 2004 Technology and Politics: the scholarship of two generations of urban-environmental scholars. *Journal of Urban History*, 30 (5), 769–85.

Roseff, R. and Perring, D. 2002 Towns and the Environment, in Perring, D. (ed.) *Town and Country in England: frameworks for ecological research*, (CBA Research Report 134), York: Council for British Archaeology, 116–26.

Rosen, C.M. 1995 Businessmen against Pollution in Late Nineteenth Century Chicago. *Business History Review*, 69, 351–97.

———. 2003 'Knowing' Industrial Pollution: Nuisance Law and the Power of Tradition in a Time of Rapid Economic Change, 1840–1864. *Environmental History*, 8. http://www.historycooperative.org/journals/eh/8.4/rosen.html [accessed 4 October 2007].

Rosen, C.M. and Tarr, J. 1994 The Importance of an Urban Perspective in Environmental History. *Journal of Urban History*, 20 (3), 299–310.

Rosenbaum, M.S., McMillan, A.A., Powell, J.H., Cooper, A.H., Culshaw, M.G. and Northmore, K.J. 2003 Classification of artificial (man-made) ground. *Engineering Geology*, 69, 399–409.

Rothbard, M.N. 1974 Conservation in the Free Market. In Rothbard, M. N. (ed.) *Egalitarianism as a Revolt Against Nature and Other Essays*. Washington, DC: Libertarian Review Press, 175–89.

Royal Commission for Enquiring into the State of Large Towns and Populous Districts. *Parliamentary Papers* 1844; 17:50.

Royal Commission on Environmental Pollution. 2007 *The Urban Environment: Summary of the Royal Commission on Environmental Pollution's Report*. London: The Royal Commission on Environmental Pollution.

Royston Pike, E. 1966 *Human Documents of the Industrial Revolution*. London: George Allen and Unwin.

Sahely, H.A., Dudding, S. and Kennedy, C.A. 2003 Estimating the urban metabolism of Canadian cities: Greater Toronto Area case study. *Canadian Journal of Civil Engineering*, 30 (2), 468–83.

Salway, P. 1981 *Roman Britain*. Oxford: Clarendon Press.

Satterthwaite, D. 1992 Sustainable Cities: Introduction. *Environment and Urbanization*, 4 (2), 3–8.

Sbeinati, M.R., Darawcheh, R. and Mouty, M. 2005. The historical earthquakes of Syria: an analysis of large and moderate earthquakes from 1365 B.C. to 1900 A.D. *Annals of Geophysics*, 48, 347–435.

Scarre, C. 1995 *The Penguin Historical Atlas of Ancient Rome*. London: Penguin Books.

Schaake, J.C. Jr., 1972 Water and the City. In Detwyler, T.R. and Marcus, M.G. (eds) *Urbanization and Environment*. Belmont, CA: Wadsworth, 97–133.

Schiller, N. 1999 Practical financing and implementation of noise abatement measures in Celle. In Schwelder, H-U. (ed.) *Noise abatement in European Towns and Cities: strategies, concepts and approaches for local noise policy*. European Academy of the Urban Environment, Berlin, 69–73.

Schnefftan, K. 1992 Architecture and gardens: a unique sense of space. In Davis, M.B. (ed.) *Insight Guides Japan*, Hong Kong: APA Publications, 121–8.

Schoenbrod, D. 1980 Why regulation of lead has failed. In Needleman, H.L. (ed.) *Low level lead exposure: The clinical implications of current research*. Raven Press, New York, 259–66.

Schultz, S.K. and McShane, C. 1978 To engineer the metropolis: sewers, sanitation, and city planning in late-nineteenth-century America. *Journal of American History*, 65 (2), 389–411.

Seng, B., Kaneko, H., Hirayama K. and Katayama-Hirayama.K. 2011 Municipal solid waste management in Phnom Penh, capital city of Cambodia, *Waste Management Research*, 29, 491–500.

Severn Trent Water 2006 *Water Resources Plan: Overview 2005 – 2010*. Birmingham: Severn Trent Water.

Shao, M., Tang, X., Zhang, Y. and Li, W. 2006. City clusters in China: air and surface water pollution. *Frontiers in Ecology and the Environment* 4, 353–361. http://dx.doi.org/10.1890/1540-9295(2006)004[0353:CCICAA]2.0.CO;2 [accessed 12 July 2012].

Sharp. T. 1940 *Town Planning*. Harmondsworth: Penguin Books.

Sheail, J. 1986 Government and the perception of reservoir development in Britain: an historical perspective. *Planning Perspectives*, 1, 45–60.

———. 1995 Guest Editorial: The Ecologist and Environmental History – a British Perspective. *Journal of Biogeography*, 22 (6), 953–66.

Shi, L., Geng, J., Xu, J-F., Ning, X-Y. and Liu, Y. 2004 Odor Regulation and Progress of Odor Measurement in Europe. *Urban Environment & Urban Ecology*, 17, 20–1.

Short, A. 2000 Sydney's dynamic landscape. In Connell, J. (ed.) *Sydney: The Emergence of a World City*. South Melbourne: Oxford University Press, 19–36.

Shultz, T. and Collar, C. 1993 Dairying and Air Emissions. Davis CA: *University of California Cooperative Extension Dairy Manure Management Series*, UCCE-DMMS-4 10/93.

Silbergeld, E.K. 1995 The International Dimensions of Lead Exposure. *International Journal of Occupational and Environmental Health*, 1, 336–48.

———. 1996 Lead poisoning: the implications of current biomedical knowledge for public policy. *Maryland Medical Journal*, 45 (3), 209–17.

———. 1997 Preventing lead poisoning in children. *Annual Reviews of Public Health*, 18, 187–210.

Silverstein, Y. 2011 Green Judaism – balancing sustainability and tradition. *Haaretz*, 12 September 2011. http://www.haaretz.com/jewish-world/the-jewish-thinker/green-judaism-balancing-sustainability-and-tradition-1.383959 [accessed 22 July 2012].

Simkhovich, B.Z., Kleinman, M.T. and Kloner, R.A. 2008 Air Pollution and Cardiovascular Injury: Epidemiology, Toxicology, and Mechanisms. *Journal of the American College of Cardiology*, 52, 719–26.

Simmons, I.G. 1993 *Environmental History: a concise introduction*. Oxford: Blackwell.

———. 2001 *An environmental history of Great Britain: from 10,000 years ago to the present*. Edinburgh: Edinburgh University Press.

———. 2008 *Global Environmental History 10.000 BC to AD 2000*. Edinburgh: Edinburgh University Press.

Simo, A. and Clearly, M.A. 2004 Intrusive Community Noise Impacts South Florida Residents. coeweb.fiu.edu/research_conference/2004_COERC_Proceedings.pdf [accessed 17 August 2007].

Slaymaker, O. 1999 Natural hazards in British Columbia: an interdisciplinary and inter-institutional challenge. *International Journal of Earth Sciences*, 88, 317–24.

Smilor, R.W. 1977 Cacophony at 34th and 6th: the noise problem in America 1900–1930. *American Studies*, 18, 23–38.

———. 1979 Personal Boundaries in the Urban Environment. *Environmental Review*, 3, Spring, 25–36.

Smit, J.C., Nasr, J. and Ratta, A. 2001 *Urban Agriculture: Food, Jobs and Sustainable Cities* The Urban Agriculture Network, Inc. (2001 edition, published with permission from the United Nations Development Programme). http://jacsmit.com/book/Chap02.pdf [accessed 04 May 2012].

Smith, D.P. 1987 Sir Joseph William Bazalgette and The Big Stink. *Transactions of the Newcomen Society*, 58, 89–112.

Smith, M.E. 2002 The Earliest Cities. In Gmelch, G. and Zenner, W.P. (eds) *Urban Life: Readings in the Anthropology of the City*, (4th edn). Prospect Heights, IL: Waveland Press, 3–19.

Smith, S. 2005 *Undergound London: Travels Beneath the City Streets*. London: Abacus.

Sofoulis, Z. 2005 Big Water, Everyday Water: A Sociotechnical Perspective. *Continuum: Journal of Media & Cultural Studies*, 19 (4), 445–63.

Soil Conservation Service (US) 1968 *Standards and Specifications for Soil Erosion and Sediment Control in Urbanizing Areas*. Washington, DC: US Dept. of Agriculture.

Soyer, R. and Cailleux, A. 1960 *Géologie de la région parisienne*. Collection: Que sais-je? Paris: Presses Universitaires de la France.

Special correspondent 1894 The official report of the Paris cholera epidemic of 1892. *The Lancet*, 3 February, 293–4.

Spencer, T. and Guérin, E. 2012 Time to reform the EU Emission Trading Scheme. *European Energy Review*, 23 January 2012. http://www.europeanenergyreview.eu/site/pagina.php?id=3478 [accessed 11 February 2012].

Spurr, P. 1976 *Land and Urban Development*. Toronto: James Lorimer.

Sseesamirembe Eco-City 2008 The Signing of a Memorandum of Understanding. http://www.sseesamirembe.com/article.php?title=The%20Signing%20of%20a%20Memorandum%20of%20Understanding%20&content_page=article_08_14_2008_1 [accessed 31 March 2011].

St. Croix Sensory, Inc. 2005 *A Review of The Science and Technology of Odor Measurement*. St. Elmo: St. Croix Sensory.

Staubwasser, M., Sirocko, F. Grootes, P.M. and Segl, M. 2003 Climate change at the 4.2 ka BP termination of the Indus valley civilization and Holocene south Asian monsoon variability. *Geophysical Research Letters*, 30 (8), 1425, doi:10.1029/2002GL016822 [accessed 5 October 2012].

Stavins, R.N. 2002 Experience with Market-Based Environmental Policy Instruments *Fondazione Eni Enrico Mattei, Nota di Lavoro* 52.2002. http://www.feem.it/userfiles/attach/Publication/NDL2002/NDL2002-052.pdf [accessed 28 January 2012].

Stenseth, N.C., Atshabar, B.B., Begon, M., Belmain, S.R., Bertherat, E., et al. 2008 Plague: Past, Present, and Future. *PLoS Med*, 5 (1), e3. doi:10.1371/journal.pmed.0050003 [accessed 5 October 2012].

Stevenson, G.M. 1972 Noise and the urban environment. In Detwyler, T. and Marcus, M.G. (eds) *Urbanization and Environment*. Belmont CA; Duxbury Press, 195–228.

Stott, A.P. 1986 Sediment tracing in a reservoir-catchment system using a magnetic mixing model. *Physics of the earth and planetary interiors*, 42, 105–12.

Stroud, E. 1999 Troubled Waters in Ecotopia: Environmental Racism in Portland, Oregon. *Radical History Review*, 74: (Special Issue on Environmental Politics, Geography and the Left), 65–95. Reprinted in Warren, L.S. ed., 2003 *American Environmental History*, Blackwell Readers in American Social and Cultural History Series, Oxford: Blackwell.

Suez Environment 2010 *The ICSID confirms Argentina's liability for terminating the water and wastewater contracts for the City of Buenos Aires and the State of Santa Fe*. Press Release 2 August 2010. http://www.suez-environnement.com/en/news/press-releases/press-releases/?communique_id=771 [accessed 21 November 2011].

Suhrke, A. 2007 Reconstruction as Modernisation: the 'post-conflict' project in Afghanistan. *Third World Quarterly*, 28 (7), 1291–308.

Sun, G. and Florig, H.K. 2002 *Determinants of air pollution management in urban China*. Paper presented at the workshop 'Smoke and Mirrors: Air Pollution as a Social and Political Artifact'. Center for Global, International, and Regional Studies, UC Santa Cruz, Santa Cruz, CA, 11–12 January 2002.

Suzuki, H., Dastur, A. Sebastian Moffatt, M.Yabuki, N. and Maruyama, H. (eds) 2010 *Eco2 Cities: Ecological Cities as Economic Cities*. Washington DC: The World Bank.

Svidén, J., Hedbrandt, J., Lohm, U. and Tarr, J. 2001 Copper emissions from fuel combustion, consumption and industry in two urban areas, 1900-1980. *Water, Air, and Soil Pollution: Focus*, 1, 167–77.

Swanson, M.W. 1977 The sanitation syndrome: Bubonic Plague and Urban Native Policy in the Cape Colony, 1900-1909. *The Journal of African History*, 18, 387–410.

Syagga, P.M. and Olima, W.H.A. 1996 The impact of compulsory land acquisition on displaced households: the case of the Third Nairobi Water Supply Project, Kenya. *Habitat International*, 20, 61–75.

Sydney Water Corporation 2008 *Sydney's Desalination Project*. http://www.sydneywater.com.au/Water4Life/Desalination/ [accessed 12 July 2012].

Tachibanaa, J., Hirotab, K., Gotoc, N. and Fujie, K. 2008 A method for regional-scale material flow and decoupling analysis: A demonstration case study of Aichi prefecture, Japan. *Resources, Conservation and Recycling*, 52, 1382–90.

Takahashi, N. 1998 Changes in Tokyo's waterfront environment. In Golany, G.S., Hamaki, K. and Koide, O. (eds) *Japanese Urban Environment*. Oxford: Pergamon, 147–77.

Tan, W.K., Lee, S.K., Wee, Y.C. and Foong, T.W. 1995 Urbanization and Nature Conservation. In Ooi, G.L. (ed.) *Environment and the City: sharing Singapore's experience and future challenges*. Singapore: Times Academic Press, 185–99.

Tarr, J.A., Goodman, D.G. and Koons, K. 1980 Coal and Natural Gas: Fuel and Environmental Policy in Pittsburgh and Allegheny County, Pennsylvania, 1940–1960. *Science, Technology, & Human Values*, 5, (32), 19–21.

Tarr, J.A. and Lamperes, B. C. 1981 Changing Fuel Use Behavior and Energy Transitions: The Pittsburgh Smoke Control Movement, 1940–1950: A Case Study in Historical Analogy. *Journal of Social History*, 14, 561–88.

Tarr, J. and McShane, C. 2005 Urban Horses and Changing City-Hinterland Relationships. In Luckin, B., Massard-Guilbaud, G. and Schott, D. (eds) *Resources of the City: Contributions to an Environmental History of Modern Europe*. Aldershot: Ashgate, 48–62.

Tarr, J. and Zimring, C. 1997 The Struggle for Smoke Control in St. Louis. In Hurley, A. (ed.) *Common Fields: an environmental history of St. Louis*. St. Louis: Missouri Historical Society Press, 199–220.

Taylor, K.G., Boyd, N.A. and Boult, S. 2003 Sediments, porewaters and diagenesis in an urban water body, Salford, UK: impacts of remediation. *Hydrological Processes*, 17, 2049–61.

Templet, P.H. and Meyer-Arendt, K.J. 1988 Louisiana Wetland Loss: A Regional Water Management Approach to the Problem. *Environmental Management*, 12 (2), 181–92.

Teramura, H. and Uno, T. 2006 Spatial Analyses of Harappan Urban Settlements. *Ancient Asia*, 1, 73–9.

Thomas, V.M., Socolow, R., Fanelli, J.J. and Spiro, T.G. 1999 Effects of Reducing Lead in Gasoline: An Analysis of the International Experience. *Environmental Science and Technology*, 33, 3942–8.

Thompson, E.P. 1963 The Making of the English Working Class. London: Gollancz.

Thorsheim, P. 2002 The paradox of smokeless fuels: gas, coke and the environment in Britain, 1813–1949. *Environment and History*, 8, 381–401.

Tidball, K.G. and Krasny, M.E. 2007 From Risk to Resilience: What Role for Community Greening and Civic Ecology in Cities? In Wals, A. (ed.) *Social Learning Towards a more Sustainable World*. Wageningen: Wageningen Academic Publishers, 149–64.

Tomkins, J., Topham, N. Twomey, J. and Ward, R. 1998 Noise versus Access: The Impact of an Airport in an Urban Property Market. *Urban Studies*, 35, 243–58.
Tooley, M.J. 2000 Storm surges. In Hancock, P.L. and Skinner, B.J. (eds) *The Earth*. Oxford: Oxford University Press, 999–1001.
Trotter, J.W. and Fernandez, J. 2009 Hurricane Katrina: Urban History from the Eye of the Storm. *Journal of Urban History*, 32 (2), 607–13.
Tsuchiya, Y. and Kanata, Y. 1986 Historical study of changes in storm surge disasters in the Osaka area. *Natural Disaster Science*, 8, 1–18.
Tucker, R.P. 2004 War. In Krech, S. III, McNeill, J.R. and Merchant, C. (eds) *Encyclopaedia of World Environmental History Volume 3*. New York: Routledge, 1284–91.
Tupling, G.H. 1962 Mediaeval and early modern Manchester. In Carter, C.F. (ed.) *Manchester and its Region*. Manchester University Press, Manchester, 115–30.
Turbutt, G. 1999 *A History of Derbyshire* (4 vols). Cardiff: Merton Priory Press.
Tylecote, R.F. 1976 *A History of Metallurgy*. London: Mid-County.
Uekoetter, F. 1999 Divergent Responses to Identical Problems: Businessmen and the Smoke Nuisance in Germany and the United States, 1880-1917. *The Business History Review*, 73, 641–76.
UK Government 1989 *The Noise at Work Regulations 1989 No. 1790* Regulation 6. http://www.legislation.gov.uk/uksi/1989/1790/regulation/6/made [accessed 26 October 2011].
Ulbrich, U., Brücher, T., Fink, A.H., Leckebusch, G.C., Krüger, A. and Pinto, J.G. 2003 The central European floods of August 2002: Part 1 – Rainfall periods and flood development. *Weather*, 58, 371–7.
UNCHS (Habitat) 2001 *The State of the World's Cities 2001*. Nairobi: United Nations Centre for Human Settlements.
Unwin, R. 1929 *Memorandum No. 1 Open Spaces. Greater London Regional Planning Committee First Report December 1929*. London: Knapp and Drewett.
US Government Interagency Working Group 2000 International Crime Threat Assessment. http://clinton4.nara.gov/WH/EOP/NSC/html/documents/pub45270/pub45270chap2.html#6 [accessed 05 September 2011].
Van Harreveld, A.Ph. 1998 A review of 20 years of standardization of odour concentration measurement by dynamic olfactometery in Europe. *Journal of the Air and Waste Management Association*, 49, 705–15.
——. 2003 Odor regulation and the history of odor measurement in Europe. In N. a. V. Office of Odor (ed.) *State of the art of odour measurement*. Tokyo: Environmental Management Bureau, Ministry of the Environment, Government of Japan, 54–61.
Vancouver 2011 *Greenest City 2020 Action Plan*. Vancouver: City of Vancouver. http://vancouver.ca/greenestcity/PDF/GC2020ActionPlan.pdf [accessed 21 July 2012].
Veen, M. Van de, Livarda, A. and Hill, A. 2008 New Plant Foods in Roman Britain: Dispersal and Social Access. *Environmental Archaeology*, 13 (1), 11–36.
Velásquez, L.S.B. 1998 Agenda 21; a form of joint environmental management in Manizales, Colombia. *Environment and Urbanization*, 10 (2), 9–36.
Vernier, J. 1993 *L'Environnement*. Paris: Presses Universitaires de France.
Victor, R.A.B.M., Neto, J. de B.C., Ab'Saber, A.N., Serrano, O., Domingos, M., Pires, B.C.C., Amazonas, M. and Victor, M.A.M. 2004 Application of the Biosphere Reserve Concept to Urban Areas: The Case of São Paulo City Green Belt Biosphere Reserve, Brazil—São Paulo Forest Institute: A Case Study for UNESCO. *Annals of the New York Academy of Sciences*, 1023, Urban Biosphere and Society: Partnership of Cities, 237–81.
VNA. 2010. Hanoi suburbs stricken by drought. *Vietnamese News Agency*, 18 May.

Wacher, J. 1976 *The Towns of Roman Britain*. London: Book Club Associates.
Walsh, C., McLoone, A., O'Regan, B., Moles, R. and Curry, R. 2006 The application of the ecological footprint in two Irish urban areas: Limerick and Belfast, *Irish Geography*, 39 (1), 1–21.
Waltham, T. 2005 Karst terrains. In Fookes, P.G., Lee, E.M., and Milligan, G. (eds) *Geomorphology for Engineers*. Dunbeath, Caithness: Whittles Publishing, 662–87.
Walton, B., Bateman, J.S. and Heinrich, M. 1995 Water supply franchising in Buenos Aires. *Journal of the Chartered Institution of Water and Environmental Management*, 9, 369–75.
Wang, R.S., Downton, P. and Douglas, I. 2011 Towards Ecopolis: New Technologies, new philosophies and new developments. In Douglas, I. Goode, D., Houck, M. and Wang, R.S. (eds) *Routledge Handbook of Urban Ecology*. London: Routledge, 636–51.
Wang, R.S. and Paulussen, J. 2007 Sustainability Assessment Indicators: Development and practice in China. In Hak, T., Moldan, B. and Dahl, A.L. (eds) *Sustainability Indicators: A Scientific Assessment*, (SCOPE 67). Washington, DC: Island Press, 329–41.
Wang, Y., Hopke, P.K. and Utell, M.J. 2011 Urban-Scale Seasonal and Spatial Variability of Ultrafine Particle Number Concentrations. *Aerosol and Air Quality Research*, 11, 473–81.
Warren-Rhodes, R. and Koenig, A. 2001 Escalating Trends in the Urban Metabolism of Hong Kong: 1971–1997. *Ambio*, 30 (7), 429–38.
Water Guide 2007 *Three Valleys Water*. www.water-guide.org.uk/three-valleys-water.html [accessed 28 December 2007].
Watts, J. 2009 China plans 59 reservoirs to collect meltwater from its shrinking glaciers. *The Guardian*, 2 March 2009.
Ways, M. 1970 How to think about the environment. *Life*, 49 (3), 36–44.
Webster, Richard A. 2006. Outline of New Orleans ninth ward's progress and challenges. *CityBusiness*, 4 September 2006.
Welchman, S., Brooke. A.S. and Best, P.R. 2005 Is odour intensity all it's cracked up to be? Paper presented at the 17th International Clean Air & Environmental Conference, Tasmania, Australia, May 2005.
Whitfield, P. 2006 *London in Maps*. London: The British Library.
Whyte, W. 1956 *The Organization Man*. New York: Simon & Schuster.
——. 1968 *The Last Landscape*. New York: Doubleday.
Wild, T.C., Bernet, J.F., Westling, E.L. and Lerner, D.N. 2011 Deculverting: reviewing the evidence on the 'daylighting' and restoration of culverted rivers. *Water and Environment Journal*, 25 (3), 412–21.
Willan, T.S. 1980 *Elizabethan Manchester*. Manchester: Chetham Society and Manchester University Press.
Wilson, J. 2001 *The Alberta GPI Accounts: Ecological Footprint, Pembina Institute for Aprropriate Development Report No. 28*. Drayton Valley, Alberta: Pembina Insitute.
Wolman, A. 1965 The metabolism of cities. *Scientific American*, 213 (3), 179–90.
Wong, M.H., Wu, S.C., Deng, W.J., Yu, X.Z., Luo, Q., Leung, A.O.W., Wong, C.S.C., Luksemburg, W.J. and Wong, A.S. 2007 Export of toxic chemicals: A review of the case of uncontrolled electronic-waste recycling. *Environmental Pollution*, 149, 131–40.
Woodward, E.L.1962 *The Age of Reform 1815-1870*. Oxford: Oxford University Press.
Worboys, M. 1988 Manson, Ross and Colonial Medical Policy: tropical medicine in London and Liverpool 1899-1914. In McLeod, R. and Lewis, M. (eds) *Disease, Medicine and Empire: Perspectives on Western Medicine and the Experience of European Expansion*. London: Routledge, 21–37.

Working Party on Sewage Disposal 1970 *Taken for Granted*. London: Her Majesty's Stationery Office.

Working with Water 2010 *Windesal could provide solution for Kangaroo Island's power and water needs*. http://www.workingwithwater.net/view/7851/windesal-could-provide-solution-for-kangaroo-islands-power-and-water-needs/ [accessed 03 May 2012].

World Bank 2009 *Systems of Cities: Harnessing urbanization for growth and poverty alleviation*. Washington DC: World Bank.

World Commission on Environment and Development (WCED) 1987 *Our Common Future*. New York: Oxford University Press.

Worpole, K. and Greenhalgh, L. 1995 *Park Life: Urban Parks and Social Renewal*. London: Comedia-Demos.

Worrall, P. and Little, S. 2011 Urban ecology and sustainable urban drainage. In Douglas, I., Goode, D., Houck, M. and Wang, R.S. (eds) *The Routledge Handbook of Urban Ecology*. London: Routledge, 561–70.

Wright, M. 2001 *Quake – Hawke's Bay 1931*. Auckland: Reid Publishing (NZ) Ltd.

Yang, M., Kang, Y. and Zhang, Q. 2009 Decline of groundwater table in Beijing and recognition of seismic precursory information. *Earthquake Science*, 22, 301–6.

Yi, L., Wang, J., Shao, C., Guo, J.W., Jiang, Y., and Bo, L. 2010 Land Subsidence Disaster Survey and Its Economic Loss Assessment in Tianjin, China. *Natural Hazards Review*, 11, 35–42. doi:10.1061/(ASCE)1527-6988(2010)11:1 (35). http://ascelibrary.org/doi/abs/10.1061/(ASCE)1527-6988(2010)11%3A1(35) [accessed 5 October 2012].

Yoyeva, A., de Zeeuw, H. and Teubner, W. (eds) 2002 *Urban agriculture and cities in transition. Proceedings of the regional workshop, 20-22 June 2002, Sofia, Bulgaria*, SWF-ETC-ICLEI-Europe, Leusden, Netherlands.

Yu, S., Zhu, C., Song, J. and Qu, W. 2000 Role of climate in the rise and fall of Neolithic cultures on the Yangtze Delta. *Boreas*, 29, 157–165.

Zhang, H., Wang, X., Ho, H.H. and Yon, Y. 2008 Eco-health evaluation for the Shanghai metropolitan area during the recent industrial transformation (1990–2003). *Journal of Environmental Management*, 88, 1047–55.

Zhang, Q., Xu, Z., Shen, Z., Li S. and Wang, S. 2009 The Han River watershed management initiative for the South-to-North Water Transfer project (Middle Route) of China. *Environmental Monitoring and Assessment*, 148, 369–77.

Zhang, Q., Zhu, C., Liu, C.L. and Jiang. T. 2005 Environmental change and its impacts on human settlement in the Yangtze Delta, P.R. China. *Catena*, 60, 267–77.

Zhang, Y., Yang, Z. and Yu, X. 2009 Evaluation of urban metabolism based on energy synthesis: A case study for Beijing (China). *Ecological Modelling*, 220, 1690–6.

Zhao, X., Zhang, X., Xu, X., Xu, J., Meng, W. and Pu, W. 2009 Seasonal and diurnal variations of ambient PM2.5 concentration in urban and rural environments in Beijing. *Atmospheric Environment*, 43, 2893–900.

Zimmerer, K.S. 1994 Human Geography and the 'New Ecology': The Prospect and Promise of Integration. *Annals Association of American Geographers*, 84 (1), 108–25.

Zong, Y. and Chen, X. 2000 The 1998 Flood on the Yangtze, China. *Natural Hazards*, 22, 165–84.

索 引

《世界城市研究精品译丛》总目

☑ 已出版，□ 待出版

☑ 马克思主义与城市
☑ 保卫空间
☑ 城市生活
☑ 消费空间
☑ 媒体城市
☑ 想象的城市
☑ 城市研究核心概念
☑ 城市地理学核心概念
☑ 政治地理学核心概念
☑ 规划学核心概念
☑ 城市空间的社会生产
☑ 真实城市
☑ 城市：非正当性支配
☑ 现代性与大都市
☑ 工作空间：全球资本主义与劳动力地理学
☑ 区域、空间战略与可持续性发展
☑ 驱逐：全球经济中的野蛮性与复杂性
☑ 与赛博空间共存：21 世纪技术与社会研究
☑ 更好的城市：寻找欧洲失落的城市生活艺术
☑ 城市和电影
☑ 城市环境史
☑ 帝国的边缘：后殖民主义与城市
□ 浮现的世界——21 世纪的城市与区域
□ 城市发展规划本体论
□ 历史地理学核心概念

- □ 空间问题：文化拓扑学和社会空间化
- □ 城市与自然
- □ 当下语境中的游戏：在线游戏的社会文化意义
- □ 为增长而规划：中国的城市与区域规划
- □ 文化崩溃：创意阶层的灭亡
- □ 世界城市网络：一项全球城市分析
- □ 社会理论和城市问题
- □ 城市经济的兴衰：来自旧金山和洛杉矶的经验教训
- □ 城市的人和地方